대전환시대 대한민국 새로운 도약의 길

대전환시대 대한민국
새로운 도약의 길

인쇄 | 2022년 3월 04일
발행 | 2022년 3월 25일

지은이 | 김창도 · 조영진 · 정대권 · 정충신 · 김용석
펴낸이 | 노용제
펴낸곳 | 정은출판
출판등록 | 2004년 10월 27일
등록번호 | 제2-4053호
디자인 | 서용석
주 소 | 04558 서울시 중구 창경궁로 1길 29 (3층)
전 화 | 02-2272-8807
팩 스 | 02-2277-1350
이메일 | rossjw@hanmail.net

ISBN 978-89-5824-450-9 (03390)
값 25,000원

대전환시대 대한민국 새로운 도약의 길

김창도 · 조영진 · 정대권 · 정충신 · 김용석 지음

정은출판

머 리 글

대한민국은 '한강의 기적'으로 상징하듯 눈부신 경제성장으로 10대 선진국으로 분류된다. 그러나 명실상부한 선진국으로 부르기에는 내실이 부족하다. 저출산 고령화가 빠른 속도로 진행되고 있고 사회양극화 문제는 여전한 가운데 코로나 팬데믹의 장기화로 인한 경제적 어려움으로 실업자 증가와 사회적 갈등과 늘어나는 청년자살률 등 각종 위기 징후도 많다.

이 책은 산업화와 민주화를 거치면서 격동의 시기에 각 분야에서 치열하게 살았던 사람들이 각종 사회적 분열과 갈등으로 흔들리는 대한민국이 선진국으로 도약하는 전환시대를 맞이하여 어떻게 하면 이 어려운 난국을 돌파해 나갈 것인가에 대한 고민에서 출발하였다.

한국사회 현실과 현상을 정확하게 분석 평가 진단하고 대안제시와 처방을 하기 위한 취지에서 뜻을 모은 글이다.

각 분야에서 인정받고 열심히 살아온 사람들이 전환시대 대한민국의 올바른 방향을 제시하고 새로운 길을 찾고자 노력하는 사람들의 경험과 철학이 담긴 진솔하고 교훈적인 이야기다. 각자가 경험하고 바라보는 문제의 원인분석과 처방들은 제각기 다르기 때문에 하나의 해법은 아니지만 다양한 지침이 내재되어 있다.

정치와 행정, 국가안보와 공공정책 평가 전문가로 활동해 온 김창도 박사.

육군 사관학교를 졸업하고 40년간 오로지 군인의 외길만 묵묵히 걸어오며 군내 후배들의 많은 존경을 받아 온 특전사령관 출신의 조영진 장군.

경영지도사로 경영혁신의 메카 LG전자 창원공장에서 단련과 끊임없는 자기개발을 통해, 프로 경영컨설턴트로서 20년 이상 국내외에서 활동하고 있는 정대권 박사.

서울대 국문학과 출신의 국방 전문기자로 뛰어난 문필력으로 주옥같은 글을 많이 생산해 온 정충신 문화일보 선임기자.

서울대 출신의 카이스트 컴퓨터 공학박사로 국립 강원대 교수로 재직하면서 인문학에도 조예가 깊은 김용석 교수.

각계 전문가들이 진솔한 경험과 전문성에서 우러나온 영혼의 울림이 있는 이야기는 독자들에게 많은 감동을 줄 것이라 믿는다.

대한민국은 반도국가로서 강대국들에 둘러싸여 수시로 외침을 당하고 국가의 존망이 위태로운 위기에서도 슬기롭게 반만년을 버텨 찬란한 문화의 꽃을 피우고 있다. 국가경쟁력과 국내총생산(GDP) 규모에서 전세계

10~20위권 수준이고 과학기술경쟁력은 세계 3위로 평가받고 있다.

한류문화도 전세계로 확산되고 있다. 그러나 실물경제는 장기불황에서 빠져나오지 못하고 고비용 정치구조와 후진적 정치행태의 지속, 각종 분열과 갈등도 심각하다.

북한 핵과 안보문제, 미중 무역갈등, 지구온난화로 인한 환경과 기후위기 문제, 코로나 펜데믹으로 인한 국민건강 문제, 청년실업과 일자리문제, 저출산 고령화 위기, 노사분규, 정치적 갈등 등 여러가지 문제도 산적해 있다.

이제 새 대통령 선출을 계기로 분열과 갈등의 깊은 골에서 빠져 나와 모두가 합심하여 국민통합을 이루고 새로운 미래를 개척하고 평화와 통일의 새로운 한반도 시대를 개척해야 한다.

새 정부 출범으로 법치주의가 확립되고 민주주의가 바로 선 나라, 자유와 정의와 공정을 바탕으로 국민통합을 이루고 새로운 도약의 발판을 마련하며 과학기술강국, 남북한 공동번영과 선진평화통일시대를 향해 함께 힘차게 달려가야 할 것이다.

2022년 3월 1일

공동 저자를 대표하여 김창도

추 천 사

2022년을 맞이하여 '대전환시대 대한민국 새로운 도약의 길' 제하 단행본 책자가 발간되었다는 소식을 접하고 무척 기뻤습니다.

4차산업 혁명이 시작되어 산업 전반에 빠른 변화가 일고 있습니다. 경제불안으로 힘든 가운데 코로나 팬데믹 시대 국민의 건강도 위협받고 있으며 모두가 힘든 시기를 맞고 있습니다.

올해는 대통령선거와 지방선거가 연이어 있는 격동의 한해이기도 합니다. 새정부 출범과 함께 새로운 변화의 물결에 맞추어 남북관계를 잘 정립하고 경제회복에 힘써 나간다면 머지않은 미래에 대한민국은 선진국으로 도약할 것으로 믿습니다.

이러한 시기에 다양한 분야에서 활동하는 우리사회의 주역들이 각자의 경험과 식견을 토대로 변화의 시대 개혁정치의 길잡이 역할을 위한 공저를 완성했다는 것은 반가운 소식이 아닐 수 없습니다.

이 책의 공동저자 5명은 우리 사회 각 분야의 핵심 주역들이었습니다. 이 분들의 글은 많은 감동과 교훈을 주고 있습니다. 정치와 안보, 경제회복,

교육에 큰 관심을 가지고 있는 많은 국민들께 이 책을 꼭 권하고 싶습니다.

격동의 시대를 헤치며 쌓은 경험과 지식을 토대로 엮어내신 책 출간을 축하드리고 감사드리며, 대한민국 사회의 변화와 발전에 관심을 가진 모든 분들께 유익한 참고자료로 널리 활용되기를 바랍니다.

2022년 3월 2일

국회미래연구원장 김현곤

추천사

4차산업 혁명이 시작되어 산업 전반에 빠른 변화가 일고 있습니다.

4차 산업혁명의 핵심은 A, AI(인공지능)와 B, BD(빅데이터) BC(블록체인) C, Coin(코인)과 Cloud(클라우드) D, Drone(드론)과 3D print 그리고 사물인터넷 IOT를 비롯한 많은 기술이 초연결과 초지능으로 진행되고 있습니다.

대한민국의 블록체인과 스마트시티 기술의 발전은 동남아를 넘어 세계시장으로 뻗어나가고 있습니다.

경기침체의 장기화로 중소상공인과 영세 자영업자들이 힘든 가운데 코로나 팬데믹 시대 국민의 건강도 위협받고 있으며 모두가 힘든 시기를 맞고 있지만 우리의 미래는 매우 밝습니다.

새정부 출범과 함께 새로운 변화의 물결에 맞추어 개혁과제들을 차근차근 진행시킨다면 대한민국은 보다 비전을 가질 것입니다.

저는 송호대총장으로서 미래의 한국의 변화에 대해 많은 관심을 가져 왔습니다. 공저자 가운데 김창도 박사는 저와 오랜기간 많은 교류와 협력관계를 유지해왔습니다.

많은 국민들이 '대전환시대 대한민국 새로운 도약의 길'을 읽고 힘을 내었으면 하는 마음에서 흔쾌히 추천사를 작성하게 되었습니다.

이 책은 잔잔한 감동과 많은 교훈을 주고 있습니다. 새로운 변화의 시대를 맞이하여 전문가로서의 소중한 경험과 지식이 담긴 책 출간을 축하하면서 대한민국 사회의 변화와 발전에 관심을 가진 모든 분들께 길잡이 자료가 되기를 바랍니다.

2022년 3월 2일

송호대학교 총장 정창덕

대전환시대 대한민국
새로운 도약의 길

공저자 김용석, 김창도, 조영진, 정대권, 정충신

차례

제1부 정치 / 안보 편

제2부 국방 / 군사 편

제3부 경제 / 경영 편

제4부 교육 / 사회 / 문화 편

제3편. 정충신이 만난 사람 | 정충신

제 1 부

정치 · 안보 편

정치와 안보

김 창 도

- 행정학 박사 / 법학 박사(형사법 전공)
- 現 한국공공정책평가협회 서울시 공동회장
- 現 아시아국제행정사 대표
- 現 국가안보통일연구원 대외협력실장 / 수석 연구위원
- 現 민주평통자문회의 자문위원(3선)
- 現 운영이사(한국행정학회 / 한국정책학회)
- 現 한아시아 행정연구회 윤리위원장
- 前 국정원 안보수사관
- 前 한국유권자총연맹 사무총장
- 前 한국외국어대 행정학과 외래교수(한국정부론 / 한국행정론 강의)
- 제 21대 국회의원 선거 출마
- 前 국민의 힘 당협위원장
- 정무특보(오세훈 서울시장 후보 / 윤석열 대통령 후보)
- 대통령 표창 2회 수상(국가안보유공 / 민주평통 의장표창)

경제와 평화 균형정책 필요[1)]

국가의 안위가 달린 대북정책이 중요한 것은 사실이다. 그러나 경제정책, 일자리정책, 저출산 고령화 대책, 교육정책도 국민의 삶의 질과 직결되는 중요정책이며 개헌과 선거구 개편 문제도 주요 정치 현안이다.

우리 경제는 저성장의 연속으로 회복 기미를 보이지 못하고 있다. 성장지표는 하향 곡선을 그리고 있고 세금이 증가하고 국민들이 체감하는 실물경제는 더욱 위기 국면이다. 미 · 중 무역전쟁과 보호무역주의 영향과 정부주도의 소득주도성장 정책이 소득 양극화를 확대하고 기업의 투자 심리를 위축시켜 장기간의 경기침체로 경제가 풀리지 않아 국민들이 빚에 쪼들리고 중소기업이 도산하고 자살률이 늘어나는데도 경제문제를 도외시한 채 대북정책만 전념할 수는 없을 것이다.

경제를 안정시키고 실업률도 줄이고 국민을 위한 민생정책을 제대로 진행시키는 가운데 대북정책도 미국과의 튼튼한 안보 공조 속에 북한의 변화도 촉진시키는 경제 · 평화 균형정책이 필요하다고 본다.

1) 이하 10편의 논설은 필자가 2018년~2022년간 기고한 내외뉴스통신(nbn)칼럼과 월드코리안뉴스 기고문을 인용하여 수정 보완하고 재작성하였음.

2018년 한 해 동안 평창동계올림픽 개최와 세 차례의 남북정상회담과 사상 최초의 북미정상회담이 있었고 남북은 4 · 27 판문점 선언을 통해 완전한 한반도 비핵화가 공동의 목표임을 확인하였다. 평창올림픽 참가는 고립무원의 상태에 있던 북한으로서는 절체절명의 위기 속에서 때를 잘 맞춘 것이라 볼 수 있다. 우리 정부도 북한의 변화에 적극 호응하여 최선의 성의를 다하다 보니 좋은 결과를 가져온 것이다. 일촉즉발의 전쟁 위기에서 평화 분위기로 전환시킨 것만으로도 정부는 역할을 하였다. 싱가포르 북미정상회담에서 완전하고 불가역적인 북한 핵폐기 선언이 예상되었으나 최종 선언문 결과는 북미 간 지속적 평화구축 협력과 한반도 비핵화에 노력한다는 원론적 선언에 그쳤지만, 북미 정상이 만난 자체만으로도 북한이 국제사회에 등장한 의미가 있다고 본다.

2000년 6·15 제1차 남북정상회담이 남북관계의 새로운 물꼬를 트는 계기로 작용했다면, 2018년 세 차례의 남북정상회담으로 남북경협을 비롯한 남북관계 새로운 변화를 예고하였다. 그러므로 문재인 정부에서 추진하고 있는 대북정책은 평화와 통일이라는 방향성은 옳다고 볼 수 있지만, 속도는 조절해야 한다고 본다. 남북관계가 급진전된다고 하더라도 통일이 금방 이루어질 수는 없고 북한의 경제와 사회가 발전할 때까지 일정한 평화 정착 기간이 필요하다. 대통령 임기 내 모든 것을 한꺼번에 이루려고 한다면 무리수가 따를 수밖에 없다.

북한의 경제난은 이전보다 조금 둔화된 적도 있지만, 국제사회 대북 경제제재, 코로나19의 영향, 자연재해 등 삼중고로 고난의 행군 시대에 버금가는 사상 최악의 상황에 직면했다. 북한이 미국과 유엔의 대북제재 조치로 봉쇄되면서 활로를 찾아 외부에 경제적 도움을 요청하는 가운데 남한을 통하지 않고서는 미국을 설득할 수 없다는 것을 깨닫고 대화에 나오게 된 것이라고 본다. 북한이 핵을 폐기한다면 여러나라들이 북한의 경제건설을 적극 지원할 것이다.

그러나 지금은 북한에 대한 일방적인 지원보다는 북한의 비핵화 조치를 지켜보아야 한다. 북한이 핵개발을 중단하고 진정성 있는 비핵화 조치들이 하나씩 이행될 때 대북지원과 북한의 경제발전과 통일 분위기도 확산될 수 있을 것이다. 미국과 UN의 대북제재가 풀리지 않는 한 북한은 경제발전을 이룰 수가 없다. 북한 정권이 핵폐기 후속조치에 성의를 보이지 않는데 우리만 북한을 어떻게 지원할지만 고심한다면 이는 국민의 불안을 가져오는 일이고 궁극적으로 한미공조에도 균열을 초래하는 일이 될 것이다.

문제의 본질은 북한의 핵포기에 대한 진정성이다. 많은 국민들은 그동안의 북한에 대한 부정적 인식의 영향으로 북한 정권에 대한 신뢰성이 그다지 높지 않다. 핵을 가지고 있는 한 국제사회로부터 고립을 계속 자초하게 되고 경제제재로 핵 · 경제 병진노선은 실패할 수밖에 없다.

북한은 1990년초 소련의 붕괴이후 동구권 사회주의 국가들이 연이어 붕괴하자 김씨 정권 체제 생존 차원에서 핵개발에 매진해왔다. 김일성 사후 배급이 중단되면서 수백만의 인민들이 죽어가는 상황속에서도 핵을 개발해온 것이다. 그러므로 인민들의 목숨을 담보로 개발한 핵을 체제보장이 확실하게 담보되지 않은 한 쉽사리 포기하지 않으려고 하는 것이다. 또한, 실제 기술적 조치로도 비핵화 조치가 상당한 시간이 걸리고, 북한이 주장하는 한반도 비핵화는 북한핵 제거와 더불어 한국에 대한 미국의 핵우산 제거, 이로 인한 주한미군 철수라는 복합적인 의미를 내포하고 있어 결코 단기간에 해결하기 어려운 문제다.

이제는 평화정착에 대한 국민적 공감대를 확산하고 경제를 안정시키고 산적한 정치 숙제들도 하나씩 해결해 가면서 북한의 자세 변화를 지켜보는 긴 호흡을 가져야 할 것이다. 북한도 경제발전을 위해서는 개성공단을 재가동하고 나진·선봉, 청진, 신의주, 원산, 남포 지역중 일부만이라도 홍콩,

마카오와 같이 개방해야 할 것이다.

또한, 북한의 산림 분야의 황폐화를 방지하기 위한 체계적인 임업정책도 필요하며, 남북철도 연결도 필요한 사업이다. 남북교통망이 한반도를 넘어 유라시아 대륙과 연결되면 동북아 지역의 1일 생활권이 가능해질 것이다. 한반도 철도가 시베리아횡단철도, 중국 종단철도, 만주 횡단철도와 연결된다면 러시아, 중국, 남북한 모두에게 경제적 이익을 가져올 수 있다. 또한, 러시아산 석탄 등의 광물자원을 러시아 하산에서 북한 나진항까지 철도로 운송한 뒤 나진항에서 화물선으로 옮겨 한국 · 중국 등으로 수출하거나, 아시아 지역 화물을 나진항을 통해 시베리아횡단철도로 운송해 유럽으로 수출할 수 있다면 북한경제도 발전할 것이다. 문재인 정부도 한반도 신경제공동체를 구현해 '경제평화'를 실현하려는 목표를 설정하였다. 한반도의 신경제 구상이나 신북방 구상은 중국, 러시아 등 동북아 상호 연계 발전 및 경제공동체 지향과 국제사회 관심을 촉진시키는 정책이다.

대한민국은 가장 가난한 나라에서 산업화와 민주화를 동시에 달성하였다. 해방 이후 비약적인 경제성장을 가져온 원인은 잘살아보자는 국민들의 단결과 국민통합, 그리고 든든한 우방국 미국의 지원과 뒷받침이 있었기에 가능하였다. 남북평화 시대의 전주곡은 시작되었다. 그리고 대다수 국민들도 평화와 통일을 원한다. 그러나 남북대화와 한반도 평화 정착이 중요하지만 탄탄한 경제가 뒷받침되지 않으면 추동력을 잃고 지지율도 하락할 것이다. 든든한 한미공조 속에서 국내경제가 안정될 때 비로소 평화유지를 위한 대북정책도 빛을 볼 수 있다는 점이 중요하다.

국민 합의와 투명하고 경제 현실에 맞는 실용적 대북정책 필요

2019년 역사적인 2차 북미정상회담으로 얼어붙어 있던 남북관계가 급진전된 것은 미국과 유엔의 강력한 대북압박 전략이 주효했기 때문이며 문재인 대통령의 일관된 대북 메세지와 정치철학도 작용하였다고 본다.

지난 2000년 3월 김대중 전 대통령의 최초 베를린 선언에 이어 2017년 7월 문재인 대통령도 베를린의 쾨르버 재단에서 남북 화해 · 평화구상을 담은 '신(新)베를린 선언'을 발표하고 5대 정책 방향을 제시했다. 6·15공동선언 및 10·4정상선언체제 복귀, 북한체제의 안전보장과 한반도 비핵화, 남북평화협정 체결, 남북경제협력 확대, 정치와 비정치적 교류 분리 등이 그것이다. 그리고 이를 위한 초기 조치로 남북대화 재개, 평창동계올림픽 북한 참가, 군사적 적대행위 중단, 이산가족 상봉 재개 등 4대 제안도 하였다.

북한은 지난 2002년 부산아시안게임과 2014년 인천아시안게임에 공동 출전한 데 이어 2018년 평창동계올림픽에는 여자 아이스하키 남북단일팀과 함께 쇼트트랙, 알파인스키, 크로스컨트리 등 종목에 총 22명의 선수를 참여시켰다.

문재인 대통령이 주장하는 한반도 신경제지도는 남북한 전역을 H축 형태로 개발하겠다는 일종의 남북 경제협력 로드맵이다. 핵심은 동해와 서해, 그리고 남북 접경 지역에 3대 경제협력 벨트를 조성하는 것이다. 남북한이 다양한 네트워크를 통해 하나의 시장을 형성해 경제활로 개척과 경제통일의 기반구축을 하자는 것으로 북한의 인프라 건설은 철도, 도로, 항만, 가스관, 전력, 통신 등이 중심이다. 또한, 북방정책으로 상징되는 남북철도 복원과 중국과 러시아로 이어지는 고속철도 건설은 중국의 일대일로, 러시아의 신동방정책과도 교집합이 존재하고 있다. 북한도 국제사회의 강력한 제재에도 불구하고 변화하고 있다. 장마당 확대와 국영기업의 시장경제활동 인정 등 시장경제적 요소가 점차 확대되는 추세다.

북한은 점진적인 변화가 아니라 비약적인 변화와 도약을 갈망하고 있다. 그러므로 대북정책은 북한의 변화 시점과 맞물려 좋은 정책구상이라 할 수 있다. 그러나 실업문제가 심각하고 국내 경기가 어려운 현시점에서는 아무리 좋은 정책이라 할지라도 국내경제 현실에 맞게 하나씩 조심스레 추진되어야 하며 국회의 합의 나아가 국민적 합의와 동의가 필수적이다. 국내 경기침제 여파로 저성장의 늪에 빠져 있는 상황에서 남북관계 개선 동력은 약화될 수밖에 없고 정부 주도의 일방적인 대북정책은 반발과 갈등을 야기시킬 수밖에 없으며 국내 경제회복이 우선돼야 한다.

북한의 개혁개방과 남북한 공동번영은 모두가 추구하는 이상이다. 그러나 현실적인 걸림돌은 돈이다. 문재인 대통령은 트럼프 대통령과 통화에서 남북경협 비용을 부담할 용의가 있다고 밝혔는데, 북한의 철도, 도로, 항만, 공항 등 10개분야 경협에 소요될 비용이 최소 100조 원 이상이라는 국회연구 조사 결과도 있다. 이는 엄청난 규모의 사업으로 국민적 합의도출이 필요한 사항이며 대기업 등에 협조를 구할 경우 투자금 회수방안에 대한 경제논리가 기초가 되어야 한다. 만약 대륙을 연결하는 고속철도를 건설한다면 남북한과 중국을 중심으로 미국, 일본 자본이 참여해 국제 컨소시움

(consortium) 형태로 진행해야 할 것이다.

평화무드에도 불구하고 북한의 대남적화노선은 근본적으로 하나도 변하지 않았다. 단기간의 전술만 수정된 것이라 볼 수 있다. 김정은의 사회주의 통일에 대한 의지도 초지일관이다. 김정은의 2019년 신년사에는 우리 안보와 직결되는 몇 가지 주요한 메시지가 포함되어 있다.

첫째, 김정은은 주체혁명 자립경제와 함께 사회주의국가 건설을 강조하고 있다. 신년사에는 사회주의 건설이라는 말을 십여차례 이상 반복하고 있다.

둘째, 사실상 한미동맹 해체를 선결조건으로 하는 '조선반도 비핵화'를 거듭 주장하면서 핵무기를 "생산, 시험, 사용, 확산하지 않겠다"고 했다. 즉 "더 이상 핵무기를 만들지도 시험하지도 않으며 사용하지도 전파하지도 않을 것이다"고 강조하면서 '핵 선제 불사용, 비확산' 등 핵확산금지조약 상의 핵보유국의 의무 준수를 강조하였다. 그 이면에는 북한이 사실상의 핵보유국임을 선언한 것이며 조선반도 비핵화는 북한의 핵폐기만이 아니라 미국의 핵우산까지 포함하여 핵국가인 미국의 한반도에서의 철수 즉 주한미군 철수도 동시에 이루어져야 함을 의미한다.

셋째, 한국에게는 개성 공업지구와 금강산 관광 재개 등 경협을 촉구하면서 대북제재를 위한 국제공조 등 외부세력의 제재와 압박에서 탈피할 것을 강조하고, 한미 연합훈련과 미국 전략자산 배치를 중단할 것을 요구하고 있다. 넷째, 정전체제를 평화체제로 전환하기 위한 다자협상 추진을 주장하고 있다. 대북제재가 완화되거나 해제되면 북한은 체제 생존을 이어갈 수 있고 이후 북한의 완전한 비핵화를 견인할 국제사회의 수단도 약해질 것이다. 종전선언과 평화협정이 체결되면 단기적으로 미국의 군사공격이 차단되고, 유엔군사령부 해체와 주한미군 감축 및 철수가 순차적으로 불가피해질 것이다. 종전선언에 대해서는 찬반의견이 팽팽히 대립하고 있다.

찬성하는 입장은 종전선언은 정치적 선언에 불과하며 북한 비핵화 가속화를 위한 북한에 대한 안전보장의 조건, 군사적 신뢰구축조치 활성화를 통한 평화체제 논의 활성화를 위한 선결조건, 적대관계에서 공존관계로 전환을 위한 법률과 제도적 변화의 근거가 된다고 한다. 반대하는 사람들은 종전선언은 전쟁종료 선언이고 이후 유엔군사령부와 한미연합사령부가 해체되고, 결국 주한미군의 철수와 한미동맹의 약화로 연결될 수 있다면서 안보상 위험을 강조한다.

우리의 경제회복과 경제 수준에 맞게 대북지원도 단계적이고 점진적인 방법이 필요하다. 대북사업에 단기간 성과를 기대해서는 안될 것이고 장기적 관점에서 접근해 나가야 하며 국민적 합의와 투명한 정책집행은 필수적이다.

정치는 물 흐르듯이 순리에 따라 행해져야 한다. 대북지원 정책도 국제공조의 큰 틀 속에서 행해져야 할 것이다. 자유대한민국을 수호하기 위해 피흘린 많은 선열들의 은혜와 피땀 흘린 노력도 간과해서는 안될 것이다. 통일은 남북한 자유민주주의와 사회주의, 경제력의 차이 등으로 볼 때 10년 이상 요원한 장기과제다. 당분간의 평화무드는 가능할 것이다. 북한과의 우호관계가 지속된다고 하더라도 한미동맹이 약화돼서는 안될 것이다.

국가지도자의 잘못된 선택과 오판으로 대한민국이 나가야 할 방향을 잘못 선택한다면 우리 국민과 후세는 혹독한 고난과 시련을 맞을 수 있다. 북한이 국제무대로 나오고 평화와 번영의 한반도 시대를 함께 열어가는 것은 환영할만한 일이며 북한이 점차 개혁개방으로 인권 문제도 개선되고 주민의 생활수준도 개선되어야 할 것이다. 그러나 북한경제 건설은 한국의 독자적 도움만으로는 벅찬 과제다. 북한이 대미수교를 통해 국제통화기금(IMF)이나 세계은행 같은 국제기구에 가입하고, 나아가 일본과도 수교회담 재개와 관계개선을 통해 경제강국 일본의 지원도 받도록 우리가 촉진자와 중재자 역할에 충실히 하는 것이 우리 경제 현실을 감안한 실용적 대북 정책이라 할 것이다.

민생경제 주력과 투명하고 합리적 대북정책 필요

문재인 정부는 일촉즉발의 안보위기 속에서 평창동계올림픽을 계기로 대결국면을 대화국면으로 전환하여 남북정상회담과 북미정상회담을 성사시키고 비핵화 협상을 본격화할 수 있는 전기를 마련하였다. 전운이 감돌던 한반도 최악의 위기국면을 평화국면으로 전환시킨 것은 성과가 분명하다.

남북이 합의한 판문점선언(4·27)과 평양공동선언(9·19)을 보면서 많은 국민들은 북한핵이 폐기되고 항구적인 평화체제가 구축되고 유럽 철도 여행도 가능하며 금방 통일이라도 되는 양 희망에 부풀기도 했다.

대화와 협상을 통해 전쟁 위협이 종식되고 평화가 구축되고 대륙을 연결하는 북방철도가 개통된다면 얼마나 좋은 일인가? 그러나 북한이 핵을 쉽사리 포기하지 않는다는 데에 문제의 본질이 있다.

북미회담을 통해 김정은이 핵무기를 일부 은닉하려는 사실이 확인되면서 미국은 여전히 북한의 핵미사일 공격 가능성을 우려하고 트럼프 대통령이 북한의 체제인정과 전폭적인 경제지원을 약속하지 못한 것이다.

북한은 헌법에 핵보유국이라고 선전해왔다. 2012년 4월 최고인민회의를 통해 헌법을 개정하면서 서문에 '핵보유국'임을 명시했고, 2013년 최고인민회의에서는 '자위적 핵보유국의 지위를 더욱 공고히 할 데 대하여'라는 법령(핵보유국 지위 공고화법)도 만들었다.

북한은 노동당규약을 헌법보다 상위에 두고 있다. 2016년 5월 36년만에 당대회를 열어 노동당 규약을 개정했는데 당규에 '노동당은 경제건설과 핵무력 건설의 병진 노선을 틀어쥔다'고 명시하고 있다.

김정은은 핵무기를 고수한 채 경제발전을 시키려는 핵 · 경제 병진노선을 표방해왔다. 국제사회의 눈을 속이고 핵보유국 지위를 고수하려는 북한은 자체 체제결속에는 도움이 될지 모르지만 국제사회에서 고립이 장기화되면 미래도 암울하다.

북한은 표면적인 대화 움직임에도 불구하고 대남혁명 전략노선을 한번도 수정하지 않고 있다. 주한미군 철수와 한반도 사회주의화라는 목표도 변치않고 있다. 1970년대 이래 남북이 합의한 7 · 4 공동선언 등 총 수백건의 성명 · 선언 · 합의서 등을 제대로 이행하지 않은 주체도 대부분 북한이다.

남북한의 역사관이나 인물에 대한 평가와 인식 차이도 크다. 우리는 세종대왕을 성군, 이순신을 민족의 영웅으로 평가하지만 북한의 헌법 서문은 김일성에 대한 찬양으로 메워져 있다. 김일성은 민족의 위대한 태양이며, 사회주의 조선의 시조이며 조선민주주의 인민 공화국의 창건자로 명기하는 등 우상화 작업을 하면서 세종대왕이나 이순신도 봉건주의 잔재라고 평가절하하고 심지어 이성계는 반역자라고 교육하고 있다. 이러한 남북한의 역사인식 차이는 하루아침에 고칠 수도 없다.

미국이 북한의 의도대로 움직이지 않음으로써 교착상황이 장기화될 조짐마저 보이고 있다. 하노이 북미회담이 결렬되고 북한이 미사일 발사를 재개하면서 문재인 대통령의 한반도 운전자론도 시험대에 올랐다. 한국의 경제사정도 좀처럼 회복기미가 보이지 않는다.

김정은의 핵에 대한 집착과 트럼프 대통령의 예측불가능성, 안보문제를 둘러싼 한국 사회의 남남갈등, 양극화 현상에다 심각한 실업문제와 경제문제까지 겹치면서 안보상황도 어렵고 이따금 국가위기도 거론된다.

남북정상회담 등 굵직한 일정을 성사시킨 문 대통령에 대해 많은 국민들은 평화에 대한 희망을 엿보았지만, 날로 악화되는 경제에 대한 우려는 팽배하다.

북미협상 실패 이후 북한은 숨고르기에 들어갔다고 보는 것이 맞다. 우리 정부도 이제 냉철하게 현실을 돌아볼 때다. 우리의 경제사정과 북한의 점진적 변화에 맞추어 남북관계를 조율해 나가야 할 것이다.

북한이 경제건설에 주력하고 있으나 경제토대가 워낙 부실하여 하루아침에 성장할 수는 없다. 통일도 금방 달성될 것이라고 보는 것은 환상이다. 우리도 대통령 임기중에 가시적인 성과와 결과물을 기대하기보다 장기과제로 10년, 20년을 내다보면서 북한의 점진적인 변화와 발전을 기대해 나가야 한다.

정부 대북정책의 대대적인 전환을 촉구하는 여론도 지속적으로 일고 있다. 그동안 북한에 화해 · 화친 · 포용 모드로 일관하고 한반도 평화를 매개체로 한 대북정책을 구사했지만 북한은 여전히 미사일로 위협하고 이렇다 할 효과도 보지 못했기 때문이다.

문재인 정부는 그동안의 국정 운영 성과를 냉철하게 분석하고 경제와 민생문제, 저출산 고령화대책, 청년실업문제 해결에 총력을 다해야 할 것이다.

국내 일자리정책과 경제회복을 우선하고 안보문제를 비롯하여 정치, 경제 등 분야별 성과와 한계를 냉철하게 분석하고 평가하여 남은 임기를 자성하는 자세로 새롭게 준비해야 한다.

대통령이 오로지 남북문제에만 올인하거나 일방적으로 북한을 지원하는 것은 바람직하지 못하며 민생 경제회복에 주력하면서 한미공조의 원칙도 지키고 북한문제도 풀어나가야 한다.

또한, 국민들이 정부와 대통령의 말을 못믿는 상황이 되면 안된다. 한미관계 및 남북관계에서 발생하는 문제도 솔직하게 발표하고 투명하고 합리적으로 정책을 추진해야 국민의 신뢰를 얻을 수 있게 되고 국가안보도 튼튼해질 수가 있다.

위기의 대한민국, 국익 위주 정책과 합리적 이성이 필요

과거와 현재와 미래는 분명한 함수관계가 있고 역사적 맥락 속에서도 서로 연결돼 있다.

에드워드 카(Edward Hallett Carr)는 "역사는 현재와 과거와의 끊임없는 대화"라고 하였다. 아놀드 토인비(Arnold Toynbee)도 「역사의 연구」에서 "역사는 창조적인 소수자가 극한의 도전에 응전해 온 과정"이라고 도전과 응전을 강조하고 "변화의 순간에 어떻게 대처하느냐에 따라 역사의 승자와 패자로 갈린다"고 했다.

해방이후 한국은 눈부신 경제발전을 이룩했다. 산업화와 민주화도 동시에 달성하였다. 그 배경에는 우리 국민의 단결과 노력이 있었기 때문이었지만 한 · 미동맹과 한 · 미 · 일 안보협력 구도 속에서 국가안보가 튼튼히 유지되었기에 가능했다.

북한은 세습체제를 유지하면서 정치적 비판을 허용하지 않고 외부세계와 단절하면서 오로지 핵 · 미사일 개발과 군사강국만 추구해왔다.

70년 이상 적대관계를 유지하던 남북한이 평창올림픽 이후 평화를 기치로 큰 변화 조짐을 보이면서 전통적인 우호관계를 유지하던 미국, 일본도 이전과 다른 양상을 보이고 있다. 도널드 트럼프 대통령이 집권하면서 미국 우선주의를 내세우고 이념보다 경제적 이익을 우선시하며 한미방위비 분담금 인상요구와 주한미군 철수도 주장함으로써 미국도 영원한 우방으로만 볼 수는 없다는 견해도 있다.

남북관계가 교착국면에 접어들고 요즈음은 한일관계가 새로운 정치문제로 등장하고 있다. 사실 한일관계는 해묵은 역사문제에 의해 발생되었다고 해도 과언이 아니다. 과거 청산의 문제가 외교에 악영향을 미치면서 양국간의 감정의 골은 깊어질 대로 깊어졌다.

일본 정부가 한국 대법원의 강제징용 판결을 빌미로 수출규제 강화, 화이트리스트 배제 선언을 하고 우리도 맞불전략을 펴면서 한국과 일본의 수출규제를 비롯한 무역전쟁은 장기화할 조짐마저 보였다. 첨단기술과 전자부품 수출 허가절차에서 우대를 받지 못하게 되면서 양국간 서로 피해만 남은 싸움으로 변질되고 있다. 아베 신조 총리를 비롯한 일본 정치인들의 독설은 분명 우리 국민의 자존심에 큰 상처를 주었다. 북한이 군사무기 개발에 열을 올리면서 일본과 괌을 타격할 수 있는 신형 미사일을 개발하고 남북관계가 급진전되는 경향을 보이면서 일본은 위기의식을 느끼고 평화헌법 개헌을 통해 전쟁가능국으로 변신하면서 북한의 위협에 대처하고 일본 내부의 결속력도 다지고 정치적 지지를 확보하려는 전략이 숨어있다.

분명 한일관계 악화 원인은 일본에 있다. 일본이 그동안 식민지통치에 대해 몇 차례 사과하였지만, 진정성 있는 사과라고 볼 수 없었다. 일본을 방문한 앙겔라 메르켈 독일 총리도 아베 총리를 만나서 과거를 솔직히 인정하고 사죄하는 것만이 주변국과의 화해를 위한 전제조건이라고 강조하면서 그릇된 역사 인식을 지적하였다. 그러나 현실과 미래를 내다보지 않는 우리 정부의 감정적 대응 또한 큰 문제가 아닐 수 없다.

일본은 결코 만만한 나라가 아니다. 아직은 우리보다 강대국이다. 인구도 경제력도 우리보다 우위에 있다. 군사력도 비슷하다. 전세계에서 주변이 초강대국으로 둘러싸인 나라는 대한민국뿐이다. 우리는 미국, 러시아, 중국, 일본 어느 나라와도 대립해서는 안된다. 국력이 많이 강해졌으나 한반도 주변 4강의 힘과 영향력이 아직도 우리보다 강하다는 점을 간과해서는 안된다. 국가안보를 생각한다면 어느 나라도 소홀하게 대해서는 안되는 입장이다. 우호적인 관계를 계속 유지해 나갈 때 평화가 유지되고 남북통일의 희망도 보일 것이다.

문 대통령도 광복절 경축사에서 '아무도 흔들 수 없는 나라'를 여러 번 주장하고 "우리가 힘을 가지면 대륙과 해양을 잇는 나라 동북아 평화와 번영의 질서를 선도하는 나라가 될 수 있다"고 미래비전을 강조하였다.

윈스턴 처칠(Winston Leonard Spencer Churchill)은 "만약 우리가 현재와 과거를 서로 경쟁시킨다면 반드시 미래를 놓치게 될 것이다"고 하였다.

롱펠로우(Henry Wadsworth Longfellow)도 "과거는 과거로 파묻어 버려야 한다. 과거의 죄악감으로 장래의 일까지 어둡게 해서는 안 된다. 백지상태에서 새로운 출발을 해야 한다"고 강조하였다. 과거사에 얽매여 한일관계의 미래를 어둡게 해서는 안될 것이다.

국가안보를 유지하려면 국제적 현실 변화를 다각도로 분석하고 사태수습을 해 나가야 한다. 우리 경제와 안보에 막대한 영향을 끼치는 한일관계가 최악의 위기상황으로 치닫고 있다. 한일 무역전쟁이 계속되면 우리 경제는 추락하게 될지도 모른다. 일본제품 불매운동이나 일본 정치인 비난에 몰두하는 감정적 대응보다는, 냉철하고 차분하게 사태를 분석하고 합리적 해결책 모색에 집중해야 한다. 자존심보다는 국가안보와 국가이익을 우선해야 한다.

국가의 존망과 국민의 생명이 달린 외교 · 안보는 한번 무너지면 더 이상 회복 불능이다.

혁신과 국민통합으로 위기를 극복하고 통일시대에 대비하자

북한의 핵개발로 촉발된 위기가 한반도 전역을 감싸고 있으며 장기간의 경기침체로 각종 사회적 불만이 요원의 불길처럼 분출되고 있다. 위기에는 반드시 해답이 있다. 국민통합과 경제회복, 북한핵 문제 해결이 해답이다. 국민통합과 북한핵 문제가 슬기롭게 해결된다면 유라시아 철도복원과 러시아산 천연가스와 석유를 북한을 거쳐 운반하는 송유관 개설로 북방길을 열고, UN의 대북제재가 해소되면 개성공단도 재가동하여 남북한 공동번영도 모색하며 사회 곳곳에 만연된 부패도 척결하고 정치와 사회를 혁신하고 평화와 번영의 한반도 통일시대가 열릴 것이다.

대한민국은 5천년 간 끊임없는 외부침략 속에서도 살아남은 나라다. 또한, 제2차 세계대전 이후 탄생한 여러 신생국 가운데 유일하게 분단국이면서도 가장 단기간에 산업화와 민주화를 동시에 이룬 나라다. 이른바 '한강의 기적'을 이룬 위대한 나라다. 우리의 활동무대는 아시아를 뛰어넘어 세계 각국으로 확대되고 있다. 세계 여러 나라에 삼성반도체와 현대자동차 공장이 있고 스포츠 강국이며 한류문화와 방탄소년단(BTS) 등의 활동으로 유럽과 남미에서도 한국의 춤과 노래가 유행하고 있다. 세계 10위권의 경제강국으로 선진국 문턱을 넘어서고 있다. 아시아 여러 나라에서 대한민국에서 돈을 벌기 위해 입국하려고 줄을 서고 있다.

급속한 경제발전의 배경에는 우리 국민의 근면 단결과 함께 미국의 지원과 '한미상호방위조약'이 한미동맹으로 발전해 우리의 안보와 정치, 외교, 국방, 경제, 교육, 문화 등 여러 영역에서 길잡이가 되고 국가발전의 든든한 버팀목 역할을 해왔다. 그런데, 문재인 정부 출범 이후 북한과의 관계개선에만 치중하면서 주한미군 철수와 종전선언 주장이 자주 등장하고 한미동맹은 상대적으로 약해진 느낌도 든다.

반면에 북한은 핵무력으로 우리와 미국을 위협하고 있으나 GDP 수준은 세계 최하위로 극빈국 수준에 머물러 있다. 그 원인은 3대 세습 정치체제로 독재권력에 대한 건전한 비판이 용납되지 않고 언론의 자유도 없으며 인권이 보장되지 않고 주변국과 외교관계를 다지지 않고 오로지 체제유지를 위한 핵개발과 전쟁연습에만 몰두해 온 결과다. 또한 북한은 남한의 사회주의화를 줄기차게 외치고 있다. 1972년 북한은 헌법에서 "자주적인 사회주의 국가"라고 선언하였다. 1992년 개정헌법 제9조에 "사상, 기술, 문화의 3대혁명을 힘있게 벌여 사회주의의 완전승리를 이룩하며 자주, 평화통일, 민족대단결의 원칙에서 조국통일을 실현하기 위하여 투쟁한다"고 하고 있다. 2010년에 개정된 조선노동당 규약에는 '조선노동당의 당면 목적은 공화국 북반부에서 사회주의 강성국가를 건설하며 전국적 범위에서 민족해방민주주의혁명의 과업을 수행하는 데 있으며 최종목적은 온 사회를 김일성-김정일주의화 하여 인민대중의 자주성을 실현하는 데 있다'고 명시하는 등 한반도 사회주의 통일을 초지일관 목표로 하고 있다. 그러나 북한식 사회주의는 실패한 이념이며 개혁개방과 시장경제 도입만이 발전과 번영을 가져올 수 있다.

우리나라 국가안보의 최대 위협은 북한 핵문제다. 안보는 결코 연습이 있을 수 없다. 절대 방심해서는 안된다. 북한핵 확산방지와 핵을 폐기하기 위한 다각도의 노력이 필요하다. 미국 등 국제사회와 함께 압박과 설득을 병행하며 강온 양면전략으로 긴밀한 공조를 해 나가야 한다.

정부도 무조건 북한에 대한 일방적 경제지원 정책이 아니라 북한핵의 폐기속도나 북한의 정책변화와 균형을 맞추어 점진적인 지원정책이 필요하며 북한의 개혁개방과 정치민주화와 인권개선 문제도 함께 개선해 나가는 포괄적 지원정책이 필요하다. 북한 핵문제를 빌미로 일본은 평화헌법 9조를 바꾸려고 하고 있으며 개헌이 된다면 군대도 보유할 수 있고 나아가 자위권 차원의 핵개발도 시도할 수 있다. 통일은 민족적 과제이며 북한의 내부 변화 속도에 따라 예상보다 빨리 올 수도 있다. 독일은 급진적으로 통일이 됨으로써 과다한 통일비용이 발생하였다. 남북한도 급진적인 통일로 인한 혼란을 막기 위해서는 점진적인 통일이 바람직하다. 향후 남북한의 통일을 대비하면서 법과 제도정비와 통일기금 조성을 비롯하여 각 분야의 통합을 차분하게 준비하는 자세가 필요하다.

한국은 안팎의 위기에 직면해있다. 극심한 국론분열도 심각하다. 국회는 국민의 의사를 대표하는 기관임에도 당리당략이나 총선 의석 확보에만 사활을 걸고 있다. 청년실업문제와 노인빈곤 문제도 심각하고 가계 부채문제도 심각하다. 국가부채도 심각한 수준이다. 연금고갈 위기도 종종 거론되고 있다. 국가부채 규모도 빠르게 증가하고 있다. 정부의 선심성 복지정책도 많은 비판을 받고 있다. 경제적으로 선진국이 된 이후에 본격적인 복지정책을 실시해야 한다. 현재 수준에서 지금과 같은 복지정책으로는 경제전체가 어려워질 수밖에 없다. 복지비 부담이 재정불안정과 국가부채의 증가로 전이되고 있다. 중앙부처간, 중앙정부와 지방자치단체간 포퓰리즘 정책경쟁으로 중복급여가 늘어나고 있다. 복지비 증가에도 불구하고 사회안전망은 위기상태다. 저출산 고령화 사태가 가속화하면서 생산가능인구가 감소하는 인구절벽 현상이 심각하다. 국민연금과 건강보험 재정부담도 가

중되고 있다. 공적연금 문제도 현재는 물론 자손들의 미래와 연관되는 문제로 합리적인 개혁이 필요하다.

정치인과 관료는 물론 모든 국민이 현실을 직시하고 각성하며 정치와 사회문화 모두 혁신을 해나가야 한다. 대한민국은 국난의 위기를 당할 때마다 살신성인의 자세와 대동단결로 위기를 극복해왔다. 개인의 이익보다 국가의 미래를 우선 생각하면서 국민통합을 이루고 통일시대에 대비해야 할 것이다.

오세훈 서울시장과 함께 기념 사진

오세훈 서울시장과 국회에서

기로에 선 위기의 대한민국 법과 제도혁신과 새로운 도약이 필요하다

우리는 중국과 몽골, 일본으로부터 침략을 당하면서도 꿋꿋하게 살아 남았다. 역사를 살펴보면 고구려와 수나라, 고구려와 당나라, 신라와 당나라, 고려와 거란, 고려와 몽골, 조선과 일본의 임진왜란과 정유재란, 조선과 청나라의 병자호란, 6 · 25전쟁 등 수많은 전쟁이 벌어졌으며 전쟁을 통해 많은 교훈을 얻고 국방력을 키우고 과학기술 문화를 발전시키고 성장해 왔다. 20세기 역사학자 토인비(Arnold Joseph Toynbee)는 인류의 역사를 '도전과 응전'이라고 하였으며 문명의 시작은 자연재해라는 커다란 도전 앞에 살아남기 위한 응전의 결과로 보았다.

충무공 이순신 장군은 절대적으로 불리한 여건에서도 승리할 수 있다는 신념을 보여주었다. 이순신은 군사 전략 전술, 역사와 인문학, 과학기술분야에도 소양이 깊었다. 함대 설계 및 군사훈련과 운영에도 탁월한 능력을 보였고 남해안 여러 섬에 둔전을 만들어 식량을 자급자족했으며 해로통행첩 발행과 어업 활동으로 군량과 군비를 충당하기도 했다. 그의 전략전술과 리더십은 세계 해전사에서도 높이 평가받고 있다.

그 밖에도 자발적으로 들고 일어난 수많은 의병들의 애국정신도 잊지 말아야 할 것이다. 일제식민지시대 주권회복과 대한민국 건국을 위해 피땀 흘리고 노력했던 수많은 독립투사들의 고마움도 기억해야 할 것이다.

6·25전쟁으로 풍전등화의 위기에 처한 대한민국을 구하기 위해 참전한 UN군은 전투병력 제공 16개국과 덴마크 등 의료지원국 5개 나라였다. 연인원 기준으로 195만여명이다. 미국은 공산주의 세력의 확산을 막고 자유민주주의를 지키기 위해 6·25전쟁에 48만명의 병력을 지원해 3만여명의 전사자가 발생하였다. 영국은 5만 6천명을 파견했고 에디오피아 황실 근위대 '강뉴 부대'는 5차에 걸쳐 6천여명이 파견되어 253번 전투에서 모두 승리했다. 이들의 희생이 있었기에 대한민국은 전쟁의 위기를 극복하고 전국민이 대동단결하여 경제를 발전시키고 최극빈국에서 경제강국으로 변모하였으며 산업화와 민주화를 동시에 성공시킨 나라로 평가받고 있다.

대한민국은 전세계 유일한 분단국이다. 남북정상회담과 북미정상회담은 북한을 세계무대에서 새롭게 조명받도록 만들었지만 핵무기와 함께 남조선 적화통일을 포기하지 않으려는 일관된 북한의 정책은 우리 안보를 여전히 어렵게 만들고 국론분열도 초래하게 만들고 있다.

북한도 같은 민족이고 함께 잘 살아야 할 대상이며 평화와 번영의 공동주체로 평화적 통일을 위한 대화와 협력의 동반자다. 그러나 핵무기를 포기하지 않고 적화통일노선을 포기하지 않는 한 여전히 안보에 위협적인 존재이고 늘 경계해야 할 대상이 될 수밖에 없다.

정부도 북한에 일방적으로 끌려가는 방식의 협상 태도는 지양해야 할 것이며 북한이 핵을 포기하는 것이 북한 체제안정과 경제발전에 더 유리하다는 메시지를 기회 있을 때마다 인식시켜 나가야 할 것이며 굳건한 한미동맹 관계는 잘 유지해야 한다.

대다수 국민이 평화와 통일을 염원하지만 한반도 주변의 대내외 환경은 수시로 변하고 있다. 국가의 생존과 번영을 위해서는 시시각각으로 변하는 국제정세와 미중 대결과 한반도 주변 정세를 살펴나가야 한다. 북한의 변화, 국내 정치적 변화도 평화와 통일의 중요한 변수다.

경제는 발전하였지만 현실을 살펴보면 북한 핵문제로 인한 안보불안이 여전히 숙제로 남아있고 정치적 갈등과 각종 부정부패와 고질적인 병폐도 남아 있다.

극심한 정치적 대립과 빈번한 노사분규와 갈등, 양극화와 사회적 불평등 해소, 끝없는 지역갈등, 권력층의 도덕적 해이와 부정부패가 문제이며 기후변화와 환경 오염문제, 기본소득제와 사회복지 대책도 풀어나가야 할 숙제다.

대한민국은 10대 선진국으로 평가받고 있으나 내실이 아직 부족하다.

세계 최고의 초고속인터넷 보급률과 높은 교육 수준, 전 세계로 확산되는 한류문화와 높은 시민의식은 희망적이지만, 북한 핵무기를 둘러싼 안보불안과 정치적 불안, 장기 경제침체로 최근 몇 년간 국가부채가 빠르게 증가하고 있는 점, OECD 가입 국가중 자살률 1위 기록, 지속적인 시위문화 등은 큰 위기로 보인다.

전대미문의 코로나 바이러스 감염증(코로나19) 사태가 전 세계를 혼돈에 빠뜨리고 있다. 코로나19로 인한 전 세계 사망자가 2021년 12월 기준 530만명을 넘어섰다. 사회적 거리두기와 비대면 접촉이 일상화되고 있고 나라마다 방역시스템에 대해 새로운 반성과 성찰의 시간이 되고 있다.

코로나19 바이러스는 기후변화와 생태계 파괴에서 기인한다는 추측 이외에 정확한 원인과 실체를 알지 못한 채 확진자는 줄지 않고 장기화 조짐마저 보이고 있다. 질병관리본부도 질병관리청으로 승격되었다.

역사적으로 14세기 페스트, 16세기 천연두, 19세기 콜레라, 20세기 스페인 독감 등이 엄청난 사망자 낸 전염병이다.

코로나19 사태로 제조업체 생산이 감소하고 있고 각종 모임이 이루어지지 않아 경기침체가 지속될 수 있으며 미국과 중국의 강대강 무역 패권전쟁 장기 대치 사태도 저성장의 늪에 빠진 우리 경제에 큰 악영향을 미치고 있다.

반면에, 코로나19 사태로 비대면 접촉이 일상화되면서 국가능력의 기준이었던 군사력이나 경제력 못지않게 건강보건 문제와 국가의 위기관리 능력과 국가와 시민사회 간의 소통, 신뢰, 협치가 중요하다는 교훈을 주고 있다.

국가의 주된 기능과 임무가 핵무기와 미사일, 장사정포 등 군사적 위협과 테러와 폭력으로부터 국민을 보호하는 것이 전통적 개념이었지만 21세기 국가의 새로운 임무는 바이러스, 오염물질, 기후변화, 미세먼지 등으로부터 국민의 건강과 생명을 보호하는 것도 포함된다.

국민의 생명과 안전이 군사적 위협에 대한 대비도 중요하지만, 복합적인 위기관리나 안전관리능력도 평가받게 된 것이라 할 수 있으며 군사안보에서 기후나 생태변화와 같은 신안보까지 염두에 두는 안보포커스의 확대로 볼 수도 있다.

대한민국은 공공의료 인프라와 국가관리 시스템, 정보화와 개방화, 성숙한 시민의식이 어울려 새로운 선진국형 모델을 만들어나가고 있다.

1994년 국제연합개발계획(UNDP)에서 제시한 '인간안보'(Human Security)는 군사력 위주의 전통적인 국가안보 개념에서 벗어나 인간의 생명과 존엄을 중시하는 안보의 새로운 패러다임으로 감염병, 식량, 경제, 환경으로부터의 안전 등 다양한 개념을 포괄하는 적극적 안보개념으로 최근 보건안보와 함께 주목받고 있다. 코로나19 사태를 계기로 아시아 여러 나라가 인간안보협력 플랫폼으로 새로운 협력의 발판을 만드는 계기로 작용할 수 있다.

보건 · 의료, 환경, 재난 · 재해 등 신안보 위협에 대비해 각종 정보를 신속히 공유하며 공동대응책을 모색하고 정부, 기업, 민간이 참여하는 거버

넌스 플랫폼을 구축하는 것이다. 위기를 기회로 만들어나가야 한다.

국회는 생산적이고 일하는 국회가 돼야 한다. 헌법도 시대변화에 맞게 바뀌져야 하며 양극화 해소, 취약계층의 보호, 저출산 고령화 문제와 청년 실업 해소에 중점을 두어야 할 것이다. 개별적으로 흩어져 있는 4,400여개의 행정 법령도 통일적으로 규율할 수 있는 행정기본법 제정도 필요하다. 남북관계도 위기와 도약의 기회가 공존하고 있다. 북한이 적극 협조한다면 2032년 남북공동올림픽 개최도 가능한 현실이 될 수 있다.

대한민국이 위기를 딛고 선진국으로 도약하려면 상식이 통하는 공정한 세상이 되어야 하며 튼튼한 국가안보를 토대로 법과 제도혁신과 새로운 도약을 위한 변화와 혁신이 필요하다.

위기의 대한민국, 통합의 리더십으로 새로운 시대를 대비하자

대한민국은 선진국 문턱에서 몸살을 앓고 있다. 국가경쟁력과 국내총생산 규모에서 전 세계 10위권 수준이고 과학기술경쟁력은 세계 3위로 평가받고 있다. 한류문화도 전 세계로 확산되고 있다. 경제지표로만 보면 선진국에 진입한 것 같다. 그러나 내부상황을 들여다보면 경제는 장기불황에서 빠져나오지 못하고 고비용 정치구조와 후진적 정치행태의 지속, 각종 분열과 갈등으로 후진국으로 밀려날 것 같은 분위기마저 감돌고 있다. 극심한 경제위기 속에 계층간 갈등과 진영대립, 이념대립도 극심하다.

이제 분열과 갈등의 깊은 골에서 빠져나와 새로운 미래를 개척하고 평화와 통일의 새로운 한반도 시대를 대비해야 한다.

통일은 우리 민족의 사명이며 통일한국은 동북아 중심국가로 우뚝설 수 있다. 통일이라는 원대한 과제 앞에는 남북화합, 지역갈등과 동서화합, 계층간 화합, 세대간 화합이라는 당면 과제도 우리 앞에 놓여 있다. 남북한은 정치체제와 이념은 물론 언어와 문화면에서도 많은 차이가 있다. 이런 차이를 극복하기 위해서는 서로 다른 점을 이해하고 극복해 가는 지혜를 가져야 하며 통일 헌법도 준비하고 통일대비 교육도 실천해 나가야 한다.

북한 핵문제도 여전히 해결해야 할 과제다. 북한 노동당 규약과 사회주의 헌법에는 적화통일 원칙과 핵 · 경제 병진노선이 변함없이 살아있다. 그러나 북한이 평화를 위협하지 않도록 대화와 타협을 통해 국제사회 일원으로 끌어내야 한다. 튼튼한 안보 속에 간첩과 불순분자는 색출해 나가야 하지만 북한을 적대시할 필요는 없고 북한을 배제하거나 고립시키는 정책을 취해서는 안된다. 북한도 같은 민족이고 함께 잘 살아야 할 대상이며 평화와 번영의 공동주체로 평화적 통일을 위한 대화와 협력의 동반자다.

2032년 하계올림픽은 남북공동 개최가 바람직하다. 북한이 국제사회에서 인정받고 북한의 경제성장을 가져올 수 있는 결정적 계기로 작용할 것이다. 현실적으로 이념과 체제가 다른 남북한 공동올림픽 개최가 쉽지 않겠지만 다각도로 북한도 설득하고 여러 국가들도 설득해서 성사시켜야 한다. 세계평화에 기여하고 남북한의 화합과 발전을 위해 2032 하계올림픽 개최의 당위성을 적극 국제사회에 알린다면 많은 호응과 동조를 얻을 수 있을 것이다.

독일의 빌리브란트 총리는 동서독간 공존의 관계를 인정하고 화해협력 정책으로 독일통일의 기초를 마련했다.

전 세계는 전대미문의 COVID-19(코로나19)의 여파로 전환기 상황에 돌입하고 있다. 사회적 거리두기와 나라마다 봉쇄 정책이 성행하며 미 · 중 · 러 강대국을 위시하여 각국이 자국의 이익을 앞세우며 보호무역주의를 더욱 심화시키고 있다.

최근 한반도 주변 안보 현실은 미국은 대선으로 양분된 국민여론을 통합시켜야 할 과제가 남아있으며 러시아는 신형 핵추진 순항미사일 등 신무기 개발로 국제사회를 긴장시키고 있다. 미 · 중 무역전쟁으로 인한 갈등, 중국과의 갈등, 일본과의 갈등, 북한과의 갈등 등 여러가지 난제들이 복잡하게 얽혀있다.

미 · 중 패권전쟁과 한 · 일간 해묵은 갈등의 복합적 난관 속에서 우리의 안보를 지키기 위해서는 민주주의 가치를 공유하는 한 · 미 동맹관계가 흔들리지 않아야 하며, 일본과도 우호적 외교관계도 회복해 나가야 하며, 태국, 베트남, 인도네시아 등 아세안(ASEAN) 여러 나라들과 교류협력도 강화해 나갈 수 있는 지혜와 통합의 정치적 리더십이 필요하다.

보호무역주의와 국가 이기주의가 팽배한 현실에서 국가보다 인간이 우선이 되는 홍익인간(弘益人間) 이념과 홍익사상은 세계를 통합하는 새로운 이념과 사상으로 제시할 수 있다. 홍익인간 이념은 “널리 인간세계를 이롭게 한다”는 뜻으로 대한민국 건국이념이자 교육이념이다. 고조선의 건국신화에 기원하며 「삼국유사」와 「제왕운기」에도 기록되어 전한다. "사람이 먼저다"라는 공자의 민본사상(民本思想)과도 일맥상통한다.

전 세계는 이미 4차산업 혁명시대로 접어들었다. 4차 산업혁명은 정보통신기술의 발달과 융합으로 이루어지는 혁명적 변화로 인공지능기술 및 사물인터넷, 빅데이터 등 정보통신기술(ICT)과의 융합을 통해 생산성이 급격히 향상되고 제품과 서비스가 지능화되면서 경제 · 사회 전반에 혁신적인 변화가 나타나는 것을 의미한다. 초연결, 초지능, 초융합의 디지털 혁명에 기반하여 물리적 공간, 디지털 공간, 생물학적 공간의 경계가 희석되는 기술융합의 시대로 플랫폼(platform) 혁명, 인공지능기술, 빅데이터, 스마트시티, 클라우드컴퓨팅, 블록체인, 디지털 혁명과 암호화폐 등으로 상징되고 있다. 4차산업 혁명시대에 대한민국은 비록 작은 나라지만 인터넷 강국, 과학기술 강국으로 큰 경쟁력을 가진 나라로 세계 속의 대한민국 이미지를 부각시켜야 할 것이다.

인간 안보는 군사력 위주의 전통적인 국가안보 개념에서 벗어나 인간의 생명과 존엄을 중시하는 안보의 새로운 패러다임이다. 군사적 위협 못지않게 에너지, 식량, 환경 등에 관련된 위협으로부터도 보호되어야 한다는 것이다.

자살률이 수년간 세계 최고 수준을 기록하고 있다. 도산하는 중소기업이 속출하고 코로나19로 죽는 사람보다 자살로 사망하는 사람이 더 많고 노인층보다 젊은층에서 현실을 비관한 자살자가 늘어나는 안타까운 현실이다. 과학기술의 발달과 함께 인간안보라는 넓은 의미로 인간의 가치와 본질에 근거한 노인과 사회적 약자도 존중받고 인간이 안전하고 행복한 사회를 만들어 나가야 한다. 따뜻한 인정이 있는 나라, 믿을 수 있는 신뢰받는 나라가 되어야 한다.

COVID-19(코로나19)라는 세계적 팬데믹(pandemic) 상황은 우리 경제를 더욱 어렵게 만들고 있지만 한편으로는 대한민국의 코로나 대응시스템과 K-방역이 전 세계적인 평가와 주목을 끌고 있다. 우리는 이러한 기회를 도약의 발판으로 활용해야 한다.

대한민국은 반만년 역사 속에서 수많은 국가 존망의 위기에도 불구하고 국난을 슬기롭게 극복해왔다. 을지문덕과 강감찬, 이순신 같은 뛰어난 군사전략가가 있었고 안중근 윤봉길 같은 살신성인(殺身成仁)한 애국자가 있었으며 세종대왕 같은 한글을 창제하고 과학기술을 장려한 지도자와 이율곡, 정약용 같은 미래를 내다보는 탁월한 식견을 지닌 학자가 있었다.

경제적 위기를 조속하게 극복하고 남북통일의 초석을 다지고 미래의 한반도 중심국가로서 위상을 제고하고 재정립하기 위해서는 부정부패를 척결하고 당파적 이익보다 대승적 차원에서 국가를 구할 인재를 등용해야 하며 보다 낮은 자세로 잘못은 반성하고 국민의 지혜를 모아 나가는 것부터 출발해야 한다.

청년과 다음 세대에게 꿈과 희망을 심어주기 위해서는 실업문제를 해결해 나가고 분열이 아닌 통합으로 국민의 마음을 하나로 모아나가야 할 것이다. 소통과 화합은 변화와 발전의 추진력이며 경제회복의 디딤돌이다. 불의와 반칙이 성행하지 않도록 법과 원칙도 바로 세워나가야 한다.

위기 속에서도 탕평과 통합의 리더십으로 경제를 회복하고 평화와 번영의 새로운 시대를 차분하게 준비해 나가야 할 시점이다.

윤석열 대통령 후보와 기념사진

원희룡 前 제주지사와 국회에서

유연하고 원칙 있는 외교안보로 평화와 번영의 시대를 열어가자

조바이든(Joe biden)이 험난한 과정을 거쳐 제 46대 미국대통령으로 취임한 이후 도널드 트럼프 시대와는 전혀 다른 대외 정책을 펴고 있다.

한미관계의 걸림돌이 되고 있는 방위비 분담 협정 타결이나 주한미군 유지와 관련한 문제는 우리의 안보와 경제에도 직결되는 만큼 바이든의 정책은 매우 중요하다. 바이든은 취임과 함께 파리기후변화협약에 복귀하고 인종차별 완화 목표를 위한 행정명령에 서명했다.

세계보건기구(WHO) 탈퇴 절차 중단, 이슬람국가 국민 입국금지 철회, 멕시코 국경장벽 건설을 위한 비상사태 효력 중단 조치도 내렸다. 바이든 정부가 지향하는 외교정책 방향은 가치에 기반한 동맹관계의 회복과 트럼프 시대 미국 우선주의에 흔들린 다자주의 협력이 될 것이라는 게 전문가들의 의견이다. 바이든 정부가 트럼프 정부의 '톱다운(top-down)' 방식 대신 상향식의 '바텀업(bottom-up)' 의사결정 방식, 동맹을 비롯한 주변국과 공조를 중시하는 다자주의적 접근 방식을 취하고 있다.

트럼프는 극단적 보호무역주의자로 기업인의 시각에서 북한을 바라보았지만, 바이든은 36년간 미국 상원의원으로 활동한 중도파 원칙주의자로 볼 수 있다. 트럼프 시대가 미국의 국가이익을 앞세우고 실리주의를 정책목표로 삼았다면 바이든 시대는 정치적 극단주의와 백인우월주의를 배격하고 있어 우리도 원칙적인 대북정책과 외교안보 정책, 정치 노선이 필요하며 원칙과 상식선에서 안정적 평화관리가 필요하다.

국가안보는 늘 최악의 경우를 염두에 두어야 하고 지나친 낙관은 절대 금물이다. 바이든 정부는 내부 분열과 갈등을 해소하고 경제회복과 민주주의 가치를 공유하는 동맹국 및 파트너 국가들과의 협력을 통해 세계질서를 주도해 나가고 있지만, 전시작전통제권 전환과 한미연합훈련도 원칙적 입장을 고수하고 있고 북한이 핵을 포기하도록 경제제재 계속 등으로 압박을 가할 가능성도 있고 북한이 핵실험이나 미사일 발사 등으로 도발할 경우 대북강경책으로 선회할 가능성도 배제할 수 없다. 우리 정부도 굳건한 한미공조를 바탕으로 미국과 UN 등 국제기구를 통한 협력과 주변국과의 외교관계 개선으로 동북아 평화분위기를 지속시켜야 한다. 여러가지 전개되는 상황 변화에도 유연하게 대처해야 할 것이다.

20세기 세계사에 획기적인 페레스트로이카(Perestroika, 소련의 사회주의 개혁이데올로기)와 글라스노스트(Glasnost, 고르바초프가 실시한 개방정책)개혁·개방 정책은 급기야 1989년 11월 9일 베를린 장벽을 붕괴시키고 1990년 10월 3일 독일이 하나로 통일되는 계기가 되었다. 1990년 11월 15일 소련이 해체되고 동유럽 사회주의가 연쇄 몰락했지만 북한은 힘겹게 버티고 있다.

대한민국은 강대국의 틈새에 낀 아주 작은 나라다. 그러나 한반도는 세계대전의 화약고가 될 수 있는 위험성을 늘 안고 있는 세계에서 유일한 분단지역이다.

역사상 한반도는 수많은 전쟁을 치르면서 평화를 유지하고 존립해왔다. 큰 전쟁만 열거해 본다면 외부와의 전쟁은 고조선과 한나라 전쟁, 고구려와 수나라 전쟁 고구려와 당나라 전쟁, 신라와 당나라 전쟁, 고려와 거란 전쟁, 고려와 몽골 전쟁, 조선과 일본 전쟁, 조선과 청나라 전쟁이다. 내부 전쟁으로는 신라와 백제 전쟁, 신라와 고구려 전쟁, 남한과 북한 6 · 25 전쟁을 들 수 있다.

청일전쟁(淸日戰爭)은 1894년 6월~1895년 4월 사이에 청나라와 일본이 조선의 지배권을 놓고 다툰 전쟁으로 우리 영해인 아산에서 전쟁이 개시되었다. 1895년 청일전쟁에서 승리한 일본은 청과 시모노세키조약을 맺고 청으로부터 거액의 배상금과 함께 랴오둥 반도와 타이완을 조차하였으며 조선에 대한 실질적 지배권도 확보하였다. 청일전쟁 이후 중국을 중심으로 했던 동아시아의 전통적인 국제질서는 사실상 무너졌고, 청은 열강의 침략이 강화되면서 반식민지 상태로 전락하였다.

러일전쟁은 1904~1905년에 만주와 한국의 지배권을 두고 러시아와 일본이 벌인 전쟁으로 만주의 관문항인 뤼순항과 대한제국의 관문항인 제물포항에서 일본함대가 러시아 함대를 거의 동시에 기습공격함으로써 전쟁이 시작되었다. 러일전쟁은 영국과 미국의 도움으로 주변국들의 예상을 뒤엎고 일본이 전쟁에서 승리하였다. 일본은 청일전쟁과 러일전쟁을 승리하면서 동북아의 패자로 부상하였다. 21세기에도 핵무기 개발과 저지를 둘러싸고 북한과 미국의 전쟁은 국지전이든 전면전이든 언제든지 일어날 소지가 있다.

전쟁은 인류의 비극이다. 수많은 사람이 죽고 엄청난 희생이 따른다. 최첨단 무기를 갖춘 현대전에서는 짧은 시간에 수백만 명의 사상자가 발생할 수도 있다. 전쟁은 가급적 일어나지 말아야 한다. 2018년 평창동계올림픽을 계기로 남 · 북간에 전격적인 평화 분위기가 조성된 이후 정상회담 등 많은 변화가 있었고 과거에 비해 남북간 화해무드가 남아있는 것은 사실이지만 북한의 핵위협이 여전히 상존하고 있는 것도 현실이다.

북한을 고립시켜서는 안되고 북한의 개방과 경제발전도 도와야 한다, 그러나 북한정권에 일방적으로 끌려가서는 안되며 은밀한 지원이 아니라 국민적 합의와 국회에서의 토론과 합의를 통해 투명하게 지원해야 한다. 북한이 정세를 오판하지 않도록 스스로 핵을 포기하도록 기회 있을 때마다 강조하고 한미공조를 통한 적당한 압박도 해야 한다. 북한의 인권문제 개선도 필요한 과제다. 북한을 자극하지 않으려고 국민을 외면하는 정책은 지지를 받지 못하고 실패할 수밖에 없다. 국가보안법은 한시법이므로 일정한 시기가 지나면 폐지될 수밖에 없다. 그러나 북한의 노동당 규약과 북한 형법과 상호주의적으로 논의되고 개폐되어야 할 것이다. 북한의 적화통일 노선을 담은 노동당 규약이 그대로 존재하는 한 국가보안법은 폐지되기에는 위험부담이 너무 크다.

북한의 사이버 테러도 여전히 경계해야 한다. 남남갈등을 부추기고 우리 사회의 분열을 조장하고 있다. 북한은 해커를 집중 양성하고 각종 정보를 수집하고 있으며 해킹 실력도 상당한 수준으로 날로 향상되고 있다. 선거 때마다 대남 사이버심리전을 강화해 왔으며 특히 대선을 앞두고 선거에 개입하거나 불온여론 유포를 통한 사회 혼란을 조성해 왔던 전력이 있다.

한반도가 항구적인 평화를 유지하기 위해서는 전쟁위험을 억제할 수 있는 다양한 방안이 있어야 한다. 미국과 일본, 중국, 러시아와 관계개선이 되는 가운데 남북관계도 풀어나가야 한다. 튼튼한 한미공조가 우리의 안보에 현재로서는 최선의 방책이다.그러나 미국과의 관계가 이전보다 소원해지며 반미시위도 수시로 발생하고 있다. 국가안보는 위기국면으로 내몰리면서 국민의 불안감도 여전하다. 미래에는 주한미군의 철수에 대비하고 미국의 도움이 없는 시대의 안보적 · 경제적 대안에 대해서도 신중히 대비책을 검토할 필요가 있다.

일본도 지나치게 적대시해서는 안된다. 일본 극우파들의 언동으로 인해 역사 관련 부분에 관해선 갈등이 존재하고 과거사 문제로 양국 간 무역규제로 변화되고 있으나 한류열풍으로 불리는 문화교류 등을 통해 양국간의 인식과 상호협력도는 비약적으로 증가하고 있다. 대한민국은 선진국 문턱에서 헤매고 있다. 20세기 이후 유럽과 미국을 제외하고 선진국이 된 나라는 일본뿐이다. 경제력은 중국도 앞서고 있지만 아직도 민주화는 이루지 못하고 있다. 선진국 문턱까지 갔다가 실패한 나라들이 많다는 점은 교훈으로 삼아야 한다.

통일은 지리적 통일만 통일이 아니다. 정치적으로 대립된 제도, 경제적으로 다른 체제, 사상이 다르고 이질화된 문화와 언어도 상당한 차이가 난다. 이러한 모든 것들을 통합할 수 있어야 진정한 통일국가가 된다.

분열과 갈등을 극복하고 통합이 필요하다. 대립과 갈등을 화합과 타협으로 풀 수 있는 사상은 한철학 사상이다. 통합과 통일의 원리가 함유된 한철학과 인류의 공통이익을 추구하는 홍익사상(弘益思想)으로 상생과 통합의 사상융합이 필요하다. 외교와 안보문제는 초당적 입장에서 바라보고 협조해야 한다. 지나친 물질만능주의와 이기주의와 개인주의를 지양하고 도덕을 회복시키고 노인을 예우하는 윤리의식도 회복시켜야 한다.

지난 10여년간 우리나라는 경제침체와 사회분열의 늪에 빠져 있다. 저출산 고령화로 근로인구는 감소하고 성장동력은 둔화하고 있다. 이념대립과 지역 계층 노사간 갈등은 여전히 상존하고 있다. 중산층이 붕괴되고 민주주의의 위기도 나타나고 있다. 정부의 권위는 약화되고 도덕이 무너지고 윤리가 무너지고 가치판단이 혼돈되는 징조들도 곳곳에서 보이고 있다.

여당 야당 할 것 없이 정치인들은 물론 국민 모두가 대오각성해야 한다. 대중인기에 영합하지 않은 역사적 인식을 갖춘 리더십이 필요하다. 정치인은 국가정책능력과 국가경영능력으로 평가해야 한다. 무조건 퍼주기 공약이나 이미지 정치와 이벤트 정치가 성행하는 것은 바람직하지 못하다.

반기업 정서도 개선해야 한다. 자본주의 사회의 골간을 유지해야 한다.

틈만 나면 부자를 무시하고 재벌과 기업인을 처벌하는 사회는 바람직한 사회가 아니다. 선거 때마다 돈을 푸는 정책들도 성행하고 있다. 일찍이 다산 정약용은 조선이 어느 것 하나라도 병들지 않은 곳이 없어 이를 고치지 않으면 나라가 망할 것이라고 예고하였으며 개혁에 실패하고 결국 나라가 망하였다. 평화와 화합으로 함께 잘사는 시대가 되어야 한다. 정치가 바로 서야 한다. 도덕이 회복되고 정의롭고 공정한 사회가 되어야 한다.

대한민국은 정보통신과 반도체, 선박제조 분야와 과학기술 수준은 세계 최고수준이며 한류문화도 세계로 확산되고 있다. 더욱 도약할 수 있다. 통일은 우리의 과제이다. 그러나 분단된 한반도가 1민족 1국가로의 통일이 남북한의 합의만으로는 쉽게 달성될 수 없다는 현실을 직시하고 당분간은 평화를 유지하는 데 역량을 경주하고 중장기적 평화통일에 대비해야 한다.

한미공조에 정성을 기울이고 일본 중국과도 대립적 관계를 조금씩 해소해 나가야 한다. 먼저 온 통일의 전령 탈북민들도 따뜻하게 받아들여야 할 것이다. 단순히 정착금과 주택을 제공하는 것만으로는 그들의 마음을 얻을 수 없다. 탈북민들을 자유를 찾아온 통일의 꽃으로 인식하고 대우해야 한다.

정착교육도 현재보다는 장기간의 체계적인 교육이 필요하다. 중국동포도 정착하는데 도움이 될 수 있도록 법과 제도도 개선해야 한다. 중국동포를 범죄집단으로 혐오하는 태도는 지양되어야 한다. 중국동포들이 한국을 살기 좋은 나라로 인식할 때 동북 3성에서 한국에 대한 이미지가 크게 개선될 수 있고 우리의 경제적 영토도 확장될 것이다.

남한과 북한 탈북민 연변과 해외동포들이 상호 교류협력하는 가운데 통일도 더욱 빨리 다가올 수 있을 것이다. 정부는 유연하고 원칙 있는 외교안보 정책으로 평화와 번영의 시대를 만들어 나가야 한다. 일류국가 희망공동체 대한민국을 만들고 다시 일어서서 선진국으로 진입하는 위대한 대한민국의 저력을 보일 때다.

正義와 도덕성 확립으로 국민통합을 이루고 통일시대를 준비하자

대한민국은 자유민주주의와 시장경제를 통해 지속발전을 해왔다. 그러나 오늘날 현실은 사회 곳곳에서 정체성이 흔들리고 가치전도 현상이 생기며 윤리와 도덕이 흔들리는 조짐이 일고 있다. 경제가 어려운 가운데 국가안보가 흔들리고 국회는 대화가 실종되고 공무원 부정부패도 줄어들지 않으며 사법부도 불신받고 있다. 나라가 혼란할수록 위기극복을 위해서는 근본이 바로 서야 한다. 공자도 춘추전국시대 극심한 혼란의 원인을 도덕성의 타락에서 찾았다. 지금 우리 앞에 놓인 과제는 정의와 도덕이 바로 선 사회를 만들어 국민통합을 이루고 주변국들과 원만한 외교관계를 유지하며 평화통일 시대를 차분하게 준비해 나가야 하는 것이다.

정의(正義)란 무엇인가? 그리스의 사상가 플라톤(plato)은 사회에서 자기의 책임을 다하는 것으로 설명하였고, 아리스토텔레스(Aristoteles)는 평균적 정의와 배분적 정의로 구분하였다. 미국 하버드대 교수 존 롤스(John Rawls)는 정의로운 사회란 개인이 다른 사람의 자유와 양립할 수 있는 평등한 기본적 자유를 최대한 누리는 사회라고 주장하였으며, 마이클 샌델(Michael Sandel)은 소수의 희생을 정당화하는 공리주의와 오로지 개인의 관점에서 공동체를 배제하는 자유주의를 비판하며, 시민의 관점에서 공동체를 중시하는 공동체주의적 정의론을 제안하였다.

정의로운 사회는 구성원의 권리와 의무를 공정하게 분배하는 구조와 제도를 확립된 사회라 할 수 있다. 정의로운 사회가 되기 위해서는 최소한 다음과 같은 조건들이 갖추어져야 한다.

첫째, 인간의 존엄한 가치가 존중되고 기본적 인권과 자유가 보장되며 경제적 정의가 실현돼야 한다. 둘째, 같은 것은 같게 다른 것은 다르게 분배해야 하며 공정한 평가가 이루어져야 한다. 셋째, 죄(罪)는 죄대로 공(功)은 공대로 평가해야 하고 법치주의가 확립되고 적법절차의 원리가 준수돼 법적 정의가 실현되어야 한다. 정의가 실종되면 사회적 강자에 의한 부정부패가 만연하고 약육강식의 사회가 도래하여 유전무죄 무전유죄의 사회가 되어 사회적 약자는 구조적인 불이익을 받게 된다. 물론, 시대가 바뀌면 세상도 변하고 가치와 평가도 변할 수는 있다.

맥아더(Douglas MacArthur) 장군은 인천상륙작전을 통해 한국전쟁의 전세를 뒤바꾼 전쟁영웅이지만 반대 평가도 만만치 않다. 건국대통령 이승만이나 경제건설의 주역 박정희, 현대 창업주 정주영, 삼성그룹 이병철, 대우그룹 김우중, 포항제철 박태준도 공(功)과 과(過)가 뚜렷한 인물이다. 우리는 과오는 과오대로 비판하되 경제성장과 산업화에 기여한 부분은 제대로 평가해 주어야 할 것이다. 이승만이 있었기에 미국과 UN의 신속한 지원으로 전쟁을 승리할 수 있었고 박정희의 추진력과 현대그룹과, 삼성그룹, 대우그룹이 있었기에 경제발전이 될 수 있었다. 이들의 과오가 있었다고 업적 자체가 묻힐 수는 없는 것이다. 현대그룹의 창업자 정주영은 불가능해 보이는 이상을 가능한 현실로 만든 불굴의 기업인이다.

박정희 대통령의 "하면 된다"는 강한 신념과 정주영 회장의 "시련은 있어도 실패는 없다"는 기업가 정신이 오늘날 한국의 경제발전의 원동력이 된 것이다.

삼성그룹은 이병철이 창업했다. 삼성은 민족자본이 거의 없을 때 창업되어, 세계적인 대기업으로 성장한 기업이다. 삼성의 오늘이 있기까지는 창업자 이병철의 뛰어난 경영수완이 있었기에 가능했다. 이병철은 큰아들 대신 능력이 출중한 셋째 아들 이건희를 후계자로 선정하고 경영을 맡겼다. 이건희 회장의 경영 철학이자 '자식과 마누라 빼고는 다 바꿔 보자'는 슬로건으로 널리 알려진 '질(質) 경영'은 재계 전문가들로부터 상당한 성과를 거두었다는 평가를 받았다. 아버지가 만든 삼성전자를 한국의 대표 기업이자 세계 일류 기업으로 발전시킨 공로 역시 평가돼야 할 것이다.

김우중 회장은 세계를 누비면서 다국적기업, 다국적 금융기관들과 두루 인맥을 맺으면서 폭넓은 민간외교를 펼쳤다. 오늘날 무역대국으로 가는 길을 제시한 선구자였다. "세계는 넓고 할 일은 많다"고 한 시대의 선각자였으며 용기와 개척정신을 불러일으켰다.

도덕적 해이는 사회적 안보위협 요인이다. 도덕이 무너지면 불신사회가 되고 결국 사회적 통합이 실패하게 된다. 도덕은 인간이 지켜야 할 바람직한 행동기준이다. 이탈리아 정치학자 모스카(Gaetano mosca)는 "어떠한 가치도 도덕에 의해 지지(支持)되지 않는 한 불안정함을 면치 못한다"고 했다. 정치도 도덕적 원리에 기초해야 한다. 일반적으로 법은 처벌이 무섭지만 도덕은 별것 아니라는 생각도 있으나, 사실 도덕이 법보다 우선한다. 도덕을 근간으로 그 위에 법을 세웠기 때문이다. 또한, 법과 제도도 결국 그것을 적용하고 운용하는 인간의 문제로 귀결된다.

부정부패는 제도적 불합리에 따른 사회적 현상이다. 2016년부터 청탁금지법이 시행되어 개선되고는 있으나 아직도 부정부패가 만연하다. 경제지수만 올라간다고 선진국이 될 수는 없다. 돈(錢)이 정의(正義)가 되어서는 안된다. 공직자가 부동산 투기를 일삼고, 공기업의 전문성 없는 낙하산 인사와 부정부패 사례가 만연하고 대기업도 비자금을 형성하고 횡령과 탈세를 하는 사례도 있고 경찰의 부실수사와 검찰청 비리와 사법부 비리 심지어 세금징수 기관인 국세청 비리도 언론에 보도되는 현실이다.

최근, 한반도는 코로나19 팬데믹으로 인한 인간안보 위기 및 미중 갈등위기의 틈새에 놓여 있다. 2008년 금융위기 이후 미국패권이 흔들리면서 중국이 부상하였고 미중 경쟁이 본격화되었다. 시진핑(習近平) 주석은 영향력 확대를 위한 일대일로(一帶一路) 전략을 추진하며 주변국들과 영토분쟁을 일으키고 있고 북핵에도 불구, 북한을 비호하고 있다. 미국은 중국에 맞서기 위하여 2019년 인도-태평양 전략을 발표하고 2020년 미국 · 인도 · 일본 · 호주 등 4개국이 참여한 비공식 안보회의체 쿼드(Quad)를 발족했다. 강대국의 틈새에 처한 우리로서는 한미동맹을 튼튼히 하면서도 실용적 외교전

정동영 전 통일부 장관(우측)과 만남. 정동영은 남북 경제 협력의 상징 개성공단을 현실화시킨 주역이다.

략으로 한반도 주변에 신냉전 구조가 확대되는 것을 피해야 할 것이다.

우리에게는 평화통일을 이루어야 하는 숙명적 과제가 주어져 있다. 북한의 경제난은 이전보다 조금 둔화되기는 하였지만, 여전히 심각하다. 미국과 유엔의 대북제재 조치로 봉쇄되면서 빚은 결과이다. 비상식적 체제이지만 북한을 설득해가면서 선(先)통일비용을 지불한다는 차원에서 북한의 경제발전을 지원하며 인도적 지원도 이어가야 한다. 물론 상호주의의 큰 틀을 벗어나지 않아야 하고 국민의 공감대 확보도 필요할 것이다. 통일은 북한의 개혁개방을 수반하는 점진적 통일이어야 하고, 자유민주주의가 주된 이념이 되어야 하며 통일 이후에도 자유민주주의는 최고의 가치로 유지 보존되어야 한다. 통일의 여정에서 주변국의 지지를 받으려면 정의와 도덕이 확립된 나라가 될 때 가능하다. 도덕적이고 정의로운 사회를 위해서는 정치지도자와 집권층부터 부정부패하지 않고 국민과의 약속을 지키고 솔선수범해야 하며, 양극화와 사회적 불평등 해소, 정치적 대립과 수많은 사회적 갈등을 해소하며 부정부패를 척결하고 정의가 살아 숨 쉬는 정의로운 사회로 만들어야 평화통일도 이룰 수 있을 것이다.

국민통합과 과학기술발전으로 선진국으로 도약하자

대한민국은 눈부신 경제성장으로 어느 새 선진국으로 진입하였다. 1960년대 1인당 GDP가 158달러에서 2021년 31,637달러로 급성장하였고 국제특허는 세계 4위국(중국, 미국, 일본, 한국 順)으로 도약하였다.

특히, 건설산업, 중화학공업, 철강산업, 반도체와 IT 기술 발전이 오늘날 경제부국을 만든 것이다.

2021년 기준으로 한국의 수출은 세계 6위, 세계시장 점유율 3.1%를 점하고 있다. 스포츠와 한류문화의 강세로 'MADE IN KOREA'는 세계시장에서 인정받고 있다.

우리 경제와 국력이 이렇게 급성장한 배경에는 경제발전에 대한 지도자의 리더십, 기업 창업자들의 불굴의 집념과 도전정신, 우리 국민들의 잘살아보자는 각오와 단결, 근면 성실성이 함께 힘을 모았기에 가능하였다.

그러나 우리 사회의 내면을 살펴보면 불안한 요소가 많다. 북한 핵개발 문제는 여전히 해결되지 않고 있으며, 저출산 고령화의 심화, 지역갈등, 세대 갈등, 진보와 보수의 대결, 정파간 갈등으로 사회갈등이 극도에 달하고 있다. 정치 불신도 심각한 지경이다. 국민통합이 어느 때보다 절박하게 필요하다.

미 중간 패권전쟁의 여파로 고래싸움에 새우등 터지듯이 경제는 장기간 움추려들어 있다. 또한, 코로나 팬데믹의 여파에 따른 경기불황 속에 수많은 회사원들이 권고사직 · 명예퇴직 · 정리해고 등 비자발적 퇴직을 당하고 있다.

청년실업과 청소년 문제, 노인문제도 심각하다. 현재 우리나라 청소년의 상당수가 직장을 구하지 못하고 미래에 대한 불안으로 컴퓨터 게임에만 몰두하거나 자살하는 어두운 면이 많다. 우리나라는 OECD 국가중 수년간 청소년 자살률 1위 국가가 됐다. 노인들도 일자리가 없어 거리를 방황하는 사례가 많다.

한국이 2045년부터 세계에서 고령인구 비중이 가장 높은 국가가 될 것이란 전망이 있으며, 현재 9위 수준인 생산연령인구 비중은 2055년부터 세계 최하위로 떨어진다는 통계도 있다.

또한, 선거 때마다 각종 공약이 남발되고 포퓰리즘(Populism)이 성행하고 있다. 서민과 저소득층을 위한 정책이 필요하지만, 국가채무비율이 점점 높아지고 있어 재정건전성 관리도 시급하며 국제신용도의 유지도 중요하다.

북한의 핵위협도 시급하게 해소되어야 하며 대북정책도 미국과의 튼튼한 안보공조 속에 북한의 변화도 촉진시키는 경제 · 평화 균형정책이 필요하다. 북한도 '우리식 사회주의'나 '주체사상 고수'라는 우물 안 개구리식 정치에서 빨리 빠져나와 국제사회의 일원으로 합류해야 한다.

미국의 정치학자로 하버드대 교수였던 헌팅턴(Samuel Phillips Huntington)은 '문명의 충돌'에서 "모든 문명은 자신을 세계의 중심으로 보며 자신의 역사를 인류사의 주역으로 서술한다."고 주장한 바 있다.

핵무기에만 의존하며 '벼랑끝 전술'로 인권을 탄압하고 고립을 면치 못하는 정치는 후진정치의 표본이다. 인권과 민주주의의 가치는 반드시 지켜져야 한다. 지진과 기후환경 변화에 대한 철저한 대비와 안전시스템 점검도 중요하다.

4차 산업혁명은 이미 도처에서 시작되었다. 자율주행 차가 나오고 AI(인공지능)가 점점 발전을 거듭하고 있다. 과학기술 혁신이 국가발전전략에 아주 핵심적인 요소다.

미래 먹거리는 첨단과학기술에서 찾아야 한다. 작은 나라지만 우리의 과학 인프라 경쟁력은 세계 2위의 선진국이다. 디지털, 바이오와 같은 신성장동력을 마련하고 누리호 발사를 계기로 우주강국의 꿈을 차근차근 실현해 나가야 한다. 기술개발, 산업경쟁력 강화, 신성장동력 확보가 필요하다.

4차 산업혁명을 몰고 온 정보통신기술(ICT)은 빅데이터 관리기술을 기반으로 한다. 인공지능(AI), 빅데이터(Big Data), 사물인터넷(IoT), 클라우드컴퓨팅 등 과학기술 혁신이 국가발전전략에 아주 핵심적인 요소다.

기술주권도 매우 중요하다. 코로나19로 전례 없는 의약품 품귀현상과 반도체 수급부족을 경험한 각국이 기술주권(Technology Sovereignty) 확보에 한창이다. 자국의 경제안보를 보장하기 위한 기술주권 강화에 나선 것이다.

앞으로는 양질의 데이터를 '빅데이터'로 축적하고, 데이터 주권을 지키며 AI기술을 통해 적재적소에 역량을 갖춘 인재를 활용하는 능력이 기업과 국가의 명운을 좌우할 것이다.

기업이 보유하고 있는 고급 기술 유출 방지에도 노력해야 할 것이다. 한국의 원자력 산업이 세계 최고수준으로 인정받고 있으며, 이 분야에서 놀라운 평가를 받았다는 것은 부인할 수 없는 사실이다. 그러므로 우수한 원자력 기술을 사장시킬 것이 아니라 더욱 발전시켜 나가야 한다. 정부의 탈

원전 정책은 반드시 재검토되고 개선되어야 한다.

최근 세계 IT업계 흐름을 보면, 한국의 삼성전자와 하이닉스 반도체가 세계시장에서 주목받고 있다. 각종 반도체 · 조선 · 자동차 · 석유화학 · 철강 등 한국제품이 세계시장에서 선두권을 유지하고 있다.

한국은 메모리반도체 시장 1위다. 그러나 우리나라 기업의 글로벌 시스템 시장 점유율은 아직 낮다. 한국의 기술수준이 가장 높은 분야는 건설 · 교통(84.0%)이다. 가장 낮은 기술은 우주환경 분야다. 또한, 우리나라의 중점과학기술 수준은 미국에 비해 80% 수준이며 기술격차는 3.3년으로 분석된다.

최근 '오징어게임' 드라마, BTS 공연, '기생충' 영화 등 'K-컬쳐' 해외 확산을 위한 콘텐츠 생태계 혁신에 정부가 앞장서고 있는 것은 바람직하다. 한국의 김치와 한복도 한류(韓流)의 상징으로 유명세를 타고 있다.

정보환경은 나날이 변하고 있다. 군사안보 위주의 전통적 안보개념을 넘어 안보위협 요인의 복잡 다양화로 변모되었다. 국내외적으로 정보활동 분야가 군사안보와 외교중심에서 사이버 공격과 경제통상, 과학기술, 산업보안 등 경제사회 전 분야에 걸쳐있다고 해도 과언이 아니다. 정보환경 변화에 따른 방첩제도도 법적 · 제도적 개선이 필요하다

탈냉전시대로 접어들면서 국제질서와 안보분야에서도 많은 변화가 일어났다. 이념대결로 나뉘어졌던 세계질서가 경제적 실리 위주로 동맹관계도 새롭게 재편되면서 국가간 상호의존은 급격히 증대되었다.

안보분야에서도 군사적 충돌 · 국지전 · 전면전 중심의 전통적 안보위해 요소에서 테러 · 마약 · 불법 이민 · 대량 난민 · 국제범죄 등 안보위해 요소가 추가되고, 환경오염 · 기후변화 · 감염병 확산과 같은 전 지구적 문제도 새롭게 부각되고 있다.

대한민국은 많은 정치적 격변을 겪었으나 슬기롭게 극복해왔다. 새 정부도 법과 제도 혁신과 사회 각 분야의 개혁과 법치주의 확립도 중요하지만, 과학기술의 발전에도 더욱 박차를 가해야 할 것이다.

과학기술은 미래 먹거리 창출은 물론이고 군사력과 국방체계 발전의 핵심 동력이자 국가안보 유지의 핵심축이며 나라의 흥망을 좌우할 수 있는 중요한 요소다. 과학기술정보 분야의 역량 강화를 위해 국가의 과학기술 관리시스템을 더욱 체계화해야 한다.

현대는 안보와 경제, 과학과 기술이 융합하는 이른바 '뉴디펜스(New Defense)' 시대다. 뉴디펜스 시대에는 국방과학기술 발전을 위한 민 · 관 · 군 · 산 · 학 · 연 협업의 중요성이 커지고 있으며 정보기관의 역할도 중요하다.

그러나, 우리 사회에서는 정보기관이 미래사회의 다양한 위협에 선제적으로 대응하여 정보역량을 강화해야 한다고 보는 견해와 정보기관의 기능과 역할이 강화되면 국민의 인권을 침해하거나 정치적 중립성이 훼손될 우려가 있다고 보는 견해가 병존하고 있다.

정보기관은 국익을 위한 고유의 활동에 열심히 매진하면서도 지속가능한 사회기반 구축에 노력해야 하며, 국민의 인권침해 가능성이 있는 요소에도 보다 면밀한 주의를 기울이고, 대국민 신뢰도 증진에 노력해야 할 것이다.

아울러 국민통합과 과학기술 발전을 토대로 선진강국으로 지속 성장할 수 있도록 최선을 다해야 할 것이다.

상생과 화합의 정치모델 이순재와 이상수

국민배우 송해와 최불암 이순재, 이덕화는 늘 우리 국민들과 함께 울고 웃는다. 이순재는 함경북도 회령 출신이다. 북한에서는 회령을 성지로 여기고 있다. 김일성 주석의 처 김정숙이 태어난 고장이기 때문이다. 이순재는 해방 이후 가족과 함께 서울로 이사하여 당시 명문인 서울중학과 서울고교를 거쳐 서울대 철학과를 졸업했다. 상당히 학벌이 좋은 엘리트 출신 연예인으로 수많은 드라마와 영화에 출연하였고 인기스타로 수십년간 국민의 사랑을 받은 스타 중의 스타다. 연극배우 출신으로 허스키 보이스로 늘 시원시원하고 카리스마 있는 목소리로 사나이다움을 유지하면서 신사로 세종대왕, 공주의 남자, 이산, 사랑이 뭐길래, 꽃보다 할배를 비롯한 수많은 드라마와 영화의 주인공을 맡아왔다.

많은 국민들의 애환을 대변하고 심금을 울린 연기로 유명하였다. 한국의 많은 배우들의 대표적인 롤모델이자 멘토로 존경과 사랑을 받고 있다. 대중적 인기를 바탕으로 정치에 입문해 국회의원에 두번 출마했다. 이상수 의원과 정치적 라이벌이었지만 서로 존중하고 상대를 인정하고 아끼는 사이였다.

13대 총선에서는 민주정의당 소속으로 출마해 이상수 후보에게 750표의 근소한 차로 패배했지만, 14대 총선에서는 민주자유당 소속으로 출마하여 이순재 후보가 3,800표 차로 승리했다. 총선에서 1승 1패를 기록했을 만큼 정적(政敵)이었지만 이순재가 은퇴한 이후에 선거를 앞두고 후원회장을 맡아달라는 이상수 후보의 요청을 이순재가 흔쾌히 수락함으로써 '정가의 신선한 바람'으로 화제에 올랐다. 그의 평소 소신인 신의의 정치, 화해의 정치를 몸으로 보여준 사례로 회자된다. 상대방보다 한 표라도 더 많아야 국회의원에 당선되다 보니 작은 허물도 침소봉대하면서 서로 헐뜯고 비난하거나 고소 · 고발하는 것이 비일비재한 살벌한 정치판에서 상생정치라는 새로운 모델로 삼아야 할 정도다.

이순재는 정치 경험을 통해 '올바른 리더'의 조건으로 대중화 · 포용 · 협력 3가지를 제시했다. 첫째 리더가 될수록 대중을 이끌 수 있는 힘과 정성이 있어야 되며, 혼자 잘나서는 절대 안된다. 둘째 나를 반대하는 사람들을 내 편으로 만들 수 있는 노력과 의지가 필요하다. 마지막으로 높은 지위에 올라가고 독특하고 특별한 인간이 될수록 내 밑에 있는 계층들을 포용할 수 있는 이해력이 필요하다고 강조한 바 있다.

이상수는 판사 출신으로 인권변호사로 활동했고 13대, 15대, 16대 국회의원과 노동부장관을 역임하고 수십년간 다양한 중책을 맡아 정치활동을 했으며 현재에도 변호사로 활동하고 있다. 늘 여유있고 합리적인 판단과 온건한 스타일로 상생과 타협을 중시했다.

필자도 헌법개정 추진 모임을 통해 이상수 변호사와 수년간 정기모임을 통해 여러차례 만났다. 그는 필자를 개헌 추진 100인 대장에 추천했다. 권위를 내세우기보다는 소탈하고 편안한 분위기를 잘 만들어 주변에 사람들이 많이 따르는 편이었다. 정치가 생산적이고 경쟁력을 갖기 위해선 여야 상생의 정치문화가 정착돼야 하며 여당 야당 구분 없는 여러 정치인들과 교류하고 좋은 의견은 들어야겠다는 생각에서 여러 정치인들을 만나왔다.

민주화 운동의 상징 김덕룡 대표와 만남

김덕룡 대표는 한국 민주화 운동의 상징적 인물이다. 이력도 화려하다.

그는 1964년 서울대학교 총학생회 회장으로 학생운동을 주도하면서 1965년 한일협정에 반대, 6·3항쟁에 참여해 투옥당한 후 풀려났지만, 박정희 집권기간 중 4번 수감당했다. 1970년 신민당 총재 김영삼의 보좌관으로 정계에 입문하여 수십 년간 정치인으로 활동했다. 호남 출신이 영남 출신 정치인을 모시고 영호남의 화합을 표방하면서 김영삼 대통령을 당선시킨 공로도 매우 크다.

김영삼 대통령은 임기 후반 기업이 연쇄도산하면서 외환보유액이 급감하자 국가부도 위기를 막기 위해 IMF(International Monetary Fund)에 20억 달러 긴급 융자를 요청하는 등 경제정책 실패로 인하여 5년간의 업적이 제대로 조명받지 못하였지만 재임 중 하나회 척결과 금융실명제 실시, OECD 국제기구 가입, 2002년 월드컵 공동개최 등 많은 성과도 이루었다. 남북정상회담을 실시할 예정이었으나 김일성의 사망으로 뜻을 이루지 못하였다.

필자는 평소 박정희와 김영삼과 김대중 대통령이 모두 공로와 과오는 있지만 정치적 업적에 대해 상당히 후한 평가를 해왔다.

김영삼 대통령의 영결식에 참석하여 한국의 정치혁신과 민주화를 위한 노력을 추모하였다.

국립현충원에서 거행된 김대중 대통령 서거 10주기 추도식에도 참석하고 남북관계 개선과 민주화에 기여한 업적을 추모하면서 유시민 전 복지부 장관과 동교동계 여러 정치인들도 만났다.

김덕룡 대표가 주관하는 세계 한민족청년지도자대회 기념행사에 여러차례 참석하였다. 세계한민족 청년지도자대회는 전세계 190여개국에 흩어져 있는 750만 해외동포들과 대한민국과의 네트워크를 구축하고 해외한민족과 대한민국과 가교적 역할을 수행하고 있다. 매년 청년지도자를 선발하여 국내 산업시찰과 전통문화와 한류문화 체험행사, 우리나라 역사알기 프로그램을 운영하면서 한민족의 정체성을 깨우쳐 주고 있다.

김덕룡 대표는 1988년 13대 국회의원에 당선되어 14, 15, 16, 17대 국회의원에 연임돼 5선 국회의원을 지냈으며 정무장관도 지냈다. 문재인 정부에서도 장관급인 민주평통 수석부의장으로 활동했다. 기억력이 탁월하고 친화력도 뛰어나다. 부드럽고 따뜻한 인품과 친화력 때문에 거미줄 같은 고급인맥이 형성돼 있다.

필자도 김덕룡 대표와 30년 이상 교분을 맺어왔다. 1997년 가을 김덕룡 대표와 여의도 커피숍에서 차 한잔 하면서 담소를 하는데 노무현 의원이 누군가를 만나기 위해 들어와서 김덕룡 대표를 보자 정중히 인사를 하였다. 평상시 범상한 인물이 아니라고 생각하던 정치인 노무현을 처음 만났다. 김덕룡 대표는 필자에게 잠시 인사를 시켜 주었다. 김덕룡 대표는 정치권에서 은퇴한 이후에도 세계상공인총연합회 이사장과 세계한민족공동체재단 총재, 장보고 글로벌재단 이사장 등으로 활발한 사회봉사활동을 전개하고 있다. 그러다보니 필자를 국회의장 정무비서관에 추천하기도 했다. 국회의장실에서 국회의장과 면담도 하였고 정치적으로 비중 있는 요직인 줄도 알았지만, 당시 직장에서 퇴임전이라 결심을 못하여 성사가 되지 못했지만, 나의 능력과 인품을 평가해주었다는 것만으로도 늘 고마움을 간직하고 있다. 안희정과 이광재도 김덕룡 비서관 출신이며 노무현을 발탁한 주역도 김덕룡 대표로 알고 있다. 김덕룡 대표의 사무실 이름은 덕린재(德隣齋)다. 공자의(德不孤, 必有隣)에서 따온 말로 덕을 강조하여 사무실 이름을 지었다. 유성식, 김금희 등 비서진들이 평생동안 같이 활동하는 모습이 무척 인상적이었다.

한국 민주화 운동의 상징인물 김덕룡 대표

포용의 정치인 정대철 대표의 통일시대 준비위원회 참여

정대철 대표는 경기중 경기고 서울법대 출신으로 미국 미주리대학에서 정치학 박사학위를 받았다. 늘 후덕하며 부드럽고 상대를 배려하는 매너가 뛰어난 인물이다. 부친인 정일영(8선), 본인 정대철(5선), 아들 정호준(초선) 등 3대가 합쳐서 국회의원 총 14선을 이룬 대한민국 최고의 정치명문가문이다. 김대중 전 대통령에게 이희호 여사를 소개시켜 준 사람이 정대표의 모친 이태영 여사다.

정대표는 민주당, 민주통합당, 새정치민주연합, 더불어민주당 상임고문을 역임하였다. 필자는 남북통일에 관심이 많다보니 여러군데 학회도 찾아다니고 세미나에도 많이 참석하였다. 그러다 정대철 대표가 주관하는 통일시대준비위원회 행사에 참가하게 되었다. 통일시대준비위원회는 최근 북한사회와 경제적 변화, 김정은 정치체제 분석 등 북한 실상과 통일 관련된 내용의 포럼을 100여회 이상 개최해 오고 있다. 2016년 8월부터 약 3년간 거의 매월 행사에 꼬박꼬박 참석하면서 정대철 대표를 만났다. 정대철 대표는 온화하며 겸손하고 포용력이 있으며 사람을 끄는 매력이 있다.

권노갑, 김옥두, 박지원, 유종근 등 주변에 동교동계로 불리는 구 평민당 정치원로들이 늘 함께 하였다. 김옥두 의원과 악수를 하니 손에 힘이 넘치던 기억도 난다. 여고시절을 부른 가수 이수미를 비롯 문화예술계 사람들도 팬들이 많았다.

박지원 의원은 필자에게 정대철이 평생 친구라고 하였다.

정대표는 남북관계와 통일문제에 대해 한쪽에 치우치지 않고 객관적이고 중립적인 시각을 지니고 있었다. 북한의 최신 정보에 대해서도 다양한 사람들로부터 들으며 분석하고 있었다.

한번은 정대표가 필자에게 과거 민주화 운동할때의 에소포드를 이야기 하였다. 1970년대 말 보궐선거로 국회의원에 당선되자 국회에서 박정희 하야를 주장하면서 정부로부터 요주의 인물로 분류되었다고 한다. 그당시 자신은 동교동계로 정치활동을 시작하였고 김대중 총재의 총애도 받았으나 김영삼 총재와도 각별하게 지냈다고 한다.

1980년초 가택연금된 상도동 김영삼 총재 집으로 찾아갔다고 한다. 그 자리에서 김영삼 총재가 정대철이 지명수배된 사실을 알려주어 잠시 담소하고 차 한잔을 마시고 몇마디 나누다가 김영삼 총재와 작별하고 나오려고

〈통일시대 준비위원회 세미나 기념사진〉

왼쪽세번째 김창도, 박관용 前국회의장, 남성욱 교수, 정대철 대표 順

하니 김영삼 총재가 다른 옷도 입혀주고 주머니에 용돈을 챙겨주며 뒷담을 안내하며 경찰에 붙잡힐지 모르니 몰래 도망치라고 하면서 정대표가 담을 잘 넘을 수 있도록 손을 받쳐 주면서 "정의원! 어려운 결심하고 찾아 와 주어 너무 고맙대이! 조심해서 지내고 꼭꼭 숨어 있어라!"고 하시는 모습이 늘 가슴에 사무쳤다고 한다.

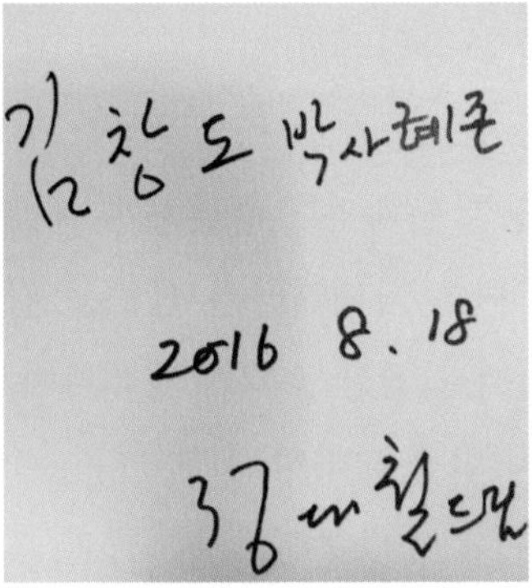

정대철 대표의 저서 '정대철, 유난히 큰 배꼽'과 저자 친필싸인

정대철 전 민주당 대표(우측)와 기념사진

정당 공천제도는 개선되어야 한다

공천제도는 공직선거에서 정당이 후보자를 추천하는 제도다. 쉽게 말해서 공천이란 어떤 정당이 그 후보에게 "이 후보는 우리 정당에서 공인받은 사람이다."라고 인증을 해주는 절차다.

정당에서 공천을 받으면 정당의 후보로 출마하게 되고 공천 없이 출마할 경우 무소속 후보가 되며 실제 선거에서 무소속 후보는 당선되기가 지극히 어렵다.

대한민국 헌법 제8조 제②항에 "정당은 그 목적·조직과 활동이 민주적이어야 하며, 국민의 정치적 의사형성에 참여하는데 필요한 조직을 가져야 한다"라고 규정돼 있다.

현대 대의민주주의에서 대다수 유권자는 후보자 개개인의 능력과 공약에 대한 자세한 정보를 획득하기 위해 시간과 비용을 지출하기 어렵다. 따라서 유권자들은 후보의 정치적 성향에 대한 정보를 간결하게 제공하는 정당공천을 가장 중요하게 고려하고 투표하게 된다.

현행 정당의 공천절차는 각 정당별 출마후보자 등록접수 → 서류심사 → 공천심사위원회 면접심사 → 단수공천/경선/전략공천 여부 결정 → 2차

심사 → 최종후보 확정의 단계로 진행되고 있다.

현행 공직선거법 제47조 제1항은 "정당은 선거에 있어 선거구별로 선거할 정수 범위 안에서 그 소속 당원을 후보자로 추천할 수 있다."라고 규정하여 기초지방 선거를 비롯한 모든 공직선거에서 정당의 공천을 허용하고 있다.

현행 공천제도는 신진인물이 당선이 유력한 정당의 공천을 받기가 상당히 어려운 구조로 되어 있다.

공직선거법에는 제1조(목적)에 「대한민국헌법」과 「지방자치법」에 의한 선거가 국민의 자유로운 의사와 민주적인 절차에 의하여 공정히 행하여지도록 하고, 선거와 관련한 부정을 방지함으로써 민주정치의 발전에 기여함을 목적으로 한다.라고 규정하고 있으며 제7조에는 정당·후보자 등의 공정경쟁 의무조항도 있다.

그러나 법에 규정된 이상과 현실은 분명한 차이가 있다.

공천 직전에 각 정당에서는 교수나 전문가로 구성된 공천심사위원회나 관리위원회를 별도로 구성한다. 공천이 투명하게 절차대로 이루어진다면 정상이다. 능력과 실력 있는 인물들이 발탁되고 지역에서 봉사활동을 열심히 한 인물이 평가된다면 바람직할 것이다. 그러나 현실은 계파정치, 보스정치에서 벗어나지 못한 정치현실 때문에 대한민국의 선거철, 특히 총선과 지방선거 등 당 지도부에서 공천권을 행사할 수 있는 선거에서 민주주의의 원칙을 무시한 밀실공천이나 일방적이고 하향식 공천이 일상화되어, 국민들은 공천을 대체로 뇌물이 성행하고 권력다툼과 자기사람 심기 등 비리투성이 복마전 정도로 인식하고 있다.

국민의힘 당헌 당규에는 공직선거후보자추천관리위원회 구성원칙과 공직후보자 추천원칙과 국회의원 후보자와 자치구청장 · 시장 · 군수 선거후보자 및 광역 · 기초자치단체 의원선거후보자 추천이 구분되어 있다.

제73조(공직선거후보자추천관리위원회)

① 공정하고 민주적인 공직선거 후보자 추천관리를 위하여 최고위원회의 의결로 중앙당과 시 · 도당에 공직선거후보자추천관리위원회를 설치한다.

② 공천관리위원회는 위원장을 포함하여 11명 이내로 구성하되, 외부 인사를 포함하여야 한다.

③ 중앙당 공천관리위원회의 위원장과 위원은 당대표가 최고위원회의 의결을 거쳐 임명한다.

④ 시 · 도당 공천관리위원회의 위원장과 위원은 시 · 도당 위원장이 시 · 도당 운영위원회의 의결을 거쳐 추천하고, 당대표가 최고위원회의 의결을 거쳐 임명한다.

⑤ 당대표와 최고위원은 공천관리위원을 겸할 수 없다.

제74조(후보자 추천원칙)

① 당은 당의 각급 공직선거 후보자를 공정하고 민주적인 절차를 거쳐 추천하되, 경선을 통해 추천하는 것을 원칙으로 한다. 다만, 선거전략상 특별한 사유가 있다고 판단된 때에는 경선으로 추천하지 않을 수 있다.

제77조(지역구국회의원선거후보자 및 시 · 도지사선거후보자 추천)

① 지역구국회의원선거후보자 및 시 · 도지사선거후보자의 추천은 중앙당 공천관리위원회가 관장한다.

제79조(자치구청장 · 시장 · 군수선거후보자 및 광역 · 기초자치단체의원선거후보자 추천)

① 자치구청장 · 시장 · 군수선거후보자 및 광역 · 기초지방자치단체의원선거후보자의 추천은 시 · 도당 공천관리위원회가 관장한다.

② 시 · 도당 공천관리위원회의 후보자 추천은 시 · 도당 운영위원회의

의결을 거쳐 최고위원회의 의결로 확정된다.

제80조(비례대표광역 · 기초자치단체의원선거후보자 추천)

① 비례대표광역 · 기초지방자치단체의원선거후보자 선출은 해당 시 · 도당이 관장한다

이와같이 당헌 당규에 지방선거에서 광역의원과 기초의원 공천에서 공천심사위원회가 있지만, 실제는 지역구 국회의원이 공천의 주도권을 쥐고 있다. 이유는 국회의원이 당원협의회 위원장(지역위원장)을 겸임하고 있기 때문이다.

국회의원이 기초 · 광역의원을 자신의 사조직 구성원처럼 운용하는 점은 오래전부터 지적돼 온 폐해다. 늘 지방선거에서도 이런 피라미드 구조를 이용한 국회의원의 공천권 장악 때문에 기초의원과 광역의원 후보들은 인물이나 정책이 아니라 국회의원에게 얼마나 잘 보이고 얼마나 긴밀한 관계가 유지되느냐에 의해 공천 여부가 결정된다는 것이 현실이다. "공천(公薦)이 아니라 모두 사천(私薦)이다"라는 말도 공공연히 나돌고 있다. 현재의 공천제도는 보다 투명하고 민주적으로 개혁되고 개선돼야 할 것이다.

정치와 민심

지난 제 21대 국회의원 총선(4.15 총선)에 지역구에서 출마하였다.

나는 육군병장으로 군복무를 마치고 서울의 여자상업고등학교에서 잠시 교편을 잡다 국가공무원 시험에 합격하여 20대부터 공무원으로서 오로지 국가의 안전과 국민의 권익을 염려하면서 청렴하고 공명정대하게 일하다 퇴임하였다. 대한민국 정부를 대표하여 해외와 국내에서 임무를 수행하기도 하였고 각종 국제행사에 참여하여 많은 활동도 전개하였다. 퇴임 이후에도 한국외국어대학에서 한국행정론을 강의하며 대학생들을 지도해왔으며 다양한 단체의 임원을 맡아 폭넓은 활동을 해왔다.

한국정책학회와 한국공공정책평가협회의 임원으로 국회와 서울시, 서울시의회, 행정안전부 등과 긴밀하게 협조체제를 구축하면서 다양한 정책평가와 학술활동을 해왔다. 관료출신으로 지식과 경험을 토대로 평생 강의와 학술발표와 저술활동이나 하면서 남들에게 존경받고 가치있고 명예로운 일만 하면서 살려고 생각하였고 가급적 현실정치에 관여하지 않으려고 생각하였다. 그러나 지역구 국회의원에 출마하고 정치에 뛰어든 이유는 한국의 모든 문제는 결국은 정치를 통해서 해결할 수밖에 없다는 판단과 좌파와 주사파 운동권 출신들이 권력의 핵심에 진입하면서 한국사회가 정상적인 방향으로 가지 않는다는 점과 한국사회의 구조적 부조리와 산적한 모순

해결을 위한 개혁을 위해서 전면에 나서지 않을 수 없다는 절박한 심정에 서였다.

대한민국의 역사는 건국과 산업화를 거쳐 민주화로 진행되면서 발전하고 있다. 독립운동가 출신의 이승만은 공산주의를 거부하고 미국과 동맹관계를 굳건히 하며 자유민주주의 체제를 만들어 왔다.

군인출신의 박정희는 '하면된다.'는 강한 신념으로 국민통합과 산업화를 통해 눈부신 경제발전을 주도해왔다. 김영삼 김대중은 민주화운동을 통해 정치발전과 한국사회의 인권을 신장시켜 왔다. 필자는 이들이 과오도 있었지만 국가발전에 공로도 많았다고 생각해 왔다. 그러나 주사파 운동권 출신들은 이승만과 박정희를 악의 축으로 인식하는 것 같았다.

한국사회에 분출하는 다양한 문제들이 늘 국민들의 생활에 많은 영향을 주고 있다. 빈부격차와 양극화문제, 장기간의 경제침체 문제, 외교안보 문제, 지역갈등 문제, 세대갈등 문제, 저출산 고령화 문제, 청년실업 문제, 농촌 인구감소 문제 등 엄청난 문제들이 산적해 있지만 어느 누가 제대로 된 해결을 못하고 있는 실정이다. 삶의 질이 높고 국민만족도가 높은 나라, 상대를 존중하고 서로 어울리며 사는 공존의 사회, 거창한 구호보다 민생을 돌아보며 삶의 질을 개선시키는 정치, 돈보다 사람의 가치가 우선되는 정치풍토가 필요하다. 치열한 경쟁보다 창의성을 존중하는 교육제도 개선이 필요하다. 농촌의 인구소멸 문제 개선, 청년실업 문제와 노인복지 개선이 필요하다. 이러한 것이 필자가 정치를 하고자 한 이유다.

나는 평소 여당과 야당을 편가리지 않고 영남과 호남사람을 구분하지 않고 많은 정치인들과 교류해왔다.

늘 배우는 자세로 상대방의 장점을 존중하면서 살아왔다. 그러다보니 대한민국에서 유능하고 이름있는 수많은 유명 정치인들과 친교를 맺고 만남을 유지하였다.

총선 출마를 알리기 위해 국회의원회관 본관에서 출마 기자회견을 하기로 예정이 되어 있었는데 기자회견 당일 코로나환자가 국회본관을 출입하였다며 출입폐쇄 결정이 내려 기자회견을 하지 못하였다. 나는 서울송파에서 미래통합당 1차공천심사에 아쉽게 탈락한 후 영남 출신이지만 험지인 호남지역 출마를 결심하였다.

공천심사를 마치고 거의 마지막에 공천장을 받아 전북 완주, 진안, 무주, 장수 지역에서 출마하였다. 지역구가 서울시의 3.5배 크기였다.

연고도 없는 지역에서 한국의 정치발전에 새로운 이정표를 남기겠다는 비장한 각오로 출마한 것이다.

나는 평소에 영남 호남으로 편가리기 하는 것에 반대해왔다. 영남이든 호남이든 내가 어떻데 처신하고 관계를 맺기 나름이고 좁은 국토에서 지역을 구분하고 지역감정을 조장하는 것은 큰 잘못이라고 생각해 왔다.

평소 지역평등연대 활동에도 열심히 참여해 왔다.

보름도 안되는 선거기간은 국회의원을 선출하는 선거일정으로는 너무 짧았다. 오로지 발로 뛰는 선거였다. 유세차도 없었다. 문자 메세지 한통도

지역구 총선 출마시 지지자들, 우측은 강민규 전 군산시 항만경제국장

보내지 않았다.

필자는 선거운동 기간 상대후보를 일체 비방하지 않고 내 공약만 이야기하였다.

하루하루 시간이 갈수록 가는 곳마다 박수치고 환영하는 인파가 넘쳐났다. 자발적으로 도와주겠다는 사람들도 많았다. 선거법을 철저히 준수하였으며 단 돈 한푼도 받지도 않았고 뿌리지도 않았다. 지역주민들이 명함을 주면 한장도 버리지 않았다. 수많은 지역주민들의 뜨거운 지지에 늘 고맙고 감사한다. 정치발전과 지역감정 타파에 대한 열정은 높았으나 얼굴 알리기도 한계가 있었고 민심의 지지를 받지 못해 낙선하였다.

선거관리위원회 직원들의 헌신적인 도움에 감사를 드린다. 완주군 선관위 안수란 지도계장과 조치연 주무관과 무주군 선관위 박지호 선거계장은 자기 일처럼 열심히 헌신적으로 행정업무를 도와 주었다. 고마움을 늘 간직하고 있다. 완주군 심동택 회장께도 감사드린다. 미래통합당 전북도당 김경안 위원장을 비롯한 당직자들께도 감사드린다.

자발적으로 도와준 수많은 언론인들의 도움도 있었다.

세계일보 이승민 기자, 한국일보 김태훈 기자, 완주신문 유범수 기자, 열린정책신문 이도연 기자 등 여러 기자들이 한푼의 취재비나 촌지도 받지않고 헌신적으로 활동을 보도해 주었다.

전국 각지에서 와서 도와준 지인들과 자원봉사자들도 여러명 있었다. 평생 그분들의 은혜를 잊지 못한다. 비록 낙선하였지만 영남 출신이 불모지 호남지역에서 당과 정치발전에 기여하겠다는 신념하나로 출마한 나를 수많은 사람들이 지지하고 응원하였다는 사실에 뜨거운 감동을 느끼며 눈시울을 적시게 된다. 은혜는 평생 마음속에 간직하며 살 것이다.

국가안보와 평화통일

사람이나 동물은 먹어야 살고 활동할 수 있다. 그러므로 먹고 사는 문제가 제일 중요하다. 정치도 국민들을 잘 먹고 잘 살 수 있도록 방향과 중심을 잡고 정책을 마련하는 것이다. 그래서 경제문제는 늘 정치의 중심 화두였다.

그러나 경제문제 못지않게 나라의 안전문제가 중요하다. 엄밀하게 말하면 경제문제보다 더 중요하다고 볼 수 있다.

대한민국은 늘 강대국 틈바구니에서 나라를 온전하게 지키는 것이 중요한 과제였다. 지구상에 현재 분단국은 남북한이 유일하다. 평화가 유지되고 있으나 북한의 핵개발을 비롯하여 늘 불안한 요소도 있다. 우리 후손들에게는 통일된 나라를 물려주어야 할 책무가 있다. 남북한 모두 통일을 외친다. 그러나 방법론에 들어가면 남한은 자유민주주의와 시장경제를 유지하는 자유민주주의 체제로 통일을, 북한은 사회주의 통일을 초지일관 주장한다. 만약 사회주의 통일이 된다면 대한민국의 대다수 국민들은 차라리 통일이 안되는 현재상태가 더 낫다고 할 것이다.

그러므로 국가안보와 통일에 대한 연구의 중요성은 말할 필요도 없을 것이다.

〈국가안보통일연구원〉은 이러한 문제의식에서 검사 출신과 국정원 출신 등 안보분야 전문가들이 연합하여 단체를 결성하였다. 현재, 〈국가안보통일연구원〉은 임정혁 이사장과 김호정 원장을 비롯한 대한민국 최고 수준의 안보분야 전문가들이 연구원으로 활동하고 있다. 안보세미나만 총 10차례 개최하였다. 임정혁 이사장은 서울 중앙지검 공안부장과 서울고검장, 대검 차장검사 등 요직을 역임하고 현재 법무법인 〈산우〉 대표 변호사로 활동하고 있다.

김호정 원장은 한국외국어대 법학전문대학원장 출신의 변호사다.

필자는 동 단체에서 사무국장을 거쳐 현재 대외협력실장과 수석연구위원으로 활동하고 있다. 국가안보는 국가가 수행하는 가장 기본적인 기능 중 하나이며 국가 내외의 각종 위협으로부터 국민, 영토, 주권을 보호하는 것이다. 이는 국제 연맹 규약 전문에서 처음 등장했다.

우리 인간의 한결같은 소망은 "평화로운 사회에서 자유롭고 행복하게 살아가고 싶다"일 것이다. 또한 대내 · 외적으로 불안이나 걱정으로부터 자유롭기를 희망한다. 그러나 한반도의 현실은 늘 강대국들의 위협속에서 살아왔다.

국가안보는 여야가 따로 없는 법이다. 국익에 기초해야 한다. 국가안보는 정치, 외교, 경제, 과학기술, 사회, 문화, 군사 등 국가의 모든 수단을 종합적으로 운용함으로써 기존 위협을 효과적으로 배제하고, 장차 일어날 수 있는 위협을 미연에 방지할 뿐만 아니라, 불의의 사태 발생시 적절히 대처하는 것이다. 우리는 일제 식민지 시대를 경험해 보았다. 나라는 빼앗기면 그때부터 국민 모두가 불행해지며 다시 주권을 찾기 위해서는 수십년의 세월이 필요하다.

서애 류성룡(1542~1607, 西厓 柳成龍)은 임진왜란 때의 전쟁상황을 기록하여 징비록(懲毖錄)이라는 책을 남겼다. 류성룡은 스승 퇴계 이황도 칭찬을 아끼지 않았던 인물로 국왕 선조(宣祖)는 류성룡을 바라보면 경의(敬意)가 생긴다고 하였다. 류성룡은 이순신 장군이 정읍현감에서 전라좌수사로 발탁시키도록 추천하여 국난극복을 한 주역이다.

'징비'는 중국 고전 『시경』 소비편(小毖篇)에 나오는 '스스로를 미리 징계해서 후환을 경계한다'는 의미의 '여기징이비후환(予其懲而毖後患)'이라는 문장에서 따왔다. 방비를 하지 못해 전 국토가 불에 타버린 참혹했던 임진왜란의 경험을 교훈 삼아 다시는 이런 일이 없도록 경계하자는 뜻에서 책의 제목으로 사용되었다.

오늘날 강대국으로 둘러싸인 현실에서도 국가안보를 위해서는 늘 위험에 대비하는 자세가 필요하다.

새정부 출범을 계기로 우리도 과학기술 강국으로 발전해야 한다. 반도체 생산과 전자분야는 삼성전자 제품이 일본 소니를 추월하는 등 대한민국의 과학기술 발전이 놀라운 속도로 성장하고 있다. 자동차 생산과 조선업, 전기차, 수소차 생산도 세계 1-2위다.

그러나, 항공우주기술은 선진국에 비해 아직 초보단계 수준이다. 미국, 중국, 러시아, 일본, 인도, 캐나다, 독일, 프랑스 순으로 앞선 기술을 보유하고 있다. 또한, 우리도 노벨상 수상을 위해 국가차원의 노력을 해야 한다. 노벨상이 과학기술 수준을 평가하는 절대적인 지표는 아니지만 노벨과학상 수상은 기술선진국의 상징이며 징표다. 노벨상의 시상 분야는 물리학, 화학, 생리학/의학, 문학/평화, 경제학이다. 과학분야에 한정하면 미국, 영국, 독일, 프랑스, 일본이 노벨상을 많이 받았다. 일본은 1949년 유카와 히데키가 첫 노벨상을 수상한 이래 총 29명의 노벨상 수상자가 나왔고, 과학분야만 25명의 수상자가 나왔다. 우리나라는 故 김대중 대통령이 노벨 평화상을 받은 것이 전부다. 일본은 1868년 메이지유신(明治維新) 이후 과학기술강국으로 도약하기 위해 노력해왔다. 그리고 구조적인 청년실업 문제

해결을 위해서는 정부와 기업이 공동보조를 맞추어야 한다. 지속가능 경영을 위해서는 기업도 환경보호, 사회적 공헌, 윤리경영을 중심으로 한 ESG 경영시스템을 확산해야 한다. 세계 각국의 100년 이상 장수기업 현황은 일본이 3만여개, 미국과 독일이 1만여개가 넘는데 우리나라는 몇 개 뿐인 현실이다. 일본은 100년 이상 된 장수기업이 많고 과학기술에 대한 투자와 장인(匠人)에 대한 사회적 대우가 매우 높다.

필자와 국가안보통일연구원 김호정 원장(우측)
한국외대 법학관 앞

임정혁 국가안보통일연구원 이사장(우측)과
서울교대 포럼에서

민주주의와 법치가 바로 선 사회

대한민국은 1948년 건국 이후 개인의 자유와 권리를 보장하는 자유민주주의를 국가이념으로 채택하였다.

자유민주주의(自由民主主義, Liberal Democracy)는 자유주의와 민주주의가 결합된 정치 원리 및 정부 형태다.

천부인권론과 인간의 존엄성을 바탕으로 하여 개인의 자유와 권리를 보장하는 헌법을 세우고 민주적 절차 아래 다수에 의해 선출된 대표자들이 입헌주의의 틀 내에서 의사결정을 하는 체제를 의미하는 민주주의 체제를 선언한 대한민국 헌법상 이념 체제는 자유민주주의를 수호함을 표명하고 있다. 기본적으로 자유민주주의의 자유는 시민의 정치적 자유를 의미하며, 이를 기반으로 경제, 사회, 법적인 영역의 자유들이 포괄되어 있다고 보는 견해가 많다.

사회 양극화의 심화로 기본소득 제도나 연금제도 등 사회주의적인 요소를 지닌 제도들이 보충적으로 혼합되어 시행되고 있다. 그러나 큰 틀에서의 자유민주주의 체제는 유지되어야 한다.

법치주의(法治主義, rule of law, nomocracy)는 사람이나 폭력이 아닌 법이 지배하는 국가원리, 헌법원리이다. 공포되고 명확하게 규정된 법에 의해 국가권력을 제한 · 통제함으로써 자의적인 지배를 배격하는 것을 핵심으로 한다. 법치주의의 근원적 이상은 통치자의 자의에 의한 지배가 아닌 합리적이고 공공적인 규칙에 의한 지배를 통해 공정한 사회협동의 체계를 확보하려는 데에 있다. 법치주의(法治主義)는 근대 입헌 국가의 자유주의적 통치원리로서, 권력 분립의 원리를 바탕으로 하여 국민의 주권을 대표하는 의회가 제정하는 법률에 의하여 국가활동이 규율되며, 법의 지배원리에 따라 규범의 잣대로서 폭력이나 인간의 주관이 아닌 법을 적용하여 불가침성의 인권을 보장하려는 목적을 달성케 한다는 원리이다.

유전무죄 무전유죄(有錢無罪 無錢有罪)는 돈이 있을 경우 무죄로 풀려나지만, 돈이 없을 경우 유죄로 처벌받는다는 재판의 현실을 개탄하는 말이다. 어지간한 재판은 변호사 선임 싸움이다, 또는, 돈 싸움이다는 말이 있다. 법조계에 인맥이 많아 영향력이 있거나 유능한 변호사는 승소율이 높다. 국민 상당수가 유전무죄, 무전유죄.라는 말에 어느 정도 수긍한다고 한다. 대한민국 사회의 사법부와 검찰에 대한 불신과도 연결되어 있다.

지강헌 사건은 1988년 10월 8일부터 10월 16일에 걸쳐 서울 영등포교도소에 수감됐던 25명 중 12명의 미결수들이 호송 도중 교도관들을 흉기로 위협하고 권총을 빼앗아 집단 탈주한 사건이다. 탈주범들은 이곳저곳으로 흩어졌고 이 중 지강헌 일당은 가정집에 숨어들어 인질극을 펼쳤다. 특히, 지강헌 일당의 인질극이 TV로 생중계되면서 사회적으로 큰 파장을 일으켰다. 주범인 지강헌은 "유전무죄 무전유죄(有錢無罪 無錢有罪)"라는 말을 남기고 권총으로 자살했다.

우리는 민주주의를 쟁취하기 위해 많은 투쟁과 희생을 치렀다. 이제는 법치주의가 확립되고 상식이 통하는 사회가 돼야 한다. 공동체의 가치와 목표를 제시하고 서로 신뢰하며 지켜야 할 규범을 준수하는 문화를 조성해야 한다. 온 국민의 잠재역량을 발휘하도록 비전을 제시하고 열정을 끌어

내야 한다. 돈과 권력이 우선되는 세상이 아니라 건강하게 이웃과 어울리면서 상호공존의 미덕을 알고 서로 존중받는 사회가 되어야 한다.

국가나 정부 주도의 시민이 성숙한 시민의식을 가지고 자율적으로 상호 신뢰하는 공동체 문화가 형성돼야 한다. 이념과 지역갈등을 극복하고 국민통합이 필요한 시기다.

국회에서 문희상 국회의장, 천정배 국회의원, 이상수 변호사, 이기우 교수 등과 세미나 참석

제2부

국방 / 군사 편

빈센트브룩스 한미연합사령관과 조영진 부부
美 육군성 공로훈장 수상

보국훈장 천수장 수상, 좌측은 서욱 국방부 장관

산골 소년,
어쩌다 보니
장군

조 영 진

예비역 육군 소장

- 1984년 육군사관학교 졸업 및 임관
- 27보병사단 259포병대대 사격지휘장교
- 25보병사단 217포병대대 3포대장
- 22보병사단 278포병대대 대대장
- 지구사 대화력전 과장
- 1군단 포병여단 2포병단장
- 합참 합동화력과장
- 서북도서방위사령부 화력처장
- 수도군단 포병여단장
- 연합사 화력처장
- 11기계화보병사단 사단장
- 연합사 부참모장 겸 유엔사 군정위 수석대표
- 특전사령관
- 2018. 12. 30 전역(40년 복무)
- 보국훈장 천수장 수상

어쩌다 보니 장군이 되었다

어른이 되는 것과 군인이 된다는 것

2008년 어느 날, 포병단장으로 재직 중에 처음으로 주례를 보게 되었다. 부하 중 홀어머니 슬하의 어려운 형편에 있던 하사가 결혼을 하게 되었다고 해당 대대장이 대리로 주례를 부탁해 왔었다. 스스로의 인생이 다른 사람의 멘토로서 모범적이었는지를 돌아보면서 약간의 고민이 있었으나 부하의 상황을 이해하고 부하의 전반적인 결혼식 과정을 준비해 온 대대장의 노력과 마음 씀씀이에 거절할 명분이 없었다. 부족하지만 지휘관으로서 부하의 인생에 도움이 되겠거니 하는 생각으로 승낙을 하였다.

"(주례사 중 일부) 사람은 태어나서 다섯 번 어른이 된다고 합니다. 주민등록증을 받을 때, 배필을 만나 결혼을 하면서, 자식을 낳아서 부모가 되면서, 자녀를 결혼시키면서, 그리고 부모님을 여의고 천붕의 슬픔을 겪으면서 완전한 어른이 됩니다. 여러분은 오늘부로 두 번째 어른이 되는 것입니다. 서로를 믿고 의지하면서 세 번째, 네 번째 어른이 되어가길 바랍니다."

그들 부부는 주례사를 새겨들었을지 모르지만, 필자는 타인의 인생에 관여하는 첫 주례인 만큼 부담스러웠으나 경건한 마음으로, 인터넷에 게재된 우수 주례사 몇 개를 참고하여 5분 남짓 되는 주례사를 했다. 장교들도 자신의 의지에 의해서건, 타인의 강요에 의해서건 여러 단계를 거쳐서 진정한 군인이 되어가고 그중에서 일부가 장군이 된다.

필자는 특별히 연약하게 태어나서 유아 시절부터 성장해 가는 과정이 상대적으로 더디었고, 군인이 되어 가는 과정도 순탄하지 않았다. 특별한 장기가 없이 가정환경의 이유로 군인이 되었고, 그 과정에서 적응이 늦었기에 동기생에 비해서 뛰어나지도 못했다. 뚜렷한 미래비전도 없이 주어진 임무에 대한 전문성을 갖기 위해 그 순간에서 최선을 다해 노력하는 과정에서 한 계급씩 진급하였다. 계급이 올라갈수록 살펴야 할 영역은 커졌고 주어진 예산과 권한을 사용함에 법과 규정, 조직의 구성원들이 언제나 감찰하고 있다는 것을 인식하게 되었다. 좌절도 하고 스스로 위로하면서 어렵게 장군(★)이 되었고, 사단장(★★)도 되었으며 특수전사령관을 마지막으로 전역하였다. 한 발짝씩 전진했으나 치열하진 못했고 임무와 부대에 몸을 맡긴 채로 주어진 과업에 최선을 다했고, 어쩌다 보니 여기까지 와 있었다.

2021년! 두 번째 신축년, 환갑을 맞는 새해에 고등학교 동창으로부터 비봉 50회 동창들의 1차 인생 수필집을 내려고 하는데, 동참해 달라는 제안을 받았다. 전국 5대 명문학교로서 동기들만 해도 사회 각지에서 성공한 친구들이 수없이 많거니와 필자는 군에서 다양한 직책을 수행하면서 남달리 많은 에피소드들을 겪었지만 동기들을 감동시킬 수 있는 뛰어난 필력이 있는 것도 아니고, 장교들의 군 생활에 대한 전문적인 내용을 설명하기도 쉽지 않아서 특별히 필자의 군 생활이 동료들이나 선후배들에 비해 자긍심을 가질 만큼 내놓을 것도 아니기에 활자로 기록을 남긴다는 것이 필자로서는 선뜻 내키지 않았다. 그러나 친구의 수개월여에 걸친 지속적인 설득에 계속 거절할 수 있는 명분이 없었기에 수락하고 나니 어떻게 써야 할지 막막했다. 필자가 군생활간 수행했었던 각종 계획이 수립되고 시행되는 등 직무수행과 관련한 구체적인 내용은 군사기밀과 관련되어 공개하기에는 제한되는 내용이 많아 필자가 군인이 되고 장군으로 성장해 가는 과정에서 가졌던 생각을 사건 중심으로 두서없이 기록하게 되었다. 특별히 준비해 왔던 내용들이 아니기에 사건 대부분의 발생일자와 구체적인 장소는 기억에 의존하여 개략적으로 기술할 수밖에 없었으며, 등장인물은 개인적인 정보보호를 위하여 실명을 사용하지 않고 기술하였다. 특히 사진 자료는 외국인이나 공인으로 이미 알려진 직속 지휘관들은 특별히 양해를 구하지 않고, 게재하였고 기타 인물들의 사진은 흐리게 처리하였다. 또한, 필자의 글은 교훈을 주고자 하는 의도가 전혀 없으며, 필자가 어찌할 수 없는 이유로 군인의 길로 접어들었다가 장군이 되어가며 겪었던 에피소드들을 나열하였음을 밝혀둔다.

어쩌다 군인, 그러다가 장군이 되었다

유약한 유년시절, 꿈을 잃은 청소년 시절

필자는 1961년 소띠 해 음력 칠월 하순 새벽에 경남 하동의 산골짜기 작은 마을에서 가난한 소작농의 육남매 중 넷째로 태어났다. 세 살이 될 때까지도 혼자 일어서지를 못했고, 특별한 장애는 없었지만, 머리는 크고 하체가 부실해서 성장 과정에서 자주 넘어지고 걸음걸이도 비치적거리는 모습이었다. 그 탓에 부모님은 필자를 1년 정도를 늦추어 초등학교에 입학시킬 복안이었으나 필자의 고집스러운 요구에 부친께서는 어쩔 수 없이 입학을 시켰다. 남학생 중에서는 가장 늦은 번호를 부여받고 초등학교 생활이 시작되었다. 두 살 터울의 형은 한 학년 위에 재학 중이었고, 체력이 좋고 운동신경이 뛰어났으며 공부도 잘하는 모범생이었다. 반면에 필자는 약한 체력으로 운동회를 할 때면 항상 꼴찌를 도맡았었기에 기가 죽어지내는 편이었다. 하지만 필자보다 나이가 어린 아이들을 좋아하고 필자와 비슷한 약한 이들에게 연민의 정을 느끼면서 장차 선생님이 되고 싶다는 꿈을 가진 평범한 아이였다. 그러나 아들들에게 기대가 컸던 부친으로부터 '꿈을 크게 가져라'는 당시에는 이해하지 못할 강한 질책을 들으며 필자의 소박한 꿈은 사라져 버렸다. 부친께서는 스스로 힘에 겨운데도 불구하고 우리 형제들은 농사일과 집안일에는 일절 관여치 못하게 하셨고, 오로지 학업에만 전념하도록 하셨다. 덕분에 두 형제는 초등학교와 중학교를 우수하게 졸업하고 서부 경남의 명문인 진주고등학교에 연이어 합격할 수 있었다. 오직 명문대 진학을 위해 공부에만 전념하는 고등학교 생활은 하숙집과 교실, 도서관을 다람쥐 쳇바퀴 돌 듯 반복하며 3년이 훌쩍 지나갔다. 그러다가 형이 서울대 진학에 실패하여 재수를 결심하면서 필자의 인생에 변수가 생겼다. 가난한 소작농으로 스스로 절제하며 육남매의 뒷바라지에 혼신의 힘을 다하시면서 단 한 순간도 힘들다는 내색을 하지 않으셨던 부친께서 미안한 마음을 가득 담아서 권하신 '육사로의 진학'이 필자의 인생을 완전히 우회전시켰다.

시력이 나빴던 형은 사관학교 지원조건에 미치지 못했고, 가정형편이 어려운 부친의 간절함에 다른 선택의 여지가 없었기에 필자는 육사에 대한 정보가 전무한 상태였지만 추가적인 정보를 확인할 소요를 느끼지 못한 채로 새로운 목표인 육사 입학을 위해 집중하였다. 공부를 하기 위해 도서관에 집중했던 대부분의 시간을 부족한 체력과 신체조건을 최상의 상태로 끌어올리기 위해 지속적인 운동과 수시 신체검사를 통해 혈압, 시력, 체력 등 핵심 조건에 맞도록 전환하였다. 1차 이론시험에서는 내로라하는 동료 스물세 명이 합격했으나 2차 신체검사에서 군인과는 거리가 가장 멀게 느껴지던 단 두 명만이 통과했다. 물론 합격한 두 명은 모두 장군이 되었지만, 당시 학교 내에서 동료들 간에 한동안 뉴스거리로 회자되었다.

그런데 그해 10월 말에 박정희 대통령이 시해되었고, 이어서 12 · 12사태가 일어나면서 정국이 혼란스러운 상태에서 육사 가입교 통지서가 도착했다. '1월 31일 9시까지 육군사관학교 화랑회관으로 집결하라'는 통보였다. 특별한 꿈이 없던 필자의 혼란스러운 소용돌이 인생이 열리고 있었다. 필자는 빠르게 지나가는 인생 여정에 몸을 얹은 채로 닥쳐진 상황에 몰입하고 있었다. 그렇게 나의 의지와는 상관없이 군인으로서의 길에 들어섰다.

지옥을 체감했던 육군사관학교 가입교 생활

유난히 춥게 느껴졌던 1980년 1월, 겨울의 막바지에 화랑회관으로 들어갔다. 군인들의 친절한 안내에 따라 입소 절차를 밟고 생도대로 향해 갔다. 필자와 동료들이 계급장 없는 민무늬 전투복을 갈아입는 순간, 상황이 급변했다. 귀청이 뚫어질 듯한 고성이 오가고 조금 전까지 친절했던 군인들이 악마로 돌변했다. 필자는 무언가가 잘못되어 감을 느꼈으나 표현할 기회는 없었다. 정신없이 몰아치던 시간이 한 식경 정도 지났을까? 어느새 밤이 되었고 반은 넋이 나간 상태로 악을 써대는 군인들의 통제에 따라 앞사람만 보면서 따라갔다. 깜깜한 가운데 길게 늘어선 인간 터널을 지나 조명등 서너 개가 켜진 광장에 삼백마흔일곱 명의 가입교 생도들이 집결했다. 어둠 속에서 멀리 보이는 높은 계단 위에서 동일한 복장의 지휘자가 쩡쩡거리는 소리로 훈계를 시작하였다. 넋이 빠져 있는 상태라 당시에는 무슨 말이었는지 기억도 나지 않지만, 훗날 기록에서 살펴보니 다음과 같다.

'(생략) 백수의 왕 사자는 새끼 사자를 낭떠러지로 떨어뜨려서 살아 올라오는 새끼만을 거두었다. 지금부터 어미 사자는 새끼 사자들을 하나씩 낭떠러지로 떨어뜨릴 것이다. 어떠한 고난과 시련이 닥쳐와도 참아라, 참아라, 사나이는 결코 울지 않는다.'

지옥문을 통과한 것이었다. 기초군사훈련! 일명 '비스트 트레이닝(beast training)'이 시작되었다. 중얼거리는 듯한 지시와 교육에도 집중해야 했고 사소한 과실에 대해서도 철저한 책임추궁이 따랐다. 그 간의 모든 자세와 언어, 각종 습관 등을 완전히 고쳐야 했다. 각과 선을 강조했고 모든 동선은 반드시 직각이어야 했다. 직각으로 식사를 하고 직각 언어[1]를 사용해야 했다. 기상천외한 규정에 수시로 지적을 받았고 사소한 실수에도 하루에 수백 회의 푸쉬업과 쪼그려 뛰기를 해야 했고, 선착순으로 수십 킬로미터를 달려야 했다. 한나절이 지나는 것은 식사 시간으로 인지하였고, 일과 이후 내무생활에 적응하는 것은 더욱 힘들었다. 점호가 끝나고 침대에 누웠다. 취침 자세도 통제했다. 양손을 가슴에 얹고 곧은 자세로 눈만 감아야 했다. 몸은 천근인데 잠은 쉽게 들지 않았다. 커튼 사이로 보름달이 비취었다. 자연스럽게 흐르는 눈물이 베개를 흥건히 적셨다. 그렇게 육군사관학교 가입교 첫날을 보냈다. 깜박 잠들었을까? 기상나팔 소리가 또 다른 새로운 지옥의 방으로 인도했다.

5주간의 기초군사훈련은 매사에 순응하지 않고 비판적으로 성장했던 필자에게는 그야말로 지옥과 같았고 단 한 순간도 긍정적이지 못했다. 개인의 사소한 과실에도 조직의 연대책임으로 벌칙을 수행해야 했다. 개인적 과실이 동료에게 미치는 연대책임의 불합리함에 심적인 불만이 육체적인 고통을 배가시켰다. 육사를 선택한 것을 후회하면서도 하루하루를 힘겹게 견뎌내고 있었지만 내가 견디어 내지 못하면 동기생들에게 그 후과가 미칠 것이라는 동기애가 자신도 모르게 쌓여가고 있었다. 지금껏 부지불식간에 누려왔던 자유가 그리웠고, 괴롭기만 했던 훈련은 습관처럼 먹어야 했던 한 끼 식사에도 노동의 가치와 감사함을 느끼게 했다. 자유스러움이 없는 5분의 불평이 3분의 샤워시간에 감사함으로 변해가고 있

1) '직각언어'라는 것은 '~다.' 나 '~까?'로 끝나는 단어를 사용하는 군대식 언어를 말한다.

음을 필자는 스스로 느끼지 못했다. 혹독했던 1980년 2월의 5주간에 변한 생각과 행동은 필자의 40년간의 사생관과 국가관으로 거듭났다.

사관생도 시절

1980년 2월 28일! 기초군사훈련 간 훈련지도 생도들이 '지상낙원'이라던 '생도대'로 입주하였다. 선후배 생도들이 혼합 편성된 생도대가 진짜 지상낙원일 리가 만무했다. 엄정한 군기가 요구되고 계층이 분리된 구조에서 자긍심이 강한 생도들의 집단생활은 기초군사훈련과 별반 다르지 않았고, 필자의 적응은 유아기 성장 과정과 동일하게 더디기만 했다. 그 과정에서 다양한 이유로 퇴교하는 동기생들을 보며 안타까움과 부러움이 교차하였다. 자퇴를 결심하지 못하는 나 자신과의 번민하는 상황이 계속되면서 은연중에 외적, 내적으로 군인이 되어가고 있었다. 그러나 '판단 없는 Yes'에 대한 선천적인 거부감으로 타인으로부터 간섭받기를 싫어하였고 합리성이 결여된 그 어떤 상황도 그냥 넘기지 못하는 성향은 변화시키지 못했다. 또한, 외면은 차가우나 내면적으로는 온정이 많은 필자에게 엄격한 상명하복 체계 속 수련 과정은 결코 순탄하지 않았다.

3학년 시절, 생도생활에 적응하지 못하는 분대 1학년 생도를 설득하기 위해 휴일간 부산에 계신 부모님과 대면하여 그 생도를 설득하였고, 굳이 훈육관님께 사과의 인사를 드린다는 부모님을 훈육관님의 아파트에 안내하느라 복귀시간에 늦어서 곤란을 겪었던 사건, 매 수업시간마다 교육보다는 공부하라고 강조하는 교관의 지속적인 훈육에 불만스러운 목소리를 냈다가 낙인찍혀서 해당 과목에 대한 수시평가[2]가 영점으로 처리됨으로써 퇴교 직전의 상황에 이르렀던 사건, 중대 4학년 생도의 부당한 교육에 공개

2) 수시평가 : 매 수업시간에 수시 평가를 하여 학기별 해당과목 성적의 40%를 반영함.

적으로 항의하며 체벌을 거부했다가 몇몇 동조하는 동기생들과 함께 가혹한 뭇매를 맞았던 사건, 4학년 생도가 훈육관님의 지시를 어겼다는 이유로 필자의 업무보좌관인 3학년 생도를 질책하는 훈육관님의 불합리한 처분에 대해 심야에 훈육관실을 항의 방문하여 두 시간여의 입씨름 끝에 사과를 받아냈지만, 그 이유로 3학년 2학기 대부분의 기간 동안 외출외박을 통제당하고 완전군장으로 체벌을 받았던 사실 등은 자신의 의지와 상반되었을 경우에는 대상이 누구든지 당돌하게 항의하고 바로잡으려고 했었기에 필자의 생도생활은 험난했었으나 스스로 자초한 고난의 상황이기도 했다. 그러나 육군사관학교의 수련과정은 표본으로 찍어내듯이 강한 육체와 정신력, 자신뿐만 아니라 부하의 과오도 책임지는 리더십을 갖춘 장교로 거듭나게 하였다. 틈만 나면 외웠던 사관생도 신조[3]와 사관생도 도덕률은 부지불식간에 신념으로 굳어져 있었다. 그것은 대부분의 육군사관학교 출신 장교들이 갖춘 덕목이 되었다.

소위 임관(1984년 3월 28일)

강원도 화천군, 고군분투했던 야생 초임장교(소위~중위)

필자는 그렇게 우여곡절 끝에 육군소위로 임관하였으며 크게 주목받지

3) 사관생도 신조 : 1. 사관생도는 국가와 민족을 위해 생명을 바친다.
2. 사관생도는 언제나 명예와 신의 속에 산다.
3. 사관생도는 안일한 불의의 길보다 험난한 정의의 길을 택한다.

못한 상태로 전방으로 배출되었다. 그저 주어진 직책과 장소에서 최선의 성과를 내기 위해서 과업에 몰입했다. 오로지 생도생활을 통해 체득한 국가와 국민에 대한 충성과 육사출신 장교로서의 명예와 신의, 불의에 대한 저항과 보편적인 정의추구, 공명정대, 언행일치, 부당이득 거부, 책임이란 단어가 뇌리에 박힌 생도적 감성이 초임장교의 실무 리더십에 큰 영향을 주고 있었다.

강원도 화천군 마현리 골짜기! 초임지로 배치된 이기자 부대 포병연대 내에 육사출신이라고는 연대장님이 유일하였다. 육사출신임의 선입견을 지우기 위해 모자와 가슴에 자랑스럽게 부착했던 공수휘장을 제거하고 타 출신 장교들과 외형상으로 동일한 상태를 유지했다. 야전에서 주어진 임무에 최선을 다함으로써 군 조직 내에서 부하와 상관으로부터 인정받으면 족하다는 것이 햇병아리 소위가 군 생활을 출발하면서 가진 마음이었다. 민간사회와의 소통을 외면한 채 우직하게 군인으로서의 임무만을 수행했다. 형식적인 권위에서 벗어나 실용과 실질을 바탕으로 한 임무를 수행하며, 말로 지시하는 것보다 먼저 행동함으로서 지도해야 했기에 무엇이든지 부하들보다 우월하기 위해 수배의 시간과 노력을 투자했다. 이미 전문가의 수준인 선임하사관의 도움이 무엇보다도 컸다. 결국 필자의 40년 군 생활은 의무적인 양성교육을 제외하고는 거의 대부분의 기간 동안 야전부대에서 실무에 몰입했다.

그 결과로 필자는 경제적 관념이나 군내외 인사관리에는 괴리되었지만 군 내에서 포병 주특기나 포병전술 및 전구급 화력운용[4] 능력으로 차별화되었고, 이는 창의적인 리더십으로 거듭났다. 그 덕분에 대대장 임무수행 시에는 창군이래 최초로 병사가 사법시험에 합격하고, 사단선봉대대로 선

4) 전구급 화력운용 : 한반도 전체의 작전지역에서 운용되는 연합 및 합동화력운용

발되는 성과를 얻었으며, 2010년 11월 23일, 북한이 연평도에 포격도발한 국가 위기상황에서 화력운용의 전문성을 수뇌부로부터 화력운용에 대한 전문성을 인정받아 장군으로 성장할 수 있었다.

경기도 파주, 포대장(대위)

경기도 파주에서 31개월의 독립포대장 기간은 필자의 군생활간 가장 고난이 많았으나 성과는 없었던 힘든 시기였다.

미군들이 철수한 후 그들이 탄약고로 사용하던 컨테이너를 포대 막사로 사용하면서 수개월에 걸쳐 병영생활관을 신축하여 입주하였다. 6개월에 걸쳐서 생활관 입주를 기다리며 준비를 했다. 육사 생도 시절의 인연으로 사단공병대대 정작과장인 선배장교의 사무실로 출근하기를 열흘, 억지를 부려서 구한 시멘트 300포대와 철근, 대민지원 결과로 블록공장으로부터 획득한 시멘트 블록 3,000여장으로 열악하지만 포상탄약고가 갖춰진 포상을 구축했다. 생활관 주변에 작은 연못과 분수대, 장병쉼터로 초가 정자를 지었고 부대인근 수목원에서 주목, 가문비나무 등 다수의 정원수를 확보하여 삭막한 병영에서 정서적인 여유를 가질 수 있는 공간을 조성했다. 기존에 진흙성분의 논에 수십대 분의 모래를 혼합하여 조그마한 연병장을 구축하여 병사들의 운동여건을 만들었다. 땀범벅이 된 채로 막사내부에 마련된 목욕탕에 뛰어 들며 환호하던 병사들의 모습에 포대장으로서 만족하고 있었다. 그런데, 입주한지 딱 1개월이 지나는 날 부대이동명령이 접수되었다. 병사들의 얼굴에 나타난 실망감을 말로 표현할 수가 없었다. 신 주둔지로 선정된 곳은 읍내에서는 그리 멀지 않은 곳이었으나 그동안 보병연대 전투지원 중대가 사용하던, 우거진 수풀 속에 덩그마니 생활관만 존재하는 격오지였다. 전입신병이나 포대 부적응 병사들의 군무이탈이 우려스러워서 밤잠을 설칠 정도였다. 부대이동 후 가장 시급했던 것은 운동, 세면 세족,

목욕 등 병사들의 기본적인 생활권을 보장하는 것이었다. 맨 먼저 주변의 능선을 따라 개략적으로 경계선을 표식한 후 내부 잡목들을 완전히 제거했다. 숨통이 튀었다. 표면에 흐르는 건수는 많았으나 집수가 되지못해 용수가 부족했다. 두 번째로 할 일이 용수를 확보하는 것이었다. 때마침 포대에 심정 굴토에 경험있는 병사가 있었다. 수양버드나무 가지를 들고 수맥을 찾아서 집수정을 팠고, 수중모터를 설치하여 야외 샤워장으로 끌었다. 세 번째로 연병장을 확보하기 위해 울타리 너머 수십 년간 묵어 있던 미확인 지뢰지대를 겁 없이 불태우고 도저를 투입했다. 작게나마 연병장이 완성되었을 때 환호하던 병사들의 표정은 아직도 머릿속에 맴돈다. 다섯 번째로 주둔지 전투기지화를 목표로 울타리 선상에 교통호를 구축하고 포상내부 개인호와 교통호를 연결시키면서 경사지에는 계단식 교통호를 착안하였다. 31개월 포대장 보직기간 동안 예비진지, 단계별진지 등 포상 18개동을 구축하였고, 각종 시범식 교육이나 포술경연대회 등에서 두드러진 활약을 했으나 포병연대에서는 전혀 주목을 받아보지 못한 채로 포대장직을 마쳐야만 했다. 돌이켜보아도 대위 수준에서는 불가능한 일들을 오로지 병사들의 삶의 질 향상을 위해 자체적으로 추진했던 사업이었기에 일체의 예산지원없이 필자의 봉급 대부분을 투입하였지만 스스로 성취감을 느끼면서 행복해 했던 기간이었다고 자부한다.

당시 감찰참모였던 조○○중령이 포병연대장과 함께 포대를 방문하여 "이 곳은 바로 상전벽해(桑田碧海) 그 자체다. 내가 2년간 사단에서 감찰참모를 하면서 수없이 이 앞길을 지나다녔는데 여기에 병력이 거주하는 부대가 있다는 사실을 몰랐었다. 심하게 역정을 내는 사단장을 보고 반신반의한 심정으로 확인하고 심각해 했었던 열악한 곳을 조 대위 자네가 이렇게 바꾸어 놓았다."라고 평가하였다. 이임 후 4개월여가 지난 시점에 군단 포병여단으로부터 진지 공사 우수포대로 선정되었다는 소식을 들었다. 이임 직전 1개월에 걸쳐서 구축했던 주둔지 기지화 공사에 대한 포상이었다. 비록 필자가 상을 받지는 못했지만, 후임자와 고생했던 부하들에게 보상이 주어졌기에 마음에 위안이 되었다.

지식의 폭을 넓혔던 육군대학 교관(소령)

소령 진급 후 육군대학에서 보수교육을 마치고 교관으로 선발되었다. 그 전에 학군단에서 교관 직책을 이수하였기에 연이은 교관 보직은 인사상 불이익이 있을 것이라는 조언도 있었으나 필자는 당시 소령급 장교로서 군의 중추가 될 동일 계급의 장교들을 가르치는 육군대학 교관을 가장 명예스러운 직책이라고 생각하였고, 교관임무 수행을 희망했다. 전쟁연습 과목을 부여받았고 2개월의 연구 기간을 거치면서 연습강의를 마치고 교수부장으로부터 임명장을 받았다. 비록 육군의 정책변경으로 충분한 기간을 재직하지는 못했지만, 육군대학에서 전쟁연습과목에 대한 교관 임무 수행은 향후 필자의 군생활간 각종 연습 및 훈련을 계획하고 통제하는 면에서 효율적인 결과를 가져올 수 있는 탄탄한 기반이 되었다.

강원도 고성, 천재지변 속에서 창의적인 능력을 보였던 포병대대장(중령)

강원도 고성군에서 1m가 넘는 눈이 내린 직후에 동기생 중 전투병과 1호 대대장으로 취임했다. 가슴높이만큼 내린 눈과 대대 위병소 앞에 세워진 도저, 도로가에 세워진 길이 2m이상의 적설봉을 보면서 동해안의 기상은 또 하나의 지휘 부담임을 알 수 있었다. 꼬박 44개월 동안 지형을 바꾸어버린 2002년 태풍 루사와 2003년 매미, 속고지설(속초와 고성의 강설)을 증명이라도 하듯 내린 173cm의 기록적인 폭설, 대대장 임무수행간 10차례가 넘는 산불 진화 작전은 거의 천재지변과의 싸움이었다고 해도 과언이 아니었다.

대대장 재임 기간 중 가장 중요하게 생각한 것은 부대원들과의 원활한 소통이었다. 진중방송장비로 보급된 CA-TV를 대대내 소통 및 전시 상황전파수단으로 활용하였다. 대대 주간회의와 결산회의에서 대대장의 생각과 부대운영 일정을 방송을 통해 병사들과 공유하고, 회의를 마칠 때는 대대 모범병사를 선발하되 선발과정을 전 대대원이 시청하고, 생일을 맞은 장병들을 축하해주는 용도로 진중방송을 활용하자 부대에 활기가 돋았다. 하의상달의 소통은 훨씬 어려웠지만 '사랑의 우체통'을 착안했다. 다수의 부대가 활용하고 있었으나 실효를 거두지 못한 소원수리함에 불과한 체계였지만 운용방법을 달리했다. 지휘계통에 의한 설문이나 단순한 소원수리함은 선임병들의 개입으로 철저히 차단되었기에 필자는 선임병이 개입할 수 없는 시스템을 착안한 것이었다. 많은 부대들이 화장실이나 인적이 드문 장소에 소원수리함을 설치해 두었으나 이는 소원수리함 설치장소 자체에 대한 후임병들의 접근을 통제받는 장소로 만들 뿐이었다. 병사들이 불가피하게 다닐 수밖에 없는 장소, 식당 입구에 설치하고 행정실을 통해서 외부로 발송했던 우편물을 사랑의 우체통을 통하여 발송하되 필자가 우편집배원 역할을 하였다. 우체통열쇠는 두 개(대대장용, 주임원사용)만 제작했고, 하루도 빠지지 않고 우편물을 직접 수거하여 대대장실에서 인사장교와 같이 분류했다. 외부로 발송하는 우편물은 인사과에서 종합하여 당일 발송했고 대대장, 포대장, 동료, 인접포대 동기 등에게 보내는 우편물은 대대장이 주임원사와 함께 배달부 역할을 하였다. 병사들과 직접 접촉할 수 있는 기회가 되기도 하였고, 수많은 소원을 접수하여 사적 비밀이 보장되는 내용과 소원자의 신원이 철저히 보장되는 범위 내에서 화상시스템으로 전 대대원에게 조치결과를 공지했다. 재임 4년간 연말이면 대대 60여명의 간부를 대상으로 손편지를 썼다. 약 2~3주간에 걸쳐서 개인별로 격려와 칭찬, 강하게 다그쳤던 간부에게는 사과의 내용으로 대대장의 마음을 전했다. 대부분의 간부가 마음을 열어 주었다.

또한, 부대 내 모든 어두운 곳을 밝게 바꿔 나갔다. 첫 번째로 향기 나는 화장실을 목표로 당시 사회에서 추진하던 고속도로 휴게소 화장실을 본보기로 하여 어두컴컴했던 화장실 조명등을 2배로 확대하고 음악이 흘러나오게 하면서, 방향제를 이용해 냄새를 제거하는 등 지휘관실에 설치된 화장실 이상의 수준으로 만들었다. 더 이상 화장실은 심리적으로도 어두운 장소가 아니었다. 두 번째, 병영의 이면을 밝게 만들었다. 외등의 수를 확대하고 어두운 장소를 없앴다. 부대의 우범지대를 없앰으로써 은밀한 시도를 하지 못하도록 분위기를 차단했다. 선후임 간에 구타 및 가혹행위의 근거지를 없앤 것이었다. 병행해서 공부하고 독서하는 병영분위기를 유도했다. 쉬는 시간에 침상 3선에 정열하여 부동자세로 앉아있는 이등병이 아닌 침상위 관물대 앞에서 책을 읽는 이등병의 모습을 구현했다.

교육훈련 현장지도 시에는 필자가 특기병들과 주특기 측정으로 직접 경쟁하기도 했다. 특이하게도 필자는 소령 때까지 10여년간 부대 대항 간부 주특기 측정에 직접 참가했던 이력으로, 대대장이 특기병 수준을 넘어서는 수준을 유지하고 있었기에 병사들의 주특기 수준을 효율적으로 향상할 수 있는 요령을 지도하고 또한 동기를 부여 할 수 있었다.

대대 상황실과 대대 및 포대사격지휘소에 비상조명대책을 마련했던 것은 당시에는 획기적인 일이었다. 취사장과 포병사격지휘체계에 전력사용이 필수적이었기에 발전기가 보급되어 있었으나 작동 시까지의 30분~1시간의 간극이 발생함에 따라 촛불과 후레쉬를 비상조명대책으로 구비하고 있었던 현장은 사회발전상에 뒤쳐져 있었다. 필자는 국내에서 몇 안 되는 직류형광등 회사를 찾았고 그 기술을 도입하여 비상조명대책을 마련하였다. 그러나 사격제원 계산기와 상황유지용 컴퓨터는 작동을 멈출 수밖에 없는 문제점을 해결하기 위해 정전과 동시 자동으로 예비전력으로 전환되는 체계를 구축하여 조명과 사격제원 계산기 전원이 단절되지 않도록 하였다. 대대 전술훈련 평가시 평가관이 비상조명대책을 평가하기 위하여 은밀히 외부전원을 차단하고 사격지휘 벙커로 들어왔으나 상황변화가 전혀 없자 당황스러워 했던 것도 뿌듯했던 에피소드 중의 하나였다. 수년 후에 비상전력대책으로 컨버터가 야전에 보급되었다. 또한, 소규모 적 침투시 작전을 위한 차단선에서도 필자는 실전적인 창의력을 발휘했다. 당연히 대침투작전은 장기화가 될 수 있기에 차단선에 설치된 참호는 장기작전이 가능해야 했다. 3인용 참호에 1명이 휴식을 할 수 있도록 T자형으로 호를 구축하여 중간에서 가면을 취할 수 있도록 하였고, 인접 참호와 사각 지역을 없애고 교차 사격이 가능토록 구성하되 표적을 지난 피탄지가 아측의 개인호나 아군 및 민간시설 에 2차 피해가 발생되지 않도록 세밀하게 사격 구역을 지정했다. 대대 이동지휘소를 착안하여 현장지휘가 가능토록 구성하였고 은폐하여 감제하는 적 침투자로부터 차단선이 노출되지 않도록 식사추진 등 보급로 및 절차에 대한 보안을 철저히 했다. 적 화학탄 공격에 의해 대량 사상자가 발생했을 경우를 상정하여 조치하는 상급부대 모델은 의무지원대와 화학지원대의 역할이 부각되어 해당부대는 수동적으로 통제에 따르기만 하면 되도록 되어 있었다. 포대장 시절 2명의 전우를 안전사고로 잃고 실신했던 필자의 기억 속에서 대대원의 20~30% 인원의 사상자가 발생했다는 가정에서 제시된 상급부대 모델상의 대대장 행동은 실상황과는 너무나 괴리가 있다고 판단했다. 필자는 간부들에게 실전 상황을 상상하게 했다.

실전이라면 지휘관과 참모는 공황 속에서 무엇을 해야 할지 모르는 혼란스러운 상황이 되는 것이 뻔한 사실이었다. 필자는 현장에 급조 지휘소를 편성하고 간부들에게 실전 상황을 주입했다. 오염 여부와 제독, 사망자와 부상자 처리는 지원된 상급부대의 몫이지만 대대장은 심각하게 상처입은 부대를 지휘해야 했다. 필수요원 사망시 대리자 임명과 임무수행이 가능한 부대원을 재편성하고 사망자와 부상자에 대한 행정처리며, 물자 수습, 전투의 지속여부, 공황에 빠진 전투원의 심리적 회복 등, 위의 모든 내용이 종합된 전술훈련 평가는 단연 돋보였다. 그 결과 사단 전투력측정 3년간 연속 최우수대대, 전술훈련 평가 최우수대대, 최종적으로 사단 선봉대대로서 최상의 전투력을 가진 부대로 자리매김하였다. 2회에 걸친 보병연대 전술훈련 평가를 지원하는 부대로서 필자는 현장을 방문했던 군단장으로부터 2회 모두 현지에서 표창을 수상했다. 이에 더하여 병사들이 자투리 시간을 활용하여 자기계발을 하도록 함으로써 현역병사가 창군 이래 최초로 사법시험에 합격하는 쾌거를 남기기도 하였다. 반면에 형식에 치중하여 병사들을 피곤하게 하는 관습적인 행위는 제거하였고 상급부대 지침일 경우에는 수정하기 위해 부단히 노력하였다. 한가지 예로 야간에 상황이 발생하였을 경우 작전지역에 조명탄 사격을 위하여 근무자가 포상에서 대기하는 것은 사격결심절차상 지휘관의 결심시간이 병사들의 사격준비시간을 초과하기 때문에 포상에서의 사격대기에 대한 비효율성을 상급지휘관에게 보고하였으나(현재는 대기하지 않음) 승인되지 않았다. 결국 병사들이 생활관에서 취침하면서 상급부대에서 요구하는 목표 시간 내에 사격이 가능하도록 훈련시켜서 증명함으로써 주장을 관철시키기도 하였다. 그로 인하여 상급지휘관으로부터 자기 주장이 강하다는 평정을 받았고 이는 단점으로 적시되어 훗날 진급 심사 때마다 언급되는 불이익을 받기도 하였다. 그러나 돌이켜 보면 고성에서의 대대장 시절은 작은 노력도 크게

준장 진급 (참모총장 김상기 대장 2012년 1월 1일)

성과를 내었고 개인 뿐 아니라 부대의 명예를 인정받았던 기간으로 군 생활에 자신감을 가지는 계기가 되었다.

화력운용분야 전문가(대령)로 김정은이 진급시킨 장군

대령으로 진급하여 비로소 그동안 야전에서 쌓았던 개인적인 역량을 발휘할 수 있는 기회가 주어졌다. 북한의 수도권 불바다 발언으로 온 국민을 불안에 떨게 했던 북한군 장사정포에 위협에 대하여 한국군 주도의 대화력전 체계를 구축하여 정착시킴으로써 화력운용분야의 전문가로서 인정을 받았고, 연합사 계획과장으로 보직 시에는 한국 전구에서의 작전수행체계를 전반적으로 확인하면서 전시작전통제권 전환을 위한 우리 군의 표적업무에 대한 취약한 현주소를 도출하여 연합사 부사령관, 합참의장, 육군참모총장 등에게 세부적으로 보고함으로써 전작권 전환계획에 표적업무와 관련된 분야를 보완하게 하였다. 합참에서 합동화력과장 임무를 수행하는 기간에는 천안함 폭침, 연평도 포격도발 등 북한의 전술적인 도발이 최고조에 있을 시기였고 단 하루도 편안한 시간을 갖지 못했었다. 그러나 강한 자기주장과 강성리더십으로 진급에서 배제되었으나 김정은의 연평도 포격도발은 필자의 대화력전 수행능력이 국가방위에 필요함을 인지시키는 계기가 되었다. 이후 서북도서 방위사령부 창설 요원으로 선발되어 육군이 최초로 해병대사령부에 파견되어 서북도서 방위능력을 획기적으로 향상시켰다. 2011년, 우여곡절을 겪으면서 장군으로 진급하였다. 마지막 기회를 잡았기에 기쁨도 컸다. 군인의 꿈을 꾸어 본 적이 없는 평범하기만 했던 소년이 롤러코스트와 같은 여정에서 영광스러운 성과를 보았기에 오직 감사하는 마음으로 충만했다. 아이러니한 것은 한국군에서는 강성리더십의 소유자로 배제시켰던 필자를 김정은이 자신에게 포구를 지향하는 사람을 장성으로 진급시킨 꼴이 되었다.

수도포병여단장(준장)

새로 부여받은 임지는 북한군의 도발위협이 매우 높은 김포축선을 방어하는 수도군단이었다. 연평도 도발 이후 군은 적 포격 도발에 대한 강한 대비태세가 요구되었다. 시스템에 의한 포격도발 대응체계와 생존성이 보장된 진지구축을 통해 24시간 전투준비태세 유지에 전념했다. 적 포탄이 떨어질 때 형성되는 탄도각을 분석하여 생존성이 보장되는 지역에 대피장소를 지정하고 방호벽은 2~3배 수준으로 높였다. 병사들의 얼굴은 피곤한 기색이 돌았으나 연평도 포격도발로 인해 눈빛은 적개심으로 군인다운 기운이 보였다.

임관하는 장교 및 부사관 후보생들이 포병병과를 기피할 정도로 포병병과가 받는 업무강도와 스트레스가 강했던 시기였기에 특별히 부대원들이 사기증진을 위해 특별히 각개 부대원의 가정 내의 안정에 지휘관심을 두었다. 부인의 노고에 대한 감사장을 착안하였고, 부대 가족 보안교육시 천안함을 비롯한 안보현장견학, 잦은 이사로 인해 친구들로부터 소외당하는 자녀들을 위해 학교친구들을 대상으로 한 부대초청행사. 가족 동반 야유회 등등 가족들의 내조에 보답하는 지휘활동을 가졌다. 수시로 요구되는 대기태세격상으로 인해 특별한 보상도 없이 며칠간을 연이어 근무해야 하는 상황에서도 부대원들은 피곤했지만 가정에서의 안정감을 느낄 수 있었던 기간이라고 화답해 주었다.

강원도 홍천, 화랑부대 사단장(소장)

동기생 중에서 맨 마지막으로 어렵게 진급하였으나 지역주민과 가장 우호적인 관계가 유지되고 있는 화랑부대로 발령되는 행운을 얻었다. 동기생들에 비해 특별히 나을 바가 없이 출발했었던 필자가 사단장이 된 것은 과분한 수혜라 생각했었기에 모든 부분에서 감사한 마음이 컸고 더 큰 헌신

소장 진급 화랑부대장 보임
(참모총장 권오성 대장 2013년 10월31일)

과 봉사로 보답해야 한다는 생각을 굳혔었다. 오직 부하와 지역주민을 섬기고 사단장에게 주어진 권한 범위 내에서 부하들이 소신껏 업무에 전념할 수 있는 여건을 만들고 상급지휘관의 지휘에 누를 끼치진 않겠다는 복안으로 근무했다. 대대장 이하 지휘관 및 참모는 병사들과 대면 지휘를 하며 오로지 부대지휘와 훈련에만 전념할 것을 요구하였고, 사단장은 참모와 예하 지휘관을 통하여 조직을 관리하되 대외적으로는 대민관계를 원활하게 유지하여 민원요소를 최소화하고 내부로는 각종 훈련과 부대관리에서 대대가 지향할 목표와 방향, 명확한 평가 기준을 제시했다. 상급부대의 의도에 따라 사단장 자신의 임무와 역할을 다하는데 중점을 두었다.

필자는 사단에서 시행하는 모든 행사 하나하나에 특별한 의미가 담아서 주인공들의 기억 속에 남겨 주기 위해 각별한 신경을 썼다. 행사를 위해 바친 각개 장병과 지휘관의 노력이 반드시 실효가 있어야 한다는 생각에서였다. 현충탑에서 초임장교들의 전입신고를 받으면서 화랑부대의 정신을 기억하게 했고, 장교들의 진급식은 故 강재구 소령 추모공원에서 시행하게 하여 선배전우의 책임완수와 희생정신을 되새기게 했다. 호국보훈의 달에는 지역내 편성된 10개 단체별로 각각 열병 차량을 준비하여 병사들의 충정을 확인토록 함으로써 보훈단체별로 자긍심을 가질 수 있게 하였고, 현역장병들은 국가를 위해 헌신하신 선배들을 공경하며 보훈하는 마음을 가질 수 있는 기회로 삼았다. 장기근속자의 전역식은 반드시 사단장이 주관하여 장기근속의 수고에 대해 후배들이 진심으로 존경과 축하를 하는 자리로 승화시켰다. 근속 30주년을 맞은 준·부사관들은 본인의 희망에 따라 가족을 동반한 행사를 지원함으로써 자녀들에게 아빠에 대한 존경심을 심어주는 계기로 삼았다. 유례없는 폭설로 강릉과 속초 일대까지 출동하여 고립된 주민들을 구하였고, 타부대에서 발생한 GOP 총기 난동 탈영병 검거작전을 지원하여 예하여단이 접촉을 유지함으로써 작전을 종결하였는가 하면 14년 호국훈련에서는 기계화 부대의 특성을 살린 다양한 전술에 대한 성과를 확인하는 등 다양한 면에서 성과가 컸다.

2014년에 육군은 GOP 총기 난동 탈영병 사건, 병영부조리로 인한 윤일병 사망 사건 등 다양한 사건들로 인해 그 어느 때보다도 힘든 시기를 보냈지만 필자의 사단은 대내외적으로 매우 평온하고 모든 구성원들이 만족스러운 시간을 보내고 있었다. 그 덕분에 연말에는 그 어느 부대도 시도한 적이 없는 송년회를 가졌다. 한 해 동안 자신의 역할을 충실히 수행해 준 부하들에게 공을 돌려 감사의 마음을 전하기 위한 행사였다. 사단 내 중 상사급 이상 준 부사관 전원과 대위급 이상 전 장교들이를 대상으로 어린 자녀들을 포함한 가족 동반하에 약 800여 명이 정복차림으로 근사한 송년회에 참석했다. 이는 예비사단이기 때문에 시도할 수 있었던 것이었고, 한편으로는 사단장 스스로가 가진 자신감의 표현이었다. 장소는 홍천군이 지원하고 예산은 사단장이 알뜰히 적립해 두었던 장병 격려비를 대폭 투입했다. 참석했던 모든 간부들의 만족도는 기대 이상이었고 사기 또한 높아졌음을 실감했다.

더욱 행운이었던 것은 우리 화랑부대를 사랑하고 아낌없이 지원해 준 홍천군 단체장들과 주민들이었다. 홍천군의 모든 축제에는 준비과정에서부터 시행 시까지 사단 장병들을 적극적으로 참석시켰고, 사단에서 면회객들과 직접 소통하여 숙박업소를 소개해 주고 면회객들이 홍천 관내에서 시간을 보낼 수 있도록 요청하였다. 또한, 홍천강에서 연간 4~50명 수준의 외지인들이 익사하는 원인을 확인하고 홍천군 및 경찰서와 협조하여 안전순찰대를 운용함으로써 사단장 재임 기간 익사자를 거의 제로화(취객 2명 익사)시키기도 하였다. 이로 인하여 관내에서의 민원은 최소화되었고 특히 포병여단 입구의 화포진입문제로 발생한 민원을 군청에서 직접 해결해 주는 미담도 발생하였다.

그러나 재임 14개월째에 발생했던 어처구니없던 사건이 모든 공을 송두리째 삼켜 버렸다. 부대 내 고급장교와 부서 내 여군 간에 발생한 불륜 사건이었다. 사단에서 불륜정황을 식별하여 수사를 의뢰했으나 육군본부에 의해 위력에 의한 성폭행 사건으로 단정하여 공보함으로써 전 국민의 분노를 사게 되었고, 부대의 명예는 나락으로 떨어졌다. 그로 인하여 필자를 비롯한 인사참모는 징계위원회에 회부되면서 필자는 취임 후 18개월 만에 교체되었고 육군본부로부터 지휘감독소홀의 사유로 징계처분을 받았다. 필자는 여러 가지 면에서 수긍하지 못할 과정이 있었으나 지휘관으로서 부여된 권한으로 부하의 안위를 지켜주지 못한 책임을 스스로 인정하고 군사령부 징계위원회에 회부된 인사참모의 책임을 포함하여 지휘책임을 수용하였다. 그러나 사건은 대법원에서 상호 불륜관계로서 무혐의로 판결됨에 따라 필자는 책임져야할 실체가 없는 사건에 대해 지휘책임을 지게된 꼴이 되었고 이미 처리된 징계결과에 따라 40년을 군에서 바친 공로로 수여하는 근속훈장도 없이 2019년에 군문을 나서야 했다. 전역 후 명예회복을 위해 국가인권위원회 청원, 무효소송 등 3년간의 지리한 법적 다툼 끝에 억울함이 소명되어 2021년 8월, 정부로부터 근속훈장은 수여받게 되었다. 그 과정에서 과거 모셨던 수명의 지휘관과 동료, 부하들의 성원과 적극적인 협조가 큰 역할을 하였기에 항상 그분들께 감사의 마음을 전한다. 본 내용은 관련자들의 인권 보호차원에서 민감한 사안이나 필자의 군 생활에 있어서 심각한 대형사건이었고 사건의 실체확인에 앞서 일방적으로 규정한 피해자의 진술에 치우친 현행법의 취약점을 알릴 수 있는 중대한 사건이었기에 동일한 사안에 대한 재발되지 않기를 바라면서 계급과 직위, 부대 등을 일반화하여 최대한 간략히 기술하였다.

경기도 고양, 부군단장(소장)

사단장에서 조기 교체되면서 좌천된 보직이었다. 유쾌하지 못한 인사명령으로 군단에 도착했으나 주변을 돌아보니 군단장을 제외한 모든 사람들이 필자보다 하급자였고 그들 앞에서 소위 장군이라는 자가 불만스러운 모습을 보이는 것은 오만이고 후배들에 대한 예의가 아니라는 생각이 들었다. 마음을 추스르고 군단의 전투준비태세를 집중적으로 점검하고 지도하였다. 2015년 8월 4일, 북한군에 의한 DMZ 목함지뢰도발 사건이 발생했고, 군단에서는 간헐적으로 발생했던 지뢰사고로 판단하고 필자가 사고조사위원장이 되어 팀을 지휘하였다. 해당 장소에서 북한군의 소행임을 밝혀내었고 지침에 의하여 합동조사팀으로 인계하였다. 이후 필자는 단순 지뢰사고로 인식하고 불안해하는 부상자들과 가족들을 안정화시키기 위해 입원해 있는 현장에서 체류하면서 부상자들을 직접 보살폈다.

유엔사 군사정전위 수석대표, 연합사 부참모장(소장)

필자는 징계를 받은 터라 더 이상 진급에 대한 희망을 갖지 않았던 상황에서 6개월 후 군사정전위 수석대표로 보직되었다. 원래부터 직설적이고 자기주장이 강한 것으로 평가되고 있었으나 연합사에서의 필자는 더욱 거칠 것이 없었다. 임무를 받고 3가지 목표를 세웠다. 첫째로 연합사 부참모장으로서 한미동맹에 도움이 되도록 군사외교관으로서의 역할을 하는 것이고, 둘째로 유엔사 군정위 수석대표로서 유엔사 내에서 한국군의 위상을 높이는 것이며, 셋째로 지상군구성군사령부(이하 지구사) 참모장으로서 후배들에게 참군인으로서 비겁하지 않았던 선배로 남는 것을 목표로 하였다. 보직 기간 중 다양한 에피소드가 있었으나 특히 기억에 남는 것은 2017년 11월 트럼프 대통령 방한시 오산기지에서 영접하면서 브룩스 연합사령관이 한국을 위해 애를 쓰는 모습을 보면서 감동을 받았던 것과 2018년 남북정상회담 이후 한반도가 평화무드에 젖었을 당시 각국 대사와 주요 인사들이 참석한 중립국감독위원회 춘계 리셉션에서 '현재의 따뜻한 평화무드가 엘리뇨 현상이 아닌 진정한 한반도의 봄이 되길 바란다'는 우려섞인 연설로 각국 대사들의 염려를 받았던 것이다. 진심으로 평화를 바라는 마음의 표현이었다고 답변했었으나 추측하건대 정부 측에서는 긍정적으로 받아들이지는 않았을 것으로 보인다. 그러나 필자는 31개월간 연합사에서 근무하는 기간 동안 초심을 유지하였고 목표를 충분히 달성했었다고 자부할 수 있다.

군에서의 마지막 헌신, 특전사령관(소장)으로 전역

이제 전역을 6개월이 남은 시점에서 1군사령부 부사령관으로 보직되었다. 지난 40여 년의 군 생활을 정리하고 전역 후 제2의 인생을 위해 준비하

트럼프 대통령 영접 (연합사령관 브룩스 대장
2017년 11월 7일 오산 험프리스 기지)

유엔사 군정위 수석대표 연설
(판문점 중립국감독위원회 캠프)

는 기간을 갖고자 했다. 그러나 필자에게 그러한 여유는 사치였다. 적폐청산의 일환으로 진행된 기무사 해편과정에 특전사령관이 공석되는 사태가 벌어졌고 불가피하게 필자에게 사령관직을 대리해 달라는 육군본부의 요청이 있었다. 말년에 지휘관 보직은 부담스러웠지만 모든 정황을 고려해 보니 불가피한 상황으로 판단되었고 마지막까지 헌신하기로 했다. 하지만 필자의 군 생활에 대충 자리만 지킨다는 것은 용납되지 않았기에 특전사가 쌓아왔던 위상이 훼손되지 않도록 훈련의 강도를 늦추지 않았고 군생활간 외부에서 보아온 특전사의 문제점을 제시하여 내부적인 변화를 요구했다. 특전사 경험이 없는 포병장교가 부임되는 것도 이례적이었고, 일시적으로 수행하는 '사령관 대리'라는 직함에서 사령관의 령이 서지 않는다는 것을 필자는 알고 있었기에 부하들에게 지시하는 모든 것이 실질적인 성과를 내는 것이 제한되었지만 그들이 생각할 수 있는 기회를 주기에는 충분하였다고 자평한다.

2018년 11월 28일까지 특전사령관직을 수행했다. 전역일 이틀 전이었다. 특별히 전역식은 김용우 참모총장이 성대하게 주관해 주었다. 근속훈

부모님과 아내에게 감사의 경례를 드립니다
특수전사령관 이임/전역식

특수전사령관 이임·전역식
(참모총장 김용우 대장 2018년 11월 30일)

영원한 전우들의 송별가(화랑전우)

장이 없는 전역식이 자칫 초라해질 우려에 특전복을 착용하였다. 임관시부터 특전사령관이 되기까지 각급부대에서 함께했던 많은 부하들과 사회에서 성원해 주었던 친구들이 참석해 주었기에 전역사는 온통 그들에 대한 감사의 인사로 대했다. 필자의 가슴에 남아있던 평생의 빚! 그동안 육체적으로 정신적으로 지원해 주고 버팀목이 되어주었던 양가 부모님과 아내에게 참모총장의 승인을 얻어 '전역자에 대한 부대원들의 경례'를 바쳤다. 필자는 퇴역대신 예비역을 선택하였고, 정기적으로 신수동 동대에서 보내오는 동원지정통지서를 보면서 아직 국가를 위해 할 수 있는 일이 있음에 감사드린다.

시졸여애자(視卒如愛子)와 무한책임

손자병법 10편 지형 편에서 '사랑하는 자식과 같이 병사를 돌보면, 그들과 생사를 같이 할 수 있을 것이다.' 그러나 '자칫 아끼고 사랑하기만 하면 능히 명령을 내릴 수 없을 것이고, 정이 많고 너그럽기만 하면 능히 사역을 시키지 못할 것이다.'라고 주장했다. 무릇 지휘관은 병사들을 젖먹이처럼 보살펴서 위험하지 않게 하고 사랑하는 자식과 같이하여, 의로써 믿게 하여 목숨을 바칠 수 있게 해야 한다. 그렇지만 오로지 측은하게만 여겨 보살피기만 하면 스스로 지킬 수 있는 능력을 갖추지 못하여 위기에서 살아남지 못한다.

이순신 장군은 전장에서 부하를 사랑하는 자식과 같이 여기라는 '시졸여애자(視卒如愛子)'를 몸소 실천했다. '전장에서 장수의 의리는 충성에 있고, 그 충성은 임금이 아닌 백성을 향해 있어야 한다'는 말씀은 사관학교 50개월의 수련 기간을 통해 매일 되뇌었던 사관생도 신조를 통해 가슴과 뇌리 깊숙이 박혀 있었다. '우리는 국가와 민족을 위해 생명을 바친다.'

지휘관이 된 자는 병사를 사랑하는 자식처럼 돌보라는 말씀! 그 깊이와 정도를 이해하는 데는 참으로 많은 시간이 흘렀다. 위관장교 시절에는 아직 부모로서의 경험이 없고 병사들보다 많아야 10살 이내로 동생 같은 느낌은 들지만 자식 같은 느낌은 들지 않기 때문이다. 지난 세월을 돌아보면서 과연 필자는 지휘관으로서 역할을 다했다고 자부할 수 있는가? 독단으로 행해진 사소한 행동을 부하사랑이라고 착각하면서 살아오지는 않았는지 되돌아본다. 초급장교 시절, 간밤에 내린 폭설이 시간이 지나면 어떤 상황으로 변할지 경험하지 못한 초급장교가 그저 병사들을 깨우는 것이 마음에 걸려서 기상 시간까지 기다렸다가 이미 빙판이 되어버린 연병장과 포상의 얼음을 며칠 동안 깨뜨리면서 전투준비를 해야 했던 일, 재임 중에 병사를 영창엔 보내지 않겠다고 고집하며 발견된 위규행위를 스스로 단죄하면서 부대를 지휘했던 포대장 시절, 경중에 따라 며칠간 완전군장 구보를 시키거나, 땅을 파게 하는 등 지금은 해서는 안 될 가혹행위를 하면서까지 고집스럽게도 입창자 제로를 유지했지만 그릇된 정보에 의한 대대장의 지시로 한 명을 입창시키면서 그렇게도 자책하고 대대장을 원망했던 것이 부하사랑이었을까? 안중근 의사의 어머님 조마리아 여사께서 일제로부터 사형 선고를 받은 아들에게 '항고를 포기하고 조국의 열사로서 그냥 죽으라'고 쓴 편지는 자식 사랑이 부족해서 그러하진 않았을 것인데... 필자가 진정한 부하 사랑을 알게 된 것은 많은 시간이 지난 뒤였다. 40년간 군 생활을 마친 지금에 와서 내린 결론은 '진정한 부하 사랑은 어떠한 상황에서도 살아남도록 하는 것'이었다. 언제나 불확실한 전장에서 적으로부터, 최악의 상황에서도 살아남을 수 있는 지혜와 체력, 포기를 모르는 정신력을 배양시키는 것이 진정한 부하사랑이었다. 필자가 만났던 미군 지휘관들은 병사들을 강하게 훈련시키는 것은 지휘관의 가장 큰 책무라고 생각하고 있었으며, 주기적인 실병기동과 사격훈련을 하지 못하는 주한 미군의 상황은 지휘관의 명백한 직무유기로 판단하고 있었다.

금쪽같던 전우를 가슴에 묻었다

'故 허구태 병장, 故 이상재 일병 1989년 6월 3일 파주에서 순직,
故 허진욱 상병 2000년 3월 20일 강릉에서 순직.'

필자는 40여 년의 군 생활 중 3명의 전우를 안타깝게 하늘나라로 보내고 영혼을 가슴에 묻었다. 많은 동료나 선배들로부터 '궂은 기억은 빨리 지우라'는 이야기들을 들었다. 그러나 필자는 이들의 이름을 한시도 잊을 수가 없었다. 아니, 일부러 기억하려고 했다. 지난 30여 년간 필자의 집무실 책상에는 이들의 명패가 위패처럼 모셔져 있었다. 가끔 서랍을 열고 이들을 기억하면서 더 이상 전우를 보내지 않겠다는 다짐을 하곤 했었다.

2018년 6월 2일, 전역을 앞두고 대전 국립 현충원 전우들의 묘역을 찾아 영령의 보살핌으로 군 생활을 마쳤음을 보고했고, 전역식에서는 맨 먼저 하느님에 대한 감사를 드리면서 그 전우들을 호명하여 용서를 구하고 명복을 빌었다. 전역 후 매년 6월에는 묘역을 찾아 꽃 한 송이, 소주 한 잔으로 그들을 추모하며 마음으로나마 함께하는 자리를 갖고 있다. 굳이 가슴 아픈 이 내용을 기록하는 이유는 필자의 군 생활 전반에서 먼저 보낸 전우가 항상 숨 쉬고 있었기에 고인들에 대한 필자의 죄책감을 조금이나마 용서받

1989년 6월 3일 파주에서 훈련 중 순직

2000년 3월 20일 고성 주둔지에서 순직

고자 함이다.

1989년 6월 3일. 꿈에서도 잊지 못할, 아니 잊어서도 안 될 그 날은 1주일간의 포대전술훈련을 마치고 주둔지로 복귀하는 날이었다. 다양한 상황으로 실전적인 훈련을 했었고 토요일 조식을 마친 후 복귀 준비를 하는 중에 화포 방향포경[5]을 도난당했다는 4포반 반장의 허무한 보고가 있었다.

당시에는 소형 장비뿐 아니라 수리 부속들의 도난사고가 간헐적으로 존재했던 시기였다. 쇠사슬로 묶어서 잠금장치를 해 두기도 하고 탈거하여 품고 자는 등 부수적인 노력들이 필요했고, 필자의 포대도 늘 경계하고 있던 중이었다. 허탈해하면서 말을 잇지 못하고 있는데, 인사계(現 행정보급관)가 탑승한 포대 정찰차가 진지를 이탈하던 중 포대 깃대가 늘어진 전깃줄에 걸려서 순식간에 두 동강이 났다. 불길한 징조가 분명하였기에 마음이 무거웠다. 대대장에게 지휘보고를 하면서 복귀 행군로를 변경하겠다고 건의했다. 그러나 대대장은 승인하지 않고 대신 복귀인솔을 위해 대대 작전과장을 보내겠다고 했다. 돌이켜 보면, 위 징조들을 보고하면서 건의했더라면 승인했을 수도 있었을 것이라는 아쉬움이 남는 대목이다. 결국, 대대 작전과장이 인솔하여 산악능선을 통과하는 비포장 행군로를 이용하여 복귀하게 되면서 사격훈련을 위해서 고지정상에 배치되었던 관측반원들은 행군로상 고개정상에서 합류하여 포대로 복귀하도록 하였다. 그런데 소통부실로 행군 중 관측반이 합류하지 못하였고, 급기야 포대가 행군 도중 내리막길에서 정지하여 관측반 인원들을 기다리게 되면서 문제가 발생하게 되었다. 운전병들은 차량 행군 간 정차 시 행동요령에 따라 조건반사적으로 시동을 껐고, 전원 하차하여 은폐엄폐를 하였다. 출발지시에 따라 탑승한 후 시동을 걸었으나 4포반 차량이 시동이 걸리지 않았다. 당시 화포 견

5) 방향포경 : 포구의 방향을 사격할 방향으로 정열하기 위해 조준하는 포병의 조준경

인차량의 주종이었던 M602는 6 · 25전쟁시 미군이 주로 사용하던 휘발유 차량으로 시동이 꺼진 상태에서는 브레이크가 듣지 않는 구형 차량이었다. 운전병은 경사길에서 강제시동을 걸기 위해 시도를 하였으나 실패하였고 차량이 속도가 나자 앞 차량에 견인된 화포와 추돌을 피하기 위해 핸들을 꺾으면서 차량이 전복되었다. 적재함에 있던 인원들은 좌우로 쏟아져서 문제가 없었으나 운전병과 선임탑승자는 전복된 차량에 깔려버렸다. 전 병력의 힘으로 들어보려 했으나 꿈쩍도 하지 않았다. 마침 근처에 공사 중이던 민간 포크레인 조종사의 도움으로 차량을 들어 올리고 전우들을 끌어냈다. 필자는 순간적으로 달려들어 의식이 없는 전우에게 심폐소생술을 시도했다. 기도에 고인 피냄새가 역류해서 필자의 목을 타고 들어왔다. 무의식적으로 구토를 했다. 구토와 인공호흡을 반복했다. 포대장 지휘차량과 작전과장의 지프차에 그들을 태워서 사단 의무대로 향했다. 이동 간에도 전우를 끌어 앉고 심폐소생술을 시도했다. 바로 직전까지 전술훈련을 통해 적과의 교전에서 승리했다는 자신감을 만끽하며 기쁜 순간을 보내던 순간에 안전사고로 전우를 허무하게 보내버리는 상황을 받아들일 수가 없었다. 사단 의무대에 도착해서 군의관의 사망 판정을 듣는 순간 필자는 그만 혼절하고 말았다. 비몽사몽인 상태로 빈소를 지켰다.

이튿날 유족들이 현장 확인을 하겠다고 헌병대(現 군사경찰대)로부터 연락이 왔다. 포대 간부 몇 명과 함께 사고 현장으로 가서 성난 유가족들을 맞았다. 금지옥엽으로 키운 자식을 잃은 부모, 형제, 친척 및 친지 등 십 수 명이 포대장을 보자마자 덤벼들었다. 어떤 이는 농사일을 하던 중에 휴대하고 온 삽으로 위협했다. "살인자!" 그분들 입장에서는 포대장은 살인자였다. 죽이고 싶었을 것이다. 피하지 않았고 멱살을 잡힌 채로 그분들께 몸을 맡겼다. 그러나 각오했던 것만큼 과격하지는 않았다. 자식을 잃은 가운데서도 이성적인 분들이라는 생각이 들었다. 수십 분이 흐르는 것 같았고 통곡소리만 계곡을 울리고 있었다. 그렇게 이틀이 지나 영결식이 끝나고 화장장으로 갔다. 영결식에서 화장장까지 흐르는 눈물 속에서 시간이 어떻게 지나갔는지 기억이 나질 않았다. 한 줌의 재로 변해버린 전우들을 그렇게 보내고 포대로 돌아왔는데 포대가 쥐 죽은 듯이 조용했다. 허무함이 밀려들어왔다. 눈치만 보는 포대원들이 보였다. 아마 자식을 앞세운 부모가 살아야 하는 이유를 보는 듯 풀려버린 마음을 다잡아야 했다. 동요하지 말고 아무 일도 없었던 것처럼 생활할 것을 주문했다. 마음과는 다르게 필자도 아무 일도 없었던 것처럼 병사들을 대했다. 그런데 병사들은 참 빨리도 잊은 것 같았다. 단 며칠 만에 병사들에게는 아무 일도 없었던 것이 된 것 같았다. 사고 후 징계를 각오하면서 조사를 받았으나 지휘책임을 묻지는 않았다. 혼자만의 시간에는 밀려오는 당시 상황에서 부족했던 스스로를 용서할 수가 없었다. '조금 더 치밀하고, 조금 더 차분하게 상황을 성찰했더라면…', '필자에게 좋지 않은 조짐이 느껴졌을 때, 그 징후를 제대로 읽었더라면 그 전우들이 여전히 곁에서 웃고 있을 텐데…' 하는 아쉬움이 죄책감으로 변해서 트라우마로 남았다. 경미한 불안정한 부분이나 행동에도 민감하게 반응했다.

이듬해 6월에도 대대전술훈련이 있었다. 2주간의 훈련이 종료되는 금요일 저녁. 당시에는 의례 행해졌던 일로 대대전술훈련 강평 후 간단한 야식으로 서로를 격려하는 자리가 있었다. 대대장이 대대 참모들과 포대장들을 집합시켰다. 그날이 6월 1일이었다. 불안한 직감이 왔다. 간단한 강평이 끝나고 필자는 직접 건의를 했다.

"대대장님, 저는 포대에 돌아가겠습니다. 느낌이 좋지 않습니다."

작년에는 승인하지 않았던 대대장이 필자의 촉을 인정하는 듯 승인했다. 포대로 돌아오니 병력들의 움직임이 어수선하고 분위기가 스산했다. 스릴러 영화에서 사건이 발생하기 전과 같은 느낌이 왔고 순간적으로 소름이 돋았다. 곧바로 전 병력을 집합을 시켜서 해이한 마음이 들지 않도록 유념하라고 지시하고 포대장 텐트로 갔다. 인사계와 간부들도 각자 텐트로 갔다. 십 여 분이 흘렀을까? 갑자기 텐트 밖에서 고막을 찢는 비명소리가 났다.

"으아아아 !!!…"

'병사들 간에 싸움이 붙었나?' 하면서 튀어 나가보니, 한 명의 병사가 비명을 지르면서 어둠 속 바닥에 뒹굴고 있었다. 필자는 도대체 무슨 상황인지 알 수가 없어서 허둥거리고 있었다. 그 순간 인사계가 야전삽으로 그 병사의 주변을 찍어댔다. 병사의 비명이 그쳤다.

"감전입니다." 인사계가 짧게 상황을 설명했다.

훈련장에서 사용하기 위해 전기를 끌어오면서 전술적인 운용을 위해 전선을 땅속으로 매설을 했던 상황에서, 그 병사는 포대장 텐트 전화기가 불통이라 통신선의 단선 여부를 확인할 목적으로 점검을 하던 중 전기선에 휴대한 전화기를 연결했던 것이었다. 전선과 통신선이 동일한 지하에 매설된 위험천만한 상황이 야전에서는 특별한 위험예지 없이 시행되고 있었던 것이었다. 아찔했다. 인사계의 경험에 의한 순간적인 기지가 아니었더라면 또 한 명의 전우를 허무하게 잃을 뻔했다. 필자는 그 병사를 안아서 포대장실 침대에 눕혔다. 몸을 살펴보니 군데군데 살점이 탄 흔적이 보였다. 진정이 되지 않는지, 한참 동안 간헐적인 신음을 내면서 심하게 떨고 있었다. 필자가 복귀하지 않고 대대장실에 있었더라면 인사계도 그 자리에 있지 않았을 것이다. 가슴을 쓸어내렸던 사건이었다.

포대원 사망사고에 대한 필자의 심리적 충격은 매우 컸었다. 지휘관으로 근무할 자신이 서지 않았다. 모든 상황에 신경은 극도로 예민해졌고 작은 징후에도 심각하게 반응했으며 그 증세는 군복무를 하는 내내 지속되었다. 특히 야전에서 근무하는 수년 동안 매년 6월이면 엄습해 오는 신경쇠약에 시달려야 했다. 요즘이라면 심리치료를 받아야 할 심각한 대상이었다고 생각이 들지만, 당시에는 스스로 극복해야 할 자신만의 문제로 여겼다. 스스로 이겨내려고 애를 썼지만, 오랫동안 회복하지 못했었다.

그런데 악몽은 거기서 끝나지 않았다. 2000년 3월 20일. 대대장 임무를 시작한 지 15개월. 대대에는 휴가병 미복귀와 같은 경미한 사건 사고 한 건 없이 그야말로 완벽한 부대 운영에 자신감이 생겼었던 시기였다. 자만심이었을까? 마침 그날은 휴가 중이라 관사에서 쉬고 있었다. 오전 열 시쯤 부대로 연결된 군용전화가 울렸다. 순간적으로 머리털이 쭈뼛 서는 불안감이 엄습했다. 지휘관의 직감이었다. 대대작전과장의 전화였다. 포대 병사가 차량 세척 중에 차량 사이에 끼이는 사고가 발생했고, 외상없이 의식이 있는 채로 엠뷸런스로 응급후송 중에 있다는 보고였다.

필자가 휴가 전 차량운행을 최소화하라는 지시를 했기에 수송관이 야외 운행을 금지시켰고 세차장에서 포대별로 세차정비를 하던 중이었다. 이에 따라 허 상병은 포대 운전병으로서 포대에 주차된 차량을 세차장으로 이동시키기 위해 앞뒤 바퀴의 고임목을 제거한 후 적재함에 실었다. 평탄한 지형이라 차량이 움직이지 않을 것이라고 믿었기에 움직임을 느끼지 못한 채로 운전석으로 향하던 중 차량이 움직이고 있는 것을 발견하고 신속히 운전석에 탑승하려다가 차량 사이에 끼어버린 것이었다. 심각한 상태임을 직감하고 곧바로 사단 의무대로 향했다. 이동하는 내내 무사하기만을 기도했다. 도착해서 보니, 엠뷸런스도 막 도착한 상태였다. 통증을 견디는지, 감각이 없는 건지 허 상병은 창백한 상태로 "죄송합니다. 대대장님!"이라는 말만 반복하고 있었다. "아니다. 견뎌내라. 반드시 살아야 한다." 간절한 바램을 전하는 것 외에는 할 수 있는 것이 없었다. 군의관은 내장기관이 대부분 파열된 듯해서 빨리 수술을 해야겠다고 했다. 전화로 부모님의 동의를 받고 수술실로 들어갔다. 그러고는 다시는 그의 음성을 들을 수 없었다. 허탈했다. 10년 전 전우를 잃었던 사건 이후로 차량안전사고를 예방하기 위해 얼마나 노력했던가? 작은 위험 요소도 대대장이 일일이 챙겼었는데, 또 한 명의 전우를 잃게 되었다. 아무것도 할 수 없이 무기력한 상태로 자신을 걱정하기보다는 무엇이 그리도 죄송한지 수술대로 가면서까지 연신 '죄송합니다'만 되뇌던 허 상병의 모습은 지금까지도 눈앞에서 맴돌고 귓가에서 되감아 들렸다. 정신을 차리고 주변을 돌아보니 고개를 떨어뜨리고 있는 포대장이 눈에 보였다. 필자의 과거가 생각났다. 이제 임관한 지 5년 포대장이 유족을 만나서 감당해야 할 충격적인 상황을 대물림해서는 안된다는 생각에 포대장을 부대로 복귀시키면서 당부했다. "하나만 생각해라. 자네만큼 충격을 받았을 포대원들을 추스르고, 화불단행(禍不單行)이란 말이 있다. 화는 절대로 혼자 다니지 않는다는 말이다. 다른 모든 부분을 확인해봐라. 그리고 자네는 평생 동안 허 상병을 기억해야 한다."

경남 진주에서 부모님들이 도착했다. 부부 교사였고 고등학생인 여동생이 있었다. 이미 사망한 상태인 자식을 대하는 부모님을 보면서 지휘관으로서 죄송하다는 말만 중얼거렸다. 어머니께서는 눈물을 훔치면서 죽은 아들을 보면서 혼절하기를 여러 번… 비몽사몽간에 중얼거렸다.

"진욱이가 참 좋으신 대대장님이라고 여러 번 얘길 했어요. 이번 부모님 초청행사[6]에는 참석해서 진욱이 사랑해 주셔서 고맙다고 인사드리고 싶었는데…. 이렇게 되어버렸네요."

울음소리가 크지도 않았다. 아버지는 한숨만 쉬면서 슬픔을 삼키고 있었다. 그분들의 슬픔은 조용하면서도 무거웠다. 용서의 말도 위로의 말도 건넬 수가 없었다. 헌병들과 함께 부모님을 모시고 사고 현장에 갔다. 필자가 매일 지나다녔던 곳에 차량이 정렬되어 있었다. 경사가 전혀 보이지 않았

---

6) 부모님 초청행사 : 반기 1회 부대개방행사로 시행. 대표 부모님에 의한 정신교육 등 다양한 행사로 진행

다. 헌병도 우려했는지 시동을 걸어서 사고를 재연했다가 유족들의 항의에 시동을 끄고 시도했다. '움직이지 않으면 어떡하지?' 작은 돌이라도 끼어 있다면 움직이지 않을 것 같았다. '만약 그렇게 되면 그 순간부터 의문사로 돌변한다.' 극도로 긴장된 순간이었다. 앞뒤 바퀴의 고임목을 제거하고 10여 초가 흘렀다. 아주 천천히 바퀴가 돌기 시작했다. 웬만큼 움직이기 전까지는 움직인다는 사실을 느낄 수가 없을 정도였다. 잠시 후 차량에 가속이 붙어서 미끄러져 내려갔다. 현장 확인은 그렇게 끝났다. 이틀이 지나 장례를 치르고, 또 한 명의 사랑하는 전우를 가슴에 묻었다.

혹자들은 피비린내 나는 전투 현장을 감당해야 할 장교가 지나치게 감성적이고 심약하다고 비아냥거렸다. 실제로 2013년 사단장 신고를 하기 위해 갔던 육군본부 회의실에서는 귀를 의심하는 소식을 들었다. 연대장을 마친 모 대령이 재임기간 중 6명의 부하가 목숨을 잃었는데 스스로 '대부대를 지휘하다 보면 그럴 수도 있지. 전장에서는 수십 명이 죽고 죽이는 처절한 전투를 해야 하는데…'라며 자조 섞인 이야기를 했다고 전해 들었다. 순간 피가 역류하여 하마터면 실수를 할 뻔하였다. 부하사랑이 1%도 없는 그런 자가 어떻게 장교가 되었고, 그것도 연대장이라는 고급지휘관의 반열에 올랐는지 회의감마저 들었다. 부하사랑이 없는 지휘관은 부하를 죽음으로 내몰고 자신도 죽음의 위기에서 벗어나지 못한다. 6 · 25전쟁시 동해안 351고지[7]전투는 임무만 중요했고 부하의 생명을 가벼이 여기는 무능한 지휘관으로부터 나온 대표적인 사례였다. 진정한 시졸여애자의 마음을 가진 지휘관은 전장에서 초인적인 능력을 발휘하게 된다. '여자는 약하나 어머니는 강하다'는 말처럼. 군 지휘관의 마음을 어머니의 마음에 감히 비교할

7) 351고지전투 : 동해안 강원도 휴전선 북쪽에 위치한 소대규모가 점령할 수 있는 작은 감제고지로 군사적 중요성으로 수차례의 공방전으로 인해 피아 연대병력 이상이 전사한 전투

수 있겠냐마는 흉내라도 낼 수 있는 마음은 가져야 한다. 전장에서 지극한 부하 사랑은 적개심을 강하게 하고 승리에 대한 간절함의 근간이 된다고 굳게 믿고 있었다.

포대장, 포대원에게 무릎을 꿇었다.

여느 때와 다름없이 상쾌한 기분으로 출근했다. 그런데 일직사관의 표정이 어둡고 대대 군의관이 필자를 기다리고 있었다. 포대 난방근무병이 심하게 구타를 당한 흔적이 있다는 것이었다. 당시 전군에 만연했던 구타 및 가혹행위를 근절하기 위한 방편으로 군의관이 불시에 격오지를 방문하여 신체진단을 하고 있었다. 군의관을 배웅한 뒤 곧바로 난방근무병을 불러서 확인했는데 둔부에 구타 자국이 선명했다. 집요하게 물었으나 본인의 위규행위가 발각될까 봐 구타행위를 인정하지 않았다. 거의 한 시간 동안 실랑이를 하고 있는데 갑자기 포대장실 문이 열리면서 최근에 전입한 소위가 들어왔다. 본인이 당직근무 중에 난방근무병의 허용되지 않은 음주행위를 적발하고 훈계를 듣지 않아서 때렸다고 했다.

순간적으로 머릿속이 하얘졌다. 그동안 타 부대의 사고사례를 접수할 때마다 선임하사는 우리 포대에는 구타가 없으니 안심하라는 보고를 했었고 순진하게도 그것을 믿었다. 그런데, 간부의 구타행위는 심각하다고 생각했지만, 막상 포대장으로서 간부를 규정에 의해 조치를 해야 하는 것도 부담스러웠고 갓 전입한 장교가 구타를 한다는 사실은 충격적이었다. 부대에 대한 정밀진단이 필요하다고 판단했다. 모든 과업을 취소하고 계급별, 동기별로 별도의 공간을 이용하여 일체의 상호소통을 단절시킨 상태에서 신병부터 선임병장 순으로 전 병사를 대상으로 일일이 취조하듯이 면담을 했다. 단 1명도 자수하거나 신고하는 병사가 없었다. 얼핏 들었던 내용을 근거로 몇 개의 사례를 임의로 작성해서 선임병부터 동일한 형식으로 면담을 시작했다. 선임병들이 자인하기 시작했고 후임병들도 사실을 실토하기 시작했다. 거의 매일 중식 후의 잔반처리장 뒤편 공터는 후임병에 대한 군기교육장소였고, 행정반에서 가장 멀리 있는 포상은 저녁식사 후의 구타 장소로 지정된 듯했다. 엄청난 사실에 필자는 아연실색했다. 진정이 되지 않아서 온몸이 경련이 일었다.

'이 상태로 나는 지휘관이랍시고 병사들 앞에서 거들먹거렸던가? 오히려 후임병들에게 한없이 미안했고 한편으로는 지금까지 버텨왔다는 사실에 고맙기도 했다. 포대장실에 앉아서 한참 동안 고민을 했다. 선임하사가 포대장을 속였다는 것인가? 절대적으로 신임을 했었기에 배신감도 들었다. 그러나 그도 파악하지 못하고 있었으리라 판단했다. 불현듯 훈련 중 먼저 보냈던 병사들이 생각나면서 눈물이 왈칵 쏟아졌다. 그러면 이제 이 난국을 어떻게 해결해야 하는가? 규정대로 처리한다면 이 사실을 상급부대에 보고해야 하고 당시 사단장의 성정으로 미루어 필자의 포대는 거의 해체 후 재편성 수준이 될 것은 자명했다. 지금은 용납할 수 없겠지만 당시 필자의 어린 소견에는 상급부대에 보고하는 것은 부하들에게 비열하게 보일 것 같았다. 그래서 자체적으로 처리하는 것으로 결심했다. 그렇다면 절대적으로 재발되어서는 안되는 충격요법을 써야 했다. 우선은 지휘권을 제대로 행사하지 못한 무능함으로 의해 보호받지 못한 후임병들에게 진심어린 사과를 해야겠다는 생각이 들었다. 구타를 한 사람들이 크게 잘못을 하였지만 상대적으로 약한 부하들을 보호하도록 주어진 지휘권이 그들에게 미치지 못했던 것은 더 큰 잘못이었다.

'포대장이 스스로 부족했음을 사과하고 포대원으로부터 용서를 받자. 단 한 명이라도 용서할 수 없다면 규정대로 처리해야 한다.'고 생각했다.

이 과정에서 진정성이 가장 중요하다고 판단했다. 위병소를 폐쇄하고 간부를 포함한 전 포대원을 생활관에 집합시키고 침상 위에 양반 자세로 앉게 했다. 무거운 마음으로 설문 결과를 설명하고 구타자로 명기된 인원들을 불러냈다. 스스로 자수한 인원, 후임병으로부터 고발당한 인원으로 십 수명 정도였다. 신임 소위도 포함시켰다. 필자는 그들과 함께 침상 아래 콘크리트 바닥에 꿇어앉았다. 포대 간부들과 병사들이 당황하여 웅성거렸다. 바닥으로 뛰어 내려오는 병사들도 있었다. 필자는 낮은 목소리로 얘기했다.

"포대장이 미안하다. 지금 우리 포대의 상황은 여러분에게 구타를 한 이자들을 모두 구속시켜야 하고, 포대장과 함께 우리 포대는 해체해야 할 수준이다. 그런데 포대장은 우리 포대를 살리고 싶다. 여러분이 포대장과 이 사람들을 죄지은 전우라고 생각하고 한 번만 용서를 해준다면 우리 모두 살 수 있다. 대신 포대장은 지금처럼 지휘하지는 않겠다고 약속한다."

무기명 투표를 통해 포대원들의 의견을 들었다. 한명이 이견을 제시했다. 필자는 즉시 결과를 공지하고 구타자로 확인되었던 십 수 명의 인원들을 대상으로 진술서를 받고 정식으로 사건처리를 하기위해 행정 처리를 지시하였다. 1시간쯤 경과되었을까? 은밀하게 포대장을 찾아온 병사가 있었다. 이견을 제시했던 병사였다. 자신의 의견을 철회하겠다는 내용이었다. 고맙다는 인사를 하고 진행하던 행정 처리를 중단시켰다. 이후부터 필자는 포대장 보직을 마칠 때까지 간부들과 함께 병사들의 식사 후에는 어김없이 취약지역에 위치하여 병사들의 활동을 감독하였고 포대장의 퇴근 시간은 점호가 시작되는 시간인 21:30이 되었다. 아침점호시간에 맞추어 출근하여 화장실 맨 끝자리에 앉아서 후임병들의 대화를 은밀히 들었다. 다행스럽게 이후에는 특별한 사건 없이 남은 포대장 보직을 마칠 수 있었다.

'꾀병도 병이다'

2001년 어느 가을날. 숙소에서 잠자리에 들 준비를 하는 순간이었다. 부대 직통전화기가 신경을 때렸다. 따르릉, 따르릉. 순간 집안 전체가 긴장하며 정적 속에서 반사적으로 수화기를 들었다. 대대 작전장교의 전화였다. '야근 후 퇴근하면서 인사과 사무실에 불이 켜져 있기에 문을 열었더니 병사 한 명이 책상 사이에 쓰러져 있었고, 호흡은 정상이나 의식이 없는 상태로 군의관이 사단의무대로 후송을 준비하고 있다'는 것이었다. 대충 옷가지를 챙겨 입고 자가용으로 곧바로 사단의무대로 향했다. 막 나서려는데 군 엠블런스 한 대가 비상등을 켠 채로 이동하고 있었다. 소나기성 폭우와 해무로 인해 시계가 3~5m 수준에 미치지 못했다. 거의 운전을 하는 것이 불가능할 정도였지만 대대 엠블런스가 분명했다. 비상등을 켜고 속도를 내는 엠블런스를 보니 2차 사고가 날 것 같은 불안한 생각도 들었다. 최대한 속도를 내보았으나 엠블런스와의 거리는 더 차이가 났다. 그 순간 무언가가 필자의 차에 받혔다. 보닛 위로 새끼노루의 머리와 커다란 눈이 스치듯이 보였다가 순식간에 사라졌다. 순간적으로 불길한 예감이 급격히 엄습해 왔다. 거의 공황상태에서 운전을 하여 겨우 사단의무대에 도착했다. 대대군의관이 필자를 맞았다. 전문의에 의해 진단 중이라고 했다. 대대군의관은 긴장하고 있는 필자를 안심시키느라 많은 말을 하고 있었지만 들리는 내용은 없었다. 응급실에 들러서 환자를 살펴보니 평안해 보였다. 다소 안심이 되었다. 1시간 정도가 경과했을까? 대대군의관이 전문의를 만나고 나서 씁쓸한 표정으로 다가왔다.

"꾀병입니다. 모든 신체적 상태와 신경계통의 반응은 정상인데 의식만 없습니다. 대답을 안 하는 것 같습니다." 허탈한 기분이 들면서 헛웃음이 나왔지만, 가슴을 쓸어내렸다.

"군의관, 화가 나겠지만 어쩌겠나? 많이 힘들었던 모양이지. 꾀병도 병이다. 특별히 내색하지 말고 2~3일 쉬었다가 복귀하게 하고, 자네는 조심해서 복귀하시게."

돌아오면서 노루와 부딪혔던 장소에 차를 세우고 내려서 주변을 살폈다.

여전히 비가 내리고 있었고, 가로등 하나 없는 칠흙같은 밤이라 주변에서 노루의 흔적이 없었다. 부대로 복귀하여 영내에서 잠깐 눈을 붙이고 이틀날 주임원사를 불러 그 지역으로 가서 흔적을 살펴보고 노루의 영혼을 달래줄 것을 주문했다. 신앙을 가진 자가 그 믿음만으로는 부족하여 미신에라도 의지하며 부하들의 안전을 기원하는 간절한 마음에 피식 웃음이 나왔다.

병 복무기간을 '인생을 준비하는 시간'으로

참여정부 시절, 대통령께서 '군대에서 썩는다.'는 표현으로 충격을 준 적이 있다. 대부분의 병사들은 군 복무를 의지보다는 의무로 이행한다. 특별한 목표가 없이 그저 시간을 보내는 수준으로 생활했었다. 그러나 필자는 두뇌 회전이 가장 빠르고 혈기왕성한 병사들이 군 복무기간을 유유자적하며 보내서는 안된다는 생각을 하였고, 대대 차원에서 장병들을 대상으로 한 자기계발 프로그램을 계획했다. 마침 당시 포병연대장도 필자와 생각이 같아서 계획을 추진하는 데는 어려움이 없었다. '사회복귀 프로그램'이라고 명명하였다. 대학진학을 위해 수능을 준비하는 그룹, 자격증을 취득하려는 그룹, 취업을 준비하는 그룹, 대학에 복학을 준비하는 그룹, 어학 능력을 향상시키기 위한 그룹 등등으로 구분하고 일과 후에는 그룹별로 공부하는 시간을 부여했다. 대대 예하 부대가 한 울타리 내에 통합되어있었기에 프로그램을 가동하기에 좋은 조건이었다. 대부분 자율학습이었으나 영내에 거주하는 초급장교나 병사들 중에서 학벌이 높은 인원들이 자원하여 강의를 하기도 했다. 최근에는 병사들의 군 복무기간을 사회와 단절되지 않도록 국방부 차원에서 '청년 Dream, 국군 드림'이라는 이름으로 다양한 자기계발 프로그램을 권장하거나 지원하고 있지만, 당시에는 '군대가 공부하는 곳이냐? 전투준비는 가능하냐?'는 등 사회에서나 타 부대에서도 바라보는 시각이 곱지 않았지만 병영생활 안정화를 위해서도 기여하는 바가 있다고 판단했다. 통제되지 않은 시간에는 침상에 걸터앉아서 고개도 돌리지 못하고 앞만 주시하고 있던 이등병들이 침상 위에서 돌아앉은 채로 책을 읽을 수 있는 것만도 대단한 소득이었다. 우려하는 전투준비태세는 필자가 임관 후 20여 년을 야전에서 숙달했던 포병 주특기와 전술에 대해서는 자신이 있었기에 크게 부담이 되지는 않았다. 결과론적이지만 대대장 보직 44개월 동안 3연속 전투력측정 최우수대대, 전술훈련평가 우수부대, 주특기경연대회 우승 등 외부평가에서 언제나 우수하게 평가되었고 결국 사단 창설 이래로 최초로 포병이 선봉대대[8])로 선정되는 쾌거를 거둔 것이 이를 증명하였다.

그러던 중 얼핏 보기에도 나이가 든 신병이 전입했다. 부대 배치를 위한 초도 면담 시 확인한 결과 그는 스물아홉 살, 사법시험 준비생이었다. 대학 졸업 후 수차례 사법시험에 실패하였고, 더 이상 입대연기가 불가능한 상황에서 마지막 도전으로 사법시험를 치루었으나 1차 고시만 합격하고 2차 고시에서 아쉽게 실패하여 자포자기하는 마음으로 입대하였다고 하였다. 2차 고시 자격을 버리기에 안타까운 마음에 필자는

"혹시, 내년에 2차 고시에 도전할 생각은 없냐?"고 의사를 확인했다.

순간 그는 흠칫 놀란 표정으로 되물었다.

"군에서 그것이 가능합니까?"

"자네만 노력한다면 충분히 가능하지. 내가 여건을 부여해 주겠다."

"배려해 주신다면 감사한 마음으로 도전하겠습니다."

눈빛이 빛났다. 희망을 찾은 표정이었다. 도와주면 성공할 수 있겠다는

8) 선봉대대 : 연말에 부대훈련, 작전태세 등 다양한 항목별 부대평가를 통해 사단 내 전투대대 중 선발되는 최우수 대대

생각이 들었다. 다만, 군 복무간 타 병사들과 차별되지 않도록 신중한 접근이 필요했었다. 첫 휴가 전까지 곡사포대에 배치하여 포반의 막내 포수로서 역할을 수행하도록 하였다. 포대장의 보고에 의하면 매우 성실하게 복무하고 있었다.

100일이 지나고 휴가 출발신고 후에 필자는 그에게 주문했다.

"막내 동생급인 선임들과 부딪히면서 100일 동안 수고했다. 휴가 복귀할 때 사법시험에 필요한 모든 자료들을 가지고 오너라."

휴가 복귀 후에 대대장실 근무병으로 보직을 변경하여 본격적으로 사법시험를 준비시킬 복안이었다.

휴가 복귀 후 당연히 받아들일 것이라고 생각하고 대대장 근무병으로 보직을 변경할 것을 제안했는데 뜻밖의 답변이 돌아왔다.

"그동안 부대에 적응했고, 저희 포대에서 준비하겠습니다."

"대대장실 근무병은 대대장이 불편함을 감수한다면 충분한 시간을 가질 수 있지만, 곡사포대에서는 다른 병사들과 차별적 대우가 불가능하기 때문에 별도의 사무실을 마련하는 것도 제한되고 자네가 확보할 수 있는 시간이 턱없이 부족하다. 그러면 실패할 수도 있다."

"제가 몇 배 노력하겠습니다."

'나이는 들었어도 새로운 포대로 이전하여 다시 적응한다는 두려움을 더 크게 느끼나 보다.' 하고 더 이상 설득하지 않았다. 곧바로 포대장을 불러서 자초지종을 얘기하고 사무실을 마련해 보도록 지시를 했다. 당시 포대는 컨테이너 막사에 정형화된 틀을 갖고 있기에 융통성 있는 사무실 사용이 제한되었다. 포대 보일러실 한 켠에 책상과 조명장치를 설치했다. 난방은 문제가 없었으나 환기가 제한되어 열악한 환경이었다. 그 병사는 흔쾌히 받아들였고, 일과시간에는 장병들과 똑같이 활동했다. 단 한 번의 야간 보초 근무도 제외되지 않았다. 의식적으로 정기휴가 외에 추가적인 휴가를 제공하지 않았다. 그 병사가 서운해할 수도 있었겠지만 타 병사들이 특별히 주목하고 있을 것이라고 판단하였기에 편파적인 배려가 있어서는 안된다는 원칙을 적용하였다. 일과 후 자유시간과 점호 후 시간, 야간 취침 후에는 연등을 하면서 공부를 하는 모습에서 대단한 집념이 보였다. 그렇게 수개월 후 일병 정기휴가를 이용하여 사법시험을 치루었다. 합격하였고 면접을 위하여 상병 정기휴가를 소급하여 사용했다.

2000년 늦은 가을, 사법시험에 최종 합격했다. 창군 이래로 현역병사가 의무복무 기간에 사법시험에 합격한 첫 사례였다. 최근에는 장교 혹은 병사가 복무 중에 사법시험에 합격하는 경우가 많지만, 당시에는 생각하지도 못한 쾌거였다. 대대를 넘어서 사단, 군 전체의 경사였다. 사단장께서 해당 병사를 불러 치하하고 포상휴가의 특전을 부여했다. 지상파 방송매체들이 취재를 위해서 대대로 몰려왔다. 덕분에 필자도 난생처음으로 인터뷰를 했다. 긴장된 음성으로 떠듬거리면서 인터뷰를 마쳤다. 인터뷰는 불만족스러웠지만, 대대장으로서 보람을 느끼는 순간이었다. 필자가 부정적인 여론에 맞서서 시행했던 대대의 사회복귀 프로그램은 많은 긍정적인 성과를 가져왔다. 우선 이등병들에게 여가시간에 면학 분위기가 조성됨으로써 병사들 간에 불필요한 집합이나 구타 · 가혹행위 등 병영 부조리가 확연히 줄었다는 것을 체감하였다.

많은 병사들이 군 복무간 수능을 치뤘고, 전역 후 단시간 내에 취업에 성공했다는 소식도 들려왔다. 20여 년이 흐른 현재에는 모든 부대의 병사들이 공부도 하면서 자기계발을 위한 많은 기회가 부여되지만, 당시에는 부대 내 외의 분위기가 그렇지 못했기에 병사들의 삶의 질 향상과 의미 있는 복무여건 조성에 대한 긍정적인 성과를 가져오게 했던 것이었다. 당시 사법시험에 합격한 병사는 현재 모 지방법원에서 부장판사에 재직 중에 있다. 어려운 과정을 거쳐 온 만큼 더욱 승승장구하기를 기원한다.

무장 탈영병 검거작전 투입

새벽녘 부대로 향하는 발걸음이 무거웠다. 지난밤에 동해안 사단 GOP경계병이 철수 간에 총기를 난사하고 총격전을 벌이다가 실탄과 수류탄으로 무장한 채로 현지를 이탈한 사건이 있었다. 그 과정에서 다수가 현장에서 사망하고 수 명이 후송되었다. 해당 군단에서 탈영병 검거를 위해 작전을 하고 있었지만, 탈영병과 접촉하지 못했고 간간이 우군간의 총격전도 있었다. 제1야전군사령부로부터 필자의 부대에 탈영병 검거 작전에 증원하라는 지시가 떨어졌다. 과거 대대장 시절 야간에 산불 진화를 위해 병력을 투입하라는 지시가 있었을 때와 같이 장병들의 생명을 담보로 해야 하는 심각한 상황이라고 판단했다.

'이 상황은 실전이다. 탈영병은 실탄과 수류탄으로 무장한 상태로, 이미 살인을 했기에 위기에 봉착하면 망설임 없이 무기를 사용할 것이다. 식별 즉시 사격하지 않으면 선제공격을 당할 수 있을 것이다. 그런데 우리 병사들은 실탄 사격장 외에서는 실탄을 휴대한 작전을 실시하지 않은 데다가 사격장에서마저 안전을 위하여 실탄에 대한 다중의 안전장치를 한 채 훈련을 했었다. 그리고 무엇보다도 우려스러운 것은 우리 군복을 입고 있는 사람을 향해 주저 없이 사격을 할 수 있을까? 병사들이 이 상황을 얼마나 심각하게 인식하느냐 하는 것이 관건이다.'

우선, 최소의 경계인원만 잔류시키고 출동 가능 인원을 최대한으로 선발했다. 사단의 대부분 병력이 실탄과 식량을 휴대하고 건제를 유지한 상태로 부대를 재편성했다. 부주의에 의한 오발사고가 발생치 않도록 하고 탈영병의 상태가 절박하여 최악의 실전 상황이 될 수 있음을 강조했다.

해당 사단 본부 상황실에 들러서 상황경과를 확인했다. 사단장은 상상하지도 못했던 상황이었지만 침착하게 대응하고 있었다. 그러나 당시에는 어떠한 말로도 위로가 되지 않을 것을 알기에 눈빛으로만 마음을 전하고 군

사령부로부터 지정받은 지역에 진지를 편성했다. 군사 비행장 지역이었다. 필자가 4년간의 포병대대장 시절 훈련을 위해 수없이 점령했던 진지였다. 작전지역은 손금 보듯 파악하고 있는 지역이었다.

오후에는 별다른 지시가 없었다. 지휘관들에 의해 차단선 작전에 대한 교육을 진행토록 하고, 주둔지에 있는 군종장교들을 현지로 호출하여 종파별로 종교행사를 진행하도록 하였다. 만에 하나 선제공격을 당하여 피해를 입을 수도 있는 상황으로 사태의 심각함을 각인시켜서 병사들의 마음을 다잡기 위한 조치였다. 주간작전은 탈영병이 아직 작전지역을 이탈하지는 않았다는 사실 외에는 이렇다 할 성과가 없었다. 드디어 야간작전에 예하부대를 투입하라는 명령이 떨어졌다. 그런데 사단 본부의 역할이 없었다. 사단 예하 1개 여단을 투입하여 작전 중인 ○○○부대의 작전통제를 받으라는 것이었다. 필자는 작전에 개입이 불가능한 상태였다. 누구보다도 차단선 작전에는 자신이 있었는데 아쉬움이 컸었다. 작전에 투입된 ○여단장이 수령한 작전명령을 보고해 왔다.

부여된 임무는 '7번 도로를 차단선으로 하여 무장 탈영병을 포획하거나 사살하는 것'이었다. 사실 7번 도로를 통과하여 대중교통을 이용하거나 차량탈취라도 하여 지역을 이탈하면 작전지역은 전국으로 확대될 수밖에 없는 절박한 상황이었다. 그런데 명령상 설정된 차단선의 세부적인 위치를

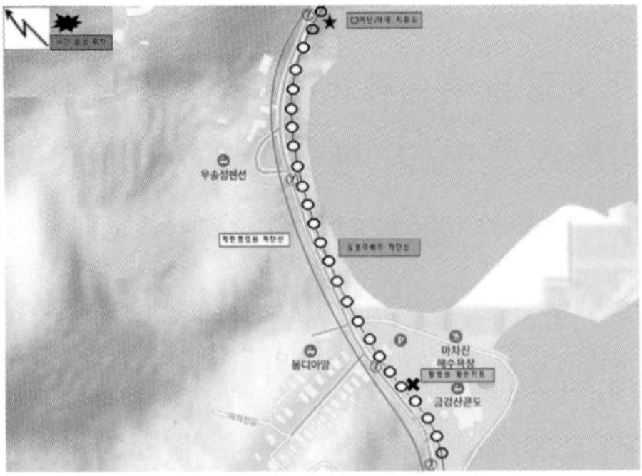

확인해 보니 7번 도로를 등진 상태에서 사건이 발생한 방향으로 차단 진지를 편성(지도상에 표시된 적색선)하도록 되어있었다. 7번 도로로 들어서지 못하게 하라는 문구대로만 해석한 작전개념이었다. ○여

단장으로 하여금 7번 도로 후방으로 진지를 옮겨서 7번 도로상의 움직임을 감시하겠다고 수정건의를 하도록 하였으나, 승인이 되지 않았다. 실패가 뻔 한 계획이었다. 필자가 월권하여 개입하였다. 필자가 작전 결과에 책임을 진다는 것을 전제로 필자의 작전개념대로 차단 진지를 편성하고 7번 도로에 올라서는 자를 감시하도록 했다. 대대장의 지휘소는 차단선의 시작 지점인 ○○지역에 편성하고 ○여단장 지휘소는 그 인근 지역으로 선정했다. 7번 도로를 기동하는 모든 인원에 대해 감시하고, 생포하는 것을 우선으로 하되 탈영병이 즉시 사격할 수 있는 상태에서 저항하는 기세가 있을 경우에는 사살하도록 했다. 만반의 준비를 한 상태에서 수시로 작전상황을 보고할 것을 주문했다. 만약 성과가 좋지 않았다면 필자는 작전에 개입하여 지휘계통을 문란하게 한 책임을 져야 했기에 실 상황에서 발생할 수 있는 경우의 수를 최대한 상정하여 대비하게 했다. 정확한 시간은 기억이 나지 않지만 두세 시쯤 되었을까? 우리의 차단선이 시작되는 지점에서 7번 도로로 올라서는 신원불상 인원이 출현했다. 도로변의 가드레일 뒤쪽에서 상체를 낮춘 자세로 도로를 따라 빠르게 남하하고 있었다. 우리 예하여단의 차단선을 따라서 이동하고 있는 것이었다. 다행히 소총은 각개 메어(등에 가로질러 멘) 자세로서 사격할 의지는 없는 상태였다. 차단선 초입에 위치해 있던 대대장과 여단장이 보고를 받고 무장한 채로 지휘차량을 이용하여 7번 도로를 따라 현장으로 이동했다. 필자가 우려한 대로 병사들은 긴장하여 감시결과 보고에만 치중하고 있었고, 추가적인 조치를 하지 못했다. 간부가 편성된 진지에 이르렀을 때 간부가 기습적으로 수하를 하였다. 신원불상 인원은 순간적으로 멈춰 서서 손을 들었다. 암구호를 알지 못했는지 답변이 없었다.

"누구냐?"

"인접연대 병사인데, 간부님 심부름 갑니다."

슬금슬금 뒷걸음질을 쳤다. 정지하도록 요구했으나 계속 움직였다. 간부는 탈영병임을 직감했고 거수자의 발밑을 향해 서너 발의 경고사격을 하였다. 거수자는 순식간에 도로 후사면으로 도망쳤다. 이틀에 걸친 작전 끝에 무장탈영병의 위치가 확인되는 순간이었다. 작전 중인 모든 부대에 탈영병의 위치가 전파되었고 증원되었던 ○·○군단 특공연대 예하 대대들에 의한 봉쇄선 작전이 시작되었다. 새벽이 되어 시야가 확보되었고 원점을 중심으로 봉쇄선을 좁혀가던 중 은신해 있는 무장 탈영병을 식별하고 대면 접촉이 시작되었다. 교전상황 등 만약의 사태에 대비해서 금강산 콘도 등에서 저격병이 사선을 확보하고 있었고 엠뷸런스도 대기하고 있었다. 실탄뿐만 아니라 수류탄을 휴대한 상황이라 선택할 수 있는 작전이 제한되었다. 이후 전개된 작전과정과 탈영병이 자해를 함으로써 작전이 종결되는 순간까지 우여곡절이 있었다. 작전에 관한 권한도 없는 특정 인원의 공명심으로 인한 개입으로 군사작전으로 종결하지 못한 아쉬움이 남았지만 이후 재판과정과 구체적인 사안은 외부 비공개 사안이 포함되어 있기에 더 이상 언급하는 것은 부적절하다고 판단하여 이만 줄인다. 이 사건을 '임병장 총기 난사 사건'이라고 불린다.

무장 탈영병이 군 작전지역을 이탈할 경우 순식간에 상황이 확대되고 국민들의 안전에 직접적으로 영향을 미치기 때문에 무장탈영병 검거작전은 대간첩작전과 동일하게 사회와의 철저한 분리가 중요하다. 최종 차단선에서 탈영병의 위치를 확인하고 작전을 종결시킬 수 있었던 예하 부대원들을 치하했지만, 우리 군의 불행한 상황이 확대되지 않도록 작은 도움이 되었다는 데에 의미를 두고 자체적으로 만족할 만한 성과가 있었다고 평가했던 작전이었다. 누구도 치하하지 않았지만. 포대장과 대대장 시절부터 항상 실전상황을 상정하여 작전상황을 평가하는 습관과 1996년 강릉 잠수함 침투사건 이후 국지도발 대비작전이 특히 강조되고 있던 해당 작전지역에서 대대장직을 수행했던 경험이 작전의 핵심을 통찰할 수 있었고 무엇보다도 ○여단 예하 대대장을 비롯한 병사들이 사건의 중차대함을 자각하고 심야시간의 취약시간에 작은 움직임을 면밀히 관찰해 주었던 결과로 기인된 것이라고 자평했던 사례였다.

군인본분 위국헌신

국방개혁 2020' 미래육군의 밑그림을 그리다

2003년 9월 29일, 필자가 야전을 떠나 정책부서로 첫발을 내딛는 날이었다. 육군본부 기획관리참모부 전략기획과 전시연습장교. 부서도 직책명도 생소했다. 전입신고를 받고 자력표를 확인하던 부장의 한마디는 '자네는 골수포병이구나!'이란 말이었다. 임관 후 20년간 포병병과를 벗어난 근무 이력이 없는 필자에 대한 육군 소장의 평가였다. 물론 그 이력이 필자의 포병병과에 대한 전문적 능력 배양에 든든한 바탕이 되었지만, 그 당시에는 다소 창피스러움을 느꼈다. 군단 및 군사령부 급의 근무 경험 없이 육군본부에서 근무하게 됨으로써 중간제대의 근무환경이나 역할 및 기능 등에 대해 알 길이 없었던 필자의 육군본부 1년 차 생활은 그야말로 다시 초급장교가 된 듯한 기분이었다. 참여정부가 시작된 지 1년이 지난 시점 어느 날, 전략기획처장이 인접부서 동기생 ○중령과 함께 은밀히 불렀다. 당시 정부에서는 국방개혁을 통해 군 규모를 줄일 것을 요구하였고 병력감축의 영향을 받지않는 해 공군은 순응하였지만, 남재준 육군참모총장은 '북한의 위협이 존재하는 한 절대로 줄일 수 없다'면서 버티고 있을 때였다. 처장은 남 총장의 임기를 고려할 때 내년(2005년) 전반기에는 불가피하게 국방개혁을 추진할 수밖에 없기 때문에 은밀히 국방개혁 육군분야의 밑그림을 그릴 것을 주문하였다. 부대구조 분야는 필자가, 전력구조 분야는 ○중령이 담당하게 되었다.

2020년을 목표년도로 ○○만 명의 육군을 ○○만 명 수준으로 줄이는 작업이었다. 그런데 20년 후에 북한과의 안보상황이 어떻게 변할 것인지에 대한 정보판단이 없는 상태로 부대 규모만 줄인다는 것이 논리적으로 이해할 수가 없었다. 비밀스러운 작업이었기에 논의할 대상도 없었다. 임의로 상황을 상정했다. '남북관계가 호전되어 평화공존의 상태가 될 경우'를 가정에 포함했다. 당시 김대중 대통령의 남북정상회담 이후 남북관계를 살펴보면 그 가정은 몽상적이지만은 않았다. ① GOP경계를 경비의 개념으로 전환함으로써 경계에 대한 부담을 대폭 줄여서 군단별로 경비여단을 군단 직속으로 편성했다. 전방사단은 완전편성[9]하여 사단 단위로 전시 점령할 진지 주변에서 집결하여 평시에 훈련에 전념토록 구조를 조정하였다. 또한, ② 전장을 가시화함으로써 불확실성에 대비한 예비대의 규모를 줄일 수 있다는 논리로 군단에 영상, 신호, 인간정보 등 정보전력을 대폭 증편했다. ③ 해안 경계는 해안 경찰로 전환하고 부대관리분야와 전투근무지원분야는 필수적인 분야를 제외하고 민간에 용역으로 맡기는 혁신적인 그림을 그렸다. 수십 일에 걸쳐 조정했으나 ○○만 명 이하로 줄여지질 않았다. 5만 명을 추가로 줄이기 위해 결국 전방 상비사단의 완전편성개념을 수정하여 적정수준의 동원율을 적용하는 선에서 밑그림이 완성될 즈음 참모총장이 교체되었고, 공식적으로 국방개혁을 위한 TF를 구성하였다. 상기 내용

9) 완전편성 : 편성 및 장비표에 주어진 기본 임무를 완전하게 수행할 수 있도록 하는 편성으로서 전투 또는 전투 지원시 인원 및 장비를 최대한으로 활용할 수 있도록 계획한 편성. 추가적인 동원이 불필요한 편성을 말함

을 기초로 부대구조에 대한 전문적인 식견을 갖춘 선배장교에게 총괄업무를 인계하고 필자는 군단구조를 담당했다. 8개월가량 연구 끝에 ○○만 명의 육군 규모를 설계한 국방개혁 2020은 남북한간 평화공존을 전제로 하여 감축된 병력을 대체할 전력보강에 621조의 예산이 필요하다는 조건을 포함하여 대통령의 재가를 받았다. 그런데 참여정부에서는 국방개혁을 북한 위협에 대비한 전력의 비교우위보다는 장군 수 감축 규모로 인한 약간의 논쟁 끝에 본 개혁안은 재가되었다. 이후 법제화 수순을 밟았고 현재 국방개혁 2.0으로 업그레이드되어 부대 개편이 진행 중이다.

예로부터 전쟁을 준비하는 명장은 주적에 대한 비대칭 우세를 추구하였다. 비대칭 우세는 병력이나 장비의 성능 등 유형 전투력뿐만 아니라 전술, 기세 등 무형 전투력에 의해서 더욱 크게 나타났고, 상대적인 비대칭 우세의 기울기가 클수록 전쟁에서 압도적인 승리를 가져왔음은 무수한 전쟁사례에서 입증하고 있다. 부단한 전력증강과 새로운 전술의 개발, 실전적인 훈련을 통한 전투수행능력 향상, 주적에 대한 적개심 고취, 부대정신에 의한 부대원의 단결과 화합 등은 비대칭의 기울기를 높여가는 과정으로 국가안보를 위한 필수적인 군의 역할임이 자명하다.

북한군은 6·25전쟁 휴전이후 압도적인 포병화력, 기갑 및 전차, 탄도미사일, 특수부대, 화학 및 생물학의 대량살상무기와 핵무기에 이르기까지 유형전력 분야에서 비대칭의 기울기를 키워왔다. 또한, '대한민국 국군은 미군에 종속되어 양민들을 압제하고 있다'며 인민해방을 위한 적개심을 더욱 키우는 등 정신전력분야에서도 노력해 왔고 현재에도 전혀 변함이 없다. 그러나 대한민국은 압도적인 비대칭전력인 미군에 기대어 스스로 수세적인 입장에서 북한 위협에 대한 상대적인 맞춤식 구조 및 전력화을 지향해 왔다. 심지어 현재는 우리의 주적이 누구인지가 명시되지 않은 채 국방백서가 발간되고 있다. 주적이 없다는 것은 군대는 존재하나 총구를 지향할 목표가 명확하지 않다는 것이다. 국가를 유지하기 위해서는 안보 위협의 우선순위가 정해져야 하고 군사력의 지향점이 주적에 맞춰져야 한다. 필자가 군사정전위원회 수석대표로서 6·25전쟁 시 전력제공국인 호주와 뉴질랜드를 방문했던 적이 있었다. 주변에 적대 국가가 존재하지 않은 국가들임에도 국방책임자들은 주적을 북한이라고 설명했다. 2차 대전 시 일본에 의한 태평양전쟁으로 안보에 심각한 위협을 느꼈던 그들은 정전상태에 있는 한국의 전력제공국으로서 상대국인 북한이 개발하고 있는 ICBM에 대한 위협을 가장 크게 느끼고 있었기 때문이다. 그렇듯이 특정 국가가 군사적인 상황으로 핵심이익을 침해당할 가능성을 진단하고 가장 위협적인 존재가 무엇인지를 확인하여 최우선으로 식별되는 그 존재가 바로 주적인 것이다. 백서에서 글자를 지운다고 해서 주적이 사라지는 것이 아니다.

'서울 불바다' 위협에 대한 대비

1994년은 북한이 '핵확산 금지조약(NPT)에서 탈퇴하고 핵 개발 의사를 표현하면서 한반도가 전쟁 직전의 위기 상황으로 치닫고 있었다. 북한의 핵사찰을 시행하기 위한 과정에서 남북회담은 개최와 결렬을 반복하면서 판문점에서 열린 5차 남북회담에서 북한의 협상 대표가 '서울 불바다' 발언을 함으로써 온 국민을 극도의 긴장 속에 몰아넣었다. 당시 서울에서는 비상식량 사재기로 북새통을 이루었다. 북한군은 6 · 25전쟁에서 뼈저리게 느꼈던 화력의 열세를 극복하고 절대적인 우세를 유지하기 위해 장사정 포병과 미사일 전력을 집중적으로 전력화하여 휴전선 부근에 배치하면서 1980년대 초기까지 압도적인 대남우세를 유지할 수 있었다. 그러나 1990년 걸프전 이후 미 공군의 정밀화력에 위협을 느꼈다. 이에 북한군은 전 전선의 포병을 100% 갱도화하였고 사격을 할 경우에만 갱도 입구의 사격 진지를 점령했다가 사격이 종료되면 갱도 속으로 자취를 감추었다. 전시 한반도 전구작전을 책임지고 있는 한미 연합사령관의 입장에서는 심각한 일이 아닐 수 없었다. 전선에 배치된 모든 갱도포병도 문제였으나 수도권에 사격이 가능한 장사정 갱도포병은 작전계획 시행을 위한 핵심적 고려사항인 수도서울방어에 치명적인 걸림돌로서 반드시 조기에 제거해야 할 우선 과업이 될 수밖에 없었다. 미군은 선진화된 모든 역량을 집중하였다. 최신예 장비인 대포병 탐지레이더를 개발하여 서부전선에 배치하였고, 미 ○사단 포병여단을 본부로 하여 컴퓨터 시스템을 통하여 한미 포병부대 및 최신예 전투기를 연결시켜서 표적을 탐지하는 즉시 포병이나 전투기로 타격하는 대화력전 시스템을 구축하였다.

6 · 25전쟁 이후 한미관계는 미군 주도의 한국 방어에서 한국군의 성장에 발맞추어 한국군의 자율성을 회복하기 위해 점진적으로 변화되어 왔다. 대간첩작전에 대한 통제권에 이어서 휴전선 방어 임무를 완전히 한국군으로 전환하였고 수차례 SOFA를 개정하였으며, 평시 작전통제권 전환에 이어서 그동안 미군이 담당하고 있던 군사 임무들을 순차적으로 한국군에 전환하고 있었다. 이는 한국군의 자율성 회복에도 목적이 있었으나 주한미군의 전략적 유연성 확보를 위하여 미군이 더욱 적극적인 행보를 보이고 있었다. 그런 가운데서도 한국군이 미군을 통제하는 경우는 없었으나 상기의 대화력전 임무는 한미 연합전력을 한국군이 통제하고 운용하는 최초의 임무인 만큼 한미 연합사령관 라포트 대장은 매우 신중하였다. 유사시 가장 먼저, 전투를 해야 하는 임무인 만큼 미군의 생명을 맡겨야 하는 한국군의 지휘역량에 대한 평가와 시스템 구축에 만전을 기했다. 한국군에 대화력전 수행본부를 편성하고 임무가 순조롭게 연착륙되도록 최우선적인 지휘 관심을 두었고 경험이 축적된 미군 예비역 장성들을 고문관으로 편성하여 각종 교리들도 정비하였다.

한국군이 자체 개발한 지휘통제체계와 미군의 탐지-사격통제 체계를 접속하여 한미연합 지휘통제시스템을 갖추었고, 2005년 10월 5일부로 임무가 한국군으로 완전히 전환되었다. 전환 후에도 미군의 역량을 총동원하여 지원체계를 구비하고 이후 수년간 정기적인 평가회의를 거치면서 한국군의 작전요구소요를 연합사 한미 참모들과 작전사령관들로 구성된 회의체를 통하여 적극적으로 지원하였다.

필자는 2005년에 육군본부에서 대령 진급자로 선발되었다. 당시 아내의 항암치료와 아들의 뇌출혈로 인한 중환자실 입원치료 등 한꺼번에 닥친 어려웠던 가정사로 인하여 개인적으로 가족을 치유하는 시간을 갖고자 국방대학교 정책연수를 희망하였다. 그러나 당시 정치적, 군사적으로 관심이 최고조에 달했던 위 임무를 담당할 적임자를 진급자 중에서 선발하라는 ○야전군사령관의 지침에 의해 필자가 지명되어 필자의 의사와는 관계없이 ○야전군사령부로 전입하게 되었다. 육군에서 엄선된 우수한 인원들로 부서를 편성한 후 각종 유형별 훈련을 통해 작전수행체계를 시험하고 보완하여 한국군 중심의 대화력전 수행체계를 정착시키는 것이 필자에게 주어진 과업이었다.

1년에 여섯 차례의 훈련이 편성되었다. 모든 훈련은 한미 연합으로 진행되었고 훈련 시마다 국가안보 관련 VIP들이 방문했다. 새로운 체계를 정착시키기 위해서는 창의력과 그것을 구현할 무한한 노력이 필요했다. 전문적인 수준에는 미치지 못하지만 석사과정에서 익혔던 컴퓨터 공학에 대한 지식과 육군대학 전쟁연습 교관의 경험도 본 직책을 수행하기 위한 창의력 발휘에 많은 도움이 되었다. 육군본부에 근무하면서 항상 고민했던 '탐지-타격의 자동화 체계(Sensor to Shooter)'가 미군이 이미 활용하고 있던 대화력전 시스템이라는 것을 발견하고 한국형 대화력전 체계에 대한 소요를 제기하였다(이후 합참에서 근무하면서 체계를 개발하여 전력화시킴). 대화력전 효과를 평가할 수 있는 세부적인 요소와 방법을 제시하였다. 이미 개발되어 활용 중인 시뮬레이터에 의한 모의훈련에 추가하여 1개 축선의 포병부대들이 실병기동훈련을 병행하는 훈련체계를 구상하여 최초로 시도하였다. 또한, 모든 훈련은 준비과정에서부터 실시 후 평가, 차기훈련에 환류(feedback)시키는 과정까지 훈련 유형별로 별도의 바인드로 제작해서 후임자의 임무수행에 도움이 되도록 체계화하였다.

18개월 동안 대화력전 과장직을 수행하면서 대화력전 개념을 정립하였고, 훈련체계를 정착시키는 등 필자에게 주어졌던 목표를 충분히 달성하였다고 자부한다. 이 과정을 통해 필자는 한국전구 대화력전분야의 권위자로서 대내외적으로 인정받게 되었고, 향후 연합사와 합참, 서북도서 방위사령부에서 대화력전 체계를 구축하는 임무를 수행할 수 있는 기반이 되었다.

북한의 연평도 포격도발 현장에서

"대한민국이 공격받았다" 2010년 11월 24일 모든 언론매체 1면의 머리기사다.

필자는 2009년 12월에 합동참모본부(이하 합참)의 합동화력과장의 보직을 받았다. 당시 합동화력과장은 한국군 최상위 부대인 합참에서 포병병과 최선임 장교로서 모든 전임자가 장군으로 진급했었기에 포병작전분야의 주특기를 가진 장교들이 희망하는 직책이었고, 필자도 과거 ○야전군사령부에서 북한군 장사정포 위협에 대비한 작전을 주 임무로 하는 대화력전과장, 한 · 미 연합사령부에서 한반도 전구의 화력작전을 계획하는 화력계획과장 등의 다양하고 충분한 경력을 쌓아 왔기에 합동참모본부의 절대적인 신임을 받아 보직될 수 있었다. 그런데 2010년, 창군 이래 가장 파란만장했던 남 · 북간 위기의 서막이 열리고 있었음은 전혀 예견하지 못했다.

한국의 합참은 합동군제[10]에서의 합참 고유기능에 더하여 1994년 한미연합사령부로부터 평시 작전권을 환수한 이후 한국의 평시 작전을 통합 지휘하는 전투사령부의 역할을 겸하고 있다. 우리나라의 평시 작전은 영토 내에 침투한 적에 대한 대침투작전, 대테러작전, 영공에서의 공중방어, 독도를 포함한 영해에서의 도서 및 해상방어, 해외에서 활동하는 평화유지군 활동 등 지휘통제 범위가 복잡하고 다양하지만, 그중에서도 남북한 전투력이 맞닿아 있는 비무장지대(DMZ)와 동 · 서해 북방한계선(NLL)상의 작전이 핵심이다.

그러나 내륙의 군사분계선(MDL)은 정전협정시 위치를 명백히 하여 쌍방 간에 합의가 되었지만, 정전협정 당시 해상 경계선은 연안수역 범위를 둘러싸고 유엔군측과 조 · 중 연합군측의 입장 차이로 인해 상호 합의되지 않은 채로 '연해의 섬 및 해면에 대한 통제권은 전쟁 이전을 기준으로 하되 서해 5도(백령도, 대청도, 소청도, 연평도, 우도)는 유엔군 사령관 관할 아래에 둔다'는 문구를 삽입한 채로 정전협정이 체결되었다. 당시 유엔군사령관은 남한의 북진을 통제하기 위한 해상 전투력의 전진한계선으로 설정하였고, 정전협정 다음 날에는 서해상 초도 등 북쪽 해상에 배치되어있던 유엔사 해군전력을 북방한계선(NLL) 이남으로 철수시키면서 일방적으로 연합군 측에만 전파하였다. 그 이후 북한은 북방한계선(NLL)에 대해 20여 년 동안 일체의 언급을 하지 않았으나 1973년부터 북방한계선(NLL)에 대한 해석을 두고 남북 간에 이견이 발생하면서 양측 간의 크고 작은 분쟁이 지속되어 왔다. 결국, 1999년에 제1연평해전, 2002년에 제2연평해전으로 양측 병력이 충돌하는 상황에 이르렀고 남북한 쌍방 간에 심각한 인명피

10) 합동군제 : 육 · 해 · 공 3군이 병립하면서 육 · 해 · 공군 전력의 통합 운용이 용이하도록 합동참모본부를 설치해 합동성을 강화하는 제도로 육 · 해 · 공군 참모총장과 각 군 본부를 유지하며, 합참을 통해 군령권을 행사한다.

해와 함정이 파괴되는 등 재산 손실을 가져왔다. 그런 가운데 2009년 9월에 김정은이 인민군 대장으로, 조선노동당 중앙군사위원회 부위원장으로 선임되면서 명실상부한 후계자가 되었다. 2개월 후인 11월 10일, 대청해전에서 우리 군에 북한군이 패퇴(敗退)함으로써 김정은의 위상은 치명상을 입게 되었다. 김정은은 와신상담하며 보복의 기회를 엿보다가 2010년 1월 27일에는 북한측이 전날 선포한 서해상 항해 금지구역에 해안포 90여 발을 발사하고 한국군이 벌컨포로 응사하는 사건을 시작으로 험난했던 2010년이 열리고 있었다.

북한군 도발 이후 지속된 긴장 국면에서 특별한 이슈가 없이 두어 달의 시간이 지난 3월 26일, 합참의장 주관으로 육군교육사령부에서 진행된 합동성 강화 대토론회는 성황리에 종료되었다. 전군 지휘관이 후방지역에 집결한 것은 북한군이 도발하는데 최상의 조건이었다. 이 취약점을 노린 북한군은 백령도 후방으로 진입하는 천안함을 어뢰로 폭침시켜 승조원 46명이 사망하는 대담한 도발을 감행했다. 또한, 승조원을 구조하는 과정에서 전우 1명이 사망했다.

북한군 소행으로 판단하는 과정에서 국내 좌파들에 의한 온갖 억측이 있었기에 결론에 이르기까지 수개월이 걸렸고 국내 여론은 사분오열되었으며 현재에도 일부 좌파에 의해 천안함 병사들의 명예에 치명적인 손괴를 가하고 있다. 뿐만 아니라 천안함 폭침은 당시 합참의장과 합참 작전본부를 함께 침몰시키는 결과를 가져왔다.(합참의장이 보직 해임되고 작전본부장은 징계 조치되었으며, 당시 우수자원들이 집결되어 있던 작전본부 과장급 이상 장교와 장군들은 후반기 인사에서 진급하지 못했다.)

새로 취임한 합참의장과 합참 작전본부는 절치부심하며 이러한 참혹한 도발이 재발되지 않아야겠다는 각오로 군사대비태세를 정비해 나갔다. 어떤 형태로든지 적의 도발의 우선순위가 높은 곳은 서해 도서와 북방한계선

(NLL)일대였기에 해병대 사령부에서 합참차원의 전술토의를 통해 다각적인 대비태세를 주문했다.

이후 8월 초에도 북한은 NLL 무실화를 위해 백령도 전방 NLL인근에 포병사격으로 도발해 왔고 백령도 부대에서도 포병사격으로 대응했다. 하지만, 적 도발 시 원점 및 낙탄 위치를 탐지하기 위해 도서지역에 배치한 대포병 탐지레이더가 적 포병사격 여부와 위치를 탐지하지 못하는 것이 필자를 가장 괴롭혔다. 적 해안포는 탄도가 낮아서 레이더가 작동하기 위해 필요한 노출탄도가 부족한데다가 레이더 추적 빔이 해수면에 의해 반사됨으로써 탐지에 오류가 발생하는 등 수차례의 시행착오를 겪어야 했다. 결국, 도서의 최전방 수제선 근처에서 적 해안포 탄도를 탐지하도록 배치를 조정했다. 만약 북한군이 도서를 직접 공격할 경우에는 최우선표적을 제공하게 되는 매우 잘못된 조치였지만 그 당시까지만 해도 북한군이 포병으로 도서지역을 직접 공격하는 것은 정전협정의 중대한 위반행위이기에 그러한 상황은 워게임에서만 상정했을 뿐 꿈에도 생각하지 못했었고 이는 오로지 김정은에 대한 정보가 부족했던 탓이었다.

2010년 11월 23일의 날씨는 매우 쾌청했다. 오전부터 북방한계선 아래에 지정된 사격구역으로 K-9 자주포 실사격 훈련을 하였다. 항공고시보[11]에 게재된 사격훈련에 대해 북한측의 사전경고가 있었지만 정작 사격훈련 당시에는 특별한 저항이 없었고 사격은 순조롭게 진행되어 막바지에 있었다. 14시 34분. 연평도가 공격받았다는 상황보고를 받고 합참 전투통제실로 뛰어갔다. 당연한 대응사격을 해야 할 상황인데도 연평부대에서는 사격

11) 항공고시보 : 항공기의 안전을 위하여 공역을 사용하는 계획을 인터넷의 국토교통부 홈페이지를 통해 공지하는 전문을 말함. 사격계획을 고시하는 것은 국제법상의 의무임.

공격받은 연평도(2010년 11월 23일 14:34)

을 하지 않는 상태로 해병대 부사령관이 화상으로 등장해 있었다.

전투통제실에 배치된 TV 화면에는 시커먼 연기가 피어오르는 연평도 상황이 중계되고 있었다. 과거 ○야전군사령부에서 대화력전 담당자로 근무 시 늦어도 5분 이내에 대응 사격이 가능하도록 대화력전 체계를 구축했던 필자로서는 대응 사격이 늦어지는 상황을 이해할 수가 없었다. 더구나 사격훈련 시 이러한 상황에 대비하여 2문의 화포는 훈련에 참가하지 않고 사격대기를 하는 상태임에도 불구하고 사격이 지연되고 있었던 것이었다. 연평도 지휘통제실로 전화를 걸어 즉시 사격할 것을 채근했지만, 알겠다는 답변만 돌아왔다. 적 방사포 사격은 2~3분 만에 종료되었고, 연평도 포병중대는 곧 바로 사격준비를 완료하였지만 교전규칙을 제대로 이해하지 못한 해병대 지휘부의 실책으로 사격이 지연되고 있었다. 십 수분의 답답한 시간이 지난 14시 47분에야 사격을 개시했다는 보고를 접수했다. 표적은 도발원점을 확인할 수가 없었기에 기 계획하고 있던 무도의 해안포 중대였다. 6문으로 사격하면 30발은 2분이면 완료될 것이란 생각으로 추가적인 대응을 위해 대포병 탐지레이더의 표적탐지상황을 확인하고 있는데, 십여 분이 흘러도 사격이 완료되지 않았다. 포병중대에서는 3문의 화포로 대응하고 있는 중이었다. 이유는 화포 1문은 사격훈련 중 포탄이 포신에 박혀서 기능을 발휘하지 못하는 상태였고, 화포 2문은 적 사격에 의한 파편이 튀어서 사격통제장치와 케이블이 절단되어 조치 중에 있었다. 약 20여 분에 걸쳐서 30발을 사격한 후 15:11분부터 20발을 추가로 사격하였다. 그동안 케이블 절단으로 자동사격기능이 고장났던 1문은 수동조작으로 사격에 가담하여 4문이 대응하였다. 이때 아군으로부터 일격을 받았던 무도의 해안포로부터 수십 발의 포탄이 날아왔다. 북한군의 반응시간은 약 26분이 소요된 것이었다. 거의 동시에 해안가에 배치되어 가동 중이던 대포병 탐지레이더에서 탐지한 표적정보가 포대로 전파되었다. 황해도 개머리 일대였다. 최초로 방사포로 도발했던 위치였다. 2차 사격을 끝내고 15시 23분부터 30발을 도발 원점으로 사격했다. 도발원점에 대한 대응사격이 늦어지면 도발원점에는 더 이상 표적이 없을 우려가 있기 때문에 대응사격의 경우에는 신속한 사격이 필수적이었다. 적 방사포 사격 후 49분 만에 도발원점으로 사격을 한 셈이었다. 연이어 대포병 탐지레이더에서 두 번째 도발 원점이 통보되었다. 탐지원점은 무도 해안포 중대였다. 15시 41분에 쌍방 간에 사격을 중지하는 지시가 떨어졌다. 숨 가쁘게 지나갔던 67분이었다.

전투통제실 화상에서 수명의 작전사령관과 함께 등장해 있던 대통령의 수심에 가득찬 표정에서 강한 대응은 어렵겠다는 것을 직감했다. 물론 재임간 전쟁발발에 대한 심각한 우려라고 심정을 이해할 수 있었지만 합참의 대응이 미온적이었던 것에 적잖이 영향을 미쳤을 것이라고 판단한다. 이후부터 언론과의 전쟁이 시작되었다.

"6 · 25전쟁 이후 최초로 공격받았는데 한국군은 무기력했다."

"완전히 패배한 전투였다."

"전쟁의 신이라던 K-9자주포는 대응 사격에 13분이나 걸렸다."

"분당 3발을 사격할 수 있다던 K-9자주포가 2분당 1발을 사격하는데 그쳤다." 등등 전장 환경에 대한 이해가 부족한 매체에서는 의혹을 전제로 혹평을 쏟아냈다. 불가피했던 상황과 대화력전에 대한 이해를 위해 필자는 기자들의 질문 공세에 시달리고 있는 작전기획부장(육군 소장)을 보좌했다. 그림을 그려가면서 설명했으나 이해하려 들지 않았고 작은 문구 하나에도 토를 달았다. 도를 넘는 비난과 책임추궁에 비록 반려되긴 하였지만 합참의장이 피격의 모든 책임을 지고 사의를 표하는 사태에 이르렀다. 삼일 째 되던 날 연평부대 포병중대에서의 치열했던 전투현장의 사진이 전송되면서 상황은 급반전되었다. 불붙은 포상에서 자주포를 끌고 포상으로 진입하는 모습, 불붙은 철모를 쓰고 화상을 입었는지도 모른 채 전투에 임했던 병사, 시커멓게 타오르는 화염 속에서 죽음을 무릅쓰고 전투를 했던 상황을 더 이상 폄훼해서는 안된다는 여론이 일면서 상황은 반전되기 시작했다.

당시 연평부대 포병중대장의 후일담을 빌리자면 당시 지휘통제실에서 사격통제를 하고 있던 중 찢어질 듯한 폭음소리에 뭔가 크게 잘못되었다고 생각하고 지휘통제실 밖 엄체호[12]로 갔다. 포대가 온통 시커먼 연기에 휩싸여 있었기에 적이 화학탄을 사용한 것으로 판단하여 전원 방독면을 착용시킨 후, 사격훈련을 중지하고 유개호 포상내로 대피할 것을 지시했다. 북한군의 사격이 중지되자 보조포상을 점령시켜 대응 사격을 준비하고 사령부의 지시를 기다렸다. 사격이 13분이 소요된 이유였다. 포병중대장 김○○ 대위는 대단히 침착하게 부여된 임무를 충실히 수행해 주었다. 그는 진정

12) 엄체호(掩體壕): 적의 사격이나 폭력으로부터 인원과 장비를 보호할 수 있도록 콘크리트나 벽돌 등으로 벽과 지붕을 두껍고 견고하게 만든 호

한 지휘관이었다.

작전이 종료된 이후 연평부대원들이 작성한 자필 수기를 읽었다. 포격상황이 적나라하게 적혀 있었다. 포격전 후 파괴된 연평도에서 연백작전을 준비하면서 긴장의 날들을 보냈던 필자이었기에 수기를 읽는 내내 감정이 이입되었다. 긴박했던 전쟁터에서 최선을 다해 응징하고 전우들을 살리기 위해 동분서주했던 해병들의 수기는 가슴에 와닿았다. 특히 의무병으로서 임무를 다한 강○○ 이병의 수기에서 故 서정우 하사와 故 문광욱 일병이 숨져가는 상황에 대한 내용에서는 은연중에 눈물이 흘러 내렸다. 군인은 국민을 지키지 못하면 죄인이 되는 것이다. 결론적으로 필자는 합참에서 포격도발에 대한 책임자로서 또 한 번의 죄인이 되었다.

추락한 명예회복을 위한 연백작전

우리는 유례없는 북한의 포격 도발에서 추락한 우리 군의 위상을 회복해야 했다. 이를 위해서는 상황 하나하나를 분석하여 교훈을 찾아 보완했다.

첫째, 대응수단이 부족했다. 그 당시까지 서북도서의 화포는 북한군 특수부대에 의해서 도서가 강점당하는 상황에 대비하여 도서방어 차원과 북방한계선 주변에서 해군 함정간 충돌이 잦아짐에 따라 함정을 지원하기 위해 K-9 자주포를 배치하였기에 화포의 규모가 황해도에 포진되어 있는 해안포를 포함한 북한군 포병전력에 비해 압도적으로 부족하였다. 또한, 서북도서에서 발생할 수 있는 경우를 상정하여 공군이 초계비행을 하고 있었으나 적 공군기와의 교전을 위한 공대공 무장만 장착하고 있었기에 지상표적에 대한 즉각적인 합동전력 운용도 사실상은 불가능한 상태였다.

둘째, 탐지 및 감시자산이 부족했다. 서북도서에는 강점세력에 대한 영상 감시를 비롯하여 포탄의 북방한계선 월경 여부와 사격부대의 위치를 확인하기 위하여 대포병탐지레이더를 육군으로부터 지원받아서 운용하고 있였고, 공군과 해군에서 운용하는 감시레이더가 있었지만, 도서 책임부대의 통제밖에 있었기에 최초 개머리 일대에서 날아오는 포탄을 관측하고도 도서책임 부대와 적시적인 교감이 되지 않았고 영상으로만 제공되어 정확한 표적위치를 특정할 수 없었으며, 대포병 탐지레이더는 표적을 탐지하였으나 운용자방호가 되어 있지 않아 즉각적인 표적위치를 제공하지 못했다. 그로 인하여 최초 대응 사격을 무도로 지향함으로써 도발 원점에 대해 즉각 응징할 기회를 놓쳤다.

셋째, 지휘통제를 위한 수단으로 대화력전 통제기능이 내재된 C4I가 편제되어 있었지만, 대화력전에 활용하지 못하고 있었다. 합참에서나 해병대사령부에서도 북한군이 서북도서를 대상으로 포격 도발을 할 것이라고는 상상하지 못했다는 것이 타당할 것이다. 해당 상황을 상정하여 토의는 한 바가 있었으나 결론에 대해 심각하게 고려하지 않았다.

넷째, 교전규칙에 대한 이해가 부족하여 대응 사격에 대한 사령관의 지시를 받기 위해 시간을 지체함으로써 자위권 차원에서 즉각 대응하지 못하였고, 확전을 우려하여 합동전력 등 추가적인 대응을 하지 못했다. 적 도발 이후 13분이라는 시간을 두고 언론의 비판이 컸다. 연합사 작전참모부장이 '포탄이 떨어지는 상황에서 13분의 대응은 매우 신속했다'고 평가함으로써 비판이 무마되었지만, 대화력전을 담당했던 실무자로서 13분 만의 대응 사격은 매우 불만족스러웠다. 필자가 대화력전과장 재직시 북한군 장사정 갱도포병의 취약시간을 분석하여 사격후 5분 이내에 대응사격체계를 구비하였었고 이를 알게 된 김정일은 수시로 포병사격 후 5분이내에 진지를 이탈할 것을 지시해 왔었기에 연평부대의 대응사격은 효과를 기대하기 어려웠다고 보였다. 더구나 서북도서 해안사격 훈련 시에는 언제나 즉각적인 사격을 위해 화포 2문은 사격에 참가하지 않고 대기를 하도록 하고 있고 당일에도 그렇게 대비태세를 갖추고 있었다. 적 포격을 받았다면 준비된 2문의 화포로 즉각적인 대응사격을 했어야 했다.

다섯째, 가장 중요한 것은 북한이 도발한 원인으로 궁극적으로는 김정은이 최고사령관이 된 이후 당했던 대청해전에 대한 보복을 통해 김정은의 위상을 공고히 하려는 의도였다. 도발의 명분을 위해 북한군은 자신들이 지속적으로 주장해 왔던 경비계선 이북해역에 사격훈련을 하는 것에 대해 중지할 것을 요구했고, 응징하겠다고 사전에 경고를 했었다. 그러나 사격의 표적 위치는 북방한계선으로부터 수 km 이남에 위치한 명백한 우리 영해였기에 해병대로서는 수용할 수는 없는 억지 주장이었다. 결국, 북방한계선에 대한 문제가 포격 도발을 가져왔고 이는 국가의 핵심이익과 결부된 문제로서 양보할 수 없는 사안이었기에 사격훈련 시 어떤 형태이건 북한의 도발을 예상해야 했었다. 그러나 이러한 형태의 직접적인 도발을 예측하지 못했던 합참과 정보본부, 해병대사 지휘부의 과오가 있었다.

여섯째, 그럼에도 불구하고 연평부대에서는 적 도발에 대한 대비가 부족했다. 정확한 포병사격을 위해서는 기상제원이 필수적이나 기상측정장비가 고장난 채로 방치되어 있었다는 것이다. 또한 육군에서 파견된 표적탐지 레이더 반장의 세밀하지 못한 임무수행도 아쉬운 면이 있었다.

합참에서는 차제에 이 점을 분명히 하고 기습도발로 실추된 우리 군의 위상을 세우기 위해 연백작전을 계획했다. 해상표적에 재차 사격을 하고 이번에도 북한이 도발하면 대응조치를 제대로 할 계획이었다. 우선 상대적으로 부족한 서북도서 배치전력을 보강하기 위한 TF가 편성되었고 K-9 자주포를 포함하여 MLRS, 헬기, UAV 등 부족한 전력을 대대적으로 보강할 계획을 수립하였다. 이중 MLRS를 추가로 배치하기 위해 ○장군이 주관하는 회의에서 필자는 MLRS의 특성과 전술적 운용 및 취약점을 고려하여 도서배치에 반대하면서 연백작전간 작전부대의 생존성 보장을 주장하였다.

"완전하게 기습을 당한 상태에서 병사 2명과 일반인 2명이 사망하고 십 수명이 중경상을 입는 상황에서도 합참의장이 자원면직을 요청하는 감당할 수 없는 수준의 국민적 질타가 있었는데, 절치부심으로 적 도발을 유도하여 대응하겠다는 작전에서 만에 하나 단 한 명의 사상자가 발생한다면 설령 그 사유가 어찌할 수 없는 상황이었다 하더라도 그 책임은 상상하는 수준 이상이 될 것입니다. 연백작전은 완전무결한 작전이어야 합니다. MLRS는 사격 즉시 위치가 노출되는 특성이 있기에 신속히 수 km 밖으로 이동을 해야 하는데 연평도는 그런 상황이 되지 못한다. 차라리 김포반도에 배치하여 지원하는 것이 효과적입니다."

그러나 MLRS는 서북도서에 배치되었고 필자는 합참의장의 지시로 곧바로 연평도 포격도발 현장에 파견되었다. 채 포연이 가시지 않은 연평도는 전쟁이 휧고 지나간, 영화에서나 봤던 전쟁 직후의 영상과 전혀 다름이 없었다. 수많은 피탄 흔적, 타다 남은 탄피, 불타고 무너진 건물과 산림들, 부두의 대형 유류탱크 1m 곁에 주변이 시커멓게 그을려 있는 피탄 흔적은 포격도발 당시 아찔했던 상황을 대변하고 있었다. 더구나 모든 주민들이 철수한 상태로 일부 기자들과 군인을 제외한 일체의 인적이 없었고, 주인이 미처 챙기지 못하고 남겨진 굶주린 개와 고양이가 먹을 것을 찾아다니는 모습을 보니 을씨년스럽기까지 했다. 부두에서부터 연평부대, K-9 포병중대, 부대 앞 민가, 대포병 레이더 진지를 돌아보면서 추가로 배치될 전력이 생존성을 보장받을 수 있는 공간을 찾아야 했다. 매일 수시로 합참의장과 소통했다. 부족하거나 식별된 문제점을 보고하면 즉각적인 조치가 이루어졌다. 애당초 전력소요판단을 위해 파견되었기에 필자는 개인 보호 장비 없이 비무장으로 입도를 했지만, 도착 후 국방부장관의 추가 지시에 의해 연평도에서 연백작전을 시행할 때까지 현장에서 작전준비를 지휘하고 상황을 감독하게 되었다. 필자는 전투현장에 위치하여 전장을 준비한다는 것에 몹시 흥분되었다. 연평도 일대에 대한 대화력전 차원의 생존성을 꼼꼼히 따져서 이미 구축된 진지도 적 해안포에 노출되었거나 적 포병의 직격탄을 받을 수 있는 곳은 진지를 이전하거나 다시 구축하기를 반복했다. 평시라면 멀쩡하게 구축되어있는 진지를 옮기거나 재구축한다면 병사들의 원성이 컸을 것이다. 그러나 수 시간 동안 했던 진지에 취약점이 식별되어 위치를 되돌려도 원망하는 병사가 없었다. 그 와중에서도 역시 해병은 강했다. 그 상황에서 겁을 먹거나 회피하는 병사가 없었다. 트라우마를 보이는 해병도 보이지 않았다. 연평도 전역을 확인해 보았으나 MLRS의 생존진지는 찾지 못했고, 결국 잘 못 배치된 MLRS를 철수하고 K-9 화포로 대체할 것을 합참의장으로부터 지시받았다. 문제는 언론이었다. 3일 전에 배치된 전력을 철수한다면 군에 대한 불신의 반응은 당연한 일이었다. 필자는 안타깝게도 언론 단체를 대상으로 코메디같은 작전을 시행하였다. 우선 연평도에 파견된 언론취재단(Pool)의 관심을 돌리기 위해 취재단이 묵고 있는 빌라를 중심으로 전반야부터 30분~1시간 단위로 MLRS 1문씩 교대로 야간기동훈련을 했다. 02:00를 전후하여 MLRS 4문을 일제히 부두로 이동시켜서 02:30에 민간 화물선에 탑재하여 출도시켰고 대체전력으로 K-9 자주포 6문을 입도시켰다. 성공적이었다. 합참의장께 특별한 문제없이 출도했음을 보고했고 잠자리에 들었다. 전장기능별 전문적인 정보와 상황을 수용하지 않고 수뇌부의 의사결정과정에서 일방적인 의지로 인해 발생했던 웃어넘기지 못할 해프닝이었다.

이튿날에 헬기를 이용하여 백령도에 입도했다. 백령도는 연평도에 비해 비교적 넓은 지역으로 생존성이 훨씬 높은 곳이었기에 생존진지를 선정하는 데에는 많은 시간이 필요하지 않았다. 수 개의 진지를 선정하고 긴급하게 방호벽을 축성하도록 하고 연평도로 복귀했다. 추가로 배치된 대포병탐지레이더 위치를 선정하고 탐지수단과 K-9자주포간 연동체계에 의한 사격훈련을 숙달시키면서 작전요소들을 확인하기 위해 매일 연평도를 서

피격포상에서 합참의장에게 보고하는 필자

너 바퀴씩 돌았다. 민간인이라고는 간간이 보이는 기자들 외에는 찾아볼 수도 없었고 무너져 내린 가옥과 파괴된 콘크리트 시설물 등에서는 잔류 화약 냄새가 여전히 깔려 있었다. 합참의장이 연평도 피격 현장을 방문했다. 취약점과 대비책 등을 브리핑했다. 그러는 사이 열흘이 흘렀다. D-day가 결정되지 않은 상태였지만 하루하루 다가오고 있음을 알고 있었기에 내심 긴장이 되었다. 혹시 화학탄으로 공격할 경우에는 최악의 상황이 될 수 있기에 연평부대장에게 화생방 방호장비에 대한 얘기도 나누었다.

포격 도발에 대한 책임으로 김태영 국방부장관이 경질되고 12월 5일 취임한 김관진 국방부장관이 연평도를 방문했다. 과거 ○야전군사령부에서 대화력전 임무의 주무과장으로서 사령관으로 모셨던 이력이 있기에 신임 국방부장관은 필자를 단번에 알아보았다. 영접 나온 필자를 보고 "자네가 왜 여기에 있느냐?"고 물었고 "연백작전을 현지에서 수행하기 위해 파견되었다."고 답변을 하였다.

"여기는 자네가 있을 장소가 아니니, 합참으로 복귀해서 합동전력 운용을 위해 합참의장을 보좌해라."라고 지시를 했다. 그리고 현장에서 지시하신 작전 지침은 실로 대단했다. 전면전을 불사하고서라도 국민의 생명을 앗아간 죗값과 국가가 유린당한 대가를 반드시 받아내겠다는 장관의 결연한 의지가 느껴졌다. 과거에 느꼈던 김관진 장관님의 군인으로서의 기개가 피부로 와 닿았다.

1. 교전규칙과 자위권은 다르다. 서북도서, 이곳은 자위권만 있다. 위협원천이 완전히 제거될 때까지 자위권을 행사해라. 교전규칙은 충돌 방지에 있는 것이지 충돌 후에는 자위권만 존재한다.

2. 금번 연백작전을 통하여 연평부대는 복수의 기회로 삼는다. 해병 포병으로 원천이 제거되지 않을 경우에는 공군력을 사용한다. 가장 타격이 용이한 표적을 선정하고 공군력으로 타격시 고성능 카메라 등으로 증거자료를 채증해라.

3. 조치하는 순간 승패가 달려있다. 모든 것은 위성을 통해 확인이 가능하다. 15분 이상 경과하면 적의 위치는 불확실해진다.

4. 우도가 피격당하면 연평부대장은 자위권을 행사해라. 대청도와 소청도도 동일한 개념이다.

5. 진지는 완벽한 요새화 개념으로 구축하고 연백작전에 대한 계획을 수립해서 보고해라.

6. 희생자는 피로 맺은 전우로서 외롭지 않도록 해라. 이하 생략

정전시 교전규칙은 유엔사에 의해서 정해진 한국군이 지켜야할 유엔사와의 약속이다. 그러나 장관의 의지가 정전교전규칙을 넘어선 자위권 행사를 우선으로 한다면 이미 도발세력과 지휘세력에 대하여 사전 적성선포를 한 것이나 다름이 없었다. 정전시 교전규칙 준수에 대한 문제는 유엔사의 범위를 넘어서 한미 국방장관간에 해결할 문제라는 생각이 들었다.

곧바로 합참으로 복귀를 했고, 실제로 전쟁으로까지 비화될 수 있는 연백작전계획의 완전성을 위해 서북도서 대화력전 체계를 다시 한번 되짚어 보았다. 대화력전에서 승리하기 위해서는 '적보다 먼저, 정확하게 탐지하고, 적보다 빠르고 정확하게 타격'하는 것이 핵심이라는 것은 필자가 대화

력전 수행체계의 주 책임자였기 때문에 누구보다도 잘 알고 있었다. 그러나 탐지자산과 타격자산이 압도적으로 열세한 서북도서에서 연백작전을 위한 기간만이라도 기존에 전력화되어 운용 중인 육군 및 연합자산들을 전용할 수밖에 없었다. 김상기 육군참모총장의 대승적인 지원이 있었다. 필자의 요청으로 육군전술지휘체계를 이용한 대화력전 체계를 구축하기 위하여 육군 정보체계단에서 20여 명의 전문인력을 지원하여 서북도서 지휘통제체계를 보완했다. 또한, 대포병탐지 레이더를 포함하여 UAV, 공격헬기 등 대대적인 전력전환이 있었다. 그러나 합동군 차원에서 운용되고 있는 전구 정보체계로부터 실시간 정보를 제공해 줄 것을 요청하는 과정에서 합참 정보부장과 논쟁이 벌어졌다. 수차례 공방이 벌어졌고 결국, 연합사 작전참모부장과 화력처장, 실무자를 요청하여 필자의 요청에 대한 논리적 타당성을 설명함으로써 연백작전을 위하여 일시적으로 실시간 표적정보를 제공하는데 동의하였다. 공군에 의한 합동전력 운용은 처장(화력분야 담당, 공군 준장)의 주도로 한국 공군의 표적전대에 의해 황해도 일대의 포병 및 해안포 위치에 대한 정밀좌표를 산출[13)]하였고 간이 공격계획을 작성하였다.

한편, 연합사 화력처 부처장인 미군 Hill대령은 체계적으로 진행되어가는 연백작전에 우려를 표하면서 '이라크전 당시 미군의 정밀유도무기의 오폭률이 매우 높았다. 그 원인을 확인해 보니 전파방해에 의한 것이었고 그 전파방해 기술의 원천은 북한이었다'라며 연백작전시 공군 정밀유도무기 사용에 대한 부정적인 의사표현을 했었다. 그러나 서북도서에 미군 UAV를

13) 정밀좌표 산출: 정밀유도무기를 이용하여 요망효과를 달성하기 위하여 표적의 성질, 표적의 위치, 지형 지질의 구성 TNT파편효과 등을 고려하여 비행 방향 등을 고려하여 최적의 위치를 선정하는 절차로 미군이 주도함.

지원하고, 전구급에서 운용중인 위성영상정보를 연평도에 연락장교를 파견하여 직접 제공하겠다는 샤프 연합사령관의 의도를 전해왔지만 UAV지원은 주파수 간섭문제로 제한되었고, 정보는 기존의 한미간 정보 유통체계로 제공받았다. 연백작전은 평시작전이었기 때문에 연합사가 개입할 수는 없었고, 샤프 연합사령관은 유엔군 사령관으로서 연백작전이 위기를 고조시킬 것은 기정사실이었기에 심각한 우려로 정전감시를 위해서 개입이 필요했던 것이 아닌가 생각되었다.

12월 20일 14시 30분, 연백작전! 서해상 북방한계선 이남의 해역이 우리 영해임을 공식화시키기 위한 사격훈련을 시작하였다. 공대지미사일로 무장한 항공기가 공중대기를 하고 전구정보자산과 육군의 UAV가 서북도서 지역에서 감시를 하는 등 모든 작전 대기태세를 갖춘 상태로 K-9자주포와 각종 화기들로 해상 사격을 진행하였으나 북한은 어떠한 반응도 보이지 않았다. 사격이 종료될 때까지 한순간도 마음을 놓을 수가 없었다. 북한군이 사격을 해 온다면 전쟁을 각오한 상태였기 때문에 긴장하지 않을 수 없었다. 다소 예상은 했던 상황이었지만 고비를 넘긴 듯하여 다행스러웠고 한편으로는 싱겁기도 했다. 그도 그럴 것이, 우리의 작전준비와 관련된 진행상황이 각종 언론매체를 통해 거의 실시간으로 보도되었으니, 북한군이 준비된 함정에 발을 들여놓을 리가 없었다. 김정은은 2009년 대청해전에서 구겨졌던 체면을 포격도발로 세웠고, 반대로 우리 군은 장관이 경질되고 합참의 위상도 곤두박질침으로써 치명상을 입었으니 북한 입장에서는 소기의 성과를 거둔 상태로서 더 이상의 교전은 얻을 것이 없다고 판단한 것이었으리라.

그 사이 장군 진급 발표가 있었고 필자는 낙선되었다. 합참작전본부내 대부분의 대령들이 진급에서 제외되었다. 천안함 피폭사건에 대한 책임을 물었던 것에 더하여 필자의 경우는 리더십이 강하여 장군으로서의 자질에 문제가 있다고 판단하여 아예 진급 선발심의 대상에도 포함하지 않았다는 후문이 있었다. 작전본부장과 부장, 처장 등 지휘계선상의 상급자들이 필자에게 유임을 권했다. 한 해를 더 도전해야 하는 필자의 입장에서는 포격도발과 연백작전으로 합참에서 화력과장의 위상을 확인시킨 상태였기 때문에 유임하는 것은 차기년도 진급을 거의 보장받는 것이었다. 그러나 필자는 거부했다. 합참의 화력과장은 포병장교들에게는 장군이 되는 등용문이나 다름이 없는 직위로서 필자가 유임함으로써 장군이 되는 것은 쉽겠지만 후배들의 기회를 뺏는 것으로서 그들로부터의 비난이 클 것은 당연한 일이었기 때문이었다. 장군 진급도 좋지만, 후배들의 비난을 들으면서 손쉽게 진급하는 것은 스스로 용납되지 않았다.

필자의 단호한 거절에 더 이상 권하는 사람은 없었다. 이후 어렵게 1군단 화력참모의 보직을 찾아서 전출하기까지 약 50여 일 동안 서북도서의 감시 및 타격전력의 보강과 전군에 대한 북한군의 다양한 화력도발 유형에 따른 대응지침을 정립하였다.

2월 3일, 설날 연휴를 앞두고, 서북도서 전력화는 국방부장관 관심사항이었기에 작전부장과 함께 최종보고를 하면서 전출인사를 겸하였다.

"장관님, 저는 오늘부로 합동화력과장직을 마치고, 다음 주부터 ○군단 화력참모직을 수행하게 되었습니다." 국방부 장관은 깜짝 놀라면서 "무슨 말이냐? 자네는 합참에 있다가 해병대사령부에 서북도서방위사령부를 창설하면 자네가 해야 할 일이 많다. 합참에서 기다리면서 그 업무를 준비해라." 필자는 다소 당황스러웠다. 생각지도 못했던 지시였기 때문이었다. 잠시 생각한 후에 정중히 건의했다.

"임무가 주어지면 충실히 수행하겠습니다. 그러나 이미 육군의 명령이 난 상태이고, 위중한 시기에 주요 축선인 1군단의 화력 참모를 공석으로 둘 수는 없으며, 복잡한 내부 인사관리에도 불구하고 참모로 수용해 준 군단장에 대한 도리가 아닌 것 같습니다."

국방부장관의 승인하였고 필자는 2011년 2월 7일, 1군단으로 보직을 옮기게 되었다. 1군단 화력참모 임무수행기간은 북한군의 화력도발에 대비한 생존진지 구축과 적 도발 시 대응사격능력 확보에 진력했다. 기습적인 포격도발을 당한 당사자이자 대화력전 관련 전문가로서 군단 전 지역의 대비태세를 확인하고 취약점을 발굴하여 보완하였다. 짧은 기간이었지만 신뢰해 준 군단장께 대한 감사함의 표현이었다.

육군 최초로 해병대의 일원이 되다.

2011년 4월 28일, 국방부장관 명의로 서북도서 방위사령부(이하 서방사) 창설 요원으로 해병대사령관께 신고를 하였다. 작전처장은 해병대 보병 대령, 정보처장은 공군 대령, 화력처장은 육군 포병 대령으로 편성하고 그 내부에 육군, 해군, 공군으로부터 파견된 실무자들로 구성한 최초의 합동군 사령부로 편성하였다. 최초 편성개념 보고 시 화력처장을 육군포병으로 편성하라는 국방부 장관의 지침에 해병대 사령관은 "해병대에도 포병이 있는데 굳이 육군포병을 편성할 필요까지 있겠습니까?" 반문하였으나, 김관진 국방부장관은 "육군 포병이 해병대 포병과 무엇이 어떻게 다른지 확인해 봐라. 만약 1년 동안 관찰한 후에 별반 차이가 없다고 판단되면 해병포병으로 전환해도 좋다."라며 필자에 대한 절대적인 신임을 보였다고 하였다. 2011년 6월 15일, 국방부 장관주관으로 서방사 창설식이 진행되었고 해병대사령부가 서방사와 함께 한국방위에 한 획을 담당하는 작전사령부로 위상을 다졌다. 포격 도발 이전까지만 해도 해병대의 전시역할에 대한 부정적인 여론으로 약 2,000여 명의 감축 계획이 반영되어 있었다. 역설적으로 연평도 포격 도발이 해병대사령부를 각 군의 위상에 걸맞는 지위로 급부상시

국방부장관 서북도서 방위사령부 방문

킨 것이다.

이후에도 국방부장관은 서북도서를 방문할 때마다 필자의 교육실태에 대해 확인하였고, 서북도서의 추가적인 전력화와 대화력전 체계, 방공 및 항공작전 수행체계에 대해서는 직접 대면보고를 받았다. 기존에 해병대 포병의 작전 수행은 그야말로 전화기와 무전기에 의존한 2차원적 표적유통체계였다면 필자가 지도하는 표적유통체계는 C4I를 기반으로 한 자동화 유통체계로서 그들의 상상 속에서는 존재하지 않는 시스템이었다. 서방사의 모든 작전 체계는 C4I에 의한 데이터의 흐름도로 표현하였다. 또한, 서방사가 개전초기에도 운용되는 작전사령부였기 때문에 연합사령관인 써먼 대장의 관심도 컸다. 서방사를 직접 방문하는가 하면, 연합연습 시마다 서방사 작전수행체계에 대해 다양한 질문을 했고 답변은 대부분 필자가 담당했었다. 유낙준 해병대 사령관은 필자를 통해 대화력전에 대한 개념과 전구급 화력운용에 대한 개념을 이해하게 되었고 더 이상 육군 포병이 서방사 화력처장으로 보직하는 것에 대해 언급을 하지 않았다. 서방사 화력처장은 여전히 육군포병으로 편성하여 지금까지 이어져 오고 있다.

DMZ, 북한군 목함지뢰도발 현장에서

○군단 부군단장(준장)으로 근무하던 2015년 8월 4일, 전날 밤 폭우가 걱정된 가운데 출근길에서 연락을 받고 지휘통제실로 향했다. ○사단 전방 ○GP에서 작전 중에 지뢰가 폭발하여 병사들이 다쳤다는 것이었다. 며칠

전에도 인접사단에서 유실된 아군지뢰에 다치는 사고가 있었기에 군단 지휘부는 전날 밤의 폭우로 인한 지뢰유실 가능성에 주목하여 이번 건도 유사한 상황일 것이라고 판단했다. 군단장의 지시로 필자는 'DMZ 지뢰사고 조사팀장'이 되어 정

철책에 걸려있는 찢어진 전투화

보참모와 기타 참모부 실무자들로 조사팀을 구성하여 현장으로 달려갔다.

현장으로 가는 길에 대대 후방지휘소에 집결해 있던 해당 작전팀을 만났다. 갑작스러운 상황에 얼이 빠져 있는 상태였다. 몇 가지 질문을 했으나 논리적이지 못하고 심각하게 떨고 있었다. 조사보다 휴식을 통한 안정이 필요하겠다고 판단하여 휴식하도록 조치하고 조사팀들을 데리고 ○GP로 갔다. 소초장으로부터 상황브리핑을 받고 경계병의 호위를 받으면서 정밀수색을 시작했다. 지뢰탐지기와 육안탐지를 병행하면서 한발 한발 현장으로 진입했다. 서너 시간이 지났을까? 탐지기에 신호가 포착되었다. 자그마한 용수철이었다. 정보참모는 심각한 표정으로 북한군 목함지뢰 내부에 설치되는 부속품으로 보인다는 소견을 보였다. 필자는 '설마?' 하면서 군단장께 보고하였고, 군단장은 군사령관과도 상황을 공유하였다.

모두 그럴 리가 없을 것이라고 하였다. 아니, 믿고 싶지 않았을 것이라는 것이 정확할 것이다. 탐지를 계속하여 추진철책까지 도착했고 철책을 열고 북쪽으로 진입하여 최초로 지뢰가 폭발했던 지점을 탐지했다. 동일한 스프링을 한 개 더 확보했다. 북한군의 소행일 가능성이 높아졌으나 서서히 땅거미가 내려앉기 시작했다. 보다 정밀한 분석을 위하여 추가적인 확인이 필요하다고 판단하고 철수하였다.

다음 날 여명을 기해 조사팀은 현장으로 출발했다. GP소초에서부터 어제와 동일한 요령으로 탐지를 하면서 철책에 도달하였고, 철책 북쪽의 피폭지역을 중심으로 정밀탐지를 하고 더 나아가 매복지점까지 정찰을 했다. 추가적인 것은 목함지뢰의 상자인 목재 파편들을 수 개 확보했다. 필자는 '북한군의 소행으로 발생한 지뢰도발사건'으로 잠정적으로 결론짓고, 합참에 합동조사팀의 전문적인 조사가 필요하다고 보고했다. 필자를 중심으로 한 사고조사팀은 그동안 조사했던 결과를 합동조사팀으로 인계하고 팀을 해체하면서 철수하였다. 필자는 '북한군에 의한 목함지뢰도발'에 확신을 가졌고, 만약 그렇다면 전상자들에 대한 별도의 관리가 필요하다고 판단하였다. 군단장과 상의를 한 후 병원으로 달려갔다. 김정원 중사는 국군 수도병원에, 상처가 큰 하재헌 중사는 분당 서울대병원에 각각 입원한 상태였다. 순간적으로 떠오른 생각으로 과거 DMZ작전 중 지뢰에 다리를 잃은 상태로 군 생활을 하고 대령으로 정년퇴직하여 국회의원으로 활동 중인 이종명 의원이 도움이 될 것 같아서 전화를 했다.

"선배님의 방문 격려가 환자들에게 큰 힘이 될 것입니다." 상황을 설명하고 도움을 요청했다.

이미 동기생인 군단장으로부터 사건 내용을 전해 들었던 상태였고 이종명 의원은 흔쾌히 승낙하였다. 다음 날 이종명 의원은 불편한 몸으로 병원으로 와 주었다. 자신의 몸 상태를 보이면서 '원한다면 군 생활은 지속할 수 있다'고 위로했다. 훗날 두 사람은 '이종명 의원의 위로가 가장 큰 힘이 되었다'고 술회하였다. 그 이후부터 필자는 날벼락 같은 상황에서 혼란스러워 하고 있는 부모 및 가족들과 함께 시간을 보내면서 심정을 위로했다. 그 분들은 지뢰사고의 원인이 북한군의 도발임을 알지 못한 상태에서 장애인이 된 자식의 암울한 장래와 상처만 봉합되고 나면 국가의 관심도 멀어질 것이라는 막연한 불안감을 갖고 있었다. 그러나 북한군의 도발이 원인이라고 믿고 있었던 필자는 가족들에게 확신을 주었다.

"두 용사에 대해서는 국가에서 책임을 질 것입니다. 정상인과 같은 수준으로 돌아가지는 못할 것이지만, 국가가 방치하지 않을 것입니다. 너무 염려하지 마십시오. 만약 그렇지 않다면 제가 책임지고 그렇게 만들겠습니다."

북한군에 의한 지뢰도발이었다는 사실이 인터넷을 통해 공개되었다. 사고내용과 함께 하 하사의 잘린 두 다리가 고스란히 드러난 채로… 참 생각이 없어 보였다. 환자 당사자와 가족들의 심리적 충격을 고려하여 상체만 나오도록 편집해서 게재할 것을 언론사와 협조하도록 공보정훈참모에게 지시했다. 다행히 이 당사자와 가족들은 보지 못한 채로 수정되었다. 잠시 후에 군단장으로부터 전화가 왔다.

언론 관계자들이 사고 당시 TOD 영상을 공개해 달라는 요청이 있는데, 어떻게 생각하는지 피해자 가족들과도 협의해 보라는 내용이었다.

이메일을 통해 공개하려는 부분의 영상을 접수하고 가족들과 상의했다. 지뢰 폭발장면을 보고 몹시 놀랐지만 이내 동의해 주었다.

날짜가 지날수록 사고의 현실감을 느끼는 듯했다. 주간에는 국방부 장관을 비롯하여 국회의원들 등 많은 VIP들이 방문했고 밤에도 잠을 거의 이루지 못했다. 아침에 하 하사의 부친이 굳은 표정으로 중얼거리며 병실을 나왔다.

"오늘은 전혀 웃질 않네요. 대답도 잘 안 하고…"

무언가 전환점이 필요하다고 판단하고 사건 현장에서 함께 작전했던 수색팀원들을 불렀다. 오후 다섯 시쯤에 도착했다. 그들과 저녁 식사를 하면서 주문했다.

"자네들이 해줘야할 일이 있다. 오늘 면회를 하면서 하재헌 하사에게 과거와 달라지지 않았다는 생각을 심어주어야 한다. 절대 불쌍하다거나 안됐다는 표현을 금지하고 사고 전과 같이 웃고 떠들면서 변하지 않은 상황을 느끼게 해 주기 바란다.

그들만으로 약 1시간 가량 면회를 가졌다. 그들이 돌아가고 난 뒤 부친의 얼굴에 미소가 있었다. "좀 웃네요. 대답도 잘하고요. 활기가 도는 것 같아요"

쾌활해졌고 많은 안정을 찾은 듯했다. 전투복을 병실에 걸어 달라고 했다. 복귀하고자 하는 열정을 표현했다. 국민의 영웅이 되었고 군 수뇌부에서도 관심을 갖게 된 그들에게 필자는 더 이상 필요하지 않았다. 필자는 부대로 복귀했지만 수시로 연락을 통해 접촉을 유지해 오고 있었다.

두 영웅은 기나긴 치료 기간을 잘 견디어 냈고 국민들의 성원이 끊이질 않았다. 김 중사는 현역으로 임무수행 중 결혼하여 사이버사령부에서 근무 중에 있고 금번에 네덜란드에서 개최된 국제 사이버 훈련에 참가하여 준우승을 하였다. 하 하사는 중사로 진급한 후 전역하여 현재 수상스포츠 조정 종목의 장애인 국가대표로 선발되어 활동 중에 있다. 필자는 그의 전역식에 초청받아 참석하였고 필자의 전역식에 그도 참석하였다. 우리는 그렇게 평생 전우가 되었다.

유엔사 내 한국군의 역할 제고

우리나라가 1948년 정부 수립 이후 우여곡절을 겪으면서 시장경제체제의 자유민주주의로 발전해 오는 과정에서 우리와 불가분의 관계로 유지해 온 유엔군사령부에 대해서 논란이 많으나 그와 관련된 의견을 피력할 기회는 별도로 하고 필자는 한국군 장성으로서 비교적 장기간 유엔사 군사정전위원회 수석대표로 근무하면서 겪었던 내용을 기록하고자 한다.

2015년 11월. 1군단 부군단장에 보직되어 전방지역을 순환하면서 대비태세를 점검하던 중 후반기 장군인사에 의해 한·미연합사령부로 옮기게 되었다. 부랴부랴 짐을 싸서 장군이 된 후 4번째 이사를 했다. 한·미연합사는 필자에게 어머니의 품속 같은 곳이었다. 연대장 임무를 마치고 처음으로 연합사에서 화력계획과장직을 수행하면서 유사시 한반도 전구의 작전수행체계를 공부할 수 있었고, 수도군단 포병여단장 이임 후 화력처장으로 부임하여 동기생 중에서는 맨 마지막으로 소장으로 진급하여 사단장으로 영전하는 행운을 준 곳이기도 했다. 공식적인 직책은 '한·미연합사령부 부참모장 겸 유엔군사령부 군사정전위원회[14] 수석대표 겸 지상군구성군 사

15) 유엔사 군사정전위원회(이하 군정위)는 6 · 25전쟁을 수행했던 쌍방의 군사령관 사

령부 참모장'으로 3개의 직책을 겸하는 중요한 자리였다. 먼저, 한국군으로서 연합사령부 부사령관(한국군 대장)에게 신고 후 유엔사 군사정전위원회 수석대표로서 한·미 연합사령관 및 유엔군 사령관인 커티스 스카패로티 대장에게 신고했다.

유엔사 군정위 내부에는 유엔군사령관을 보좌하는 비서처가 편성되어 있고 비서장인 미군 대령에 의해 실질적인 정전관리임무가 이행되고 있다. 유엔사 군정위는 수석대표(소장)[15], 미국(소장), 한국(준장), 영국(준장), 전력제공국간 순환대표(대령)로 편성하여 운용되고 있다. 편성 초기에는 수석대표로 미군 소장이 임무를 수행할 때에는 군정위의 역할이 위상에 걸맞게 운용되었으나 한국이 유엔에 가입한 해인 1991년부터 한국군 소장이 임무를 수행한 이후에는 군정위의 역할은 중립국 감독위원회(중감위)와 함께 유엔군사령관의 자문위원회 수준으로 운용되고 있었다. 비록 미국 대표로 공군소장이 군정위에 편성되어 있으나 군정위 임무보다는 유엔사 참모장으로서의 역할이 크게 작용하였고 미군 대령인 비서장이 정전

이에 체결된 정전협정의 이행 및 준수에 관한 문제를 해결하고, 협의하기 위한 의사소통기구로서 남측은 유엔군 사령관이, 공산군은 북한군 최고사령관과 중국인민지원군 사령관이 공동으로 각각 5명씩 임명하여 운용하도록 하고 있다.

15) 유엔사 군정위 수석대표의 임무는 남북 간에 정전협정 이행 여부를 관리하는 것에 추가하여 유엔군사령부 관련 기관인 중립국감독위원회 대표단 및 전력제공국가와 선린우호관계를 유지하는 것이다. 정전협정 초기부터 미군 소장이 임무를 수행했으나 한국이 유엔에 가입한 후 1991년부터 유엔군 사령관이 정전관리에 대한 한국군의 역할을 부각하기 위해 한국군 소장으로 임명해 왔다. 북한은 이를 빌미로 유엔사 군정위 기능의 무실화와 정전협정파기 및 유엔사 해체를 주장하고 있다. 중국 인민지원사령부측 대표와 중감위 대표들을 철수시키고 1994년 12월 공산측 군정위를 해체하면서 북한 단독으로 판문점 대표부를 설치하여 유엔사가 아닌 미군만을 상대로 정전협정 관리 임무를 수행하고 있다. 필자는 유엔사 군정위 창설 이후 통합 78대, 한국군으로는 19대 수석대표로 임명되었다.

관리에 관한 한 전권을 쥐고 있는 형국이었기에 그의 판단과 성향에 따라서 유엔사 관할지역[16]내에서 발생한 상황에 대한 한국군의 정전시 교전규칙[17] 위반 여부에 대해 유엔사와 한국군 간에 불협화음이 수시로 발생하고 있었다. 한국 합참이 평시 작전통제권을 행사하고 있으나 유엔사의 관할지역에서 상황이 발생할 경우에는 유엔사 군정위 비서장이 유엔사 정전 시 교전규칙을 적용해서 정전협정 위반여부에 대한 특별조사를 해 왔었다. 반면에, 합참에서는 접적하고 있는 부대에 별도의 작전지침을 하달하고 있는데, 문제는 합참의 작전지침이 내포하고 있는 개념이 유엔사의 정전 시 교전규칙과 다소 괴리되어 있다는 것이었다. 한국 합참의 작전지침에는 군사분계선이나 북방한계선을 월경한 북한군에 대해서는 일정 거리에서 단계적으로 경고 방송과 경고사격을 하고 반응이 없을 경우 조준사격을 통하여 위협을 제거하거나 원상 복구하는 절차를 명시하고 있다. 이는 정전협정(1조 7항)과 유엔사 규정(551-4)에 의하여 설정된 우리 영토나 영해의 경계선을 월경하는 그 자체를 중대한 정전협정위반 행위로서 적대행위로 간주하며, 명백한 적대의도가 드러날 경우에는 즉각적인 무력사용을 허용하고 있다. 즉, 원인 제공자를 '월경한 북한군측'에 두고 적극적인 방호조치에 주안을 두고 있는 것이다. 반면에 유엔사의 정전 시 교전규칙은 월경 사실이 정전협정의 중대한 위반사항이긴 하지만 그 자체를 무력사용의 기준으로 두고 있지 않고, 북한군의 적대의도가 적대행위로 명백하게 밝혀지

16) 유엔사 관할지역 : 정전협정을 근거로 남북 군사분계선(MDL)로부터 남방한계선간의 비무장지대와 한강하구 임진강과의 합류점인 중립국 수역과 서북5개도서지역, 동서해 북방한계선(NLL) 인근 해역을 말함.

17) 교전규칙은 합법적인 권한 범위 내에서 예하부대가 적성국과 전투개시 및 지속상황과 제한사항을 명시한 지시로서 한반도에서는 정전시와 전시로 교전규칙을 구분하여 적용하고 있다.

기 전까지는 무력사용을 통제하고 만약 무력을 사용하더라도 그 적대행위에 대한 무력사용의 비례성이 유지되어야 하며, 아군의 생존권이 확보되는 수준으로만 지속되어야 하는 내용을 지침으로 하여 무력사용을 최대한 제한하도록 규정되어 있다. 합참과는 상대적으로 원인 제공자를 '먼저 사격하는 측'에 두고 소극적인 상황 해결의 상황 완화에 주안을 두고 있는 것이다. 이러한 두 기준의 이면에는 북한군에 대한 적성 여부에 대한 판단기준이 다르다는 것이다.

한국 합참은 북한을 주요 적성 국가(국방백서에는 주적개념이 삭제되었으나 합참의 작전지침의 이면에는 주적개념이 적용되어 있다고 볼 수 있음)로 규정하여 무장한 북한군이 영토나 영해로 진입할 경우에는 적대 의도가 있는 것으로 간주하고 즉각 퇴각을 위한 조치를 하는 것이고, 유엔사는 적성선포 이전의 북한을 일반국가로 규정하여 별도로 적대 의도와 적대행위를 확인하는 과정을 삽입한 것이라 볼 수 있다. 객관적 시각에서 보면 합참의 작전지침은 정전협정 이후 1·21사태, 아웅산 테러, KAL기 테러, 강릉무장공비 침투, 천안함 폭침, 연평도 포격도발 등 집요하게 지속되어 온 고강도 도발에 제대로 된 대응을 하지 못한 점에서 보복과 응징의 적대감정이 적용된 국민정서가 위기완화에 우선하여 반영된 지침이라면, 유엔사의 정전시 교전규칙은 '평화유지'라는 국제법적 개념에 의해 보복과 응징의 의도를 완전히 차단하고 있으며, 유효한 시간 내에 일어난 사태에 대한 자위권적 행위에 국한시킴으로써 위기의 완화에 중점을 둔 점에서 크게 차이가 있다. 이러한 차이는 상급부대의 일관된 지시에 따라 작전을 수행해야 하는 예하 부대 입장에서는 혼란스러울 수밖에 없다. 결국, 군사분계선을 지키는 한국군은 합참의 작전 수행지침을 따르고 있기에 한국군이 정전교전규칙을 바라보는 관점은 유엔사가 작전의 일거수일투족에 간섭을 하는 것처럼 보이고, 이로 인하여 한국군과 유엔사 간에 감정의 골이 패어 있었던 것이다. 야전에서 이를 자주 경험했던 필자는 군정위 수석대표 재임 간 한국군과 유엔사 간에 간극을 최소화하고 한국군의 역할을 제고시키는 데 주안을 두고 다양한 방법으로 제도권으로 접근하였다.

먼저, 미군 대령인 비서장이 좌지우지하는 정전관리에 대하여 평시 작전을 지휘하고 있는 한국 합참의 역할을 확대하는 것과 장성급으로 구성되어 있으나 유명무실하게 운용되고 있는 군정위의 위상을 높이는 것, 합참에서 발행한 작전지침과 괴리된 유엔사의 정전 시 교전규칙을 정비함으로써 예하 부대의 혼란을 제거하는 것이었다.

'협력적 접근방법'의 정전관리

필자가 부임한 시점은 2015년 11월이었다. 3개월 전 8월에 북한군이 설치한 목함지뢰에 의해 한국군 부사관 2명이 부상을 입은 사건과 연계하여 남북한의 긴장이 일촉즉발의 상황으로 고조되었을 당시 대포병 탐지레이더[18)]에서 탐지한 북한군의 도발에 대해 한국군 포병이 대응 사격을 한 사건이 있었고, 유엔사 군정위에서는 한국군의 대응이 정당하였느냐 하는 것이 주요 이슈가 되었던 시기였다. 북한군의 포격도발 실체를 명백히 밝히지 못하면 우리 군이 도발한 결과가 되는 민감한 사안이었다. 모든 언론의 관심이 집중된 가운데 결국 유엔군 사령관이 '한국군의 대응은 정상적인 조치였다'고 결론지으면서 이슈는 사그라들었다.

필자가 첫 번째로 접한 임무는 바로 우리 군의 정전협정 위반에 관한 정리였던 것이다. 그렇지 않아도 과거에 필자는 야전에서의 불가피한 상황을

---

18) 대포병 탐지레이더는 특정한 입체범위 내에서 빔을 주사하여 적이 사격한 상승탄도를 도플러 효과로 추적하여 사격위치를 식별해 내는 탐지장비로 탐지구역내에서 일정하게 비상하는 물체에 대해서도 반응하기 때문에 포탄외에 다른 물체가 탐지되는 경우가 많다. 현재 국내에서 운용되는 장비로는 미국산, 스웨덴산, 국산장비가 있다.

세부적으로 고려하지 않고 유엔사 군정위의 정전협정 준수에 대한 교조적인 지침에 대해 감정적으로 반발하기도 했었다. 정당한 우리 군의 조치나 병사들의 복무 부적응으로 인한 자살까지도 정전협정 위반행위로 특별조사 결론을 내리는 유엔사 군정위 비서처에 대한 불만이 있었다.

군정위 자료에 따르면 2014년까지 특별조사 결과로 미 합참 또는 유엔안보리로 보고된 정전협정 위반사례가 한국 측 ○건, 북한 측 ○건으로 한국 측이 상대적으로 높은 것을 확인하고 그것은 크게 잘못되었음을 인지하였다. 사실 북한 측은 1994년 4월 28일 군정위 북한 대표를 철수하면서 같은 해 5월 24일 중국군 대표를 철수시켰고 조선인민군 판문점 대표부를 설치하였다. 이는 정전협정의 일방인 조 중 연합군의 군정위를 해체함으로써 북한측에는 정전협정 위반행위를 감독하는 기능이 없어졌음을 의미하는 것이었다. 따라서 위 자료는 유엔사 측이 인지한 정전협정 위반행위를 종합한 내용이기 때문에 비교의 의미는 없지만, 국제적으로 한국 측이 정전협정을 수시로 위반한다는 이미지를 남길 수 있다는 점에서 개선이 되어야 한다는 필요를 느끼고 있었다. 역대 군정위 비서장들이 그러했고, 특히 그 당시 비서장 미군대령 M(미닉)은 원리원칙주의자로서 한국군들이 손사래를 칠 정도로 정전협정 준수 여부에 대한 평가에 융통성이 없었다. 정전협정 준수가 의미하는 것은 협정에 명시된 제반 사안 즉, 군인 및 민간인들의 판문점 견학을 비롯하여 남방한계선 이북에 위치한 소초 방문과 GOP 상에서의 병력 및 장비 이동, 의심스러운 상황에서의 정전 시 교전규칙 준수 등으로 제반 문제들에 대한 실질적인 권한은 유엔군사령관으로부터 위임받아 비서장이 행사하고 있었다. 필자가 부임했을 때에도 위 사안에 대한 사소한 문제들 중 서북도서에서 발생한 미상물체에 대한 대공사격에 대한 한국군의 정전협정 위반행위를 포함하여 GOP에서의 경고사격 등 몇 개의 특별조사 결과가 필자의 결재를 기다리고 있었다.

어차피 정전협정의 특정 조항에 대한 위반사항이 분명하기 때문에 결국은 결재를 해야 했지만 비대면으로 요청된 보고서의 세부 내용을 세밀하게 문의하는 형식으로 지연시키면서 비서장의 애를 태웠다. 조바심에서 수차례 찾아오면 못이기는 척하면서 결재를 했다. 깐깐하다고 정평이 난 비서장 길들이기를 시도하면서 필자의 내면에는 한국군 내부의 불가피한 상황을 충실히 고려해 달라는 의지를 파악하라는 의도를 표현했지만 효과를 보지 못했다. 결국, 필자는 유엔군 사령관을 직·간접적으로 설득하기로 방향을 전환했다. 군정위 정례회의와 중감위 대표가 참석하는 자문단 회의나 유엔사 관할 지역에서 발생했던 몇 가지 상황에 대해 합참과 해당 부대 실무진이 참석한 회의 등에서 필자의 객관성과 합리성을 인정받을 수 있도록 시도했다.

객관적인 입장에서 회의를 주도하고 결론을 내리면서 합참 실무자나 한국 측 담당자들에게 강한 어조로 '정전 시 교전규칙' 준수를 강조하였다. 물론 한국 측 담당자들에게는 별도로 필자의 장기적인 의도에 대한 설명을 하였다. 그로 인하여 당시 군정위 대표들과 중감위 대표들, 비서처에 파견되어 근무하고 있던 전력제공국 연락단장들에게 필자에 대한 평가는 수석대표로서의 신뢰를 충실히 유지할 수 있었다. 특히 군정위 대표 중 미국대표인 제임스 슬라이프 소장은 유엔군사령부 부참모장을 겸한 요원으로 필자의 긴밀한 업무파트너였고, 필자보다 4년 정도 임관이 늦은 장교지만 매우 신중하고 영민해서 유엔군사령관으로부터 절대적인 신임을 받고 있는 공군 장군이었다. 사무실도 필자와 근거리에 편성되어 있고 업무상 협업대상자로서 미군 장성중에서는 가장 접촉이 많았기에 일상에 대한 농담과 가족들과 함께 허심탄회한 대화를 나눌 만큼 막역한 관계를 유지하고 있었다. 유엔군사령관도 슬라이프 소장과 중감위 대표들과의 공식·비공식 접촉을 통해 필자에 대한 신뢰를 유지하고 있었다. 후일담이지만 대부분 전임자들은 6개월에서 1년 남짓 수석대표직을 수행했으나 필자가 유엔사에서 수석대표직을 31개월 동안 수행할 수 있었던 것은 브룩스 유엔군 사령관의 특별한 신뢰가 있었기 때문이었다.

2016년 4월 미국 대표인 제임스 슬라이프 소장이 군정위 회의를 마치고 복귀하는 길에 다소 굳은 표정으로 필자에게 질문을 하였다.

"수석대표님, 한국군이 미군과 유엔군사령부에 대한 감정이 좋아 보이지 않는데, 한국군들은 이들의 주둔에 대해 어떻게 생각합니까? 대표님의 생각을 듣고 싶습니다." 좀처럼 미군들에게서 나타나지 않았던 직접적인 표현이라 적잖이 당황했지만, 어차피 필자가 수석대표를 수행하는 중 풀어나가야 할 내용으로 유엔군 사령관과 논의할 기회라 생각하고 심각한 어조로 대답했다.

"단도직입적으로 답변하자면, 주한미군은 한국 방어에 필수 불가결한 전력으로 대부분의 한국인들은 주한미군의 주둔과 견고한 한미동맹은 희망하고 있지만, 유엔사의 역할에 대한 부정적인 인식이 많고 저의 생각도 동일합니다." 예측은 하고 있었겠지만, 유엔사 부참모장으로서 유엔사에 소속된 한국군 최고위 장성으로부터 직접 유엔사에 대한 부정적인 답변을 들었다는 사실에 매우 혼란스러워 하는 표정을 읽을 수 있었다. 슬라이프 장군은 유엔사에 대한 한국군의 인식에 대해 유엔군사령관께 곧바로 보고했다. 며칠 후 브룩스 유엔군 사령관은 TOP-6 라운드 테이블[19]에서 필자에게 정전관리에 대한 의견을 질의했다. 필자는 평소에 생각하던 대로 답변했다.

19) TOP-6 라운드 테이블 : 연합사/유엔사내에서 한·미간 의사소통과 현안에 대한 의견수렴을 위해 브룩스 사령관이 제안했던 정례 회의로 사령관, 부사령관(한), 참모장(미), 부참모장(한), 유엔사 참모장(미), 주임원사(미)가 참석.

"유엔군사령부는 한국을 위해 전쟁을 치루었고 정전협정 이후부터는 한반도에서 북한군의 공격을 억제하고 방위해 왔습니다. 연합사령부가 창설되기 이전까지는 군사분계선 방어와 정전관리를 유엔군사령부가 해 왔기에 특별한 문제가 되지 않았습니다. 군사분계선을 담당하던 미군이 단계별로 철수하면서 한국군으로 임무가 전환되었고, 평시 작전권이 한국 합참에 전환된 이후 서해상 북방한계선과 비무장지대 내에서의 한국군의 조치에 대한 정전협정 준수 여부가 유엔사와 한국 합참 간에 이슈가 되어 왔습니다. 상황발생 후 대응을 논의하는 과정에서 간혹 한국측이 다소 감정적으로 치우친 경향이 없지 않아서 유엔사가 개입함으로써 분쟁의 소지를 관리해 왔다는 것은 인정할 수 있습니다. 그러나 현재의 한국군은 사령관께서 보시는 바와 같이 충분히 성장하였습니다. 군은 전쟁을 억제해야 하는 것이 가장 중요한 임무라는 것도, 군사분계선을 경계선으로 영토를 방위하고 또한 국가와 국민의 자존심도 지켜야 한다는 것도 충분히 구분하고 인식할 수 있습니다. 그런데 한국군 내에서 이루어진 사소한 사안에 더 나아가 소초에서 자살한 사건까지도 유엔사 군정위에서 정전협정 조항을 적용하여 위반행위라고 결론지음으로써 상처 입은 해당부대와 지휘관을 자극하고 있습니다. 최근 수년간의 통계를 보더라도 한국군의 정전협정 위반횟수가 북한군보다 훨씬 많은 것으로 집계되어 있습니다. 이 통계는 미국 합참과 유엔에 통보가 될 것인데 한국에 대한 국제적인 이미지도 크게 훼손될 것입니다. 차제에 한국 합참이 유엔사와 같이 정전관리의 주체가 될 수 있도록 일정한 부분의 권한을 위임하는 것도 한 가지 방법이 될 것입니다. 그렇게 된다면 응징에 주안을 두고 작성된 한국 합참의 교전규칙이 유엔사의 교전규칙과 일맥상통하게 될 것입니다."

심각하게 듣고 있던 브룩스 사령관은 "수석대표의 고민이 보여지는 말씀에 감사합니다. 정전관리에 대한 새로운 접근방법을 검토해서 다시 논의해

봅시다."라고 답변했다.

며칠 후 필자는 수명 차원에서 '정전관리에 대한 새로운 접근방법'이라는 제목으로 이메일을 보냈다.

요약하자면 '정전협정에 대한 경미한 위반[20]에 대해서는 한국 합참 주도하에 조사를 진행하고 필요시 요청에 의하여 유엔사 군정위에서 법률적 검토와 전문적인 지원을 하고, 조사 후에 해당 부대 실무자(참모장 혹은 작전참모)를 동행하여 유엔사 군정위 수석대표가 주관하는 군정위에서 원인과 대책을 논의함으로써 재발방지를 위해 노력한다는 것입니다. 그리고 정전협정의 중대한 위반[21]일 경우에는 유엔사 군정위가 특별조사를 하는 것입니다. 조사결과는 반드시 군정위에서 검토하고 중감위에서 확인하도록 하고 중대한 위반행위에 대한 조사결과에 한해서 미 합참 또는 유엔 안보리에 보고하도록 하는 것입니다.'라고 보고하였다. 추가하여 유엔사 부참모장 슬라이프 소장은 군정위 비서장에 의해 좌지우지되던 군정위의 위상에 대해 논의했던 대로 비서장의 권한을 제한하여 모든 정전협정 위반 여부에 대하여 군정위 수석대표나 유엔군 사령관의 지시에 따라 특별조사를 할 수 있도록 건의하였다.

유엔군 사령관이 필자의 건의와 슬라이프 소장의 건의를 곧바로 승인하면서 유엔사 정전관리규정(551-4)을 정비하고 조속한 시일 내에 합참과 유엔사의 교전규칙을 일치시킬 것을 지시받았다. 이후 유엔사 규정 '제7장 정전협정 위반 보고 및 조사'는 대폭 수정되었고 모든 정전협정 위반 여부에 관련한 내용은 군정위 수석대표를 통하여 관리하게 되었다. 또한, 한국

20) 경미한 위반 : 유엔사 규정에서 명시적 표현은 있었으나 구체적인 내용은 필자가 '북한측이 인지하지 못한 한국측에서 일어난 사건'으로 정의함.

21) 중대한 위반 : '인원 및 무기, 탄체 등이 군사분계선을 지나 북한측이 인지한 사건'으로 정의함.

군 내부에서 발생한 경미한 사안들은 합참의 지휘를 받아 예하 사단에서 조사 후 결과와 대책을 군정위에서 토의하게 되었다. 필자는 유엔군 사령관이 지시한 '협력적 접근 방법에 의한 정전관리'에 대해서 이순진 합참의장께 곧바로 보고하여 즉각 시행할 것과, 합참과 유엔사 간 정전 시 교전규칙을 정비할 것을 건의하였다.

그러나 정전 시 교전규칙을 정비하고 협의해야 할 한국군 및 유엔사 측 작전부서에서는 아쉽게도 교전규칙을 일치시키지 못한 채로 현재에 이르고 있다. 사실 한국 합참으로서는 유엔사가 요구하는 수준의 정전 교전규칙을 수용하는 것에는 다수의 국민적 저항을 넘어야 할 것으로 보인다. 정전협정 이후 북한의 무수한 도발에 유엔사가 규정한 정전 교전규칙으로 인해 속 시원하게 대응을 하지 못했다는 아쉬움이 국민들의 감정에 내재되어 있기 때문이다. 그러나 교전규칙은 대응자체를 통제하는 것이 아니라 합법적인 대응은 보장하고 있다. 다만, 과거 행위에 대한 응징보복의 감정으로 과도히 대응하는 것은 한 미 국민과 통수권자가 감당해야 할 확전으로의 단초를 제공할 수 있기 때문에 정전상태 유지가 최우선 과업인 유엔사에서는 허용할 수가 없는 것이다.

이러한 상황에서 브룩스 사령관의 '협력적 접근방법에 따른 정전관리'는 그야말로 획기적인 조치였다. 절대적 권한으로 여겨졌던 유엔사 권한의 일부를 한국 합참에 위임한 것은 과거 어느 유엔군 사령관에게서도 유례를 찾아볼 수 없는 결정이었다. 물론 이 조치가 유엔사 실무진에게는 탐탁하지 않았는지 당시 비서장 스티브 리 대령(한국계 미국인)은 브룩스 사령관의 임기 말에 '브룩스 사령관이 이임하면 브룩스 사령관만의 협력적 접근방법에 의한 정전관리를 철회하겠다'는 의견을 필자에게 피력해 왔었다. 중간결재권자인 필자는 단호히 거부하였고, 유엔사 참모장인 미니한 장군도 필자의 의견에 동의함으로써 되돌릴 수가 없도록 세부사항까지 유엔사 규정에 포함하여 수정하였다. 정전관리를 한다는 것은 특정한 우발적 상황이 국지전 혹은 전면전으로 확대되지 않고 현 상태를 유지하거나 최소한의 교전으로 종결시키고 원상태로 회귀시키는 것이다. 그러기 위해 예하 부대가 특정한 상황에 임하여 필요한 조치의 수준을 규칙으로 정하는 것이 우선 과제로서 국가방위의 핵심인 한미동맹의 한 축을 담당하고 있는 우리군이 작전통제권을 온전히 행사할 수 있는 자율성 확보 차원에서도 우리의 전쟁지도부가 국가와 국민의 위상을 유지하면서 전쟁을 억제할 수 있는 교전규칙을 제정하여 유엔사와 교감할 수 있기를 기대한다.

역대 군정위 수석대표 포럼 정례화

필자가 수석대표로서 추진했던 두 번째는 역대 유엔사 군정위 수석대표 포럼을 통하여 유엔사내에서 한국군의 입장에서 유엔사령관과의 의사소통 채널을 구축하는 것이었다. 1978년 연합사가 창설된 이후 유엔사의 기능이 축소되자 한국 내에서 유엔사를 바라보는 시각이 점점 변화되기 시작하였고, 전시작전통제권 전환이 가시화되면서 한국 전구내 2개 작전사령부에 대한 우려로 정부와 국방부에서는 유엔사의 역할변화에 대해 논란이 이어져 왔다. 필자는 연합사 부참모장의 자격으로 수차례에 걸친 연습과 기회가 있을 때마다 유엔사의 전력제공국의 작전수행 절차와 전시 유엔군사령부의 정체성에 대해 유엔군 사령관에게 확인하였다. 그때마다 브룩스 사령관은 '유엔군사령부는 배속된 전력제공국가들의 전투력을 연합사령부의 통제하에 운용하도록 전력을 지원하는 역할을 수행하며, 어떠한 전력에 대해서도 작전통제권을 행사하지 않는다'고 단호히 규정했었다. 그러나 연합사 창설 시 작성된 '유엔군 사령관을 위한 각서'를 보면서 많은 학자들과 군사관계자들은 미국이 유엔사를 통해서 작전통제권을 행사할 개연성을 염려하고 있는 것도 단순히 기우가 아니다. 유엔사의 기능에 '유엔사는 가

제2차 역대 군사정전위 수석대표 포럼

용하다면 한국군과 미군이 아닌 제3국 군을 유엔사 구성군사에 예속시키고, 필요시 해당 미군 부대에 배속함'과 '전쟁이 재발할 경우 유엔사 및 연합사는 별개의 법적 군사적 체제를 유지하면서 유엔사 부대를 운용함'으로 명시된 항목에서 유엔사에 대한 법적 군사적 체제가 명확히 표현되지 않았기에 충분히 우려가 되는 것이다.

또한, 유엔사 내에 참모진으로는 한국군을 편성[22)]하고 있으나 지휘부에는 배제되어 있기 때문에 유엔사 지휘부의 의도를 예측할 수가 없다는 면에서 명확히 해 둘 필요가 있었다. 필자는 2016년 11월에 유엔사 후방기지

22) 유엔사내 한국군 참모 : 연합사 창설시 3명으로 편성하였다가 1999년에 1차로 1명, 2004년에 47명의 한국군이 유엔사 참모로 임명되어 임무를 수행해 왔으나 유엔사의 평택이전시 한국군과 분리된 이후 군정위 수석대표실을 제외한 모든 참모가 유엔사에서 배제된 상태임. 2021년 현재 유엔사와 국방부가 새로운 유엔사 참모 편성을 위해 협의 중임.

를 방문하면서 연합사 미측은 어떤 경우에도 전력제공국의 자동전개를 보장하는 유엔사를 포기하지 않을 것이라는 판단을 하였고, 한반도 방어에 필수적인 견고한 한미동맹을 위해서라도 유엔사 내에 한국군의 영향력을 제고시켜야 된다고 생각했다. 출장에서 복귀한 이후 1차적으로 유엔군 사령관과 격의 없는 소통을 위해 유엔사 내부 한국군 중 최선임자인 역대 군정위 수석대표들을 대상으로 한 정기적인 포럼을 구상하였다. 유엔군 사령관 브룩스 대장은 흔쾌히 승낙하였고 비서장 스티브 리 대령이 포럼을 적극적인 추진함으로써 유엔사의 예산지원하에 2016년 12월 17일에 1차 수석대표 포럼이 개최되었다. 브룩스 유엔군 사령관은 포럼에 직접 참석하여 역대 수석대표들의 유엔사의 역할에 대한 감사와 한반도 정세에 대한 우려의 다양한 의견을 경청하고 솔직한 답변을 해 주었다. 참석한 수석대표들과 유엔군 사령관은 매우 만족한 포럼이었다고 평가하였고 정례화할 것도 주문하였다. 이후 수석대표 포럼은 반기별로 다양한 주제를 갖고 토의를 하였고 후임인 에이브럼스 유엔군 사령관이 주관한 4차 포럼에서는 한반도 평화프로세스와 9·19 남북 군사회담과 관련하여 수석대표들은 우려 섞인 의견을 제시하기도 하였다. 최근에는 코로나로 인하여 잠시 중단되었다가 21년 11월 22일에 유엔사 참모장 마크 토이 장군 주관으로 6차 수석대표포럼을 진행함으로써 유지해 가고 있다.

그리고 필자는 유엔사와 관련된 토의 시마다 유엔사 지휘부에 한국군을 편성하는 문제에 대한 건의와 함께 유엔군 사령관의 의견을 듣고자 하였다. 단호하게 거절하지는 않았으나 긍정적인 답변을 듣지는 못했다. 추측컨대 유엔군 사령관은 유엔군사령부 정통성에 대한 한국 정부의 부정적인 기류를 주지하고 있었기에 필자의 질의와 건의에 대해서는 특별한 의미를 두지 않고 개인적인 의견제시 수준으로 치부하는 듯 했다. 유엔군사령부에서는 2003년 라포트 유엔군 사령관이 미 청문회에서 전력제공국가들의 역할 강화를 언급한 이후 2006년 벨 유엔군 사령관이 유엔사의 기능과 역할을 강조한 바가 있었다. 전작권 전환과 관련한 유엔사 재활성화는 스카패로티 유엔군 사령관 재직 시인 2014년 이후 정식으로 언급되어 추진하고 있고, 브룩스 사령관 재직 시에는 한국 전구 내에 한미 연합사, 유엔사, 주한 미군사령부의 3개 사령부가 유지됨으로써 불가피하게 중복임무를 수행 중인 주한미군의 임무를 단순화하면서 병행해서 전력제공국가들의 역할을 확대하였다. 그의 일환으로 유엔사 기획관리 참모차장을 호주군 준장으로 보임하는 것을 시작으로 유엔사 부사령관, 전시 유엔사 작전참모부장, 전시 유엔사 작전참모차장, 전시 유엔사 부참모장, 전시 유엔사 군수참모부장 등 유엔사 내의 많은 직책을 전력제공국가들이 수행하도록 편성하였고 현재도 확대하고 있다. 또한 유엔사가 평택으로 이전하면서 유엔군 사령관을 제외한 지휘부 및 참모들의 임무를 완전히 독립시키면서 라포트 사령관의 요청에 의해 대폭 편성되었던 한국군의 유엔사에서의 임무에 대한 재검토가 요구되었다.

4차 수석대표 포럼에서 에이브럼스 유엔군 사령관이 한국군이 포함된 유엔사 참모부 편성안을 공개하였고, 유사시 국제적인 지지와 지원이 필수적인 우리나라의 안보 여건상 유엔의 필요성은 부정할 수 없다고 판단한 수석대표들은 유엔사 지휘부에 한국군을 편성해 줄 것을 요청하였으나 적극적인 반응은 없었다. 이후 한국군이 용산에 위치함으로써 지리적으로 분리된 상태에서 유엔사 참모임무수행이 제한되는 상황에 이르러 에이브럼스 유엔군 사령관은 군정위 수석대표와 수석대표를 보좌하는 일부 인원을 제외한 한국군에 대해 유엔사에서의 참모임무수행이 제한된다고 판단을 하였고, 국방부와 세부적인 참모편성에 대해 협의 중이나 양측의 편성안에 차이가 있는 듯하여 안타까운 심정이다.

판문점 공동경비구역(JSA) 귀순 사건의 현장에서

2017년 11월 13일 월요일. 미군은 휴일이고 브룩스 유엔군 사령관은 업무차 일본으로 출장을 간 상태였다. 그날도 연합사 본청 회의실에서 연합사 부사령관에 의해서 한국군을 대상으로 손자병법에 대한 강의가 진행되고 있던 중. JSA에서 상황이 발생했다는 보고를 받았다. 작전통제실에는 한국군만으로 상황을 유지하고 있는 상황이었고, 작전참모차장(한국군 소장)은 군단장으로 승진 전보되어 공석이었다.

JSA는 유엔사에서 작전통제를 하는 유일한 지역이고 당시 필자는 영내에 근무 중인 유엔사 소속의 최선임자였다. 유엔사의 책임 있는 통제자가 필요한 시점이라는 판단이 들었다. 부사령관의 강의 중 필자는 이석하여 전투통제실로 갔다. 북한군 1명이 분계선을 넘어왔고, 북한군에 의한 수발의 총격이 발생한 직후였다. 워낙 순간적으로 발생한 사건이라 유엔사 측(한국군이 경비를 담당하고 있었음)은 대응 사격을 하지 않은 상태에서 북한군은 이미 사격을 중지하고 퇴각한 상황이었다. 순간적으로 1984년 11월 23일 소련 국적의 기자가 판문점 북측지역을 관광하던 중 망명을 시도하여 북한측과 유엔사 측간에 총격전이 발생하여 북한군 수명이 사망하였고, 유엔사 측은 카투사 1명이 사망하고 미군 1명이 부상했던 사건이 떠 올랐다. 그 후속조치로 판문점 지역 내에도 군사분계선이 연장되어 표식되었고 오늘에 이르고 있었다. 상황을 확인해 보니 군사분계선을 월경한 북한군 병사는 보이지 않았고, 아측의 인명피해는 없었으나 위기상황이 지속되는 가운데 수색 중에 있었다. 낙엽과 강렬한 가을 햇빛에 의한 짙은 그림자로 인해 육안으로는 식별이 되지 않았다. 총상을 입은 상태라면 응급후송이 필요할 것이라고 판단하고 미군 후송체계를 확인하여 헬기를 요청하는 것이 좋겠다고 지시하였다. 미군 대대장과 통화를 원했지만 직접 통화가 되지 않았다. 미군 측은 휴일이라 전투통제실에는 근무 중인 미군이 없었다. 다급하게 한국군에 헬기 지원을 요청하기 위해서 ○야전사령관에게 전화를 했으나 소통에 문제가 발생하여 성사되지는 못했다. 상황반 요원들이 미군 측으로 재차 확인했다. 다행스럽게도 미군의 부대관리 규정에 의해 현장지휘관인 파머 중령이 응급헬기를 요청해 둔 상태였다. 판문점 지역은 정전협정상 비행금지구역으로 지정되어 헬기가 진입하는 것은 유엔사·조·중 연합군 군사정전위의 공동승인이 있어야 비행이 가능한 곳이었다. 그러나 유엔사에서는 긴급한 작전에 대비하여 평시부터 주단위로 물자보급 수송을 겸한 응급후송 훈련을 정기적으로 진행하고 있었기 때문에 비교적 헬기 후송작전은 원활하게 이루어졌다.

작전상황파악을 위해서 합참의장과 ○야전사령관, 필자가 화상으로 회의를 진행했다. 판문점은 유일하게 유엔사에서 작전을 통제하는 지역으로서 한국군에는 유엔사의 작전을 지원하는 임무만 주어진 곳이다.

판문점 내에 추진된 상황실에서 열상 감시장비를 통해서 쓰러져 있는 북한군 귀순자의 위치를 확인하였다. 가장 가까운 북한군 초소로부터 채 50미터도 되지 않는 거리였고 직접 관측이 가능한 장소였기에 북한군 초소로부터 사계가 열려있는 장소로 매우 위험한 곳이었다. 다행히 짙은 그림자로 인해서 북한측 초소로부터 식별되지는 않은 듯했다. 한국군 대대장(판문점 공동경비구역 부대대장)이 간부 1명과 같이 접적한 상태에서 쓰러져 있는 북한 병사를 확인하고 은밀하게 포복으로 접근하여 구출하였다. 호흡은 있었으나 의식은 없었다. 대기하고 있던 차량과 미군 응급헬기로 아주대 병원으로 후송하였다. 총상환자와 관련하여 미군 측은 아주대와 협약을 맺은 상태였기에 후송시간을 줄일 수 있었고 귀순자의 심각한 총상을 치료할 수 있었다. 이는 아덴만에서 총상을 입었던 석해균 선장을 치료했던 이국종 교수의 존재를 인지하고 있었기 때문이었다.

당시 일본에 출장 중인 브룩스 유엔군 사령관은 위기가 고조되지 않은 상태로 상황이 종결된 것에 대해 매우 만족스러워했다. 필자의 고유직책인 군정위 수석대표 입장에서는 유엔군 사령관과 공감을 가졌다. 하지만 잠시 동안 작전을 지휘하면서 느꼈던 문제점을 확인하기 위해 다음 날 판문점을 방문했다. 먼저 상황이 발생했던 장소와 유엔사 측의 초소의 경계상태를 확인해 보니, 전방 철책에 근무하고 있는 한국군의 대비태세와는 너무나 차이가 있었다, 물론 현재는 비무장 상태로 근무를 하고 있지만, 당시에는 외부에 노출된 경비병은 권총을 휴대하고 있고 쌍방의 소초에는 모두 중화기가 배치되어 있었다. 그러나 초병은 방탄복도 착용하지 않았고 소총은 거치대에 세워져 있으며, 심지어 탄약은 잠금장치가 된 탄약통에 보관되어 있었다. 만약 북한군이 홧김에 초소를 향해 난사라도 했으면 상상 밖의 사태로 번질 뻔했다. 상황실로 가서 미군 대대장과 한국군 부대대장, 그리고 당시 소초 근무병을 대상으로 대응사격과 관련하여 JSA경비대대의 작전대비태세에 대한 의견을 나누었다.

"대응사격은 하지 않은 것과 즉응 태세가 갖춰지지 않은 것은 차원이 다른 문제다. 북한군이 총격을 가한 시간이 짧아서 대응사격을 할 수 있는 시간은 부족했으나 초소의 사격준비상태와 초병의 근무 복장들이 즉각적인 사격을 할 수 있는 상태가 아닌 것 같다. 현재 GP와 GOP에 근무하는 한국군은 모두 방탄복을 착용한 상태로 근무하고 있다. 차후에 유사한 사건이 발생할 경우에 대비해서라도 이를 보완해야 할 것이다"라고 의견을 제시했다.

이미 유엔군 사령관이 해당 사건에 대해 만족스러운 결론을 내린 이후였기 때문에 미군 대대장은 군정위 수석대표가 문제를 거론하는 것에 불만스러운 감정을 직접적으로 표현했다. 나중에는 사과해 오긴 했지만, 이후에도 유엔사 지휘부에서는 군정위 수석대표가 직분에 맞지 않게 대비태세에 관련된 언급을 하는 것은 월권이라고 생각하는 것 같아서 더 이상 언급을 하지는 않았다.

이후 언론에서 합참으로 '대응사격 미실시'와 관련하여 집요한 추궁을 하였으나 유엔군사령부의 작전통제 하에 진행되었기에 합참에서는 책임 있는 답변을 할 수가 없었다. 합참에서 필자에게 유엔사의 협조를 요청하였고, 유엔군 사령관은 작전보안상 유출을 우려하였으나 지속적인 설득으로 녹화영상 전체를 공개함으로써 상황은 일단락되었다. 그러나 정치권과 언론의 관심은 사그러들지 않았다. 국방부 장관이 현장 확인을 하였고, 국회의원들로 구성된 포럼인 '포용과 도전'의 구성원들이 판문점을 방문하였다. 모 국회의원은 수행하고 있는 필자에게

"적이 우리 측에 사격을 하였는데 대응사격을 하지 않은 것은 잘 못 되었다고 생각하는데 앞으로 이러한 상황이 발생해도 대응사격을 안 할 것인가요?"라고 질문을 하였고 필자는 단호하게 대답했다.

"이번 상황은 대응사격을 하지 않은 것이 아니라 대응사격을 할 수 없었고 필요한 상황도 아닌 것으로 보는 것이 맞을 것입니다. 만약 북한군 병사의 귀순 의도를 사전에 알았고 그 과정에서 엄호가 필요했다면 사격을 해서 귀순을 도와야 했을 것입니다. 귀순병사가 갑자기 남측으로 핸들을 꺾었고, 배수로에 처박힌 차량에서 하차하여 군사분계선을 넘는데 채 10여초도 걸리지 않았으며, 북한군은 정확히 13초간 사격을 한 후 퇴각하였고, 아군을 향한 위해행위를 하지 않았으며 아군에게 피해도 발생하지 않았습니다. 군이 퇴각한 북한군을 자극하여 국면을 확대시킬 필요가 없다고 생각합니다. 대응사격을 하지 않은 것이 최선의 조치였다고 생각합니다. 대신 유엔사 군사정전위에서는 북한의 판문점 대표부를 통해 당국에 엄중하게 항의를 했고, 향후에 그러한 상황이 재발한다고 해도 그렇게 해야 할 것입니다."

특별한 반응 없이 '도전과 포럼'의 국회의원단은 복귀하였다.

중립국 감독위원회 확대과업 추진

중립국 감독위원회(이하 중감위)는 정전협정 2조에 의해 정전협정 준수를 위한 주요 기관 중 하나로 설립되었다. 유엔군 사령관과 조선인민군 사령관 및 중국인민지원군 사령원은 군정위를 편성하고 각각의 5명 규모의 장성 및 고위급 위원을 두었고 쌍방 간에 객관성을 담보하기 위해 중감위를 편성하였다. 6·25전쟁에 전투원을 파병하지 않은 국가들 중에서 유엔군 측에서는 스웨덴과 스위스가 각각 소장급 대표와 실무위원으로 조·중 연합군 측은 폴란드와 체코슬로바키아가 동일하게 대표단을 편성하였다. 편성 초기 중감위의 임무는 정전유지를 위하여 중립국 감독소조를 운영하고, 한국 외부로부터 군사인원 증원, 전투장비·무기·탄약의 교체 및 반입 금지에 대한 감시·감독, 그 조사결과를 군정위에 보고, 군정위 요청에 따라 비무장지대 이외 지역의 정전협정 위반사건 조사 등 다양한 임무로 100여 명 이상의 인원으로 편성하였다. 그 이후 중감위의 기능이 점점 축소되면서 현재 유엔군 측에는 스위스와 스웨덴의 소장급 대표와 실무위원 10명이 주재하고 있다. 그러나 조·중 연합군 측에는 1991년 3월 25일에 유엔사 군정위 수석대표를 한국군으로 지정한데 대한 부당함을 주장하며 1994년 4월 28일에 정전협정 체결로 설치된 조·중 연합군측 군정위를 해체하고 5월 24일에 임의로 조선인민군 판문점 대표부를 설치하면서 12월 15일 중국군 대표를 철수시키고 북한 단독으로 정전협정을 관리해 왔다. 또한, 소련의 붕괴로 폴란드가 자유민주주의 국가로 전향되고 체코슬로바키아가 체코와 슬로바키아로 분리되면서 1994년 4월 3일에 체코를 강제로 철수시키고 1995년 2월 20일에 폴란드를 강제철수시킴으로써 조·중 연합군측 중감위를 해체했다. 2015년 11월 10일 중감위가 필자에게 직접 보고한 내용에 따르면, 1993년 체코와 슬로바키아가 분리되면서 체코가 중감위 지위를 승계할 것을 요구하였으나 북한에서 거부함으로써 체코는 중감위 활동을 중지하였다. 이후 2013년 3월에 체코 외교부장관이 중감위 복귀 의사를 표명함으로써 현재 관련 부서에서 법적, 정치적, 군사적 측면에서 검토 중에 있다. 폴란드는 1995년 북한에서 축출된 이후 중감위 활동을 계속할 것을 주장하였으나 북한으로부터 거부당하여 자국 내에서 조·중 연합군측의 중감위 활동을 이어가고 있으며, 년 2회 유엔군 측의 승인을 얻어서 서울과 판문점에서 연례적으로 열리는 중감위 회의에 참가하고 있다.

필자 주관 군정위 자문단 회의 (중립국 감독위원회 대표자 참석)

필자가 재직하는 동안 유엔군 사령관의 승인하에 판문점에 폴란드 대표단 캠프를 설치하였다. 중감위는 정전협정 이후 유지해 오던 역할을 분석하고 2005년에 최초로 유엔군 사령관의 요청에 의한 과업검토를 시작으로 2007년, 2010년, 3차례에 걸쳐서 정전협정에 명시된 과업 외의 확대과업을 검토하였고 한국 정부와 유엔군 사령관의 승인을 받아서 임무를 수행해 왔다. 그러던 중 비공식적으로 확인된 바에 따르면 2016년 스위스와 스웨덴 정부에서 한국에서의 중감위의 가치와 역할에 대한 중감위 지속지원 여부가 검토되어 중감위의 규모가 축소될 가능성이 제기됨에 따라 중감위는 자체적으로 기존에 수행해 왔던 과업을 분석하여 확대가 가능한 과업 목록을 군정위로 제시해 왔었다. 2010년부터 승인된 9개 과업을 4개 임무군 12개 세부과업으로 조정한 내용이었다. 세부적인 내용을 열거할 수는 없지만, 핵심내용은 정전협정에 따라 군정위의 작전활동과 교육, 오리엔테이션 등에 대한 참관, 한국군 및 연합 군사연습에 대한 참관, 유엔사 및 주한미군사 병력 전개 및 활동 참관 등에 관련한 사항이었다. 단, 중감위는 정전협정상 과업에 대한 집행명령권이 없기 때문에 모든 과업은 유관기관의 초청과 지원에 의하여 과업을 수행할 수 있었다.

필자는 2015년 12월 10일에 스위스 및 스웨덴 대표로부터 브리핑을 받고 과거 2010년 확대과업이 진행되었던 과정을 확인해 보았다. 비교적 쉽게 승인되었던 느낌이 있었지만 본 건은 필자와 유엔사 부참모장의 전결사항으로 유엔사 내에서 종결되는 문서이긴 하더라도 국제적인 문서로서 우리나라의 위상과 이익이 연관된 문제라 쉽게 결론을 내려서는 안되겠다는 생각이 들었다. 국방부 방위기획과, 외교부 평화체계과, 군정위 비서처, 유엔사 기획참모부 한 측 담당자를 대상으로 두 차례 회의를 소집하여 내용을 검토하였다. 핵심은 과업 확대에 대한 불가피성, 우리 국익의 침해 여부, 정전협정에 적합성 등이었다. 2010년부터 유지해 온 과업과 크게 변화되는 내용은 없었다. 중감위 대표들의 입장에서 자국을 설득할 수 있는 논리를 제공해야 한다는 데에 공감을 가졌으나 확대해석할 수 있는 모호한 문구와 개념들을 명확한 용어로 수정했다. 이후 중감위 대표들과 군정위 협조회의를 통해 과업내용을 구체화하였고, 2016년 5월 10일 중감위 국가들의 정부관계자들이 서울을 방문한 상태에서 중감위의 활동상과 확대과업에 대한 타당성을 설명하는 연례회의에서 유엔사 부참모장과 함께 참가하여 해당 내용에 대한 한국 정부의 승인과 유엔사의 입장을 전하였다. 필자와 유엔사 부참모장은 이틀 후 해당 문건에 서명하였다.

호국 보훈 국가의 의무

일제에서 독립된 기쁨도 잠시, 북한의 기습공격으로 발생한 6 · 25전쟁에 미처 준비되지 않은 상태로 징집되어 투입된 한국의 참전용사들은 전후 수십년간 살아남은 것이 미안할 정도로 참혹하고 잔인했던 살육전의 악몽에 시달려야 했다. 국가의 역할과 기능이 채 정립되지 못한 상태였기에 전쟁 후에도 국가로부터 응당 보상받아야 할 권리가 있는지도 모른 채, 스스로 트라우마를 이겨내면서 한 개 갑자(甲子)를 살아오셨다는 사실이 필자의 마음을 더욱 아프게 했다. 잘못 전달된 표적위치와 부정확한 폭탄과 포탄은 피아를 구분하지 못하고, 방향을 잃은 총알이 전우의 심장을 꿰뚫고 지나갔다. 암흑천지에서 갑작스럽게 나타난 흡사 좀비와도 같은 적들과 한바탕 백병전을 하고 나면 조금 전까지 조잘댔던 동료가 피투성이로 변해 있고, 코앞까지 다가왔던 저승사자가 돌아가기를 수 없이 반복한 전쟁터. 1950년의 겨울은 왜 그렇게 춥고 혹독했을까? 동상으로 썩어들어가는 손목과 다리를 스스로 잘라 던져야 했던 참전 영웅들. 6 · 25전쟁만큼 참혹했던 전쟁이 세계사에 있었던가? 덕분에 숨 쉬고 호의호식하는 전후 세대의 사람들이 마치 한 편의 영화를 평론하듯 그분들의 공적을 과거 행적과 비교하여 평가하기도 한다. 과거의 행적으로 그분들의 공로를 폄훼하기도 한다. 대한민국의 역사에서 목숨을 걸어 본 적도 없는 사람들이 후손이라는 자격만으로 그분들의 참혹한 참전의 역사를 난도질할 수 있는가? 자식이 아버지를, 손자가 할아버지를 자랑스럽게 생각지도 않는다. 적어도 대한민국에서 살고 있음을 인정한다면 그분들에 대한 평가는 후세에 맡기고 기다려 주는 것이 도리일 것이다. 그분들의 참전은, 지금의 부강한 선진국 반열에 오른 대한민국의 밑거름이 되었음은 누구도 부인할 수 없기에 참전 영웅들께 우리 후세들은 머리 숙여 감사하고 또 감사하길 바란다.

우리의 영웅, 참전용사들께 정성스러운 보훈을!

필자가 사단장을 지낸 강원도 홍천지역은 참전용사들이 많고 화랑부대(11사단) 출신 전우들로 인해 비교적 군부대에 우호적인 편이다. 필자가 사단장에 부임하여 행했던 첫 행사가 박근혜 대통령이 6 · 25 참전용사들께 수여하는 호국 기장을 전달하는 것이었다. 홍천군수를 비롯한 기관장들과 함께 활동이 가능하신 분들에게 군민회관에서 단체로 기장수여식을 가졌다. 거동이 불편하신 분들은 필자가 수일에 걸쳐서 직접 가가호호 방문하여 기장을 수여하면서 다시 한번 호국영웅들의 자긍심을 높이기 위해 노력했다. 그런데 안타까운 것은 구국의 영웅이신 참전용사들은 한결같이 가난하고 힘들게 생활하고 계시는 것이었다. 누란의 위기에서 목숨을 던져 국가를 구하신 이분들이 과연 우리 사회에서 존중받고 있는 것인가? 세계 10위권의 경제 강국의 호국영웅들에 대한 국가의 역할이 너무나 부족하다는 생각이 들었다. 국가가 할 수 없다면 지자체에서라도 성의가 있어야겠다는 생각에 군수와 군 의회 의장 등 기관장들과 만남의 자리에서 국가 유공자에 대한 보훈장려금 인상을 요청하였고 군수와 군의회 의장이 흔쾌히 수락해 줌으로써 두 배로 인상하였다.

이어서 사단장이 할 수 있는 일을 찾아보았다. 이미 노쇠하신 참전용사

국방일보 2013년 12월 19일 목요일 6면

"호국영웅에게 존경과 감사를!"

육군11·21사단, 기장 전수식 유공자와 즐거운 시간 가져

육군11사단장이 참전 유공자에게 호국영웅기장을 전수하며 감사의 뜻을 전하고 있다. 부대제공

육군11사단은 17일 강원 홍천군 서면사무소에서 6·25참전 유공자의 희생과 공헌을 기리고 감사의 뜻을 전하기 위한 '찾아가는 호국영웅기장 전수식'을 개최했다.

이날 행사에는 서면에 거주하는 참전 유공자 및 가족과 박순원 서면면장, 임용재 서면파출소장, 김용삼 서홍천농협조합장 등 지역 기관장을 포함한 내빈들은 참전유공자 35명에게 호국영웅기장을 직접 걸어드리며 존경과 감사의 뜻을 표했으며 전수식에 이어 사단 군악대의 연주로 '전우여 잘 자라'를 제창하며 즐거운 시간을 보냈다.

팔봉1리 원일영 이장은 "내가 받는 것은 아니지만 나라를 위해 헌신한 유공자를 위해 이렇게 멀리까지 방했다.

11사단장은 "이 자리에 참석한 참전 유공자들에게 최대의 존경과 경의를 표한다"며 "선배님들이 지켜 낸 조국을 수호하기 위해 부여된 임무에 더욱 매진할 것"이라고 말했다.

같은 날 양구 문화복지센터에서도 보훈처 주관으로 안수태 21사단장, 전창범 양구군수 등이 참석해 참전용사 155명에게

참전용사 기장 수여 (국방일보 보도 2013. 12. 19)

들이 한 분씩 운명하시는 분들이 늘어났다. 호국영웅들을 그렇게 보내드리는 것은 도리가 아니라고 생각해서 사단 차원에서 조출하더라도 격식 있는 장례식을 지원하기로 했다. 현재는 전군으로 확대되어 참전용사 장례식 지원이 관례가 되었지만, 당시에는 기획의 수준에 있었다. 군악대와 운구병, 앰뷸런스 등을 지원하고 인사참모가 행사를 진행하도록 했다. 군악대의 연주와 함께 사단 인사참모의 사회로 국민의례, 조총발사, 추모사, 훈장과 영정을 앞세운 운구행렬로 이어지는 장례식은 고인이 되신 참전용사님이 외롭고, 불편하고, 가난하셨지만, 마지막 가시는 길은 초라하지는 않게 배웅해 드렸다. 반응은 매우 뜨거웠다. 다수의 유족들이 참전용사이신 아버님을 자랑스럽게 생각하게 되었다고 전해왔다. 보람을 느끼는 순간이었다.

그리고 우리의 진정한 영웅이신 참전용사들의 참전경험담을 직접 녹화해 두어야겠다는 생각을 하여 사단 공보정훈부에서 시간이 가용한 대로 참전용사들을 뵙고 6 · 25 참전 당시의 상황을 인터뷰하면서 생생한 모습을 녹화했다. 눈물을 흘리시는 분들이 많았다. 전대미문의 참혹한 살육전의 현장을 다시 기억하려니 그저 눈물이 흐를 수밖에. 그 가슴 아픈 기억을 되살리는 것이 죽는 것보다 기억하고 싶지 않았던 사실이었다는 것을 필자는 당시에는 알지 못했다. 사단장 보직 종료 후 군사정전위원회 수석대표 재임 시에 유럽의 선진국의 참전용사들을 뵙고 인터뷰를 하면서 그분들은 전쟁에서 귀국하여 참혹한 살육의 현장에서 받은 충격을 극복하기 위하여 수십 년 동안 국가차원에서 외상 후 스트레스(PTSD)에 대한 치료를 받았다

는 내용을 접하면서, 당시 세계 최하위의 인권 후진국이었던 우리나라에서는 스스로 기억을 도려내면서 이겨냈던 그분들의 참혹한 전쟁 속의 기억을 소환한 것은 고문 그 이상이었을 것으로 생각되었다. 미처 치료받지 못한 아픔을 고려하지 못한 필자의 요청에 홍천의 참전용사들이 전투 실상을 회고하면서 흘렸던 눈물은 그분들의 깊고 깊었던 상처를 덧나게 한 행위였다는 것을 그제야 알게 되면서 죄스러운 마음이 들었다. 그저 신변잡기에 농담반, 과장반으로 부풀린 군생활의 무용담 수준으로 헤아렸던 과거 생각들이 부끄럽기도 하였다.

또한, 대부분의 부대에서 호국보훈의 달 행사를 실시하는 것과 마찬가지로 필자도 2014년 6월, 관내 보훈관계자 분들을 모시고 행사를 가졌다. 필자는 군 지휘관으로 재직하는 기간 동안 모든 행사는 주인공이 감동받을 수 있도록 진행해야 한다는 주관을 가지고 있었다. 특히 호국보훈의 달은 보훈단체가 주인공이며 우리 현역들은 호국영령들을 추모하고 국가를 위한 헌신에 감사하는 기간으로 설정되었다. 그분들이 진정 주인공이 되는 것은 존중받고 있다는 감정을 갖게 하는 것이다. 6 · 25 참전용사, 베트남전쟁 참전용사, 재향군인회, 여성보훈단체, 해병대 전우회, 특전사 전우회 등 10개 단체들의 대표단과 회원들 150여 분이 사단 행사에 참가했다. 참전용사들의 인터뷰를 편집한 영상을 상영하였다. 인터뷰 내내 볼을 타고 흐르는 눈물을 찍어내는 모습은 큰 울림을 주었다. 영상을 보는 동안 참전용사들뿐만 아니라 홍천군수를 포함한 내빈들, 현역장병들도 눈시울을 적셨다. 모든 분을 사열대에 모시고 10대의 열병 차량을 준비하여 보훈단체별로 대표단들이 현역장병들을 사열하게 했다. 사단장을 포함한 현역들은 감사와 정성으로 참전용사들게 경례를 했다. 단체별 열병 사진과 함께 자그마한 보훈 선물을 증정하면서 감사의 인사를 드렸다. 행사 후 보훈단체들은 수개월이 지나도록 보훈 행사에서 느낀 감동을 얘기했다. 지금은 많

보훈단체별 사단 장병 열병

故 박동혁 병장 본가 방문

은 부대가 일상화되었지만, 필자의 보훈에 대한 정성스러운 행사는 많은 이들의 공감을 가져왔었다.

때마침 제2연평해전의 영웅이었던 故 박동혁 병장의 부모님께서 홍천의 깊은 골짜기 작은 마을에 살고 계시다는 것을 알게 되었다. 귀한 아들을 그렇게 보내고 참여정부를 거치면서 마음의 상처를 입고 홍천 골짜기로 들어와 세월을 벗 삼아 망각의 시간을 보내고 있다고 하셨다.

10년이 지났음에도 아들 동혁이를 보내지 못하고 계셨다. 사단장을 맞이하는 노부부의 얼굴에 쓸쓸함의 그림자가 역력했다. 故 박동혁 병장의 영정이 화려하지는 않았지만 귀하게 모셔져 있었다. 영정앞에서 장시간 담소를 나누면서 다정한 둘째 아들을 조국에 바친 노부부의 아픔을 위로하고 제2연평해전의 영웅을 추모하는 시간을 가졌다.

유엔사에서의 보훈 외교

궁극적으로 일본은 한반도 분단의 원인 제공국이고 미국은 소련과 함께 한반도 문제를 해결하고자 하는 의도를 가졌으나 그 과정에서 한반도를 분단시켰던 당사국이었다. 그러나 한편으로 미국이 아니었으면 한반도 전체가 일본군 무장해제를 명목으로 한반도로 진군한 소련의 철의장막 내부로 귀속되고 말았을 것이다. 2차 세계대전에서 스탈린은 히틀러를 무너뜨리고 동유럽일대를 공산권에 편입시키는데 진력하였기에 루스벨트의 끈질긴 요구에도 불구하고 태평양전쟁에 개입할 것을 차일피일 늦추면서 회피하고 있었다. 당시 소련은 모스크바에서 소위 '일소 중립조약'[23]을 체결한 상태였으나 1945년 8월 6일 히로시마에 떨어진 1차 원자폭탄의 위력을 체감하고 승기가 확실해짐에 따라 8월 8일 주소련 일본대사를 불러 선전포고를 하였고, 8월 9일 0시를 기해 대규모의 전력[24]을 대일본전에 투입하였다. 일본은 8월 15일 무조건 항복을 선언하였지만 새로운 전쟁, 미-소간의 냉전은 시작되고 있었다. 소련의 공산주의 확장의도를 우려한 미국은 물리적으로 한반도에 진입할 시간적 여건이 제한됨에 따라 급하게 위도 38도선을 기준으로 미국과 소련이 분할 점령할 것을 제안하였고 소련이 이를 받아들임으로써 그나마 남한이 자유 진영으로 편입할 수 있었던 것은 천운이었다. 카이로와 얄타, 포츠담회담에서는 2차 세계대전의 승전국들이 한반도 문제해결을 위해 분할통치를 하는 것에 합의를 했으나 구체적인 기준을 선정하지 않았었기에 미국이 급하게 위도 38도선을 제안하지 않았다면 소련은 남진을 멈추지 않고 남하했을 것이다. 실제로 소련은 미국과의 합의 이후에도 미국이 한반도에 진주한 9월 8일까지 위도 38도선 이남인 개성과 춘천 등에서 소련의 정치군인들이 도청 간부회의에 참여하여 한국민을

---

23) 일소 중립조약 : 1941년 4월 13일 모스크바에서 일본 외상 마스오카 요스케와 소련 외상 목로토프간에 체결한 조약으로 향후 5년간 쌍방은 서로의 영토를 침범하지 않고 제 3국의 침략을 받을 경우 중립을 지킨다는 내용으로 소련은 히틀러와의 결전에, 일본은 남방으로의 진출을 보장받기 위한 쌍방 간의 이해타산이 맞아 떨어진 결과였다.

24) 소련이 태평양전쟁에 투입한 전력은 무려 3개전선군 산하 11개군 80개 사단과 1개 전차군 산하 4개 전차군단, 3개 항공군 등 총 157만명, 야포 2만6천문 전차 및 직사포 5,300대, 항공기 4,500대에 달하였다. 이는 전후 극동아시아 지역에서의 패권을 고려한 스탈린의 야심이 적용된 것으로 보여지는 대목이다.

통제했고 군정 시행 간에는 국제연합에서 한반도 통일을 위해 제안한 남북한 총선거를 거부함으로써 분단을 영구화시킨 것에서 보듯이 이미 한반도를 공산화하고자 하는 의지를 다분히 갖고 있었다. 전후처리간 만주일대를 기반으로 하여 모택동을 지원하여 중국공산화에 성공한 소련은 김일성을 앞세워 민족 간에 전쟁을 일으켰다. 섣부르게 발표한 애치슨 선언이 북한의 전쟁도발을 야기한 면이 있었지만 투루먼의 미국은 공산주의에 단호했다. 이승만 대통령의 지원요청과 무초 주한 미 대사의 신속한 정황보고에 의해 소련의 의도를 간파하였고 국제연합을 움직여 발 빠르게 전쟁에 개입했다.

전쟁 당일 유엔의 안보리를 소집하여 전쟁 중지를 요구하는 결의안[25]을 통과시켰고, 이틀 후에 대한민국에 대한 군사원조를 위한 결의안을 통과시킴으로써 국제연합 회원국들의 참전을 권고하였다. 2차 세계대전을 계기로 결성된 국제연합은 동유럽과 아시아에서 스탈린의 소련에 의해 자국의 의도와는 무관하게 광범위하게 공산화된 수 개의 국가들로 인해 자유진영을 지켜야 한다는 의지가 국제연합 회원국들을 결속시켰고 창설 후 최초의 경찰 활동으로 한국전쟁에 군사적 지원을 한 것이었다.

미국을 비롯한 유엔 회원국가들은 신생국가인 대한민국의 존재 자체도 알지 못한 채 오로지 '자유진영 수호'라는 명분하에 7월 초부터 미국을 비

---

25) 유엔안보리 결의안 83호(1950.6.25 전쟁중지에 대한 UN결의)와 84호(1950.6.27 국제연합 창설과 사령관 임명, 유엔기 사용 권한 위임에 대한 결의)는 유엔사가 합법적인 군사조직으로 한국전에 참전 근거를 제공함. 안보리 결의는 상임이사국 만장일치로 결의하는 것이 원칙으로 상임이사국에 자유중국 대신 중공을 참가시킬 것을 주장하며 안보리를 보이콧한 소련의 불참으로 신속하게 가결되었으나 1070년대에 이르러 공산권 국가들이 소련이 불참한 안보리 결의의 무효를 주장하며 유엔사 해체와 한반도에서 전력제공국가들의 철수를 주장하고 있으며 국내 일부에서도 동조하고 있음.

롯하여 16개국이 전투 병력을 참전시켰으며 덴마크 등 5개국이 의료요원과 장비를 파견하였고, 아르헨티나 등 39개국이 물자 및 재정을 지원하였다. 유엔의 깃발 아래 이루어진 한국전쟁은 참혹하기가 세계 1차대전에 버금갈 정도로 피해가 컸다. 총 194만여명이 참전하였고 15만여명이 전사하거나 부상 혹은 실종되는 등 인명피해를 입었다. 유엔사 전력제공국가는 휴전 후에도 1972년 6월에 태국이 최종적으로 철수하기까지 한국의 전후복구에 참여하였고, 유엔군사령부는 1978년 창설된 한미 한국방위에 대한 작전사령부의 역할을 전환한 후 한반도에서 정전협정 이행 여부에 대한 관리와 유사시 한반도에 전개되는 국가들의 전력을 한미 연합사령부에 제공하는 임무를 수행하고 있다.

필자는 유엔사 군정위 수석대표로서 임무수행간 정전관리에 대한 임무수행에 더하여 유엔군 사령관을 대리하여 한국군의 신분으로 전력제공국가의 6 · 25전쟁 참전용사들에 대한 공식적인 보훈활동과 유엔사 재활성화를 위한 각국의 의견을 수렴하였다. 당시 박승춘 국가 보훈처 장관은 유엔군 사령부 전력제공국가 참전용사들에 대한 보훈 외교에 많은 정성을 쏟았기에 정부와의 협조도 용이하였다. 필자는 그 취지에 십분 공감하여 가용시간을 쪼개어 참전용사들의 수고에 보답하고자 노력했다.

물론 필자는 사단장 재직시부터 국내 참전용사들에 대한 보훈에 관심을 두고 있었지만, 전력제공국가의 참전용사들에게 특별히 애정을 가지게 된 계기가 있었다. 2016년 4월, 강원도 횡성에서 네덜란드 참전 기념행사에 여느 때와 동일한 마음으로 참가했다. 그런데 엠브레흐츠 로디 주한 네덜란드 대사로부터 5월 16일에 부산 유엔기념공원[26]에서 진행하는 네덜란드

26) 유엔 기념공원은 6 · 25전쟁이 발발한 이듬해인 1951년 4월에 조성된 세계 유일의 유엔묘지다. 이후 전국에 가 매장된 유엔군 전몰장병이 안장되었고, 1955년에 국회

참전용사의 안장식에 참석해 달라는 요청이 있었다. 그동안 전후에 본국에서 사망한 참전용사의 주검 안장이 허용되지 않았지만 2015년 이후부터 전후 사망자도 희망할 경우, 유엔묘지에 안장이 가능해짐에 따라서 네덜란드 참전용사 고 니콜라스 프란스 웨셀씨는 4번째로 유엔묘지에 안치될 수 있었다.

2017. 9. 27. 故 요한 데오토르 알데베르트 안장식

故 니콜라스 웨셀씨는 휴전 후 귀국하여 참혹했던 전쟁의 후유증으로 고생을 하면서도 6 · 25전쟁에 참전한 이유를 찾지 못했다. 그러던 중 대한민국 국가 보훈처의 초청으로 방한하여 전쟁 당시의 참담했던 흔적을 찾을 수 없이 변한 한국의 발전상을 보고 자신들이 참전했던 보람을 갖게 되었고, 스스로 '제2의 고향인 한국에 묻히고 싶다'는 유언을 남김으로써 안장식이 추진되었다. 2016년 5월 12일, 안장식 당일 부산에서는 네덜란드에서 방한한 故 웨셀씨의 유족과 연로하신 참전용사들이 참석하여 전우의 가시는 길을 배웅했다. 이 날 안장식에 참석했던 참전용사 요한 데오토르 알데베르트씨도 귀국하여 본인도 전우와 같이 한국에 묻히고 싶다는 유언을 하였고 이듬해 9월 27일에 유엔묘지에 안장되었다. 두 번의 네덜란드 참전용사의 안장식에 참석하면서 필자는 한국인보다 더 한국을 사랑하고, 6 · 25전쟁에 참전한 사실을 인생의 긍지와 자부심으로 여기며 여생을 보내고 있는 전력제공국가 참전용사들께 직접 감사의 인사를 드리는 기회를 가져야

에서 토지를 유엔에 기증함으로써 영구적으로 유엔이 관리하는, 세계에서 유일한 유엔기념공원이 된 것이다.

겠다고 생각했다.

해외에서

2016년 프랑스, 이탈리아, 그리스, 터키를 시작으로 2017년 9월에 네덜란드, 벨기에, 4월, 영국을 2018년 5월에 호주, 뉴질랜드를 다녀왔다. 가는 곳마다 설치된 한국전 참전기념비는 각국의 특색을 살려서 참전의 의미를 새겨 주고 있었다. 필자가 만나 뵈었던 각국의 참전용사들은 마치 고향의 혈육을 만난 듯이 흥분된 한결같은 반응이었다. 기록적으로 참혹했던 전쟁이 끝나고 귀국한 그분들은 전쟁에 참전한 의미를 찾지 못하였고 심각한 외상 후 스트레스에 시달려야 했었다. 그래서 그분들은 6 · 25전쟁을 '잊혀진 전쟁'이라고 불렀다고 했다.

"전쟁이 끝나고 60여 년이 지나서 대한민국으로부터 초대가 왔었다. 그때의 악몽이 떠올라서 선뜻 나서고 싶지 않았었지만 궁금한 마음에 초대에 응했다. 열 시간이 넘는 긴 여정에서 어느 낯선 공항에 내렸고 뉴욕과 같은 도심을 지났을 때도 '왜 우리를 이런 곳으로 데려왔는지' 몰랐었고 한동안 어리둥절했었다. 첫 번째 일정인 판문점으로 향하는 길에 주변에 보이는 풍광들이 낯이 익었고, 우리가 죽을힘을 다해 싸웠던 바로 그 나라임을 알게 되었다. 그때부터는 쏟아지는 눈물을 가눌 길이 없었다. 전쟁에서 탈출하다시피 귀국한 이후부터 그 당시까지 우리가 왜 그렇게 치열하게 싸웠는지 답을 찾지 못했고 참혹했던 기억을 잊기 위해서 노력했었다. 그런데 한국의 발전된 모습을 보면서 비로소 우리가 피를 흘려 싸웠던 보람을 찾았었다. 도려내고 싶었던 인생의 상처를 자랑스러운 흔적으로 변하게 해준 대한민국 국민들께 감사한다. 대한민국 국민들은 참으로 대단한 사람들이고 자랑스럽다."라고 소회할 때는 망치로 얻어맞은 듯한 충격을 받았다. 그분들의 생각이 이러한데 국내 참전용사들의 사정은 어떠했던가? 기억하기

조차 싫은 6 · 25전쟁을 온전히 겪으면서 대한민국을 지켜낸 국내의 참전용사들의 가슴 속에는 긍지와 보람이 있으실까? 그분들이 자부심을 느낄 수 있도록 국가와 국민들이 역할을 다하지를 못한 것 같아 마음이 무거웠다.

첫 해외출장에서 마주했던 그리스에서는 10여 명의 참전용사들이 군악대를 동반한 의장대와 함께 필자 일행을 성대히 환영해 주었다. 필자가 조촐히 마련한 오찬 중에 참전용사 중 한 분은 "한국의 방침이 5년에 한 번씩 교대로 초대한다는데 우리에게 남은 인생은 5년이 보장되지 않는다. 이제 한국은 경제 선진국이 되었으니 더 자주 갈 수 있도록 도와주었으면 좋겠다."고 정부에 건의해달라고도 하였다. 귀향한 자식을 마주한 듯이 흥분해 있는 그분들을 설득하는 것은 마음을 상하게 할 것 같아서 "네, 알겠습니다."라고 책임지지 못할 대답을 했다.

필자는 전력제공국을 순회하면서 국가별로 정성스럽게 설치된 한국전쟁기념관에서 한국전 당시 사용했던 무기와 장비뿐만 아니라 한국의 생활상을 표현할 수 있는 지게, 옹구발(발체)을 비롯한 낫, 괭이 등 농기구와 일상 장비를 포함한 피복류 등을 볼 수 있었다. 기념관을 돌아보면서 그분들이 그 국가가 참전했던 한국을 어떻게 기억하고 있는지 다시 한번 되새길 수 있었다. 전쟁하는 나라의 이름도 모르고 오로지 유엔의 요청에 의해 자

호주 한국전 전쟁기념관(캔버라)

호주 참전용사(캔버라 요트클럽)

유를 지키기 위해 지원했었고, 2차 세계대전에서 항공기 폭격, 포탄과 전차 등 우세한 장비에 의해 악독한 나치와 일본군을 제압했던 승리에 도취되어 동양의 작은 신생국가의 전력을 무시하고 수주 혹은 수개월 후면 귀국할 것이라는 생각으로 전쟁에 뛰어들었으나 그들이 겪었던 전쟁은 참혹한 살육전 그 자체였다고 회고했다.

그러나 북한은 소련으로부터 충분한 전투장비와 탄약을 지원받았고, 군정기간동안 체계적인 군사훈련으로 이미 정예 부대로서 수준이상의 전투력을 구비하고 있었다. 게다가 상상을 뛰어넘었던 혹한과의 싸움, 인해전술을 앞세운 중공군은 흡사 좀비와도 같은 형태였다고 기억하고 있었다. 참혹했던 전쟁의 참상은 귀국 후에도 트라우마로 남았고 국가의 지원을 받아, 수년 동안 치료를 받았다는 사실도 털어놓았고, 대화 중에는 많은 분이 은연중에 흐르는 눈물을 의식하지 못하고 말을 이어갔다. 아직도 상처가 아물지 않은 듯하여 연신 '당신의 고귀한 헌신에 감사하다.'는 말만 되뇌면서 그냥 힘주어 안아드리기만 했었다. 뉴질랜드의 한 참전용사는 필자와 포옹한 채로 자신이 국가로부터 받았던 기장을 필자에게 건네주었다. 화려하지 않은 작은 금속모형에 불과했지만, 필자에게 있어서는 그 어떤 것보다 소중하게 간직해야 할 보물이 되었다.

벨기에에 도착하는 날은 비가 왔다. 필자는 연로하신 참전용사들이 건강을 해칠까 염려하여 우리 팀만으로 참전 기념비에서 추모식을 하고, 오찬 시간에 실내에서 뵙자고 제안했으나 그분들은 쏟아지는 빗속에서 도열한 채 그분들이 지켜냈던 나라에서 온 필자를 진심으로 환영해 주었고 추모식 내내 비를 맞으며 행사에 동참해 주셨다. 호주와 뉴질랜드의 국방관계자와 안보관련 대화에서 '주변에 국가안보에 치명적인 적이 존재하지 않는데 훈련의 목적은 무엇이고 전투력을 지향하는 주적이 있느냐?'는 필자의 질문에 태평양전쟁을 겪었던 전쟁사를 이론적 근거로 제시하면서 '현재 핵과

뉴질랜드 참전용사의 기장 (웰링턴)

ICBM으로 미국을 비롯한 세계안보를 위협하고 있는 북한을 주적으로 상정하여 다양한 훈련을 수행하고 있고, 북한과 대적하고 있는 한반도 상황을 매우 민감하게 보고 있다'는 답변을 듣고 정작 국내의 안보현실에 안타까운 마음을 감출수가 없었다.

국내에서

필자가 전력제공국가들을 대상으로 보훈할 수 있는 기회는 국내에서도 많았다. 수석대표 재직기간 중 각국의 전적비를 최대한 훑어볼 복안을 갖고 있었다. 낙동강전선에서 압록강까지 한반도 전체가 전장이었기에 곳곳에서 전력제공국가별로 사활을 건 참혹한 전투를 치루었고 그곳마다 전적비가 세워져 있었다. 매년 4~6월이면 전력제공국가별로 전적비에서 추모식을 가졌고 그때마다 필자는 현장으로 향했고 유엔군 사령관은 직접 참석하거나 불가피할 경우에는 참모장 혹은 군정위 비서장을 대리로 참석시켰다. 전력제공국가에서 직접 참석한 참전용사들과 각국 대사 및 연락단장들

미 현충일 기념행사(연합사령관과 필자)

에게 정중하게 인사를 올렸고 그들도 반갑게 맞아주었다. 그 외에 전력제공국가가 주최하는 추모식에 참석하지 못한 경우를 포함하여 경기도와 강원도 일대에 산재한 전력제공국가들의 전적비를 직접 찾아서 추모하였다. 그때마다 각 국가의 연락장교들은 현지에서 필자를 맞아주었고 대사들은 별도로 감사의 인사를 전해왔다.

미국은 매년 5월 마지막 주 월요일인 미국의 현충일에 연합사 장병들과 함께 국가를 위해 헌신하신 영령들을 추모하는 시간을 가진다. 유엔사 차원에서는 7월 27일 판문점에서 정전협정 기념식을 갖고, 11월 11일 11:00시[27]에 유엔묘지가 있는 부산을 향하여 묵념을 하는 행사를 갖는다. 전쟁기념관에서는 전력제공국가별로 수시로 추모행사를 가졌다.

영국은 미국에 이어 두 번째로 전투부대를 파견하고, 영연방 국가를 비롯한 우방국에 대해 참전을 독려하고 외교적인 노력을 경주하였다. 홍콩에 주둔하던 극동함대사령부의 일부와 보병부대를 우선 선발하여 참전하였고 캐나다, 호주, 뉴질랜드 등 영연방 국가들과 벨기에 및 룩셈부르크로부터 파병된 병력을 통합지휘하기 위해 영연방 사단을 창설하여 지휘하였다. 경기도 파주 설마리에는 영국군의 최대 격전지로서 전적비와 함께 추모공원이 마련되어 있다. 경기도 가평에는 영연방 국가들의 전적비가 있으며 주

27) Turn to Busan : 1차 세계대전의 총성이 멈추어진 시각으로 유엔사 소속의 장병들은 사이렌과 함께 묵념을 올린다.

한 영국대사관과 참전용사들은 양개지역에 추가하여 전쟁기념관에서 영연방 참전용사들의 추모행사를 시행해 오고 있다.

보훈단체별 사단 장병 열병

캐나다는 동양권의 작은 국가에서 소련에 의해 전쟁이 발발했다는 사실을 인지한 즉시 참전 의사를 밝혔고 미국, 영국에 이어 세 번째로 많은 병력을 참전시켰다. 여느 국가와 마찬가지로 미 2사단에 배속되어 중부정선에서 중공군의 공세에 치열하게 맞섰다. 경기도 가평에서 그분들을 추모하는 기회를 가졌다. 캐나다는 다른 부대와 다를 바 없이 치열하게 싸웠으나 예상보다 잔인하고 길어진 전쟁 속에서 병사들은 지쳐만 갔다. 유엔군 사령관과 전투 지휘관들은 병사들의 향수를 달래기 위해 터치다운 고지 전투, 쇼다운 고지 전투 등 주요 전투 명칭을 고향의 지명이나 제인러셀 고지 등 유명

2018 임진 클래식(경기도 파주)

배우의 이름으로 명명하는 등 다양한 방법을 이용하였다.

특히, 캐나다 국방부에서는 2년간의 지루한 휴전협정이 진행되는 동안 치열했던 전투 중에도 꽁꽁 얼어붙은 임진강에서 연대별로 팀을 편성하여 아이스하키 경기로 향수를 달랬다. 캐나다 오타와에서는 이를 기념하여 매년 '임진 클래식 행사'를 지속하고 있었고, 한국에 거주하는 캐나다인들은 '임진 클래식 컵'이라 명명하고 2013년 이후 아이스하키 경기를 해 오고 있었다. 지난 2018년 캐나다와 한국 국가보훈처에서는 동계올림픽 성공개최를 위한 성화봉송 행사의 일환으로 캐나다와 한국 대학생 연합팀(고려대 및 연세대)간 1952년 전쟁 당시의 겨울을 재현했다. 필자도 캐나다 대사와 피우진 보훈처장, 중감위 대표들과 의미있는 행사에서 보훈의 우의를 나눴다. 치열한 전쟁이 진행되는 와중에도 적에 대한 전략전술과 유형 전투력뿐만 아니라 장병들의 심리상태를 안정화시켜야 하는 지휘관의 역할을 다시 한번 생각하는 기회가 되었다. 프랑스는 현역과 예비역으로 구성된 대대급 전투부대를 파견하였고, 몽클라르 예비역 중장은 프랑스 대대를 지휘하기 위해 스스로 중령으로 강등한 상태로 참여하였다. 네덜란드는 세계열강 중 하나였으나 1차 세계대전에도 참여하지 않았고 2차 세계대전시

뉴질랜드 Kayforce 한국전 전적비(가평)

에도 독일의 침공으로 전쟁에 말려들 정도로 한국전 참여에 부정적이었다. 그러나 미국의 끈질긴 요청에 의해 참전하였으나 전쟁 중 최초로 대대급 지휘관이 전사하는 상황 속에서 중공군의 개입 이후 공세를 저지함으로써 유엔군의 반격의 발판을 제공하였다.

터키 참전 기념비(경기도 장승천)

터키는 국내외에서 공산주의자로부터 위협을 받고 있는 상황에서 유엔군의 요청에 적극적으로 참전하였다. 경기도 용인에 마련된 전적비에서 터키의 참전용사들을 볼 수 있었고, 필자가 터키를 방문하였을 때 터키의 국방관계자들과 참전용사들은 여전히 한국을 형제의 나라로 생각하고 각별한 애정을 갖고 있었다. 태국은 일본에 의하여 연합국과 싸웠던 오명을 씻어내고자 일찌감치 유엔에 가입하였고 유엔의 요청에 입지를 공고히 하기 위해 황태자를 원정군 사령관(소장)에 임명하면서 육군, 해군, 공군을 파병하였고, 필리핀은 공산군과의 교전으로 국내정세가 불안한 상황에서도 '필리핀 한국 원정대'로 육군과 해군을 파병하였다. 필리핀 역사상 최초의 해외파병이었다. 콜럼비아도 유엔의 요청에 응해 이듬해 5월에 부산항에 도착하였고 미 7사단에 배속되었다.

노루웨이는 미 8군사령부에 배속되어 야전병원을 개원했다. 뿐만 아니라 인천항과 만주 대련지역에서 활동 중이던 노루웨이의 민간선박은 전쟁 발발 후 피난민 수송과 일본으로부터 한국으로의 중장비를 이동시켰다. 이탈리아는 의료진을 참전시켜 적십자 병원을 운영하였고 정전협정 후에도 한국에 남아서 1년 이상 의료지원을 하였다. 덴마크도 의료진과 병원선[28]을 파견하여 원산 앞바다에서 유엔군을 지원했다.

당시 전투부대를 파견했던 유엔사 전력제공국가 16개국은 정전협정시 워싱턴 협약에 의해 한반도에서 전쟁이 재발할 경우에는 추가적인 결의없이 전력을 제공할 것을 서약하였으나 현재는 이디오피아와 룩셈부르크가 더 이상 참여하지 않을 뜻을 비추었고, 의료지원을 했던 노루웨이, 덴마크, 이탈리아가 유엔사 전력제공국으로 참여할 의사를 밝힘으로써 17개국의 전력제공국가가 유지되고 있다.

---

28) 이 병원선은 1951년 정전이 거론되었을 때 리지웨이 유엔군 사령관이 지상작전에 영향을 주지 않기 위해서 협상장소로 제의했던 주틸린다호였다. 휴전에 대해 부정적이었던 우리정부가 배제된 채 스탈린으로부터 정전에 관련된 전권을 위임받은 중공의 교활한 협상전문가 리커늉에 의해 휴전협정장소가 개성으로 정해지면서 해당지역은 중립화되었다. 북한은 서울에 대한 요충지인 문산축선의 개성고지군 일대를 일체의 전투없이 취할 수 있었고 철원축선으로 전투력을 집중시킬 수 있었다. 당시 유엔군은 전후 2~3년 이내 정치적 협상을 통한 통일 한국을 상상하고 있었기에 한국의 안보상황에 대한 전략적인 고려가 부족했던 것으로 보임.

철모를 벗으면서

이제 필자는 40년간 함께 했던 전투복과 전투모, 군번줄, 탄대를 내려놓았다. 하루 24시간의 몸과 마음을 묶어 두었던 전화기도 함께… 그런데, 시원해야 할 심경은 복잡하기만 하다.

엉겁결에 군인이 되는 길인지도 모르고 육군사관학교를 입학하여 이미 선택한 현실에 적응하려고 노력하며 주어진 임무에 충실했다. 덕분에 부지불식간에 어쩌다 장군이 되었고 전역을 하면서 돌아본 40년간의 군 생활을 통해 얻은 것은 매우 단순한 것이었다.

'국민은 국가를 위하여 의무를 다한 대가로 국가의 보호 아래 안전해야 한다. 군대는 통수권자의 통수하에 국가 외부의 적으로부터 국민을 보호하기 위하여 평시에는 전쟁을 억제하여야 하며, 억제에 실패했을 경우에는 반드시 승리하여야 한다는 것이다. 전쟁의 억제는 주적에 대한 압도적인 비교우위의 전투력으로 달성되며, 적이 공격하지 않게 하는 것이 아니라 적이 공격하지 못하게 하는 상태를 의미한다. 즉, 적의 전투력은 존재하지만, 불능화 또는 무능화된 상태를 지속시키는 것이 진정한 평화가 유지되

는 길이다. 이는 문서나 협약이 아니라 오로지 전투력으로 이루어지는 것이다.'

유수의 전략가들이 다양한 전쟁의 원칙을 주창하였지만 모든 원칙은 아군이 적에 비교우위를 점하고 그 우세를 지속적으로 유지하기 위한 것이었다. 국가는 병력과 막대한 예산을 투입하여 전투장비, 전투물자, 전투체계 등의 유형전투력은 외형적인 우세를 나타낸다. 그러나 그에 못지않게 중요한 것이 무형전투력의 우세다. 무형전투력은 전쟁지도부의 의지와 지략, 효과적으로 정리된 군 구조와 운용교리, 작전지휘관의 창의적이고 일사불란한 지휘통솔 능력, 편제장비와 전투물자에 맞춤식으로 훈련된 전투원의 운용능력과 사기 및 단결력, 반드시 싸워서 승리해야만 하는 명분과 적개심, 임전무퇴의 용기와 정신 등으로 형성되며 이는 유형전투력의 효과를 수배 혹은 수십 배로 증가시킨다.

필자가 소부대 지휘자로부터 전술 및 작전부대 지휘관에 이르기까지 임무를 수행하면서 한결같이 추구했던 것은 전장에서 부하가 죽지 않아야 하고, 적보다 상대적으로 빠르고 정확하게 적을 타격하여 비교우위를 달성하는 것이었다. 유형전투력의 우세는 상급부대의 몫이었기에, 필자는 지휘관으로서 부하들이 전장에서 살아남을 수 있다는 신념과 자신감을 갖게 함으로써 무형전투력의 압도적인 비교우위를 달성하기 위해 노력하였다. 전장에서 전투원은 스스로 살아남기 위하여 강한 체력과 정신력에 더하여 전문적인 지식을 쌓아야 하고, 주어진 전투장비를 능숙하게 운용할 수 있어야 했다. 소통방법이 부족하여 진심이 전달되지 못한 일부 부하들의 불평으로 인해 독성 리더로 평가받아 진급에서 불이익을 당한 적도 있었지만 단연코 시졸여애자(視卒如愛子)의 정신으로 부하를 대하되 결코 불쌍히 여기지 않았고, 악전에서도 살아남을 수 있도록 강하게 훈련시키되 정성으로 먹이고 충분히 쉬게 하면서 자발적인 전우애와 부대정신으로 단결하게 했다.

전투에서 불가피하게 전사할 수도 있고 死地라는 것을 알고 있지만 불가피하게 선택해야 하는 경우도 있다. 그런 가운데서도 지휘관은 불가능을 극복하고 사지에서 부하를 구조하기 위해 혼신의 노력을 다해야 한다고 믿었다. '전장에는 본인이 가장 먼저 진입할 것이고 퇴각 시에는 가장 나중에 철수할 것이다. 결코, 전우를 뒤에 두지는 않을 것을 약속한다.' 멜깁슨 주연의 영화 '위 워 솔저스'에서 전장투입 전 대대장의 연설이 20년이 지났지만, 지금까지 명연설로 회자되며 가슴을 울리는 이유가 있다.

지난 9월 1일자 신문과 인터넷을 달구었던 미군 사단장의 아프간 철수 모습에서 수많은 댓글이 쏟아졌다. '리더는 마지막에 먹는다'는 미군의 리더십이 화두였다. 이것이 바로 지휘관의 인명존중, 視卒如愛子의 정신인 것이었다.

반면에, 영화 '라이언 일병 구하기'에서는 국가를 위해 헌신한 가족의 마지막 구성원인 한 명을 구하기 위해 여덟 명의 특수임무부대가 사지로 투입되는 혼란스러운 상황이 연출된다. 이처럼 전장에서는 국가적 차원에서 추구하는 특별한 가치가 수 명의 생명보다 중요하게 여겨질 경우도 있다. 그 생명은 더 높은 가치를 위한 희생으로 정의가 된다. 그러나 희생은 명령에 의해 강요되어서는 안 되며 자발적이어야 한다. 혹자들은 군대는 명령에 의해 목숨을 바칠 수 있는 곳이라고들 한다. 그러나 군대라고 해서 국가에 대한 충성을 명분으로 인권의 가장 기본인 생존권을 포기하도록 강요할 수는 없다. 생존을 위한 불가피한 행동은 자위(自衛)의 모습으로 표출된다. 이는 신성불가침한 것으로 어떠한 것으로도 이를 규제할 수는 없다. 암담한 상황에서 살기위해 취하는 행동은 생존권의 발로(發露)이기에 강제할 수 없다. 다만 비겁하지 않도록 평시에 부하들에게 군인으로서의 사생관과 용기를 심어주고, 지휘관이 자신을 죽게 버려두지 않을 것이라는 신뢰를 갖게 하는 것이 지휘관의 임무이며 리더십이다. 육탄 10병사나 故 강재구 소령의 희생은 자발적이었기에 영웅이라고 칭한다. 시뻘건 불구덩이에 뛰어들지 않는다고 소방관을 책망할 수는 없다. 그러나 누군가를 구하기 위해 자발적으로 뛰어든 소방관을 우리는 영웅이라고 한다. 누구도 그 현장에서 그들의 목숨을 요구할 권리는 없다. 다만 국가는 그러한 불구덩이의 상황이 만들어지지 않도록 시스템을 정비하고 관리할 의무가 있는 것처럼, 국가는 적 우위의 전력을 개발해야 하고 전투원을 보호할 수 있는 방호체계를 만들어야 한다. 더 이상 국가의 능력이 부족하여 육탄 10병사와 같은 영웅이 나오게 방치해서는 안된다. 국가의 능력과 권한은 지휘관에게 위임되어 행사되기에 필자가 연백작전을 준비하면서 핏대를 세워가며 완벽한 작전을 주장했고 점검했던 것은 전투에 투입하는 전투원들에 대한, 국가를 대신한 합참의 담당 실무자로서의 의무였다.

호국 보훈! 국가를 위해 제복을 입은 자들이 바친 헌신에 대해 보상하는 것은 국가의 당연한 의무이나 여의치 못하면 군복을 입은 현역군인이 그들을 위해 보훈하는 것은 군인의 또 하나의 임무이며 스스로를 존중하는 것이라는 마음으로 부하들을 교육했고, 능력범위 내에서 보훈활동에 정성을 쏟았다. 과거 지휘관시절 군 복무간 명을 달리한 3명의 전우들과 필자의 훈육지도를 받고 임관하여 야전에서 임무수행 중 명을 달리한 제자 고 강한수 소위를 가슴에 묻고, 유월이면 대전 현충원을 찾아 영령을 위로하고, 북한의 치졸한 지뢰도발 사실을 확인하는 순간 발목을 잃은 용사들의 곁에서 심리적인 안정을 위해서 상태를 살피면서 그들이 온전히 바로 설 수 있도록 보살폈던 일, 판문점 현장에서 숨진 고 장명기 상병[29]과 아프간 기지

---

29) 1984년 11월 23일 판문점에서 북한지역을 관광하던 구 소련 기자가 자유의 집으로

에서 폭탄테러로 희생된 고 윤장호 하사[30]에 대하여 실무선에서 유지되어 왔던 추모식을 필자가 직접 주관하도록 전환했던 것들은 필자가 평소부터 갖고 있었던 호국보훈에 대한 필자의 신념이었다. 보훈은 과거의 행위에만 국한하지 않았다. 전역하는 장병들에 대해서는 최대한의 예우를 다했다. 대대장시절부터 초급간부들의 전역시에는 화려하지는 않지만 격식있는 전역행사로 그들의 노고를 치하하며 '전역자에 대한 부대경례와 열병'을 통해 그들의 복무에 대한 숭고한 가치를 부곽시켰고, 장기 근속자들의 30주년 행사나 전역식은 반드시 필자가 주관하면서 자녀를 포함한 가족을 동반시켜 전역자의 복무에 대한 존중과 함께 가족들의 노고를 감사장으로 표현했다. 많은 간부들이 현역 후배들을 귀찮게 한다는 인식으로 선뜻 전역행사를 머뭇거렸으나 그들을 설득하였고 행사 후 감회에 젖은 그들의 표정을 보면서 만족했다. 참전용사들의 장례식을 격식있는 의식행사로 치러줌으로써 가족과 동료들의 생각의 중심에 그분의 고귀한 헌신을 존치시켰다. 이는 자기희생을 전제로 한 국가를 위한 헌신이 결코 누구나 할 수 있는 일상적인 행위가 아님을 주지시키는 일이었다. 그에 더하여 자유대한민국을 위하여 헌신한 유엔사 전력제공국가들과 참전용사들에 대한 보훈 외교도 또한 유엔사 내 한국군 선임장교로서의 책무였다.

군의 후원자로서! 이제 새로운 세상으로 나서고 있지만 평생을 군에서

월경하는 상황으로 발생한 남북 간의 교전에 의해 북한군 3명이 사망했고 JSA경비대대 고 장명기 상병이 사망했던 사건으로 유엔사에서는 매년 JSA대대장 주관으로 추도식을 가져왔음. 필자가 수석대표 부임 후 유족참가하에 직접 추도식을 주관하고 고향 부모님께 영상을 제공함.

30) 2007년 2월 27일 아프간 바르람기지에서 경계근무 중 자살폭탄 테러로 사망. 이후 연합사 주임원사 주관으로 용산기지에서 매년 추도식을 가져왔음. 필자가 수석대표 부임 후 직접 추도식을 주관함.

보냈기에 누구보다도 군을 사랑하는 마음으로 군을 바라보며 후배들을 응원하고 있다. 그런데 하루가 멀다 않고 접하는 뉴스들이 마음을 우울하게 한다. 하극상, 급식문제, 성관련 사고, 코로나 집단발병… 육대전과 청와대 국민청원에는 민원이 끊이질 않는다. 언론은 군 지휘부를 난도질하고 수많은 예비역 장군들도 가세를 하고 있다. 현역들은 반론을 제기하지 못한다. 왜냐하면 위 내용들이 사사로이 사실이기도 하고, 반론으로 나타나는 사안도 현역 지휘관의 책임이기 때문이다. 그렇다면 군 조직은 완전무결한 집단이어야 하는가? 대다수의 부대는 군인으로서 자부심을 갖고 지휘관을 중심으로 묵묵히 주어진 임무를 충실히 수행하고 있다. 강력한 통제를 바탕으로 한 군 조직에서 사안을 간과해서 나타나는 문제점도 있지만, 일반 사회에서는 수없이 발생해도 별 관심도 끌지 못하는, 사사로이 터져 나오는 부분적이고 개인적인 일탈이 군 조직이라고 해서 엄청난 군기문란사건으로 비화되어 '당나라 군대 등등' 군 전체를 형편없는 조직으로 매도하는 모습이 안타까울 뿐이다.

포퓰리즘에 지배된 여론에 의해 떠밀리는 개선은 정상적인 조직문화를 만들지 못한다. 대한민국의 군대를 버릴 의도가 아니라면 자정능력을 갖게 지원하는 것이 중요하다. '갑질'이라는 지극히 개인적 인성에 관한 문제를 조직의 문제로 진단하여 의견수렴도 없이 없애버린 지휘관 공관병의 폐해는 심각하다. 지휘관의 사적영역을 담당함으로써 지휘관의 공적임무수행영역을 보장한다는 편성개념으로 인해 보직된 공관병이 지휘관의 사병, 노예 등등의 포퓰리즘적 시각에 의한 여론에 의해 사라져 버린 것이다. 공관병의 사적영역의 보좌로 발생하는 지휘관의 공적업무에 대한 기회비용이 예하부대 소총병 한 명의 몫에 비할까? 필자가 겪은 일화가 있다. 1996년 연천지역에서 지휘관은 심야에 상황근무자로부터 보고받은 게릴라식 국지성 집중호우 예보에 공관 주변은 공관병에게 맡기고 잠자리를 떨치고 일어나 GOP소초를 점검하였다. 경험에 따른 산사태 징후를 감지하고 소초를 이동시킨 덕분에 산사태로 인해 일순간에 흔적도 없이 사라져버린 소초를 바라본 병력들이 안도의 한숨을 쉬었던 지휘가 공관병의 역할에서 기인한 것이었음이 굳이 설명이 필요하지 않을 것이다.

사단장, 군단장의 사적인 영역에 보좌가 없다면 책임져야 할 공적영역이 점점 줄어들 뿐이다. 병 급식문제로 인한 여론의 압박에 24시간이 부족한 지휘관의 역할이 취사반에 집중되는 현상이 정상적일까? 리더의 직위가 파리 목숨과 같아서 여론에 의한 징계와 책임추궁에서 살아남기 위해 전투부대 대대장들이 취사반에서 대부분의 시간을 보내고 있다고 전하는 후배 사단장의 자조 섞인 소회가 뒷맛을 씁쓸하게 한다. 세간을 떠들썩하게 만들었던 성추행 사건에 대한 후속조치가 오히려 군의 대부분을 차지하는 남군들을 역차별 혹은 과도히 위축시키지는 않는지 세심하게 살펴야 한다. 과거 필자가 당했던 사례처럼 불륜을 저지른 여군이 상대를 성폭행범으로 몰아가는데도 여론을 의식한 수뇌부가 여군을 피해자로 단정적으로 판단해서 후속조치를 함으로써 되돌릴 수 없는 상태의 희생자가 발생하는 우를 범해서는 안된다. 그 사건 이후 여론을 잠재우기 위해 그럴싸하게 내려졌던 처방이 많은 문제들을 양산시켰다. 이렇게 기울어진 저울로는 오히려 성실하게 묵묵히 근무하는 여군들의 입지를 점점 줄어들게 할 뿐이다. 남군들이 개인적으로 여군과의 자리를 회피하는 현상은 생존하기 위해 선택한 것이기에 지휘권으로도 강요할 수 없다. 아프간의 '칸막이로 분리된 강의장'의 모습이 우리 군에서 재현될까 우려스럽다.

그런데 누구보다도 이러한 생리를 잘 알고 더 많은 일들을 겪어왔던 예비역 선배들이 여론에 편승해서 후배들을 난도질하고 있는 것은 더욱 안타깝기만 하다. 어차피 군의 위상과 역할을 바로 세워야 할 사람들은 현역으로 복무하고 있는 그들이다. 가끔씩 세미나에서 만난 현역들은 필자보다 몇 갑절이나 지혜롭고 능력이 있음을 느낀다. 그런데 현재의 병영은 3~40년 전의 병영과 너무나 다르다. 침낭도 모포도 없이 침투한 대항군지역에서 건빵 뽀글이로 며칠간을 견디다 못해 인근 마을에서 알철모에 숯불을 얻어서 열기를 높이며 보좌하던 근무병은 속절없는 라떼 이야기가 되었다. 지휘관을 존경하고 정성을 들여서 보좌하던 분위기는 별천지같은 상황이 되었다. 그 가운데서도 대부분의 소대장, 중대장, 대대장은 정성스럽게 병사들을 보살핀다. 과거에는 한번 정도 볼 수 있었던 병사들의 부모님들도 요즘은 SNS를 통해 매일같이 접하면서 섬겨야 한다. 훨씬 더 고생스럽게 근무를 하고 있지만, 보람을 느낄 수가 없는 것 같아서 안타깝다. 솔선수범만 강조하는 감성적 리더십으로 인해, 지휘관과 간부를 존경하는 이제는 찾아볼 수도 없는 팔로우십이, 부족하다고 평가하는 리더십보다 더 아쉽다. 이제 군 간부가 기피직업이 될까 우려된다. 視卒如愛子, 간부와 지휘관은 병사들을 자식처럼 보살피고 돌봐야 하지만 군은 국민이 자식처럼 여겨야 한다. 군의 주인은 국민이기에 국민만이 군을 대상으로 화를 낼 수 있고 보듬을 수도 있다. 제대로 된 부모는 자식을 버리지 않는다. 어렵고 힘든 시기에서 주저앉은 자식이 있거들랑 격려하고 믿고 다시 일어서기를 기다려 주는 것이 부모의 몫이거늘….

정충신 군사 전문 기자

정충신

▲학력

- 서울대 국어국문학과 졸업(학사)
- 건국대 언론홍보대학원 졸업(석사)

▲경력 및 활동사항

- 문화일보 문화부장, 국방담당 논설위원 역임
- 현 문화일보 정치부 선임기자, 국방전문기자
- 국방부 · 해군 정책홍보자문위원 역임
- 현 대한민국재향군인회 홍보자문위원
- 현 전국평생학습도시협의회 홍보자문위원

▲저서 및 논문

- 〈정충신의 밀리터리 카페〉 연재(문화일보)

K9 155㎜ 자주포 해외 수출로 무기 수출 강국으로 부상

수출 효자 무기인 K9 155㎜ 자주포가 'K-방산'의 역사를 새로 쓰고 있다. K9은 2021년 12월 13일 호주 정부와 약 1조원 규모에 이어 2022년 2월 2조원대의 이집트 수출 계약에 성공하면서 세계 자주포 시장의 독보적인 베스트셀러로 자리를 굳히고 있다. K9은 자주포 시장 최강국인 독일과 미국을 제치고 2021년 세계 자주포 시장 점유율 50%를 차지했다. 그만큼 K9은 세계 방산 수출 9위(2020년 기준)인 우리나라에서 자타가 공인하는 선두주자다.

이집트 수출 성공으로 누적액 5조 원… 단일 방산 장비로 최대

한화디펜스와 호주 국방부획득관리단(CASG) 간 계약금액은 9320억 원으로 자주포 30문, 탄약운반장갑차 15대 규모다. 2022년 초 이집트와 약 2조원대 수출 계약에 성공해 K9 누적 수출 총액은 약 5조원 대로 껑충 뛰었다. 국내 방산 수출 사상 단일 방산 장비로는 최대 규모다. 2022년초 계약이 성사된 35억 달러(약 4조 원) 규모 LIG넥스원의 천궁Ⅱ 수출금액과도 맞먹는 액수다. 특히 호주에 대한 K9 수출은 미국이 이끄는 영어권 5개국 첩보동맹인 파이브 아이즈(Five Eyes, 미국 · 영국 · 캐나다 · 호주 · 뉴질랜드) 국가에 대한 첫 수출이다. 또 아시아 국가 중 처음으로 주요 무기체계를 호주에 수출한 사례이기도 하다.

여기에 유럽 · 아시아 등지에서 베스트셀러로 떠오른 K9이 세계 3위 무기 수입국인 이집트 수출에 성공하면서 중동 · 아프리카 시장의 교두보를 확보했다. 이집트 수출은 K9 자주포 수백 문 및 K10 탄약운반장갑차 등을 패키지 및 차관 제공, 현지 제작 방식으로 판매하는 방식으로 진행됐다. K9은 지난 2001년 터키를 시작으로 폴란드와 인도, 핀란드, 노르웨이, 에스토니아, 호주, 이집트 등 8개국에 800여문이 수출됐다.

K9은 1989년 국방과학연구소(ADD) 주도로 삼성테크윈(한화디펜스 전신), 현대위아, 풍산, 한화 등 100여 개 업체가 참여한 가운데 연구를 시작해 1998년에 독자 개발에 성공했다. K9 포 구경은 155㎜, 최대 사거리는 40㎞에 달한다. 자동화된 사격통제장비, 포탄 이송과 장전장치를 탑재해 급속 발사 시 15초 이내에 초탄 3발을 발사할 수 있다. 3분 동안 사격 시 분당 6~8발을 쏠 수 있다. 1시간 동안 지속 사격 시에도 분당 2~3발의 사격 능력을 구현한다.

K9은 탱크가 아닌 자주포인데도 최신 탱크 못지않은 뛰어난 기동성을 발휘한다. 중량이 47t에 달하지만 1000마력의 디젤엔진을 탑재해 최대 시속 67㎞까지 달릴 수 있다. 특히 먼 거리의 적을 정밀사격으로 타격한 뒤 신속히 다른 장소로 이동해 다시 공격할 수 있다. 이른바 '슛앤드스쿳(Shoot & Scoot)' 방식의 신속한 진지 변환 전술 운용에 최적화됐다. 뛰어난 기동성으로 험한 산악 지형은 물론이고 광활한 평원이나 혹한의 설원, 뜨거운 사막이나 습하고 복잡한 정글 등에서도 원활하게 주행 · 기동할 수 있다. 기후와 지형이 다른 세계 어느 나라든 수출하기 적합하도록 설계된 맞춤형 자주포다.

북 연평도 도발 때 진가 발휘… K9 진화는 진행 중

K9이 수출 효자가 된 것은 지난 2010년 11월 23일 북한이 휴전 후 저지른 첫 포격 도발로 벌어진 연평도 포격전에서 대북 타격력의 주역으로 진가를 발휘한 덕분이다. 북한의 기습 포격에도 80여 발의 대응 포격으로 포격전을 승전으로 이끌면서 한국군 포병 전력의 핵심 타격무기로 자리 잡았다. 남북 간 포병전이 벌어진다면 K9 자주포 대 북한 방사포(다연장로켓) 간 대결이 될 가능성이 크다. 이에 따라 K9의 성능개량은 대북 군사력 우위 확보에 필수적이다.

현재 STX엔진은 K9의 심장인 엔진을 독일제 대신 국산 1000마력급 엔진 및 엔진제어장치로 바꾸기로 하고 2025년 양산을 목표로 개발 중이다.

또 K9은 2030년대까지를 목표로 총 3단계 성능개량 작업이 추진되고 있다. 첫 번째 개량형인 K9A1 모델은 2018년부터 실전 배치됐는데 보조동력장치(APU)가 달린 덕분에 주엔진 가동 없이 임무 수행이 가능하다. 또 조종수의 야간잠망경을 '열상형'으로 바꿔 주야간 임무 수행이 가능하다. 자동사격통제장치도 향상돼 실시간 탄약 현황을 더 편리하고 효율적으로 관리할 수 있게 됐다. 지금은 2027년 전력화를 목표로 두 번째 개량형인 K9A2 모델 개발을 준비하고 있다. 탄약 장전을 100% 자동화할 수 있는 자동화 포탑을 탑재한 '고반응화포'가 개발되면 분당 발사속도가 기존 6발에서 9발로 빨라지고, 탄약 장전을 위한 인원이 필요 없어져 탑승 인원도 5명에서 3명으로 줄어든다. 고반응화포 기술 개발은 ADD와 한화디펜스가 함께 2016년부터 시작해 올해 8월 완료한 상태다. 호주에 수출된 K9A1은 향상된 탄약을 사용해 54㎞까지 사거리가 늘어났다.

한화디펜스는 2030년대 실전 배치를 목표로 세 번째 성능개량형인 K9A3 모델도 개발하는 등 K9 진화는 계속될 예정이다. K9A3는 사거리가 70~100㎞로 크게 늘어나는 한편, 인공지능(AI) 기반의 사격통제 기술과 원격주행 기술을 적용하는 등 첨단 무인화 기술이 접목된다.

세계 자주포 수출시장에서 한화디펜스의 K9 155㎜ 자주포의 경쟁 상대는 현존 자주포 최강국 독일을 비롯해 과거 영화 재현을 꿈꾸는 미국과 스웨덴, 프랑스, 러시아, 중국 등 군사 강국들이다. 향후 영국과 미국의 차기 자주포 도입(MFP) 사업을 둘러싸고 이들 군사 강국과 치열한 쟁탈전이 예상된다.

K9이 자주포 시장의 베스트셀러로 떠오른 이유는 높은 가성비 덕분이다. 자타가 공인하는 세계 최고 자주포인 독일의 판저하우비츠2000(PzH2000)과 어깨를 견주는 고성능임에도 가격은 훨씬 저렴해 유럽 선진국은 물론 세계 주요 신흥국들의 러브콜을 받고 있다.

한화디펜스는 K9A2로 영국 육군 자주포 시장 문을 노크하고 있다. 영국은 2023년부터 자동화 포탑과 원격구동 기술 등이 적용된 MFP 사업을 추진할 예정이다. 최종 사업자 선정은 2026년, 전력화 시점은 2029년이다. 비장의 무기는 현재 개발 중인 K9A2다. K9A2는 독일 KMW의 PzH2000과 독일 라인메탈의 HX3, 스웨덴 BAE보포스의 아처(Archer)와 각축을 벌일 것으로 예상된다. 김대영 한국국가전략연구원 연구위원은 "적어도 2023년 K9A2 설계를 완료한 뒤 시제품 제작이 시작돼야 영국 MFP 사업에서 경쟁력을 갖출 수 있을 것"이라며 "K9A2 성능개량 사업이 적기에 진행돼야 해외 수출 사업을 위한 개발 리스크도 최소화할 수 있다"고 전망했다.

스톡홀름국제평화연구소(SIPRI)에 따르면 K9은 2000 2017년 572문이 수출돼 같은 기간 세계 자주포 시장에서 48%의 점유율로 이미 1위를 기록했다. 2위는 189문이 수출된 독일 PzH2000, 3위는 175문의 프랑스 카이사르, 4위는 128문의 중국 PLZ-45였다. 2021년 기준으로는 K9 자주포가 세계 자주포 수출시장 50%를 점유하고 있다. 특히 2021년 11월 기준 우리나라 포함 8개국에서 1700여 문이 운용돼 세계 자주포 시장 1위를 지키고 있다.

현재 미국과 독일은 우리 K9A1보다 사거리가 뛰어난 67~75㎞ 사거리 자주포 개발에 전력을 쏟고 있다. 미국이 2018년 개발에 착수한 사거리연장(ERCA) 차기 자주포가 2024년쯤 개발에 성공할 경우 세계 자주포 시장 경쟁이 더욱 격화될 것으로 예상된다. 미국과 독일은 또 사거리 연장, 무장 · 탄약 개발로 2020년에 장사정 화포 사거리를 67~75㎞로 구현했다. 미국 M109 ERCA 자주포는 2020년 사거리 70㎞, 58구경+XM1113탄을 구현한 데 이어 2023년 18문 초도생산 후 2025년 전력화할 예정이다. 독일은 탄약 · 무장 개발, 사거리 67㎞ PzH 자주포와 V-LAP탄을 2019년 개발했다. 러시아가 올해 전력화한 2S35 칼리차(Koalitsiya) 자주포는 최대 발사속도 분당 9발로 탄 및 장약 장전 자동화가 가능하다.

2027년 전력화를 목표로 개발 중인 K9A2 고반응화포 검증 사격 장면. 자동화 포탑 탑재 '고반응화포'가 개발되면 분당 발사속도가 기존 6발에서 9발로 빨라진다. 영국 차기 자주포 도입(MFP) 사업에서 독일, 스웨덴 자주포와 경쟁할 것으로 예상된다. 한화디펜스 제공.

해군 경항공모함 건조추진

국방부와 방위사업청이 2021년 9월 1일 각각 완료한 경항공모함(경항모) 사업 연구용역 및 사업 타당성 보고서에서 "전구(戰區) 작전 자율성을 높임과 동시에 유사시 미국 항모 부재에 대비하는 등 우리나라 전략적 자율성과 외교적 선택지를 넓힐 전략자산 확보 차원에서 사업이 필요하다"고 최종 결론을 내렸다. 다만 방사청의 사업 타당성 결과 보고서는 '미보유 핵심기술에 대한 위험관리 방안이 수립돼도 핵심기술을 어떻게 개발하겠다는 의결된 공식문서가 필요하다'며 '조건부 타당' 결론을 내려 핵심기술 확보 · 관리 방안이 숙제가 될 것으로 보인다.

국방부 연구보고서는 방위사업추진위원회가 2021년 2월 사업추진기본전략을 수립한 뒤 해양전략연구소, 해양과학기술원, 서울대, 국방대 연구진이 7개월 연구한 최종 결과다.

우여곡절끝에 정부가 요청한 사업예산이 2021년 말 국회 심의를 통과함에 따라 2022년 초 기본설계 기본계획서를 수립, 확정한 뒤 올 봄 입찰을 거쳐 2022년 6월 말 기본설계에 들어갈 것으로 예상된다.

연구보고서 “경항모 미 항모 부재 등에 대비 가능”

국방부 연구보고서는 경항모 필요성에 대해 “미 · 중 전략경쟁이 본격화하고 동북아 국가의 해군력 강화 현실 속에서 한반도 및 동북아 유사시 방위 · 억제 능력 확보 수단이자 인도 · 태평양의 안보환경 변화에 구체적으로 대비하는 장기적 국방전략 일환이자 미래 전략자산으로 확보가 필요하다”고 최종 결론 내렸다. 보고서는 경항모의 군사적 효과와 관련 “평시에는 항모전투단은 막강한 군사력을 현시(顯示)해 북한 도발을 억지하고 전시에는 한미연합 항모강습 능력을 통해 전쟁 조기 종결에 기여할 것”으로 평가했다. 이어 “전구 작전의 자율성을 높임과 동시에 분쟁(개전) 초기 미 항모 부재에 대비가 가능하며, 미국의 핵심이익이 존재하는 서태평양에서 연합임무 수행 시 한미동맹의 결속력 강화에 기여할 것”이라고 동맹 기여도를 강조했다. 더불어 “미래전의 핵심으로 부상하는 복합전의 전략 · 전술 개발과 운영 교리 개발에 있어서 한국군의 장기적 발전에 도움이 될 것”이라고 평가한 대목도 눈길을 끈다.

보고서는 비군사적 효과와 관련 “신북방 · 신남방 정책 추진, 중견국 외교 등을 실현하기 위한 비전통 안보 분야 협력과 외교적 선택지의 확정을 위한 추동 전력이 될 것”이라며 “자국민 보호, 재해재난 구호, 테러 등 비전통적 안보영역의 역량 강화, 해상교통로의 안정적인 보호를 통해 경제통상 이익을 수호할 것”이라고 평가했다. 산업 파급력과 관련 “항모 건조는 세계적 수준에 있는 우리나라 조선 · 해운산업의 세계 선두 유지, 방산수출 및 기술발전 등의 기회 제공 수단이 될 것”이라고 호의적으로 평가했다.

‘조건부 타당’ 지적…핵심기술 확보 로드맵은 어떻게

군 관계자는 ‘조건부 타당’ 지적과 관련 “사업 타당성 조사에서 제시된 의견은 사업추진이 불가능하다는 의미가 아니다”라며 “안정적인 사업추진을 위해 사업 진행 과정에서 더 세심한 리스크 관리가 필요하다는 취지"라고 설명했다. 방위사업청은 사업 타당성 권고에 따라 2022년 6월쯤 예상되는 기본설계 착수 전까지 공식문서인 '기본설계 기본계획서'를 작성해 사업 타당성에서 요구한 조건인 핵심기술관리방안을 수립할 것으로 알려졌다.

방사청은 그동안 연구개발로 확보하는 첨단무기체계인 3000t급 잠수함 장보고 Ⅲ 사업과 장사정포 요격체계 등 일부 전력의 경우에도 핵심기술 개발과 병행해 탐색개발을 추진한 사례를 참조하겠다는 입장이다. 군 관계자는 "급변하는 미래 전장환경과 과학기술 발전 등을 주도적으로 전력 건설에 반영하고 피드백하겠다"고 밝혔다. 예정대로라면 핵심기술 성능평가는 2024년 3분기까지 완료될 계획이며, 기본설계 시험평가가 예상되는 2025년 이전에 핵심기술 개발 결과를 피드백하는 것이 가능하다는 설명이다.

2021년 8월31일 울산 동쪽 동해 공해상에서 수직이착륙 스텔스 전투기 F-35B가 헬멧과 고글을 쓴 취재진과 승조원들이 지켜보는 가운데 영국 항모 퀸 엘리자베스호 갑판 함수에 설치된 스키점프대를 떠나 하늘로 솟구치고 있다. 스키점프대 방식의 퀸 엘리자베스호는 한국형 경항모의 모델로 주목받고 있다. 퀸 엘리자베스호 트위터 캡처

경항모 확보 비용 20조 원 대 2조6000억 원

국회 국방위에서 신원식 국민의 힘 의원 등이 경항모 확보 비용이 15조 20조 원이 들 것이라는 주장에 대해 군 당국은 경항모 건조비는 2조6000억 원이라고 설명했다. 해군 측은 "1990년대부터 해군은 구축함 18척과 지휘함 3척으로 구성된 기동함대 건설을 추진한 결과 현재 구축함 9척은 이미 확보해 운용 중이고, 나머지 9척은 국방중기계획에 반영돼 확보 중"이라며 "지휘함 3척 중 독도함, 마라도함 2척은 확보했으며 마지막 1척을 확보하려는 사업으로 경항모 확보에 따라 추가로 확보해야 할 구축함은 없다"고 설명했다. 해군 관계자는 "경항모 건조비용을 기존의 중기계획에 재원이 할당돼 확보 추진 중인 구축함들과 헬기전력 등을 모두 포함시켜 20조 원이라고 하는 것은 적절하지 않다"며 "수직이착륙기는 공군전력 증강 차원에서 확보할 예정이며 재원은 앞으로 별도로 반영될 것"이라고 설명했다.

극초음속 무기개발

미국, 러시아, 중국은 2019년, 2020년에 신형 극초음속 탄약을 시험하는 등 기존 방어체계를 무력화할 수 있는 무기를 향한 전 세계적 경쟁이 치열해지고 있다. 러시아 및 중국의 극초음속 무기 개발 시험은 미국 유럽 등 강대국들의 우려를 낳고 있지만 최근 미국 역시 비밀리에 진행한 시험을 통해 미국 또한 극초음속 기술 우위 확보를 위해 상당한 투자를 하는 것으로 드러났다. 극초음속(Hypersonic)기술은 마하 5보다 빠르게 대기권을 통과하며 시간당 거의 4000마일에 달하는 속도를 내는 항공기, 미사일, 로켓 및 우주선을 뜻한다.

국방기술진흥연구소(국기연 · 소장 임영일)가 2021년 12월 20일 발간한 '2021 세계방산시장 연감'은 미래 전장을 변화시킬 4차 산업혁명 핵심 미래기술로 극초음속 기술 등 8가지 기술에 대한 세계 방산시장 규모와 성장 전망 등 분석자료를 상세히 공개했다.

극초음속 기술 경쟁…선두주자 미 · 중 · 러 이어 유럽 국가들도 뛰어들어

국기연은 극초음속 기술 시장의 선두주자 3개 강대국 간의 장기적인 전략적 지배는 부분적으로 재래식 전술 및 전략적 억제를 위한 극초음속 미사일의 개발과 배치에 따라 결정될 것이라고 전망했다. 미국은 현재 공군, 육군 및 해군을 위한 극초음속 체계 개발에 2024년까지 연평균 20억 달러 이상의 지출을 계획하는 것으로 나타났다. 미 국방부는 2021 회계연도 예산에서 극초음속 무기 연구에 32억 달러를 요청한 반면 극초음속 위협에 대항하는 방어체계에는 2억680만 달러(약 6%)가 배정됐다.

국기연은 적 미사일 추적 및 요격 체계 개발을 감독하는 미 국방부 산하 미사일 방어국(MDA)이 2020년 의회에 재원 미확보 활동 중 가장 중요한 극초음속 방어 부문에 대한 투자 증가를 요청했다고 밝혔다. 2020년 후반에 의회는 해당 부처에 극초음속 방어 및 탐지 기능 개발을 골자로 13억 달러의 예산을 의결했다. 유럽에서 프랑스 및 독일은 모두 극초음속 무기에 투자했는데, 프랑스는 370억 유로의 핵 개발 기금 중 일부를 배정했으며 독일은 현재 극초음속 무기를 위한 계약을 추진하고 있다.

극초음속 무기 개발을 주도하고 있는 중국, 러시아 및 미국뿐만 아니라 유럽 국가도 극초음속 개발을 추진하고 있다. 프랑스 및 독일은 극초음속 개발에 투자했는데, 프랑스는 핵 체계 오버홀(overhaul)의 일환으로 투자하고 있으며 독일은 2018년에 극초음속 무기 프로그램을 시작했다. 또한 유럽연합(EU)은 요격 프로그램인 트위스터(TWISTER)를 준비 중인데, 이 프로그램은 잠재적 극초음속 위협을 포함해 성능 개선된 위협 탐지, 추적 및 대항 능력을 유럽 국가에 제공하는 것이 목적이다. EU는 마하 5~6 항공기의 개발을 목적으로 하는 아틀라스(ATLLAS) 2 프로그램도 개발하고 있다.

극초음속 무기의 전략적 중요성, 발사체계

중국, 러시아 및 미국의 극초음속 무기 개발과 관련해 전략적 접근이 변하고 있다. 국기연은 “러시아는 재래식 핵전쟁에 대비해 극초음속 무기를 개발하는 것으로 보인다"며 "반면에 미국 및 중국은 소규모 지역 충돌을 고려해 극초음속 무기를 개발하고 있다"고 분석했다. 중국은 자국 신무기인 DF(둥펑)-17에도 핵탄두가 아닌 재래식 탄두를 탑재할 것을 천명했다.

정밀 공격을 위한 극초음속 무기 사용은 여러 가지 장점을 제공하며 기존 미사일 방어체계로는 대륙간탄도미사일(ICBM)을 이용한 핵 타격의 저지를 보장할 수 없다는 분석도 나왔다. 특히 극초음속 미사일은 표적을 매우 정밀하게 타격할 수 있고 두 가지 측면에서 상대방에게 두려움을 줄 수 있는데, 하나는 핵탄두의 탑재고, 다른 하나는 시설, 통신 또는 무기를 파괴하는 등 일반적인 능력을 무력화하는 데 사용할 수 있는 비핵 패키지의 탑재다. 미국 및 중국은 모두 비핵 탑재체를 운반하는 극초음속 장치를 개발하고 있음을 시사한다는 것이다.

극초음속 미사일은 방향을 매우 빠르게 조정할 수도 있는데, 이는 마지막 순간까지 타격 지점을 예측하기가 거의 불가능하다는 것을 뜻한다. 극초음속 미사일은 표적 변경 능력 외에 추가로 정밀도까지 보장되므로 경로를 조정할 수 있다. ICBM은 핵 탑재체를 장착할 수 있고, 적 방어망을 약화시킬 수 있으므로 이는 능력 측면에서 중요한 군사적 강점이다. 극초음속 미사일은 방어체계를 전략적으로 제거하기 위해 비핵 탑재체를 장착할 수도 있다.

특히 러시아가 이러한 능력을 장기적으로 활용하고자 할 수 있는데, 극초음속 미사일을 사용하면 나토(북대서양조약기구)가 동유럽에 전개한 다수의 미사일 요격 기지의 방어망을 제거해 핵 타격을 보다 원활하게 수행할 수 있으며, 이는 나토의 방어체계에 대한 신뢰를 떨어뜨릴 수 있다는 것이다. 미국도 방어체계를 제거하는 능력에 초점을 맞추고 있지만, 이러한 능력에는 높은 수준의 정밀도가 필요하며 개발이 더 길어진다는 것을 인지했다고 한다.

기존 미사일 방어체계는 인공 조건에서도 ICBM 저지에 비효과적이지만, 레이더는 ICBM을 조기에 탐지하는 데 효과적이며, 극초음속 무기는 중간 경로 단계를 상대에게 노출시키지 않아 살상력이 높다. 특히 러시아의 우려는 기존 미사일 방어체계가 러시아 핵무기에 효과적으로 대응하도록 발전해 왔는데 극초음속 무기는 이러한 우려를 잠재울 수 있다는 것이 큰 이슈다.

극초음속 무기의 전략적 중요성은 중요 표적에 대한 사용 가능성이다. 충돌의 초기 단계에서 극초음속 무기는 적대 세력이 반격하기 어렵게 미사일 포대 또는 지휘 본부와 같은 표적을 정확하게 제거하는 데 사용할 수 있다. 이러한 선제적 공격은 공군 및 지상군의 후속 공격이 쉽도록 적의 방어 능력 무력화에 초점을 맞출 수도 있다. 이는 정확하게 사용할 수 있으며 탐지 및 저지가 어렵다는 점에서 ICBM보다 뛰어난 장점이 된다. 또한 핵 능력을 무력화하거나 핵심 수뇌부 및 지휘통제 시설을 제거하는 소위 '참수작전(Decapitation Strike)'에 사용할 수도 있다.

발사체계 측면에서 중국은 극초음속 무기를 발사하기 위해 레일건(Railgun) 설치를 선택하는 반면, 미국은 재래식 발사대를 이용한 발사를 선택하고 있다. 재래식 발사대를 이용한 발사의 주요 이점은 선박에 극초

미군 극초음속 공기흡입 무기 시스템. 레이시온사 홈페이지 캡처

음속 발사 능력을 제공하기 위한 많은 작업이 필요 없다는 것이다. 레일건은 더 빠른 발사 능력을 제공하지만 레일건을 탑재하려면 시설 및 선박의 개조가 필요하며, 이러한 개조는 상당한 시간이 소요되므로 신무기 배치가 지연될 수 있다.

극초음속 무기를 발사할 수 있는 주요 플랫폼은 잠수함이다. 극초음속 무기는 사거리가 제한되기 때문에, 최대 사거리가 약 2000㎞인 러시아의 아방가르드(Avangard)를 국내 또는 심지어 전구(戰區) 수준 타격에 사용하려면 탐지되지 않는 범위에서 충분히 가까워지기 위해 잠수함 발사가 필요할 수 있다. 극초음속 무기가 탑재된 잠수함은 국가에 상당한 전술적 이점을 제공할 수 있다.

세계 최초 디젤잠수함 수직발사관 6문 탑재 도산안창호함

국내 기술로 설계해 건조한 명실상부한 국산 1호 3,000t급 중(重)잠수함인 도산안창호함을 건조한 대우조선해양은 국내 최초로 육상 시험소인 LBTS(Land Based Test Site)를 이용해 2020년 함정에 장비를 탑재하기 전 완전할 때까지 성능시험을 실시해 성공했다. LBTS를 이용해 함정에 장비를 탑재하기 전 실제적인 장비성능과 연동에 문제가 없는지를 확인해 예상되는 문제점을 사전에 제거한 것으로 알려졌다. 잠수함발사탄도미사일(SLBM) 육상 시험에 이어 2020년 말 수중발사시험을 성공했다. 해군에 인계된 뒤 9월 최종적으로 잠수함에 실재 탑재해 시험발사하는 시험에 성공, 세계 8번째 SLBM(잠수함발사탄도미사일) 보유국이 됐다. 북한은 북극성-3형 SLBM 시험발사에 성공해 현재 건조 중인 3,000t급 잠수함에서 실제 발사하는 단계만 남겨두고 있다.

도산안창호함은 세계 최초로 디젤 잠수함에 수직발사관(VLS) 6문을 설치한 것으로 확인됐다. 국산 기술에 의해 독일에 이어 세계에서 두 번째로 개발한 공기불요추진체계인 AIP(Air Independent Propulsion System)가 탑재됐다. 방위사업청 잠수함 사업팀장을 지낸 문근식 대한민국 잠수함 연맹 부회장의 조언으로 세계 12번째 잠수함 독자 건조 후 최종 시험평가를 거쳐 곧 해군에 인도될 도산안창호함의 성능과 개발과정에 얽힌 비하인드 스토리를 살펴본다.

13년 만에 세계 12번째 잠수함 독자 건조 성공

2021년 도산안창호함의 시험평가가 성공적으로 끝남에 따라 2008년 1월 대우조선해양-현대중공업 간 컨소시엄(공동수급체)이 기본설계 계약 후 13년 만에 세계 12번째 잠수함 독자 건조 기록을 수립하게 됐다. 방사청은 잠수함 독자 설계 · 건조라는 국가적 연구 · 개발(R&D) 과제를 해결하기 위해 국가기술력을 총결집하기 위해 현대중공업과 대우조선해양 간 컨소시엄을 구성했다. 방사청은 양사에서 설계인력 50명씩을 파견받아 공동수급체라는 설계조직을 구성한 후 부산의 모 지역에서 기본설계를 시작했다. 잠수함선진국인 미국 · 영국 등은 한 회사가 설계인력을 200~300명 정도 유지하는 게 관례인 데 비해 당시 양사 파견 설계인력은 고작 100명에 불과했다. 4년의 기본설계기간 중 설계인력과 경험 부족, 주요 핵심 탑재장비의 국산화 개발을 동시에 진행하는 어려움을 겪으면서도 기본설계 결과물을 내놓을 수 있었다. 국가기술력을 총결집하기 위해 양사가 힘을 합쳐 시작했지만, 공동 건조 합의를 이끌어 내지 못해 한때 건조사업이 좌초되는 게 아닌가 하는 위기를 맞기도 했다. 우여곡절 끝에 주위 우려를 불식시키고 13년 만에 해군에 잠수함을 인도해 대한민국 잠수함 설계 및 건조의 저력을 과시했다.

잠수함 선진국들을 놀라게 한 치밀한 건조공정

도산안창호함은 2020년 12월 15일에 인도할 예정이었으나 8개월 정도 일정이 지연됐다. 근로기준법 개정에 따른 주52시간 근무, 코로나19 등으로 인력 투입이 원활하지 못했기 때문이다. 주성능이 아닌 몇 가지 부수적인 성능 문제로 시험평가가 지연됐다. 코로나19가 진행되기 전까지 함 건조공정을 지켜보던 잠수함 건조 경쟁국 기술자들은 대우조선해양의 치밀한 설계 및 공정관리에 혀를 내둘렀다고 전한다. 문근식 부회장은 "함 건조 사업 성공 여부는 납기를 맞추고 성능을 충족하느냐에 달렸다. 주52시간 근무, 코로나19 등의 이유로 8개월 지연된 것을 두고 납기를 어겼다고 평가하기는 어렵다"며 "다소 늦었지만, 시험평가를 무사히 마치고 성능을 충족시킨 것은 평가할 만하다"고 설명했다.

잠수함 선진국에서도 여러 가지 이유로 납기가 지연되고 성능을 충족시키지 못해 천문학적인 추가비용이 발생한 사례가 빈번하다. 잠수함 건조의 베테랑 격인 영국도 업홀더급 디젤 잠수함 건조 시 핵심 장비의 기본성능 미달로 건조공정이 7년이나 지연됐다. 아스튜트급 핵잠수함은 5년이나 인도가 지연됐고 사업비는 무려 2조 원(13억5000만 파운드)가량 증액됐다. 호주는 콜린즈급 잠수함을 독자 개발하면서 사업 주관 기관 간 불협화음과 장비성능 미달 등으로 인해 사업기간이 4년 지연돼 사업비가 8,000억 원(10억 달러) 이상 늘었다. 스페인이 건조 중인 S-80 잠수함은 1998년에 건조를 시작해 2013년에 해군에 인도예정이었으나 아직도 중대한 결함사항을 수정하지 못한 채 23년간 표류해 사업비가 2조3,000억 원 추가됐다. 미국 · 영국 등 잠수함 독자 개발 경험 보유국도 새로운 모델 개발 시는 사업기간이 원 계획 대비 평균적으로 26개월 연장되고, 사업비도 엄청나게 증가됐다. 잠수함 전문가들은 처음 독자 개발한 도산안창호함의 8개월 인도 지연은 모범적인 개발 사례로 평가하고 있다.

잠수함 시험평가에는 속도성능시험, 함의 은밀성과 적군 동태 파악을 확인하는 소음 및 음탐시험, 긴급잠항 및 긴급부상, 장비의 작동 상태와 심해 수밀 상태를 확인하는 심해잠항시험, 함내 무장 장비에 대한 성능시험 등이 포함된다.

국내 최초 음향 무반향코팅적용, LBTS 운용으로 건조공정도 무난히 지켜

도산안창호함은 우수한 잠수함의 상징인 '더 깊이 더 조용히 더 강력하게'로 일컫는 성능을 제대로 구현했을까. 먼저 더 깊이 잠항하기 위해 '포항제철'은 압력선체 제작에 크롬과 몰리브덴을 첨가하고 HY80강보다 니켈을 0.25% 더 함유한 합금강인 HY100강을 사용했다. HY100강은 214급 잠수함의 압력선체 건조에도 사용된 400m 이상 잠항 가능한 선체로 디젤잠수함에서는 세계 최고수준이다. 더 조용한 성능을 위해 '화승RNA사'는 국내 최초로 음향 무반향코팅제를 개발해 선체에 적용, 흡음과 동시에 방사소음의 크기를 크게 줄였다. 문 부회장은 "이러한 과정을 통해 수중 방사소음 수준을 세계 최고수준인 독일의 214급 잠수함 수준에 도달했다"며 "이는 잠수함을 독자 개발하는 입장에서 기적에 가까운 성과"라고 평가했다.

세계 최초 디젤 잠수함에 수직발사관 6문 설치, 세계 두 번째 AIP 개발

더 강력한 공격능력 향상을 위해 대우조선해양에서 직접 수직발사관을 개발해 탑재함으로써 토마호크나 대형 탄도미사일 등 여러 발을 동시에 발사할 수 있게 됐다. 애초 어뢰를 쏘는 수평발사관으로 잠수함발사순항미사일(SLCM)을 발사할 예정이었으나, 북한의 SLBM 위협에 대항하기 위해 SLBM을 수직으로 발사하는 형상으로 설계를 변경했다. 또 주식회사 범한퓨얼셀은 독일에 이어 세계에서 두 번째로 AIP(Air Independent Propulsion System)를 개발, 탑재함으로써 적진에서 3주 이상 스노클 없이 기동할 수 있도록 수중작전지속능력을 대폭 향상시켰다. 이로 인해 적을 먼저 보고 먼저 쏠 수 있는 전투능력도 향상됐는데, 이는 국방과학연구소(ADD), LIG넥스원, 한화시스템이 공동으로 소나체계와 전투체계를 개발해 탑재함으로써 가능했다. 도산안창호함의 전투능력은 기존의 독일제 장비를 탑재한 209급, 214급 잠수함에 비해 탐지 및 추적능력이 더 향상된 것으로 시험평가 단계에서 확인됐다.

도산안창호함에 탑재된 독자 개발 장비는 더 있다. 수중에서 정확한 위치를 산출하고 오차 없이 항해를 가능하게 하는 기점판(대양전기)과 관성항법장비(한화탈레스)는 기존 독일의 209 및 214급 잠수함 장비와 대등한 성능을 갖췄다. 잠수함에서 소음유발 원인 중 하나인 추진전동기(효성)와 충전발전기(현대중공업)를 국내 개발함으로써 기존 잠수함의 추진전동기, 발전기 고장 시 독일로부터 기술종속을 벗어나게 됐다. 수중에서 3차원 기동을 안전하게 보장하는 통합플랫폼관리체계(KTE) 개발도 자랑거리다. 또 잠수함의 상징이라 할 수 있는 잠망경을 오르내리게 하는 통합 양강마스트(금하네이벌텍)도 중소기업의 노력으로 개발에 성공했다.

국산화율 76% 달성, 해외 수출에 청신호

북한 잠수함은 한국에 비해 크기와 성능은 많이 떨어지나, 수적으로는 우리보다 월등히 많은 90여 척을 보유하고 있다. 우리 해군보다 30년 먼저인 1963년부터 비대칭전력으로서의 잠수함 확보를 시작한 덕분이다. 하지만 북한 잠수함은 소음이 심해 은밀성이 떨어지고 속도가 느려 신속한 기동을 필요로 하는 원양작전은 불가능하다. 북한의 로미오급 잠수함은 한번 잠항 시 물속에서 최대 10시간 남짓 작전이 가능하지만, 도산안창호함은 3주 이상 수중작전이 가능하다. 우리가 3~5배 먼저 탐지하고 2~3척씩 동시에 공격할 수 있는 능력이 돋보인다. 이는 우리가 수적 열세를 극복하고 성능으로 압도할 수 있는 기반이 마련됐음을 의미한다. 전시에 해외로부터 부품을 조달할 수밖에 없는 난제도 해결된 셈이다. 장비, 부품 국산화는 실질적인 자주국방 실현의 출발점이다. 잠수함 수출의 문도 활짝 열었다. 잠수함 독자 설계 건조 성공은 세계 최고 조선기술 강국으로 인정받는 것을 의미하며, 잠수함 이외의 선박 수주에도 영향을 미치게 된다. 문 부회장은

"우리가 개발한 장비가 아니면 수출해도 돈이 안 된다는 한계가 있었다"며 "이번에 처음으로 잠수함을 독자 개발하면서 국산화율 76%를 달성한 것은 기적에 가깝다"고 평가했다.

도산안창호함 항해 모습.기본설계 계약 후 13년 만에 시험평가에 성공해 세계 12 번째 잠수함 독자건조 기록을 수립했다. 대우조선해양 제공

남북한 군사력 비교

2020년 3월 미국의 군사력 평가기관인 '글로벌 파이어파워(GFP)'는 2020년 국가별 군사력 순위에서 한국이 집계 대상 국가 139개 중 6위를 차지했다고 발표했다. 2018 · 2019년 세계 7위에서 한 계단 올라선 수치다. 반면 북한은 2019년 18위에서 7계단 내려간 25위였다. 그동안 일부 군사 마니아 외에 언론에는 잘 알려지지 않던 GFP 보고서가 2020년 우리나라에서 주목을 받은 이유는 문재인 대통령이 2020년 6월 2일 청와대 중장 진급자 삼정검(三精劍) 수치(綬幟) 수여식 때 군의 사기 진작 차원에서 이 보고서를 언급했기 때문이다.

문재인 정부는 2024년까지 세계 5위 군사 강국 목표를 달성하겠다며 국방비 상승 폭을 늘리고 있다. 특히 2020년 들어 북한이 합의 파기를 위협하는 2018년 9 · 19 남북군사합의와 관련해 '우리 대북 억제력이 크게 약화됐다'는 예비역 장성들과 야당의 비판을 반박하려는 의미도 담겨 있다.

하지만 GFP 군사력 지수는 핵무기 같은 비대칭 전력이나 선제공격 등 군사 전략, 지리적 특성을 고려하지 않은 채 재래식 군사력 비교라는 결정적인 한계를 갖고 있어 객관적인 군사력 지표로 삼기엔 무리라는 비판도 만만찮다. 핵무기를 포함해 군사력 순위를 매길 경우, 북한의 군사력은 역전을 넘어서 한국의 2배에 이를 수 있다는 평가도 나온다.

GFP 보고서, 세계 군사력 한국은 6위, 북한은 25위

GFP의 '2020년 국가별 군사력 순위' 보고서는 군사력을 평가할 때 재정력, 병참능력, 지리 등 50개 이상의 요인을 파악해 국가의 파워인덱스(PwrIndex) 점수를 산정한다. '0'에 가까울수록 군사력이 강하다는 의미다. 미국은 0.0606점으로 부동의 1위다. 러시아(0.0681), 중국(0.0691), 인도(0.0953)가 뒤를 이었다. 일본은 한국보다 한 계단 앞선 5위였다.

한국은 0.1509점, 25위 북한은 0.3718점. 북한은 정규군 약 128만 명과 탱크 약 6000대, 전투기 458대, 잠수함 83척 등을 보유하고 있다. 한국은 재래식 무기 보유 장비와 경제력 등에서 북한을 월등히 앞선다. 북한이 한국을 앞선 분야는 군 병력 수와 잠수함 등 소수에 국한된다. 한국은 전쟁 동원 가능 인원이 인구의 절반 수준인 2570만 명으로 집계됐다. 군용기는 1649대로 미국 · 러시아 · 중국 · 인도에 이어 다섯 번째였다. 탱크는 2614대로 9위였다. 북한은 전쟁 동원 가능 인원이 한국의 절반인 1300만 명이지만, 탱크는 한국의 곱절 이상인 6045대였다.

GFP의 군사력 순위가 각 나라의 군사력을 실질적으로 반영하지 못한다는 지적도 있다. 10위권 국가들을 보면 한국 일본을 제외하면 대부분 핵보유국이다. 일본은 유사시 단기간에 핵보유가 가능한 나라다. 브루스 베넷 미 랜드연구소 선임연구원은 모든 나라가 처하는 전쟁 상황이 다르기 때문에 군사력을 평가할 땐 무기의 숫자만이 아닌 전쟁을 수행하는 방식 등도 함께 고려돼야 한다고 말했다. 특히 북한에 대해선 "순수하게 재래식 전력으로만 본다면 북한의 군사력이 다른 나라에 비해 크게 뒤떨어지는 게 사실이지만, 핵무기를 포함시키면 얘기가 전혀 달라진다"고 지적했다.

남북한 재래식 군사력 비교

북한의 재래식 전력은 폐쇄적 특성 때문에 정확히 파악하기 어렵지만, 상대적으로 한국에 비해 공군력은 '미흡'하고, 해군력은 '미지수'며, 육군력은 '강력한' 수준으로 요약된다.

북한군 병력은 2018년 12월 기준 128만여 명으로 한국(59만9000여명)의 2배가 넘는다. 전차는 한국 2300여 대 · 북한 4300여 대, 전투함정은 한국 100여 척 · 북한 430여 척, 전투기는 한국 410여 대 · 북한 810여 대다. 북한의 주요 무기 수량은 한국의 2~4배 수준이다. 하지만 우리 병사 복무 개월수가 약 18개월인 데 비해 북한군은 10년을 복무하며 특수부대 요원이 20만 명이라는 점 등 인적 소프트파워의 숙련도와 전투 태세 등을 반영하지 않은 점에서 GFP의 군사력 순위 평가 신뢰성은 떨어진다.

2020년 한국의 국방 예산은 전년 대비 7.4% 증가했다. 처음으로 50조 원을 돌파해 북한 국방비를 압도한다. 무기체계 획득 예산인 방위력 개선비는 약 16조6804억 원으로 국방 예산 중 33.3%를 차지했다. 하지만 단순 예산 규모로만 실전 전투력을 판단하기는 어렵다.

북한의 육군력은 만만치 않다. 북한군의 최신형 전차 모델명은 '선군호' 계열로 불리는데 125㎜ 주포를 장착하고 있다. 적외선 야시장비, 레이저 거리측정기, 컴퓨터 사격통제장치, 화생방 방호체계를 갖췄다. 기존 전차에 비해 사격 정확도가 높아졌고 주야간 사격능력도 갖춰 선진국 군대의 상위급 전차로 평가된다. 한국 육군은 세계 3위권 전차로 불리는 K2 흑표 전차 100여 대를 전력화했고 주력 전차인 K1A1과 K1전차 1500여 대를 보유하고 있다.

남북 재래식 전력의 격차는 공군력에서 두드러진다. 북한 공군의 주력 전투기는 4세대 전투기로 분류되는 MIG-29로 30여 대를 보유하고 있다. MIG-29를 제외하면 MIG-21, MIG-19 등 3세대 이하 전투기가 대부분이

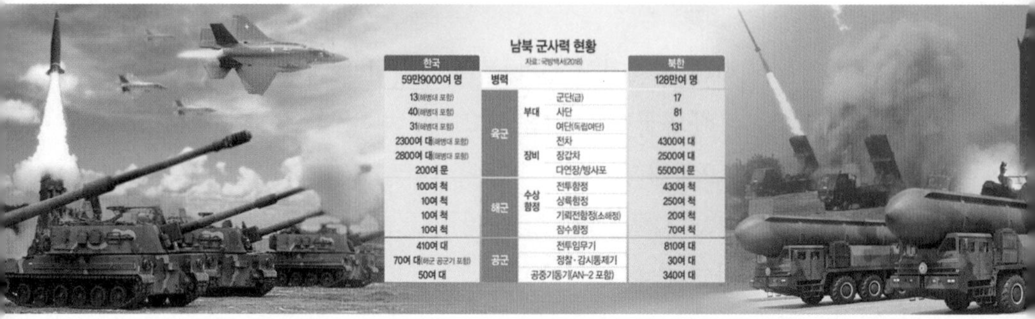

남북 군사력 현황

자료: 국방백서(2018)

한국				북한
59만9000여 명	병력			128만여 명
13(해병대 포함)	육군	부대	군단(급)	17
40(해병대 포함)			사단	81
31(해병대 포함)			여단(독립여단)	131
2300여 대(해병대 포함)		장비	전차	4300여 대
2800여 대(해병대 포함)			장갑차	2500여 대
200여 문			다연장/방사포	5500여 문
100여 척	해군	수상함정	전투함정	430여 척
10여 척			상륙함정	250여 척
10여 척			기뢰전함정(소해정)	20여 척
10여 척			잠수함정	70여 척
410여 대	공군		전투임무기	810여 대
70여 대(해군 공군기 포함)			정찰·감시통제기	30여 대
50여 대			공중기동기(AN-2 포함)	340여 대

남북군사력 현황 표.문화일보 자료사진

다. MIG-29를 끝으로 북한의 전투기 도입은 사실상 중단됐다. 우리 공군은 4세대 전투기인 F-16 180여 대, 4.5세대인 F-15K 59대를 보유하고 있다. 2020년부터 전력화한 5세대 전투기 F-35A는 2022년 1월 25일까지 40대 도입을 완료했다. 정량과 정성 모두에서 북한의 공군력은 우리 상대가 되지 못한다.

북한의 해군력에 대한 평가는 다소 엇갈린다. 한국 해군이 수상함 전력에서는 월등히 앞서지만 70여 척을 보유한 북한의 잠수함 전력은 우리보다 앞선다. 북한은 6 · 25전쟁 당시 해군력의 열세를 만회하기 위해 1967년 잠수함 부대를 창설했다. 70여 척 가운데 상당수는 소형 잠수정이고 잠수함의 생명인 은밀성 · 기동성에 대한 평가는 정보 부족으로 어렵다. 하지만 전 세계 6개국만이 상용무기화한 잠수함발사탄도미사일(SLBM)을 탑재한 잠수함 전력은 핵탄두를 장착할 수 있다. 북한이 곧 진수를 앞둔 신형 3,000t급 잠수함은 SLBM 3 4기를 탑재해 우리에게 극도로 위협적이다.

핵무기 포함 땐 북한 군사력 지수 한국의 2배

북한은 비대칭전력인 핵무기와 미사일 전력 강화로 노후한 재래식 무기와 군사비 열세를 만회하는 핵보유국 전략에 성공했다. 국내총생산(GDP)에서 한국은 북한의 48배, 남북한 국방비 비율은 5.1대 1이다.

일각에서는 총체적 국력을 고려해 세계에서 가장 가난한 북한이 경제난으로 전면전을 일으킬 의도도 능력도 없으며, 핵과 대륙간탄도미사일(ICBM) 개발은 북한의 전면전 계획과 무관하다고 평가하기도 한다. 하지만 북한이 개발한 핵무기를 포함한 남북 군사력 지수가 발표되고 북한의 핵 전면전 계획이 밝혀지면서 이는 근거 없는 오류였음이 드러났다.

한반도선진화재단이 2016년 발간한 '종합국력:국가전략기획을 위한 기초자료'를 근거로 분석한 '한선 종합국력지수 측정 모형(한선모형)'을 대략적으로 적용하면 핵을 제외한 남북한 재래식 무기 군사력 비율은 100대 97이었다. 하지만 북한이 '기습공격 및 단기전' 전략을 구사하면 남북한 군사력 지수는 1대 1.6으로 역전된다. 한선모형은 핵무기는 실제 사용하기보다 위협용으로 활용한다는 가설을 적용했다.

군사전문가 박휘락 전 국민대 교수는 2018년 2월 논문('남북한 군사력 비교에서의 북한 핵무기 영향 판단')에서 핵전력에 기존 재래식 전투력 효능을 강화시키는 요소인 '승수효과' 이론을 적용했다. 핵무기 보유 수준에 따라 '핵무기 수준별 승수효과 기준'을 5단계로 구분하는 가설을 세워 군사력을 평가했다.

박 교수는 북한이 상당한 숫자의 핵무기와 ICBM에 근접한 능력을 갖췄다고 평가해 '신뢰적 최소억제' 수준의 핵전력을 적용, 40% 승수효과를 부여했다. 미국 핵우산이 제공되는 한국은 '실존억제' 수준인 20% 승수효과를 적용한 결과 핵무기 포함 시 남북 군사력 지수는 100대 113이었다.

그러나 미국의 핵 확장억제가 제공되지 않을 경우 남북 군사력 지수는 100대 135.2로 격차가 벌어졌다. 북한의 기습공격 단기전이 적용될 경우 1대 1.9로 격차가 더 커졌다. 더구나 SLBM 탑재 잠수함 및 화성-14형과 화성-15형 ICBM을 전력화할 경우 북한의 핵전력은 '신뢰적 최소억제'에서 '최소억제' 단계로 한 차원 도약한다. 이 경우 '최소억제'의 승수효과 50%를 적용하면 남북 군사력 지수는 100대 120이 된다. 기습공격 속도전 전략을 구사하게 되면 2배 이상(840대 1702)으로 격차가 벌어진다.

핵무기를 제외할 경우 북한은 이처럼 체제경쟁 관계에 있는 한국에 대해 심각한 군사력 열세에 놓이기 때문에 현실적으로 핵무기 포기가 매우 어려울 것이란 전망이 나온다.

제
3
부

경제 / 경영 편

프로페셔널
경영컨설팅

정대권

- 공학박사,
- 경영 컨설턴트/TOP 컨설팅 대표,
- 부산대학교 겸임교수

- 부산대학교 기계설계학과, 동 대학원 산업공학 석사, 박사 학위 취득
- LG 전자 근무(13년)
  - 한국 최초로 일본 도요다 생산 방식 최정예 연수(1990년 4월–6월) 수료,
  - LG 그룹 회장실 경영 기술지원본부 근무
- TOP 컨설팅 대표(22년)
  - 2001년부터 2022년 현재까지 국내의 전기, 전자, 자동차, 제지, 금속 등 다양한 제조기업 컨설팅 실시
  - 중국의 천진, 남경, 소주, 연태, 심천, 태국, 베트남의 해외 진출 제조기업을 대상으로 경영 컨설팅 수행
- 자격
  - 공장 관리 기술사, 경영 지도사, 기술 지도사
- 저서
  - 〈마지막 1%가 혁신을 낳는다〉 시선, 2017

15 * N Plan (Fifteen Cross N Plan)

현대 사회는 수많은 직업이 존재하며, 새로운 직업이 생겨나기도 하고, 기존의 직업이 없어지기도 한다. 그리고 시대가 진화할수록 인간의 수명은 길어지고 있어 100세 시대는 이미 현실이 됐다. 따라서 어떤 직업, 무슨 일을 하더라도 인생의 목표와 계획을 수립하고, 이를 실천하기 위한 장기적인 로드맵을 설계하는 것이 더욱 중요해졌다. '지금 어디에 있느냐'와 함께 '어디로 향해 가고 있느냐'를 명확히 하는 것이 큰 의미를 갖게 됐다. 자신의 인생 계획을 설계해 실천함으로써 계획적인 삶을 살아간다는 것은 매우 가치 있는 일이다.

사회학자나 인류학자의 관점이 아니라 주위에서 성공적인 삶을 살아가고 있는 사람들의 패턴을 분석해본 결과, 쉽게 이해하면서 계획적이고 성공적인 삶을 살아갈 수 있도록 이해를 돕기 위해 '15 * N Plan(Fifteen Cross N Plan)'이라는 개념을 적용해 보았다. 이것은 100세 시대라 불리는 인생 여정을 15년 단위로 목표와 계획을 수립해 체계적이고 적극적으로 실천하는 과정이라 할 수 있다. 물론 개인에 따라 추구하는 바가 다르고, 성공에 대한 판단기준도 다르다. 그리고 수많은 직업과 다양한 사람들의 삶의 여정 단위를 하나의 표현 방법으로 나타내는 것은 불가능할 것이다.

여기서 굳이 15년 단위로 나눠 전개하는 논리적인 이유가 존재하는 것은 아니다. 10년이나 20년 단위, 30년 단위로 전개할 수도 있으며, 15년 단위라 하더라도 사람에 따라서는 14년, 17년 등 불규칙하게 변화할 수 있다. 경험적으로 인생 여정의 주기를 15년 정도로 설정해 계획적으로 운영하게 되면, 목표 달성에 대한 압박감도 어느 정도 해소할 수 있으며, 각 주기 내에서도 단계별로 목표와 실행 계획을 세분화해 실천을 유도할 수 있고, 지루함과 느슨해짐을 방지하고 적당한 긴장감을 유지할 수 있다고 생각한다.

'15 * N Plan(Fifteen Cross N Plan)'을 적용하는 경우 인생 여정은 크게 5단계로 나눌 수 있다. 물론 사람에 따라서는 명확하게 그 단계를 구분하는 것이 어려운 경우도 있으며, 2단계를 합쳐서 진행하는 경우도 있을 것이다.

1단계인 '학습기'는 초등학교, 중학교, 고등학교, 대학교에 다니는 기간을 뜻한다. 사람에 따라 학습기의 기간, 학습 내용은 다르다. 이 기간은 자신의 진로를 결정하고, 자신의 직업 생활을 영위할 수 있는 기본적인 자질과 능력을 향상시키는 기간이다. 사람과 직업에 따라서는 짧게는 10년부터 길게는 20년 이상의 기간이 필요하며 누구나 이 학습기를 거치게 된다.

2단계인 '단련기'는 직업을 가지고 생활하면서 자신만의 능력과 자질을 확고히 갖추는 기간이다. 어떤 분야이건 최소 10년 이상, 15년 정도는 열정적으로 업무를 수행해야 그 분야에서 전문가로 인정받을 수 있다. 다양한 고객의 요구 사항 대응, 많은 문제해결, 자신만의 새로운 방법론 개발 등 향후의 인생 여정을 슬기롭게 헤쳐나가기 위해 자신을 단단히 무장시켜야 한다. 필요에 따라 전문 분야의 추가 학습, 자격증 취득, 다양한 경험 및 노하우를 축적하고, 성공 체험을 창출해 자신감을 갖추도록 해야 한다. 전문 지식뿐 아니라 지혜, 인간관계, 리더십 등 성숙된 인격체로 성장해 주위로부터 인정받는 시기이다. 이 '단련기'를 얼마나 잘 보내느냐에 따라 미래의

성숙기에 들어선 고교 친구 모임 '맘모스' 회원들

성공 가능성이 좌우된다.

3단계인 '성장기'는 프로(전문가)로서 활동하면서 최고의 성과를 창출해내는 기간이다. 직업에 따라 다르겠지만 높은 직위로 승진하거나, 사업을 성공시켜 경제적으로 부를 창출해내는 기간이다. 사회적으로 가장 왕성하게 활동하는 시기이며, 이 기간에 인생의 남은 기간에 사용할 경제적인 가치(돈)는 모두 벌 수 있는 수준으로 목표를 설정하는 것이 좋다.

4단계인 '성숙기'는 품격있는 인격체로서 더욱 가치있고, 성숙된 삶을 살아가는 시기이다. 전문 직업인으로도 활동하지만 후배 양성이나 사회봉사 등 다양한 사회 활동을 수행한다. 높은 직위나 많은 돈을 벌기 위함이 아니라 친구, 선 · 후배, 친지, 노약자들과 더불어 따뜻한 사회를 만드는 데 기여할 수 있도록 한다. 건강 관리를 중요하게 생각하고, 자신의 경험과 성공 체험을 나눠줄 수 있는 계획을 수립해 실천한다.

5단계인 '여유기'는 시간적으로나 경제적, 문화적으로 여유 있는 삶을 살아가는 시기이다. 직업을 가지는 것도 필수적인 것은 아니며, 책을 집필하거나 문화 활동, 스포츠, 여행 등을 통해 내면의 만족을 추구하는 시기이다. 여유기는 단순하고 의미 없는 생활을 반복하는 경우보다는 부담을 갖지 않을 정도의 일정한 계획을 수립해 실천하는 것이 더욱 필요하다.

성공한 사람들은 공통적으로 큰 뜻을 세우고, 늘 새로워지려고 노력하고, 물이 흐르듯 소통을 강조한다. 여기서 15 * N에서 15를 강조할 생각은 없다. 그러나 긴 인생 여정을 몇 단계로 나누어 인생 계획을 수립하고 실천할 필요성은 충분히 있다고 생각한다. 어떤 사람은 한 직장에서 30년 이상 근무하면서 단련기와 성숙기를 맞이할 수도 있다. 의사 등 전문 직업인의 경우에는 학습하고 단련하는 기간이 늘어나고, 그 이후에는 지속적으로 성장하고 성숙한 여정을 보낼 수도 있다.

누구든지 인생의 목표를 수립하고 이것을 일정 기간 단위로 나누어 실천하다 보면 더욱더 알차고 가치 있는 삶을 살아갈 수 있을 것이다. 자신의 인생행로에서 지금 어디쯤 와 있는가? 하루하루를 최선을 다해 생활해 가고 있지만 중 · 장기적인 관점에서 자신을 돌아보고 현재를 정확히 판단할 수 있다면 우리들의 미래는 더욱 좋은 모습으로 다가오지 않을까?

프로페셔널의 상표

직업인은 굳이 프로와 아마추어로 구분할 필요도 없이 나는 개인적으로 모든 직업인은 프로라고 얘기하고 싶다. 운동선수, 회사원, 가수, 정치인, 공무원, 사업가 등 다양한 직업인이 있지만, 모든 사람들은 자신의 노력과 열정, 도전에 의해 자신들의 미래와 삶이 결정되기 때문이다. 그런데 많은 사람들이 아마추어적 사고와 행동을 벗어나지 못하는 경우도 있다. 자신이 노력해 성과를 낼 수 있는 부분이 한정적이고, 설령 성과를 내더라도 그에 합당한 보상을 받지 못할 것이라고 생각하는 것이다. 물론 엄청난 노력을 하더라도 좋은 결과로 보답받지 못하는 경우도 많다. 우리는 어떻게 해야 프로로서의 자세와 행동을 갖출 수 있을까?

프로페셔널 컨설턴트의 경우를 보자. 컨설턴트가 아닌 사람은 컨설턴트의 생활을 상상하기 힘들 것이다. 컨설팅의 유형과 분야도 너무나 다양해 하나의 패턴으로 설명하는 것은 불가능하다. 그러나 일반적으로 컨설턴트는 외형적으로 나타나는 모습과 달리 눈에 보이지 않게 자신과의 끝없는 싸움을 하고 있는 사람이다. 깔끔하게 차려입은 모습으로 회사에 와서, 크게 힘들이지 않게 컨설팅을 실시하고, 높은 보수를 받는 모습만 그리면서 쉽게 경영 컨설턴트가 되겠다고 뛰어드는 사람들이 있다.

자신의 학력, 화려한 근무 경력, 높은 지위와 다양한 인맥을 이용해 컨설팅을 시작하지만 몇 년도 넘기지 못하고 다른 직업으로 전환하는 사람들이 많다. 실패의 원인을 '나'에게서 찾으면서 스스로 반성하게 되면 경쟁력이 생기게 되지만, 컨설팅을 중단할 경우 그것은 자신의 문제가 아닌 컨설팅을 받는 기업의 문제 때문이라고 생각하게 되면 성공적인 컨설팅을 수행하기가 어렵다. 경영 컨설턴트의 길은 쉽게 뛰어들 수는 있지만 지속적으로 성과를 내면서 성공적인 컨설턴트가 되는 것은 정말로 어려운 길이다.

경영 컨설턴트로서 성공하기 위해서는 학력, 근무 경력, 자격, 지식, 성공 체험, 리더십 등 다양한 조건을 갖춰야 하겠지만 무엇보다도 '기업의 문제를 자신의 문제로 인식하는 자세'가 중요하다. 기업을 단지 고객으로만 보는 것이 아니라 장기적인 파트너라고 인식하고, 일시적인 성과나 평가에 치우치지 않으면서 기업의 여러가지 문제에 대해 깊숙이 뛰어들어야 한다.

기업은 다양한 문제, 해결해야 할 과제를 가지고 있다. 낮은 생산성, 조직원들의 역량 부족, 생산 방식의 불합리, 고객의 납품 단가 인하, 경쟁사와의 치열한 경쟁, 생산 설비의 노후, 고유 기술 · 관리 기술의 부족, 노사 문화 등 해결해야 할 과제는 너무나 많다. 컨설턴트가 이러한 문제들을 접근할 때 과연 얼마나 자신의 문제라고 인식하느냐가 중요하다. 컨설턴트가 이러한 문제들을 모두 다 해결해 줄 수는 없지만 기업의 입장에서 최적의 해결 방안을 찾을 수 있도록 프로로서의 진정성과 사명감을 가지고 연구하고 그 방향을 제시할 수 있어야 한다.

컨설턴트가 기업의 문제를 같이 고민하고 자신이 주도적으로 해결책을 제시해야겠다고 생각하기 시작하면 컨설턴트는 끊임없이 자신과의 싸움을 시작하게 된다. 컨설턴트는 자신이 속한 회사의 명칭과 직책이 아니라 자신의 이름을 내걸어야 한다. 과거의 화려한 경력이나 명성이 아니라 현재의 이름으로 승부해야 한다. 마치 유명한 프로 스포츠 선수가 자신이 속한

팀의 이름이 아닌 오직 자신의 이름과 실력으로 팀, 관중, 팬들에게 호소할 수 있어야 하는 것과 같은 이치다.

물론 자신의 실력을 발휘하기 위해 소속팀도 중요한 역할을 하겠지만, 자신의 이름이 곧 상표다. 컨설턴트도 마찬가지다. 결국 의뢰 기업을 대상으로 직접 컨설팅을 하는 사람은 자신의 회사가 아닌 자기 자신이다. 유명한 컨설팅 회사의 소속원으로서 동료들과 함께 일하면 당연히 실력이 늘어나고 시너지 효과로 인해 성과 창출이 크게 나올 수 있지만, 프로는 결국 자신의 이름과 얼굴이 곧 상표인 것이다.

프로는 자신의 상표 가치를 높이기 위해 얼마나 자신을 연마해야 하는가? 이것은 어쩌면 가치의 문제가 아니라 생존의 문제일 수도 있다. 프로는 자기 자신과의 싸움에서 이겨내야 한다. 컨설턴트는 인터넷에 떠도는 달콤한 자료를 수집해 일회용 교육 자료로 활용하는 것이 아니라, 끊임없는 컨설팅 방법론을 개발하고 관련 지식을 학습해야 한다. 자격증으로 컨설팅을 실시하는 것은 아니지만 관련 분야의 자격증을 획득하고, 자기 개발을 지속적으로 해야 한다. 컨설팅을 실시할 때마다 새로운 경험과 다양한 성공 사례를 축적해 자신의 것으로 만들어야 한다.

프로는 자신을 평가하는 많은 고객, 관중, 청중 등의 기대 수준과 요구 수준이 빠르게 높아지고 있음을 자각해야 하며, 경쟁자와 경쟁하여 이길 수 있을 정도의 속도로 자신의 이름을 변화시키면서 가치를 높여 나가야 한다. 프로는 자신의 이름으로 승부하기 위해 먼저 자신과의 싸움에서 이겨내야 하는 고독한 상표를 가진 사람이다.

강사와 컨설턴트

강의를 하는 분야는 아주 다양하다. 전문 지식, 자신의 경험이나 선조들의 지혜, 세상을 살아가는 방법, 미래를 준비하는 방법, 대인 관계나 기업 경영, 의식 향상, 돈을 버는 방법, 리더십 등 이루 헤아릴 수가 없다. 유명 강사는 학교, 기업, 병원, 연수원, 각종 기관이나 단체 등의 모임에서 청중을 압도하면서 강의를 듣는 사람에게 전달하고자 하는 내용을 잘 전달하며, 짧은 시간에도 불구하고 청중들의 반응을 잘 이끌어내며 성공적으로 강의를 한다. 얼마나 많은 경험과 노력으로 저렇게 잘 강의를 할 수 있을까 하는 생각이 들기도 한다.

자신이 잘 알고 있는 내용이라 하더라도 듣는 사람에게 잘 전달하지 못하면 의미가 줄어들기 때문에 강의를 잘하는 능력(Skill)을 가진 사람이 부러울 때가 있다. 좋은 강사란 자신이 전달하고자 하는 강의 내용을, 강의를 듣는 사람에게 잘 전달하고 이해시키는 사람이라 할 수 있다. 그리고 유명 강사가 되어 짧은 시간 강의를 해도 많은 보수를 받는 사람을 보면 존경스럽기도 하다.

무엇을 컨설팅하느냐에 따라 컨설턴트도 매우 다양하다. 컨설팅의 정의는 '의뢰주에게 영향력을 미치는 기술'로 정의하는 것이 가장 일반적이다.

현장 밀착형 컨설팅을 실시하고 있는 모습

요즘은 컨설턴트라는 용어와 직업도 일반화돼 재무 컨설턴트, 부동산 컨설턴트, 결혼 컨설턴트, 법률 컨설턴트, 경영 컨설턴트, 의료 컨설턴트, 대학 진학 컨설턴트 등 다양하게 활동하고 있으며 정치, 교육, 군사, 문화 등 얼마든지 그 영역을 넓힐 수가 있다.

컨설턴트도 강사와 마찬가지로 특정 단체나 기업, 개인을 대상으로 그 의뢰주가 요구하는 것에 대해 지식이나 경험을 전달하는 역할을 하는 측면에서는 강사와 유사한 점이 많다. 그러나 강사와 컨설턴트를 구분하는 측면에서 보면 차이가 있다. 바로 컨설턴트는 의뢰주가 의뢰한 것에 대해 영향력을 미쳐야 한다. 다시 말해 의뢰주가 요청한 부분에 대해 성과가 나도록 해야 한다는 것이다. 그리고 의뢰주가 의뢰하지 않으면 컨설팅이라고 말할 수 없다는 것이다.

강의를 듣는 사람도 자발적으로 강의를 요청하고 그 강의 결과에 따라 행동하거나 실천해 일정한 부분 성과를 낸다면 컨설팅을 받았다고 말할 수 있을 것이다. 그러나 본인의 의사와는 관계없이 기업이나 단체에서 일괄적으로 참가하는 강의에 참석하는 것은 컨설팅과는 거리가 멀다고 할 수 있다. 컨설팅이 성립되려면 우선 의뢰주가 자발적으로 요청을 해야 한다. 의뢰하지도 않는 사람에게 '이렇게 하면 돈을 벌 수 있다', '이렇게 하면 경영 성과를 낼 수 있다', '이렇게 하면 공부를 잘할 수 있다', '이렇게 하면 건강해질 수 있다'라고 말하는 것은 컨설팅이라고 말하기 어렵다. 왜냐하면 영향력을 미치는 정도가 약하기 때문이다. 오히려 잔소리 취급을 받거나 때로는 사기꾼으로 오해받을 수도 있다.

예를 들어 담배를 피우는 어떤 모르는 사람에게 지나가는 어린아이가 "아저씨 담배는 몸에 나빠요, 담배를 끊으세요"라고 말하면 어떤 결과가 나올까? 어린아이의 말은 맞는 말이지만 어린아이는 거의 영향력을 미칠 수가 없다. 오히려 건방지다는 소리를 들을지 모른다. 담배를 피우는 사람은 거의 담배가 몸에 좋지 않다는 사실을 알고 있을 것이다. 만약에 담배를 피우는 사람이 의사를 찾아가서 "어떻게 하면 담배를 끊을 수 있습니까" 하고 물을 때 의사가 적당한 처방으로 담배를 끊는 방법을 제시한다면 그것은 컨설팅이라 할 수 있다. 영향력을 미치기 위해서는 컨설턴트가 성실과 신뢰의 느낌을 주어야 하고, 의뢰자가 열정을 가지고 분명하게 실행할 수 있도록 그들에게 적합한 방식을 제시해야 한다.

즉, 프로 컨설턴트는 의뢰주가 의뢰하지 않으면 컨설팅을 할 수가 없는 것이다. 골프 연습장에서 골프를 가르치는 프로들은 일반적으로 수강생들이 돈을 내고 가르쳐달라고 의뢰하지 않으면 가르쳐 주지 않는다. 변호사도 의뢰인이 의뢰하지 않으면 업무를 시작하지 않으며, 경영 컨설턴트도 사장이 의뢰하지 않으면 컨설팅을 시작하지 않는다. 실제로 컨설팅을 받을 의사가 없는 기업들이 정부의 기관과 단체에서 자금을 지원해 주면서 컨설팅을 받으라고 하니까 마지못해 컨설팅을 받게 되는 경우가 많다. 당연히 성공적인 결과가 도출되기 어려운 것이다.

필자는 기업뿐만 아니라 검찰청, 법원, 경찰청, 경찰서, 병원 등에서 가끔씩 강의를 한다. 직원들의 의식 변화나 기업에서의 혁신 활동 사례, 중국, 태국 등 외국 기업들을 대상으로 한 컨설팅 경험담 등을 강의하면 매우 반응이 좋다. 어떻게 하면 기업이 성장하고 발전하는지에 대해 경영 컨설턴트의 관점에서, 실제로 경험해 성공한 체험담이 그중에서 가장 인기가 좋은 것 같다. 특히 20년 이상 중국에 다니면서 중국에 진출한 한국 기업이나 현지 중국 회사를 대상으로 컨설팅한 경험과 느낌을 전달할 때의 반응이 좋았다.

그러나 사실은 그 반응은 그때뿐이다. 자신들의 근무환경이나 근무 내용과는 완전히 다르기 때문에 '아 그런 것도 있구나', '그렇게 하면 되겠네' 정도의 느낌뿐이다. 정작 자신들이 몸담고 있는 조직이나 단체의 문제들에 대해서는 여러가지 이유들 때문에 개선하지 못한다는 생각을 갖는 것이다. 그들은 스스로 외부의 전문가에게 의뢰해 자신의 문제들에 대해 진단받고 그 결과에 따라 변화하려는 노력을 하는 경우는 드물다. 그럴 필요성을 느끼지 못하거나 그렇게 되지 않을 것이라는 생각을 갖기 때문일 것이다.

사실 강사와 컨설턴트를 의뢰 측면과 성과를 창출시켜야 한다는 측면에서 영향력을 미쳐야 한다고 구분하면서 기술하고 있지만 그 이유는 간단하다. '본인은 경영 컨설턴트로서 어떻게 누구로부터 의뢰를 받을 수 있을 것인가?', '의뢰받은 회사에 어떻게 컨설팅을 실시해 의뢰주에게 영향력을 미치고 성과를 창출시켜 줄 것인가?'를 고민하고 자신을 채찍질하기 위해서다. 의뢰주가 의뢰하지 않으면 컨설팅을 할 수가 없고, 컨설팅을 실시했지만 성과를 내지 못하면 영향력을 미치지 못했기 때문에 다음 의뢰를 기약할 수가 없는 것이다. 지속적으로 영향력을 미치기 위해서는 인격과 기술을 끊임없이 연마하고 개발해야 한다. 강사와 컨설턴트는 공통적으로 의뢰자로부터 새로운 제안을 받고 그들에게 영향력을 미치기 위해서는 끊임없이 노력하고 도전하는 자신과의 싸움에서 이겨야 한다.

시간의 속도와 골(Goal)

시간이란 일정한 속도로 흐르며 하루는 24시간, 8만 6,400초로 이루어져 있다. 그런데 이 시간이 상황에 따라 빠른 속도로 지나간다고 느껴질 때가 있고, 느리게 지나간다고 느껴질 때가 있다. 하루하루뿐만 아니라 한 달, 일 년 단위도 마찬가지다. 젊은 시기보다 나이가 들면 세월이 더 빠르게 지나간다는 말을 듣기도 한다. 왜 이렇게 느껴지는 것일까?

기차나 항공을 이용해서 이동하는 경우가 많은 나도 분명히 시간의 속도가 다르게 느껴질 때가 있다. 목적지까지 5시간이 걸리는 곳을 이동한다고 하자. 출발 후 조용히 눈을 감고 쉬면서 목적지에 도착하기만을 기다린다고 하면 시간이 빠르게 지나간다고 느껴질 것인가? 아니다. 한참 지나 시계를 보면 겨우 한 시간이 지났고, 또 한참을 지나 시계를 보아도 겨우 두 시간이 지났을 뿐이다. 쉬는 시간이 많아서 좋게 느껴질 때도 있겠지만 분명히 시간은 느리게 흐르는 것 같다.

가장 시간이 천천히 흐른다고 느낄 때는 언제일까? 아마도 남자들의 경우 대부분은 군대 생활을 할 때일 것이다. 아무리 성격이나 체질이 맞다고 하더라도 군대에서의 시간은 천천히 흐른다. 초등학교 시절에 소풍날을 기다릴 때는 어떠했는가? 멋진 해외여행을 앞두고 계획을 세울 때는 어떤가?

겨우 하루가 지나고 겨우 이틀이 지날 뿐이다. 그렇다면 시간이 빠르게 흐른다고 느낄 때는 언제일까? 고등학교 3학년 때처럼 열심히 공부하는 시기에는 항상 시간이 부족하고 시간이 빠르게 흐른다고 느낀다. 회사에서 하루, 또는 한 달이나 1년을 마감하는 시간이 다가오면 시간은 빠르게 지나간다.

어떤 날은 오전이나 오후에 일을 할 때 시간이 매우 느리게 지나간다고 느껴질 때가 있다. 많은 일을 한 것 같은데도 아직 점심시간이나 저녁 시간이 되려면 시간이 많이 남아있는 것이다. 그러나 그 반대인 경우도 있다. 별로 시간이 많이 흐른 것 같지 않은데 벌써 점심시간이나 저녁이 다 돼 버린 것이다. 만약 하루 동안의 휴가가 주어지고 하루 종일 집에 있다고 생각해 보자. 이때는 어떨 것인가? 모처럼의 휴가가 어떤 때는 아주 길게 느껴지기도 하고 어떤 때는 아주 짧게 느껴지기도 한다.

분명히 시간은 같은 속도로 흐른다. 그런데 왜 이렇게 시간의 속도가 다르게 느껴지는 것일까? 이유는 그 시간 동안에 해야 할 분명한 목표(Goal)가 있느냐의 여부이다. 2002년에 열린 한일 월드컵에서 한국 대 이탈리아의 경기를 본 적이 있는가? 그때 한국팀이 지고 있을 때 시간은 어떻게 지나갔는가? 잠시 후 시계를 보면 1분이 지나고, 또 잠깐 지났을 뿐인데 2~3분이 지나가고, 얼마나 시간이 빠르게 흘러가는지 모를 정도로 빠르게 흐르는 것이다. 왜 그랬을까? 남은 시간 동안에 해야 할 분명한 목표가 있었기 때문이다. 바로 골(Goal)을 넣어야 하기 때문이다.

시간은 정해져 있고 그 시간 동안에 해야 할 목표가 분명하면 시간은 빠르게 지나가는 것이다. 반대로 자신이 응원하는 팀이 이기고 있는 축구 경기를 상상해 보라. 전반전을 한 골 이긴 상태에서 후반전이 시작됐을 경우에 후반전 시간은 어떻게 흐를 것인가? 한참이 지나간 것 같아도 겨우 1분이 지났을 뿐이고, 또 한참을 지난 후 시계를 보아도 겨우 2~3분이 지났을 뿐이다. 물론 자신이 응원하는 팀이 더 골을 넣으면 좋겠지만 이제는 시간이 지나가기만 하면 승리를 하기 때문에 시간의 속도 관점에서 보면 시간은 매우 천천히 흐르는 것이다. 남은 동안에 단지 시간이 흐르기만 하면 되는 것이다. 주어진 시간 동안에 단지 시간이 흐르기만을 기다리고 있으면 시간은 천천히 흐르는 것이다.

누구에게나 똑같이 주어지는 시간을 어떻게 활용할 것인가? 그것은 바로 목표를 설정(Goal Setting)하는 것이다. 대단하고 거창한 목표가 아니라도 좋다. 만약 기차나 비행기로 이동을 한다면 가까운 서점에서 책을 한 권 산다. 전문 서적이 아니라 자신이 보고 싶은 잡지, 만화,소설 등 재미있는 책을 살 수도 있다. 기차나 비행기를 타면서 그 책을 내릴 때까지 다 읽어야 한다는 목표를 설정해 보라. 그러면 시간은 매우 빠르게 지나갈 것이다.

오전 근무 시간에 해야 할 목표를 설정하고 일을 한다면 그 오전 시간은 매우 빠르게 흐를 것이다. 한 달이나 일 년 단위도 마찬가지다. 비록 그 목표가 그 시간 내에 달성하기가 어려운 높은 목표라 하더라도 일정 시간 단위로 목표를 설정한다면 시간을 유용하게 사용할 수가 있는 것이다.

만약 어떤 경우에 시간이 천천히 흐르는 것처럼 느껴진다면 생각해 보라. 지금 해야 할 목표가 무엇인지? 언제까지 무슨 일을 얼마나 해야 하는지?

사망 진단서

사람은 살아있는 동안에는 심장이 뛰고 피가 계속 몸속에 흐른다. 어떤 때는 정신이 흐려지기도 하고, 또 어떤 때는 섭취한 음식물이 잘 소화되지 않는 경우도 있다. 정신적으로 잘 판단이 가능하고, 섭취한 음식을 잘 소화하며, 몸의 구석구석까지 피가 잘 순환돼 아픈 곳이 없으면 사람은 건강하다고 할 수 있다. 사람이 아프다는 것은 '피', '음식', '정신'이 제대로 잘 흐르지 않거나, 제 역할을 못하게 되는 경우이다. 그러다가 언젠가는 사람이 죽는다는 것은 결국 심장이 정지되고 '피'가 돌지 않는다는 것을 의미한다.

제조기업과 사람은 유사한 점이 많다. 제조기업도 사람과 마찬가지로 살아있는 생명체이다. 제조기업이 건강하다는 것은 많은 조직원들에게 '정보'가 잘 공유되고, 자재가 투입돼 완성품이 될 때까지 정체되지 않고 잘 변환되면서 공정이 진척되고, 이를 위한 자재의 구입, 판매 대금의 회수 등 '돈'이 잘 돌아야 한다. 기업이 살아있다는 것은 '돈'이 돌고 있다는 것을 의미하며, 기업이 망한다는 것은 결국 '돈'이 돌지 않는다는 것을 의미한다. '돈'은 돌지만 자재, 재공, 재고가 늘어나고 '정보'가 잘 공유되지 않으면 마치 사람이 아픈 것처럼 기업도 아픈 것이다.

의사가 아픈 사람을 진단해 보면 어디가 아픈지, 얼마나 아픈지를 알 수 있듯이, 경영 컨설턴트가 제조기업을 진단해 보면 어느 부분이 얼마나 아픈지를 알 수가 있다. 의사가 건강한 사람과 비교해 설명하듯이 컨설턴트도 건강한 기업과 비교해 설명할 수 있다.

현장에 자재, 재공, 재고가 많거나 생산 리드 타임이 길게 분석돼 '사장님! 요즘 자금 사정이 혹시 좋지 않지요?' 하고 물어보면 사장은 '아니 자금 사정 안 좋은 것을 어떻게 아세요?'하고 묻는다. '돈'이 자재, 제품의 형태로 바뀌어서 현장에 있는데도 말이다. 생산이나 자재, 품질 정보가 잘 공유되지 않고 동일 불량이 재발되거나 현장 관리판의 정보들이 일주일이나 한 달 단위로 프린트돼 게시될 때 '사장님! 생산 관리, 자재 관리, 품질 관리 수준이 낮군요' 하고 말하면 '아니 그것을 어떻게 아세요?'라고 묻는다.

제조기업에서 자재가 잘 돌지 않는 것은 사람에 비유하면 음식물이 몸속의 어느 한 곳에서 머물러 있는 것과 같다. 당연히 사람이 아픔을 느끼듯이 기업도 아픔을 느껴야 한다. 손, 발과 같이 심장에서 가장 멀리 떨어져 있는 부분까지 피가 잘 통하고, 조그마한 아픔이라도 빨리 잘 머리로 전달되고 조치되면 건강하듯이, 기업도 사장의 생각이나 지시가 말단 사원까지 잘 전달되고, 현장의 작은 문제라도 신속히 공유되고 보고되어 조치된다면 건강하다고 할 수 있다.

제조기업에서 이미 발생된 상황이나 문제, 또는 수집된 데이터가 시간이 많이 경과된 후 게시물의 형태로 관리판에 부착되는 것을 '사망 진단서'를 발행한다고 한다. 다시 말해 아무런 조치를 취할 수 없을 정도의 늦은 시간에 이미 발생한 결과만을 알려주는 것이다. 이것이 무슨 의미가 있는가? 혹자는 '그래도 알려주는 것이 좋지 않은가?'라고 하지만 이것은 형식에 불과하다.

제조기업을 방문하다 보면 현장에 '사망 진단서'가 많이 붙어 있는 경우가 있다. 그들은 그것을 공유하기 위해서라고 답변한다. 그러나 '사망 진단

살아있는 현장 관리판 운영 사례

서'를 공유하는 것이 뭐가 그리 필요한가? 조금이라도 살아있을 때, 조치를 취하고 개선해 죽지 않도록 하는 것이 중요하지 않겠는가? 사실 '사망 진단서'를 발행하지 않고 '관리 현황판'으로 바꾸어서 관리하는 것이 쉬운 일은 아니다. 얼마만큼의 시간 안에 상황이나 문제를 공유해 개선 활동과 연계하도록 할 것인가? 필자의 경험과 판단으로는 제조기업은 적어도 당일 이내에 생산, 자재, 설비, 출하 문제에 대해 결산을 실시하고, 개선 대책을 수립하는 일일 결산 체계를 갖추는 것이 필요하다.

알고 있는 것

제조기업을 컨설팅하면서 다양한 기업에서 다양한 사람들을 만나본 결과, 성공적으로 경영 혁신 활동이 수행되는 기업에서는 그렇지 못한 기업과 비교해 볼 때 기업의 조직 구성원들의 사고와 행동 방식 등에서 차별화된 점이 있다는 것을 알게 됐다.

특히,

1. 새로운 것을 받아들이는 자세
2. 실패를 두려워하지 않는 높은 실행력
3. 칭찬과 동기 부여를 통한 개선 활동이 활성화된 조직문화에서 큰 차이가 있었다.

생산 제품과 생산 설비, 생산량, 생산 방식, 인원의 변동, 그리고 물가의 상승, 자재비 인상, 임금 인상, 판매 가격의 하락으로 인한 원가 구조의 악화 등 경영 환경이 자주 바뀌게 되면 기업으로서는 이것을 극복할 수 있는 개선 활동을 하지 않으면 안 된다. 물론, 주로 최고 경영자가 주도하는 신제품의 개발, 신시장의 개척, 새로운 사업의 전개 등도 광의의 의미에서 개선 활동의 범주에 포함할 수 있다.

문제는 바로 바뀔 수밖에 없는 이러한 경영 환경에 대해 이를 극복하고자 하는 조직원들의 노력과 의지가 기업의 생존과 성장 여부에 크게 영향을 미친다는 것이다. 이러한 개선 활동을 수행하다 보면 다양한 지식이나 이론, 방법론에 대해 조직원들의 수준을 판단해야 하는 경우가 있다. 왜냐하면 조직원들의 능력이나 수준에 따라 개선 활동의 전제조건을 해결하고 적절한 방법론과 적용 시기를 선택해야 하기 때문이다.

조직원들의 수준을 파악하여 분석하여 보면

1. 학습 및 실행 준비 단계
2. 실행 및 성과 창출 단계
3. 전파 및 확장 단계

중 어느 단계의 수준인지를 알 수 있으며, 이 단계를 세분화하면 6단계로 표현할 수 있다.

Level 6	평가할 수 있다	전파 및 확장 단계
Level 5	가르칠 수 있다	
Level 4	성과를 낼 수 있다	실행 및 성과 창출 단계
Level 3	실행할 수 있다	
Level 2	이해가 된다	학습 및 실행 준비 단계
Level 1	들어 보았다	

기업에서 성과를 창출하기 위해서는 실행할 수 있는 능력을 보유해 성과를 창출할 수 있는 수준으로 조직원들을 교육하고 훈련시켜야 한다. 즉, 조직원들이 경영 성과를 창출하기 위한 개선 활동의 방법론이나 지식에 대해 그 용어를 들어보거나 이해하는 수준이라면 실행력을 높이는 프로그램을 수립해 전개하고 훈련시켜야 된다. 이론적인 지식을 학습한 후 이것을 기업의 현장에 적용해 성과를 내기 위해서는 다양한 제약 조건이 존재하기 때문에 단계별로, 순차적으로 실시해야 하며, 경우에 따라서는 실행력을 높이는 훈련과 개선 활동을 먼저 실시한 후 관련 이론과 방법론을 이후에 교육하기도 한다.

실행력 향상 정도와 성과 창출 정도에 따라 개선 활동의 목표와 밀도를 더욱 높게 설정해 활동하도록 하며, 조직원들의 직위, 근무 경력 등을 고려해 적절한 프로그램을 운영한다. 실행력이 향상되고 성과를 창출할 수 있는 수준이 되면 제3자에게 가르치는 훈련을 통하여 더욱 능력을 향상시킬 수 있다.

개선 활동이나 혁신 활동의 초기 단계에서 기업의 관리자, 감독자들과 인터뷰를 하다 보면 특정 관리 기법이나 방법론, 용어 등에 대해 들어본 수준이거나 이해하는 수준이면서 마치 실행해 성과를 낼 수 있는 수준인 것처럼 말하는 사람들이 있다. 서적을 보거나 강의실에서 이론적으로 학습했다고 해서 그것이 곧바로 현장에서 실행하거나 성과를 낼 수 있는 것은 아니다. 대부분의 경우, 실행에 따르는 다양한 제약 조건이나 어려움을 극복하고 시행착오를 거친 후에야 성과가 창출되는 것이 일반적이다.

일반화된 방법론이나 수단이라 하더라도 특정 회사에 그것을 적용하기 위해서는 그 회사의 경영 환경이나 조직문화에 맞는 방법으로 전환하고, 적절한 시기와 대상을 선정해 실행하는 것이 필요하다. 특히 새로운 방법론을 도입해 실행할 때는 시범 적용 대상을 선정하여 실행하거나, 단계별로 나눠 실행하는 것이 바람직하다.

새로운 방법론을 적용해 성과가 창출되면 다른 조직원이나 유사한 현장에 성공 사례를 전파하는 등 확대 추진을 실시한다. 마찬가지로 특정 부문에서 성공 사례가 창출됐다고 해서 확대 적용하는 것이 쉽게 성공하는 것도 아니다. 실행 초기에 발생한 시행착오와 경험을 잘 정리하고, 표준화해 동일한 문제가 발생하지 않도록 하며, 핵심적인 성공 요인을 잘 파악해야 한다.

혁신 활동, 개선 활동을 시작하거나 새로운 방법론을 적용할 때 조직원들의 수준이 어느 정도인지를 파악하는 것은 매우 중요하다. 그리고 그들이 알고 있다고 말하더라도 그 수준을 단계별로 구분해 분석해보아야 한다. 조직원들이 실행력을 겸비한 수준으로 능력이 향상되고, 이것을 높이 평가하는 조직문화를 만들어나가면 개선 활동은 더욱 활성화돼 경쟁력 향상에 기여하게 될 것이다.

내가 바꾼 것, 바꿀 것, 바뀐 것

경영 혁신 활동을 수행하다 보면 이를 방해하는 많은 제약 요소들이 존재한다. 외부의 환경 변화뿐 아니라 내부의 역량 부족, 투입 자원의 부족, 인력의 부족 등 제약 요소들은 매우 다양하다. 이 중에서도 가장 큰 제약 요소로 작용하는 것은 무엇일까? 필자의 경험으로는 경영자를 비롯한 임원, 팀장 등 구성원들의 역량과 사고방식, 즉 조직원들의 능력과 태도라고 생각한다.

그런데 조직원들의 능력과 태도는 단시간 내에 향상시킬 수 있는 것이 아니다. 지속적인 교육과 업무 수행을 통한 체계적인 훈련 과정, 조직문화의 개선 활동 등 종합적인 활동을 통해서 향상할 수 있다. 때로는 조직의 힘을 활용하거나 다른 사람들을 이용해 자신의 성과를 나타내기도 하지만, 조직원들은 자신의 능력과 태도가 향상되었음을 나타낼 수 있는 수단으로 다음과 같은 질문에 명확하게 답할 수 있어야 한다.

1. 내가 최근 1년 동안에 직접 바꾼 것은 이것이다.
2. 내가 향후 1년 이내에 직접 바꿀 것은 이것이다.
3. 나의 사고방식, 행동에서 내가 바뀐 것은 이것이다.

첫 번째로, 자신이 주도적으로 활동해 성공적으로 개선한 내용을 설명할 수 있어야 한다. 실행 단계에서 회사의 조직이나 다른 사람의 힘을 빌릴 수는 있지만 개선 계획의 수립과 기획, 개선 실행, 성과의 분석 등 핵심 내용들은 자신이 주도적으로 활동해야 한다. 다른 사람과 조직의 활동에 편승하거나 남들이 이룬 성과를 자신의 것으로 포장해서는 안 된다. 근무 부서, 근무 기간, 직위, 전공 등에 따라 활동 내용과 성과는 다를 수 있다. 그러나 최소 1년 단위로 이와 같은 질문에 명쾌하게 답할 수 없다면 스스로 조직의 성장에 기여하고 있다고 말할 수 없을 것이다. 조직원이 아닌 개인의 경우에도, 학습으로 인한 자격증의 취득, 특정 분야의 성과 창출, 성공 사례 등 자신의 이력서에 넣을 수 있을 정도의 명확한 성공 사례를 1년 단위로 창출해내야 한다.

두 번째로, 앞으로 1년 이내에 자신이 주도적으로 활동하고 개선해 성과를 창출할 계획을 설명할 수 있어야 한다. 이것은 정량적으로 측정 가능한 항목을, 도전적으로 설정하는 것이 좋으며, 자신이 속한 기업이나 조직의 바람직한 성장에 기여할 수 있는 항목이라야 한다. 신기술의 개발, 새로운 시장의 개척, 생산 현장의 생산성 향상이나 품질 개선, 원가 절감 활동, 새로운 관리 방법의 개발 등 다양한 분야에서 핵심 성과 지표를 설정하고, 목표와 실행 계획을 구체적으로 수립해야 한다. 다른 부서나 다른 사람의 도움을 부분적으로 받을 수는 있지만 자신의 기획하에 추진하는 것이 중요하며, 개인의 경우에도 성과 창출, 자기계발 등 다양한 분야에서 목표와 계획을 수립하고 추진하는 것이 바람직하다.

세 번째로, 자신의 사고방식이나 행동을 개선하고 바꾸는 훈련을 해야 한다. 현대 사회에서 빠르게 변해가는 기술적, 과학적 변화나 사회 현상에서 자신의 사고방식이나 행동을 과거의 연못에 머물게 해서는 안 된다. 특히 안정된 기업이나 조직에서 생활하는 사람일수록 변화를 두려워하고 거부하는 경향이 있다. 현재의 만족된 상황이 앞으로도 변화하지 않을 것이라는 생각과 희망이 자신의 사고방식과 행동 패턴을 고정 관념 속으로 유도하게 된다. 선진 기업과 조직, 성공한 사람들의 사고방식과 행동 패턴을 연구하고, 이를 바탕으로 기존의 생각과 행동을 변화시키는 훈련을 실시해 스스로에게 사고방식과 행동의 변화를 자신 있게 말할 수 있어야 한다.

필자는 경영 혁신 활동과 관련된 컨설팅을 실시하면서 연초가 되면 조직원들에게 이 세 가지 질문에 대해 답해보라고 얘기한다. 기업과 조직의 성장, 발전에 얼마나 기여하고 있는지? 다른 조직과 타인의 성과에 편승하고 있지는 않은지? 기업과 조직의 성장이 자신의 성장과 비례하고 있는지? 이런 질문에 대해 자신 있게 답할 수 없다면 이미 자신의 성장은 정체돼 있음을 인식해야 한다.

본질이 무엇인가?

학생이 공부를 하든, 운동 선수가 운동을 하든, 사업가가 사업을 하든, 생산 활동이든, 개선 활동이든 그 분야의 본질을 파악하는 것은 매우 중요하다. 특히 컨설턴트는 기업의 성장과 발전을 위해 컨설팅을 실시할 때 방향 설정과 세부 추진 항목 설정, 실행 단계에서 본질이 무엇인지를 잊어서는 안된다. 본질은 목표의 개념과 다르게 설명할 수 있다. 달성하고자 하는 목표와는 달리 본질이란 그 행위를 수행하는 근본적인 이유라고 할 수 있다. 눈으로 보이는 형식적이고 가식적인 것이 아니라 근본적이고 자체적인 성질이나 모습을 말한다.

학생이 공부를 하는 본질은 무엇인가? 좋은 대학에 가기 위한 것인가? 좋은 직업을 가지기 위함인가? 좋은 배우자를 만나기 위해서인가? 돈을 많이 벌기 위해서인가? 이것은 공부를 하는 이유나 목표일 수 있다. 그러나 그것이 공부를 하는 본질인가? 꼭 공부를 해야 좋은 대학에 갈 수 있는가? 꼭 공부를 해야 좋은 직업을 가질 수 있는가? 꼭 공부를 해야 좋은 배우자를 만나며, 돈을 많이 벌 수 있는가? 그것은 공부를 했을 때 성취할 수 있는 하나의 결과가 아닌가? 다른 방법으로도 얼마든지 이런 목표는 달성할 수가 있다.

여기서 본질이란 지금 공부를 하는 1 차적인 목표, 꼭 공부를 통하여 얻고자 하는바가 무엇인가 하는 것이다. 공부를 잘 한다는 것은 어떻게 판단할 수 있는가? 그것은 공부를 한 결과를 평가하였을 경우 좋은 점수를 얻는 것으로 판단할 수 있다. 평가의 항목과 방법, 절차와 내용은 다를 수 있지만 공부를 잘 한다는 것은 바로 좋은 평가를 받기 위함이며, 좋은 평가를 받는 사람이 공부를 잘 한다고 말할 수 있다. 이렇게 보면 학교에서 시행하는 시험이나 대학 입학 수학 능력 시험, TOEIC, 자격시험 등 원하는 시험을 잘 치르는 것이 그 분야에서 공부를 잘하는 것이다.

당연히 전인적인 인격을 가진 사람, 리더쉽을 가진 사람, 사랑과 봉사 정신을 가진 사람 등 많은 분야에서 갖추어야 할 덕목은 무수히 많다. 이러한 덕목과 함께 공부를 잘 한다는 것은 좋은 성적으로 좋은 평가를 받기 위함임을 잊어서는 안되며, 이를 위한 노력을 집중적으로 해야 한다. 단순하게 말하면 공부를 잘 한다는 것은 시험을 잘 치루어서 좋은 점수를 받는 것임을 잊어서는 안된다..

축구 경기의 본질은 무엇일까? 훌륭한 축구팀은 어떤 팀일까? 팀워크가 좋은 팀, 훈련 분위기가 좋은 팀, 선수들의 개인기가 좋은 팀, 재정 상태가 좋은 팀 등 여러 조건이 있을 것이다. 그러나 훌륭한 축구팀은 경기에서 이기는 팀이다. 이것은 축구 경기의 본질이 골을 넣는 경기라는 것을 함축적으로 의미하고 있다. 패스 연습을 하고, 팀웍을 다지고, 정신 무장을 하고, 체력 훈련을 하고, 전지 훈련을 가고, 큰 돈을 들여 선수를 스카웃하고, 관중들이 열심히 응원하는 것은 바로 골을 넣는 것을 기대하기 때문이다. 역으로 말하면, 팀워크가 좋고, 패스도 잘하며, 개인기와 분위기가 아무리 좋아도 골을 넣지 못하면 훌륭한 팀이라고 말할 수 없는 것이다. 따라서 그 어떤 것 보다도 골을 넣기 위한 준비와 훈련은 집중적으로 실시되어야 할 것이다.

비즈니스는 어떨까? 상품을 판매하거나 중요한 협상을 할 경우, 정치인들이 서로의 주장을 하는 경우는 어떠한가? 이럴 경우 어떻게 타결되는가? 상대가 있는 이런 비즈니스의 경우의 본질은 무엇인가? 그것은 바로 Give And Take 이다. 일방적인 이득을 취하는 것은 결코 그 비즈니스가 바르게 성립되지 못하며, 오랫동안 신뢰가 형성되지 못한다. 만약 가치보다 훨씬 비싸게 상품을 팔아 많은 이득을 취했다고 해 보자. 그것을 구매한 자가 이후에 그 사실을 알면 어떻게 될까? '가치는 가격을 우선한다'는 말의 의미도 잘 생각해보면 Give And Take가 성립한다. 정치, 경제, 사회, 외교 등 넓고 큰 분야뿐 아니라 가족, 친구, 동호회, 스포츠 등 상대가 존재하는 거의 모든 분야에서 협상과 관계의 본질은 Give And Take라고 말할 수 있다.

제조 기업의 경우 본질은 무엇인가? 새로운 제품을 개발하고, 제품을 생산하고, 매출과 이익을 창출해 내고, 직원을 고용하고 세금을 내어 사회적인 역할을 다하고 봉사하는 등 기업이야 말로 이 시대에서 없어서는 안될 중요한 구성 요소이다. 제조 기업은 제품을 개발하고, 만들고, 판매하여 이를 통한 이익 창출로 기업을 유지, 성장, 발전시켜 나가야 한다. 이 중에서도 제조 기업은 제품을 개발하고 판매하는 것은 다른 기업의 힘을 빌릴 수 있지만, 만드는 과정 즉 제조 과정은 자신의 힘으로 경쟁력 있게 추진할 수

현장에서 본질을 몸으로 체득하고 있는 모습

있어야 한다. 따라서 제조 기업도 본질을 이해하고 이에 대해 역량을 집중하여야 한다.

제조 기업은 제조 공정의 진척을 통하여 부가 가치를 창출시키고, 이 부가 가치를 고객에게 판매하여 기업을 성장/발전시켜 나가야 한다. 공정이 진척되어야 비로소 부가 가치가 발생되는 것이다. 따라서 부가 가치를 형성하는데 도움을 주지 못하면서 제조 원가만을 상승시키는 다양한 형태의 낭비와 현상에 대해서는 철저하게 개선 활동을 통하여 제거해야 한다. 예를들어 제품을 보관하거나 운반하는 것, 검사하는 것은 부가가치를 만들어 내지는 못한다.

지금의 상태에서는 여러가지 제약 조건이 존재해서 어쩔 수 없이 부가가치를 창출하지 못하는 이와 같은 일들이 발생하고 있지만 제거해야 할 대상인 것이다. 조직원들이 고정 관념에 빠지지 않도록 끊임없이 교육하고, 선진 기업을 벤치마킹하여 개선의 지혜를 낼 수 있도록 해야한다. 과정을 바꾸어야 결과도 바뀐다. 정리/정돈 활동, 조직 활성화 활동, 각종 캠페인 활동 등의 활동은 제조 기업에서 그 실행 자체가 결코 목적이 되어서는 안 된다. 부가 가치가 형성되는 공정의 변환 과정이야말로 제조 기업에서 가장 소중한 본질이다.

지금 우리 사회가 갈등과 문제를 일으키는 분야를 자세히 보면 그 분야의 본질을 잘 이해하지 못하고 있기 때문이라고 생각한다. 정치의 본질은 무엇인가? 언론이 존재하는 이유와 본질은 무엇인가? 외교와 국방의 본질은 무엇인가? 남북 문제, 노사문제, 경제 문제, 사회 문제 등등 우리는 이와 같은 물음에 대해 끝없이 토론하고, 문제를 찾고, 본질에 접근하기 위해 개선해 나가야 한다. 겉으로 나타나는 형식적인 것을 과감히 탈피하고 본질 지향적으로 사물이나 현상을 보고 접근하게 된다면 우리 사회와 조직은 더욱 안정되고 행복해지지 않을까?

참여하지 않으면 비평가가 된다

기업이 목표를 설정한 후 이를 성공적으로 달성하기 위해서는 많은 문제를 해결해야 하고, 조직원들이 적극적으로 참여해야 한다. 목표 항목은 매출, 이익, 생산성, 원가 절감, 품질 향상, 가동율 향상 등 다양하게 설정할 수 있으며, 정량적인 목표뿐 아니라 기본 준수, 관리 체계 구축, 개선 능력 향상, 인재 육성 등 정성적인 항목도 있다. 관리 체계의 경우에도 설비 관리 체계, 자재 관리 체계, 품질 관리 체계, 생산 관리 체계 등으로 세분화해 추진할 수가 있으며, 하나의 항목에 대해서도 체계를 구축하고 이를 준수하며 발전시켜 나가기 위해서는 많은 분야의 사람들이 참여하고 각자 자신의 역할을 다해야 한다.

컨설팅을 실시하게 되면 각 분야별로 목표를 설정하고, 이를 달성하기 위해 과제를 부여해 개선 활동을 실시하게 하거나, 자발적인 개선 활동을 유도하게 된다. 물론 활동 초기에 경영자를 비롯해 관리자, 사원에 이르기까지 활동의 필요성, 활동 방법 등에 대해 교육을 실시하거나 공지를 통해 알려주지만 모든 사람들이 적극적으로 참여하는 것은 아니다. 경영자를 비롯한 각 계층의 조직원들을 어떻게 활동에 참여하도록 유도할 것인가가 성공적으로 컨설팅을 수행하기 위한 가장 중요한 조건이다.

최고 경영자가 참여하는 혁신활동 모습

이때 최고 경영자 또는 부문별 경영 책임자의 참여가 가장 중요하다. 비록 컨설팅의 실시에 대한 의사 결정을 최고 경영자나 경영 책임자가 했다고 하더라도 직접적으로 참여하지 않고 활동 내용을 보고 받아 파악하게 되면 성공적인 활동을 수행할 확률이 낮아진다. 이것은 다음과 같은 이유가 있기 때문이다.

1. 활동 내용을 자세히 보고하기가 쉽지 않다.
2. 조직원들의 참여도가 낮아진다.
3. 참가자들은 각자의 조직과 위치에서만 활동하려고 하며, 전체의 입장에서 생각하고 판단하지 않는 경향이 있다.
4. 참가자들은 최고 책임자에게 자신이 행한 우수한 활동 사항을 자랑할 기회가 없어지기 때문에 최선을 다하지 않는다. 또한 활동을 미흡하게 하

더라도 최고 책임자가 잘 모르기 때문에 크게 신경쓰지 않는다.

5. 참가자들은 될 수 있는 방법을 찾기보다는 되지 않는 이유를 찾으려고 한다.

물론 시작 시간부터 끝날 때까지 최고 경영자가 100% 참여해야 한다는 것은 아니다. 시작 시간과 종료 시간은 반드시 참가하고, 활동 중간에는 적절한 시간 단위로 참여하면 된다. 컨설팅을 실시한 다양한 기업을 분석해 보면 최고 경영자가 참석하지 않은 기업이 컨설팅 기간도 짧게 나타났으며, 활동 성과도 낮게 나타났다. 최고 경영자의 입장에서 직접적으로 참여하지 않으면서 성과만을 챙기게 되면 조직원들과 컨설턴트는 성과가 나지 않는 부분에 대해서는 실행하지 않으려고 한다.

하나의 성과가 창출되기 위해서는 많은 부문에서 교육하고, 검토하고, 준비하고, 개선해야 할 사항이 많음에도 불구하고 이것들을 생략하게 되면 성과가 창출되기 어렵기 때문이다. 최고 경영자는 자신이 참여하지 않음으로 인해 성공적으로 추진되지 않는 부분에 대해 어떤 형태로든 평가를 해야 하기 때문에 활동 내용에 대해 비평하지 않을 수 없다. 그리고 이것은 대부분의 경우 컨설턴트에게 그 책임을 돌리게 된다.

임원과 관리자, 감독자, 사원의 경우에도 마찬가지이다.자신들이 직접 참여하지 않으면 그렇게 참여하지 않는 이유를 합리화하여 설명해야 한다.컨설턴트는 누구나 저항을 싫어할 수 있지만 어떻게 보면 저항하지 않고 모두가 컨설턴트의 아이디어에 잘 따라주는 것이 더욱 이상하다. 왜냐하면 그것은 컨설턴트들이 항상 옳아야만 한다는 감당할 수 없는 책임감을 떠안는 것이기 때문이다. 그들은 다음과 같은 여러가지 이유를 이야기 한다.

1. 이전에 같은 방법으로 해 보았는데 실패하였다.

2. 우리 회사에서는 그 방법이 맞지 않다.
3. 너무 바빠서 참석할 시간이 없다.
4. 열심히 참여하여도 성과에 대한 보상이 없다 등등

비록 최고 경영자가 방향과 목표를 설정하고 이것의 달성을 위해 조직원들에게 충분히 설명했다 하더라도 조직원들 입장에서 보면 새로운 업무가 추가되는 것으로 인식하는 경우가 많다. 많은 경영 혁신 활동들이 현재의 업무 추진 방식을 개선하거나, 다양한 개선 활동을 실시해 성과를 창출하고, 조직원들을 인재로 육성하기 위한 목적으로 실시되고 있으며, 그 결과 기업은 경쟁력을 향상하게 된다. 최고 경영자뿐 아니라 임원, 관리자, 감독자, 사원의 경우에도 적극적으로 참여할 수 없는 이유는 얼마든지 만들 수 있다. 그리고 표현하지는 않지만, 자신이 개선 활동을 수행할 능력이 부족하거나, 의지가 부족한 경우도 많다.

어떠한 이유로 참여를 하지 않더라도 성공적으로 활동을 실시하지 못하게 되면 그 책임은 컨설턴트에게 돌아오게 된다. 따라서 컨설턴트는 각 계층의 조직원들의 상황, 특성, 능력, 의지, 자세들을 세밀하게 판단할 수 있어야 하며, 그들을 끌어들이는 리더십을 발휘해야 한다. 때로는 추진 속도를 늦추기도 하고, 방법론을 변경하기도 하며, 적절한 동기 부여도 실시해야 하며, 채찍을 가해야 되는 경우도 있다.

하나의 성공 사례를 만들기 위해서는 많은 조직원의 참여와 노력, 지혜, 지속적인 개선 활동이 필요하다. 그러나 활동에 참여하지 않는 사람들은 그냥 불참만 하는 것이 아니라 자신의 불참을 정당화하기 위해 끊임없이 비평하려고 한다. 직위의 높고 낮음을 떠나 참여하지 않으면 비평가가 된다.

마케팅인가 실력인가?

아파트를 지어 공급하는 건설사에서는 공사를 시작하기도 전에 여러 방법을 통해 많은 사람들에게 그 사실을 알려주어 성공적으로 분양을 하기 위해 힘쓴다. 새로운 서적을 발간하거나 축구, 야구, 농구 등 스포츠 경기를 시작하기 전에도 많은 광고를 한다. 기업에서 신제품을 출시하거나, 백화점, 가게, 식당, 사무소 등 개업할 때에도 마찬가지다.

그러나 마케팅만으로 성공할 수 있는 것은 아니다. 어떤 분야에서든 본질적으로 성과를 낼 수 있는 '핵심 가치'가 있어야 한다. 영화는 감동을 주거나 재미가 있어야 하며, 서적은 지식이나 지혜를 줄 수 있어야 하고, 아파트는 위치, 가격, 편리함, 안락함 등의 가치를 주어야 하고, 스포츠 경기는 재미있으면서 승리할 수 있어야 한다. 백화점은 가격과 품질, 디자인에서 가치를 제공해야 하고, 식당은 음식이 맛있어야 한다. 일시적이 아니라 지속적으로 성과를 내기 위해서는 '핵심 가치'의 제공이 필수적인 것이다.

컨설팅의 경우에도 성공적인 실시를 위해서 마케팅은 너무나 중요하다. 의뢰주(Client)의 입장에서 보면 어떤 분야에 대해서 컨설턴트에게 의뢰를 하고 싶지만 어떤 컨설턴트가, 무슨 분야에서, 어떤 성과를 낼 수 있는지를 잘 모르면 컨설팅을 의뢰하기가 쉽지 않기 때문이다. 그래서 컨설팅을 실시하는 기관이나 단체에서는 컨설팅 분야나 컨설팅 프로세스, 컨설팅 성과 등을 여러 방법을 통해 의뢰주에게 알리기 위해 노력한다.

의뢰주는 자신이 재무, 결혼, 부동산, 법률, 의료, 문화, 스포츠 등에서 지속적인 성과를 내고 있는 기관, 단체, 개인을 찾을 때 TV, 신문, 서적, 인터넷 등 여러 수단을 활용해 정보를 얻고 컨설팅을 의뢰하게 된다. 새로운 영화가 개봉을 앞두게 되면 영화관에서는 예고편을 만들어 광고를 하기도 하고 신문이나 TV를 통해 알려준다.

큰 컨설팅 회사에는 많은 컨설턴트가 있으며, 개인적으로 활동하는 컨설턴트도 많다. 그리고 장래에 컨설턴트가 되기를 희망하는 사람도 많다. 많은 초기 투자 자본을 필요로 하지 않으면서 쉽게 누구라도 컨설팅을 시작할 수 있다. 많은 컨설턴트는 컨설팅 의뢰주를 찾기가 어려워 기관이나 단체에 들어가 컨설팅을 실시하기도 한다. 이런 컨설턴트는 대부분 이렇게 말한다. '컨설팅에 있어서 가장 중요한 것이 마케팅이다'라고.

과연 그럴까? 본인은 실력이 있는데 자신을 알리거나 광고할 방법이 없어서 새로운 의뢰주를 만나기 어렵다는 것이다. 많은 부분은 공감이 가는 내용이다. 보통 1년 단위로 계약하는 기업의 경영 컨설턴트의 입장에서는 그 컨설팅이 종료되고 나면 새로운 컨설팅 의뢰주를 찾아야 한다. 이렇게 보면 컨설턴트는 새로운 컨설팅 의뢰주를 찾는 것이 가장 큰 스트레스가 될 수 있다.

외람된 얘기지만 난 20년 동안 컨설팅을 하면서 한번도 마케팅이나 자신을 광고한 적이 없다. 혼자서 컨설팅하기도 바쁘다. 결코 자신을 자랑하거나 내세울 생각이 있어서 이런 얘기를 하는 것이 아니다. 그리고 실제로 마케팅을 하려고 해도 그런 방법을 찾기도 어렵다. 신문이나 서적에 광고할 것인가? 1년 단위의 성과를 창출해내지 못하면 재계약이 일어나지 않는다는 사실은 컨설턴트를 비롯한 프로들에게는 엄청난 동기 부여가 된다.

한번 한번의 컨설팅이 모여 1년의 컨설팅이 완료되면 의뢰주는 냉정하게 그 내용과 성과에 대해 평가를 실시한다. 생산성, 품질, 원가 절감 금액 등의 정량적인 평가뿐 아니라 관리자, 사원을 대상으로 설문 조사를 실시하기도 한다. 더 이상 의뢰주와의 특수 관계나 이해 관계 때문에 컨설팅이 이루어질 수는 없는 것이다. 만약에 더 이상 재 계약이 이루어지지 않거나 신규 의뢰주를 찾지 못하면 컨설턴트는 컨설팅을 실시하는 기관에 취업하거나 비상근으로 활동할 수가 있다. 요즘은 정부기관 및 산하 단체에서 실시하는 컨설팅도 많이 있으니 그쪽에서 활동할 수도 있다.

그러나 컨설팅에 있어서 마케팅을 하는 좋은 방법이 있다. 바로 의뢰주가 자발적으로 다른 의뢰주 후보들에게 마케팅을 해 주는 것이다. 일부러 얘기하지 않아도 된다. 일반적으로 기업의 대표인 의뢰주들은 많은 사회적인 활동을 한다. 컨설턴트보다도 더 넓은 인맥을 가지고 있으며, 특히 많은 기업의 대표들을 알고 있다. 크고 작은 모임에서 서로의 회사 상황에 대해 많은 얘기를 나누다 보면 자연스럽게 자사에서 시행 중인 컨설팅에 대해 얘기하게 된다.

어떤 의뢰주는 자신의 회사 상황을 다른 사람들에게 잘 알려주지 않는 사람도 있으며, 외부 컨설턴트의 도움이 있었다는 사실을 말하지 않으려고 하는 사람도 있다. 그러나 기업은 많은 사람들이 방문하게 되고, 현장을 보여주게 되며, 변화된 모습이 알려지게 된다.

의뢰주의 회사에 근무하는 모든 사람들이 컨설팅을 반기며 적극적으로 활동하는 것은 아니다. 어떤 사람들은 오히려 부정적으로 얘기할 수도 있다. 그리고 그것은 컨설팅의 성과가 아니라 자신들이 열심히 노력한 때문이라고 말한다. 맞는 말이다. 컨설턴트는 원리와 원칙, 방향 제시와 관련 교육, 지도를 실시하지만 실제로 실행하는 사람은 그 사람들이다. 평가는 의뢰주뿐 아니라 그들의 고객도 실시한다. 컨설팅에 있어서 최고의 마케팅은 바로 컨설팅을 성공적으로 실시해 성과를 내는 것이다.

국가대표 축구 선수 출신이면서 국가대표 감독을 지낸 프로 축구 구단의 어느 대표는 '본질은 승리다'라는 말을 남겼다. 마케팅도 중요하고 팬들과의 행사나 교류도 중요하지만 더욱 중요한 것은 이길 수 있는 축구를 하여 승리하는 것을 강조한 말이다. 그래서 재능있는 어린 선수들의 발굴, 체계적인 육성, 훈련 장소의 확보 등 실질적으로 경기력을 향상시키는 것이 중요하다고 강조했다. 관중들을 경기장으로 오게 하기 위해 유명 가수를 초청하거나 많은 경품을 제공하는 것은 언뜻 보면 그럴듯하게 보이지만 사실은 일회성 행사나 이벤트에 불과한 것이다. 이기는 것이 최고의 마케팅인 것이다.

우리는 식당을 경영하는 사장이 '요즘은 경기가 좋지 않아 손님이 없다'라고 말하는 것을 자주 듣는다. 제조업을 경영하는 사장도 '국제 경기가 좋지 않아서, 국내 시장이 불황이어서 경영이 어렵다'는 말도 자주 듣는다. 변호사, 병원, 공인 중개사, 미용실, 커피숍, 학원 등 치열하게 경쟁하고 있는 거의 모든 업종들이 과연 마케팅을 제대로 못해서 어려움을 겪을까? 자본주의 시장경제체제를 채택하고 있는 국가들에게서 공통적으로 당면하는 문제들이 아닐까?

눈을 돌려 맛집에 가보라. 요즘처럼 코로나 시절에도 고객들이 줄을 서서 대기하고 있다. 명의가 있는 병원, 실력이 검증된 유명한 학원 강사에게는 수강생이 모여들고 있지 않는가? 실력을 갖춘 기업들은 고객들이 찾아가며, 그래서 그 기업은 더욱 성장의 길에서 가속 페달을 밟는다

스스로 마케팅이 부족하다고 느껴지는 시점이 오면, 다시 말해 매출이 감소되거나 고객 또는 관중으로부터 평가가 떨어지고 있다고 느껴지면 그 때는 자신의 실력을 쌓거나 더욱 좋은 성과를 내도록 노력해야 하는 시기라는 신호다. 지금 하고 있는 일에 최선을 다하고 최고의 성과를 내라. 그것이 최고의 마케팅이다.

조건과 실행

개선 활동을 통해 성공적인 결과를 가져오기 위해서는 실행이 중요하다는 사실은 아무리 강조해도 지나치지 않는다. 그렇다고 무슨 일이든 계획 없이 무턱대고 실행에 옮길 수는 없다. 개선 활동의 범위나 규모, 기간에 관계없이 어떤 활동이라도 그 활동을 하는 이유 즉 목적을 명확히 해야 하며, 목표도 도전적으로 설정해야 한다. 또한 치밀한 현상 분석과 실행 계획을 수립해 체계적으로 실행해야 한다.

그런데 어떤 기업과 개인은 개선 활동을 시작하는 데 많은 전제조건이나 제약 조건을 얘기하면서 실행에 옮기지 못하는 경우가 있다. 사실 어떤 전제조건이나 제약 조건이 없이 쉽게 성과를 낼 수 있는 것은 없다. 만일 그런 경우가 있다면 이미 그것은 실행됐을 것이다. 다시 말해 뭔가를 시작하거나 개선한다는 것은 필연적으로 다양한 제약 사항이나 저항을 이겨내야 하는 것을 의미한다. 이것은 경영 컨설팅을 하고 있는 나 자신도 마찬가지이며, 컨설팅을 받는 기업이나 새로운 일을 시작하려는 개인도 마찬가지이다.

'몸이 좀 더 건강해지면 운동을 시작하겠다'고 말하는 사람이 있다. 물론 운동에도 가벼운 체조에서부터 등산, 달리기 등 다양한 운동이 있으며, 몸의 상태에 따라 운동을 하기 어려운 경우도 있을 것이다. 그러나 '운동을 시작하면 몸이 좀 더 건강해진다'라고 하는 것이 맞지 않을까? 처음부터 무리한 운동을 시작하라는 것이 아니라 몸이 받아줄 정도의 가벼운 운동에서부터 시작해 차츰 시간과 강도를 높여가면 되는 것이다.

'경제 지식이 부족해 경제 신문을 읽지 않는다'라고 말하는 사람이 있다. 언뜻 듣기에는 그럴듯하게 보이지만 누구는 처음부터 경제 지식을 배우고 태어나는 사람이 있는가? '경제 신문을 읽으면 경제 지식이 늘어난다'고 해야 하지 않을까? 주식에 투자하는 경우도 비슷할 것이다. 무턱대고 주식에 손을 대라는 것은 아니다. 주식의 전문가가 아니라 주식을 할 수 없다면 어느 정도의 지식을 가지고 경험이 있어야 된다는 말인가? 처음에는 조금 시작하면서 방법과 지식을 배우고, 여러가지 사례와 지혜를 체득하면서 그 폭을 넓히는 것이 맞지 않겠는가?

'행복하지 않기 때문에 웃지 않는다'라고 말하는 사람도 있다. 즉 '행복해지면 웃겠다'라는 것이다. 사람마다 행복의 기준도 다르고, 삶의 목표나 가치 기준도 다른 것이 사실이어서 단정적으로 어떤 단계나 수준이 돼야 행복하다고 말할 수는 없다. 이것은 전적으로 개인의 판단 기준에 달려있다. 그렇지만 '웃으면 행복해진다'라고 표현하는 것이 맞지 않을까? 억지로라도 웃으면 정신 건강과 육체의 건강이 좋아진다고 말하지 않는가?

'어학 실력이 부족해 외국 TV 시청을 하지 않는다' 또는 '어학 실력이 부족해 외국 여행이나 유학을 가지 않는다'라는 말은 어떠한가? 물론 무작정 외국 TV를 시청하거나 외국에 나가라는 말은 아니다. 이것은 '외국 TV를 시청하면 어학 실력이 늘어난다'고 하는 것이 맞을 것이다.

'성과가 나오면 칭찬을 하겠다' 라는 말은 어떠한가? 당연한 이야기이다. 만약 어떤 분야에서 많은 성과가 나왔음에도 회사의 대표나 책임자, 상위자 등이 아무런 칭찬이나 인센티브 등을 주지 않으면 어떻게 될까? 다음에 유사한 성과를 도출하기가 어려워질 것이다. '칭찬은 고래도 춤추게 한다'는 말도 있듯이. '칭찬을 하면 성과가 나온다'라는 말이 적당하지 않겠는가?

컨설팅을 하면서 자주 듣는 말이 있다. 사원들의 능력이 부족해서 뭔가 새로운 것을 개선하기가 어렵다는 것이다. '우리 회사의 사원들은 의식 수준이 낮아서 기본 준수가 잘 되지 않습니다', '우리 회사의 사원들은 지식과 경험이 부족해서 개선 활동을 잘하지 못합니다' 등등. 의식 수준은 어떻게 하면 올릴 수 있을까? 지식이나 경험은 어떻게 쌓이는가? 이것은 교육이나 훈련 그리고 개선 활동을 통해서 축적되는 것이 아닌가? 물론 사원들의 수준이나 상황에 따라 적절한 교육, 적절한 개선 활동을 실시해야 한다. 갑자기 받아들이기 어려울 정도의 높은 수준의 교육이나 개선 활동을 실시하는 것이 아니라 단계별로 시행해야 한다.

'개선 활동을 통해 인재를 육성한다'는 말은 사전 지식이나 경험, 이론보다는 실행의 중요성을 강조하고 있다. 개선 활동을 실행하다 보면 많은 시행착오가 발생할 수 있으며 새로운 사실을 알게 된다. 제약 조건은 개선 활동의 장해가 아니다. 어떤 조건이 갖춰지면 실행하는 것이 아니라 실행하면서 조건을 하나씩 해결해 나가면 된다. 실행하면서 생각하고 고쳐가면서 완성하는 것이다. '바보들은 항상 결심만 한다'는 말이 있다. 지금 당장 하고 싶은 일을 시작하는 것이 중요한 것이다.

개선의 속도

기업은 얼마나 빠른 속도로 변해가야 하는가? 목표는 어느 정도로 세워야 하며 얼마나 오랫동안 지속적으로 혁신해야 하는가? 혁신 활동의 목표를 너무 높게 세우면 조직원들은 힘들어 하거나 포기하지 않을까? 그렇다고 달성하기 쉬운 낮은 목표를 세운다면 일상 업무와 무엇이 다른가? 그리고 성공적인 혁신을 하기 위해 혁신 활동의 방법론은 어느 주기로 바꾸면 될 것인가? 혁신 활동의 강도는 시간이 지나면 어느 정도로 올려주는 것이 좋은가?

어떤 경영 컨설턴트들은 자신의 컨설팅 실적을 얘기할 때 지금까지 수십 개의 회사를 컨설팅 했다고 말한다. 한편으로는 부럽기도 하지만 좀 더 깊이 생각해 보면 과연 그럴 수 있을까 하고 의구심을 갖게 된다. 그것이 가능한 경우는 하나의 기업을 3개월 또는 6개월 단위로 짧게 실시할 경우, 실행하기 전 분석 보고서를 제출하는 것으로 컨설팅이 종료되는 경우에는 가능하다. 어쨌든 길어 봐야 1년을 넘기지 못하는 경우다. 어떤 컨설턴트들은 하루에 2개의 회사도 컨설팅이 가능하다고 한다. 물론 불가능한 것은 아니다. 그럴 경우는 굉장히 성공적으로 실시하는 경우이거나 아니면 아예 성과가 없는 형식적인 경우 중 하나일 것이다.

필자는 어느 한 제조기업을 컨설팅하게 되면 평균적으로 5년 이상을 실시해 왔다. 길게 실시한 기업은 15년 동안 실시했다. 일반적인 다른 컨설턴트보다 더 성공적으로 컨설팅을 실시해 왔다고 자부하지만 프로로 전향한 이후 지금까지 20년 동안 겨우 20여 개 회사밖에 실시하지 못했다. 물론 컨설팅 기간이 성공적인 컨설팅을 보장해 주는 것은 아니다. 그렇지만 성과가 나오지 않는데도 계속적으로 컨설팅을 받는 회사는 없다고 단언할 수 있다.

6개월이나 1년이 아니고 5년 이상 장기적으로 경영 혁신 활동을 성공적으로 추진하기 위해서는 최고 경영자의 의지, 혁신 리더의 육성 등 여러가지 전제조건이 필요하다. 그리고 주기적으로 높은 도전 목표를 설정하고 전 사원들이 이것에 대한 공감대를 갖게 하는 것이 필요하며, 한번 수립된 계획은 지속적으로 실천해야 한다. 그런데 한번 목표를 수립해 실천한 결과 그 목표가 달성됐을 경우 다음의 목표는 어느 수준으로 정하는 것이 좋은가?

일반적으로 경영 혁신 활동의 속도는 고객이 요구하는 수준과 경쟁사의 수준을 이길 정도로 설정해야 한다. 그리고 실행 가능한 목표에 불가능한 목표를 더 해야 한다. 고객은 매년 제품의 가격을 인하하거나 품질 수준을 더욱 높게 설정하고 짧은 납기를 요구하게 된다. 또한 물가의 인상, 재료비의 인상, 임금 인상, 환율 변동 등으로 인해 매년 경영의 악화 요인이 생기게 된다. 그리고 경쟁사도 많은 노력을 통해 가격, 품질, 납기를 개선하게 되어 갈수록 치열하게 경쟁하게 된다.

그래서 기업은 잠시라도 경쟁력 향상을 위한 노력을 멈출 수 없다. 이것은 마치 큰 강의 하류 방향에서 상류 방향으로 수영을 하거나 배를 타고 노를 저어 앞으로 나아가는 것과 비교되기도 한다. 열심히 노력하면 겨우 조금 앞으로 나갈 뿐이다. 이것은 지속적인 경쟁력 향상을 위한 경영 혁신 노력이 없이는 점차 퇴보한다는 것을 의미한다. 한 번의 성공이 있었다고 해서 멈출 수 없는 것이다.

그러면 시간이 지날수록 어느 정도의 목표와 강도로 경영 혁신 활동을 추진해야 하는가? 이것에 대한 정답은 없다. 회사에 따라, 업종에 따라, 지역에 따라 다를 것이다. 고객의 요구 속도와 경쟁사의 수준도 고려해야 한다. 만약에 사원의 임금이 일 년에 10% 상승하고, 고객으로부터 5%의 제품 단가 인하가 있으며, 5%의 물가 상승이 있다고 하자. 그러면 기업은 최소 20% 이상의 목표를 수립해 시행해야 한다. 물론 경영 상황에는 악화 요인만 있는 것은 아니며 호전 요인도 있을 수 있다.

필자는 오랫동안 제조기업 경영 컨설팅을 해 오면서 경험적으로 매출, 이익, 원가 절감 금액, 생산성 등의 양(+)의 지표들에 대해서는 매년 30% 이상의 수준으로 목표를 설정하고 추진해야 한다고 생각한다. 그리고 품질, 준비 교체 시간, 재고 금액, 리드 타임 등의 음(-)의 지표에 대해서는 매년 50% 이상으로 개선해야 한다고 생각한다. 5~10% 수준의 개선 노력으로는 매년 악화되는 경영 환경을 극복할 수 없다. 그리고 그것은 조직원들로 하여금 뭔가 획기적이고 새로운 발상을 내게 할 수도 없다. 단지 형식적인 목표 설정이 아니라 조직원들이 공감대를 형성할 수 있어야 한다.

이렇게 매년 목표를 높게 설정해 조직원들에게 공감대를 형성하고 성공적으로 실천하는 것은 여간 어려운 일이 아니다. 최고 경영자와 혁신 리더는 리더십을 발휘해야 하며, 조직원들에게는 적절한 교육과 동기 부여를 해야 한다. 그리고 새로운 목표를 제시하고 이것의 실행에 대해 공감대를 형성하기 위해서는 도전과 열정의 조직문화가 형성돼야 한다.

혁신 활동을 수년 동안 수행하게 되면 조직원들에 어느 정도의 수준으로 혁신의 강도가 느껴지도록 하는 것이 좋은가? 또는 조직원들은 어느 정도로 강도가 높아졌다고 느끼고 있을까? 이것은 혁신 활동의 목표가 수립돼 달성된 다음 또 다른 다음 목표가 설정되고 실행할 때 조직원들이 느끼는 강도가 높아져 가는 것을 의미한다. 물론 정량적으로 이 강도를 측정하는 것은 쉽지 않겠지만 예를 들어 양의 지표의 경우 매년 30% 이상의 목표로 추진하게 되면 정신적으로 압박을 받지 않겠는가?

필자는 컨설팅을 해 오면서 조직원들이 어느 정도로 압박감을 받는지에 대해 관심이 많다. 왜냐하면 계속 조직원들이 경영 혁신 활동을 압박으로만 느끼게 되면 그에 따른 부작용이 발생할 수 있기 때문에 적절한 수단과 방법론을 사용하고 강 · 약을 조절해야 한다. 새로운 관리 방식이나 생산 방식이 도입되었을 경우에 여러가지 운영상의 문제들이 발생해 어려움을 겪게 되면 그것은 압박으로 느끼게 된다. 그러나 경험적으로 약 3개월에서 6개월 정도면 충분히 새로운 시스템에 적응하게 된다고 생각한다.

정량적으로 표현하는 것이 정말로 어려운 일이지만 혁신 활동의 강도는 매년 단위로 약 1.5배 정도로 높여주는 것이 적당하다고 생각한다. 이것은 정량적으로 목표를 높게 세우는 것 이외에 정성적인 부분까지 포함한다. 새로운 제도의 도입, 한 단계 높은 교육의 실시, 평가의 기준 변경 등 많은 항목의 세부 수준들이 높아지는 것이다. 혁신의 강도를 수식으로 표현하는 것이 적절할지 모르지만 매년 목표와 함께 강도를 높게 설정하는 것도 지속적으로 경영 혁신 활동을 성공시키는 요인이 된다.

문제를 만들어라

기업을 컨설팅하다 보면 어떤 기업의 경영자와 관리자들은 자기 회사나 부서에 별다른 문제가 없다고 말하는 경우를 접한다. 매출과 이익은 계획대로 창출되고 있으며, 노사 문제도 발생하지 않고, 시장에서의 경쟁력도 문제가 없다는 것이다. 그리고 생산 현장의 생산성, 품질 등에서도 특별한 문제가 발생하지 않아 혁신 활동이나 개선 활동의 필요성을 느끼지 못하고 있다는 것이다.

이런 경우의 회사를 만나면 정말 그동안 많은 사람들이 그런 성과를 내기 위해 얼마나 많은 노력을 하였을까 하는 생각이 든다. 그리고 실제로 그동안의 활동 내용을 분석해보면 신제품의 개발, 생산 현장의 개선 활동뿐 아니라 판매 분야에서도 많은 개선 활동을 한 사실을 알 수 있다. 또한 조직문화의 개선이나 사회 공헌 활동 등 다양한 분야에서의 성과도 있음을 알게 된다.

그러나 일반적으로 대부분의 많은 제조기업들은 고객의 요구와 치열한 시장 경쟁으로 인한 판매 가격 인하, 임금 인상 등 내부 원가 상승으로 인한 원가 경쟁력 악화, 물가 상승 등 외부 경영 환경의 악화, 다양한 제품의 생산과 단기 납기 생산으로 인한 관리력 향상의 필요성으로 인해 갈수록 좋은 경영 성과를 창출하기가 어려운 것이 사실이다.

성과가 잘 창출되고 있는 기업의 경우에는 새롭게 경영 혁신 활동이나 개선 활동을 시작하는 것은 많은 어려움이 있다. 우선 조직원들이 그 필요성을 인식하지 못하는 경우가 많기 때문이다. 그동안 잘 나가던 크고 작은 기업들이 얼마나 많이 사라져 갔는가? 새로운 제품이 출현하거나 새로운 경쟁자가 나타나고, 갑작스럽게 경영 환경이 변화되면 기업은 어떻게 대처해야 하는가? 그리고 그런 환경이 도래했다면 이미 늦은 것은 아닌가? 지금 성과가 창출되고 있는 기업이라도 이런 시기가 오지 않는다고 단정할 수 있는가? 이것을 미리 대비하기 위해서는 무엇을 해야 하는가? 그것은 바로 '문제를 만들어서 개선하는 것'이다.

문제가 무엇인가? 문제란 '해답을 요구하는 물음', '해결해야 할 과제' 또는 '논쟁, 연구 따위의 대상이 되는 것'으로 정의하기도 하지만 '바람직한 수준과 현재 수준의 차이'를 문제라고 정의할 수 있다. 현재의 수준이란 무엇인가? 현재의 매출액, 이익, 생산성, 품질, 납기 등 측정할 수 있는 지표들의 상태를 정량적인 숫자로 나타낸 것이다. 이 지표들은 기업에 따라 다양하게 설정할 수 있으며, 현재의 수준을 측정하는 것은 적절한 분석 기법을 사용하면 어렵지 않게 측정할 수 있다.

문제를 만든다는 것은 해당 지표들에 대해 현재의 수준을 측정한 다음 바람직한 수준을 설정한다는 것이다. 바로 목표를 설정하는 것이다. 현재의 수준에 만족하고 있으면 아무런 개선의 필요성(Needs)을 느끼지 못한다. "목표가 없는 개선은 단지 놀이에 불과하다"는 말이 있다. 강력한 개선 의지를 가지고 실행력을 유도할 수 있도록 바람직한 수준을 제시하는 것은 컨설턴트의 가장 중요한 역할이기도 하다. 매년 단위로 해당 기업에 대해 다음 단계의 바람직한 모습을 제시해주고 그들로 하여금 동의를 받아야만 컨설팅이 지속적으로 실행될 수 있는 것이다.

어떤 제조기업의 생산 현장을 방문했을 때의 일이다. 조립라인의 생산 계획대 실적은 거의 매일 100% 수준으로 달성되고 있었다. 따라서 고객의 납기에도 아무 문제가 없다고 했다. 이럴 때 나는 보통 그 내용에 대해 관련 관리자, 감독자들을 우선 칭찬한다. 사실은 그 내용을 조금만 분석해보면 많은 허점과 낭비가 포함돼 있다는 것을 알지만 자신들이 자랑하는 것에 대해서는 우선 인정해 준다. 그리고는 "그렇다면 당신들은 다음 단계로는 무슨 개선을 하고 싶은가?" 하고 물어본다. 그러면 일반적으로 그들은 개선의 필요성을 느끼지 못하고 있거나, 어떤 관리자들은 "생산성 향상을 하고 싶다"라고 말하기도 한다.

일반적으로 생산 현장의 감독자들은 자신이 담당하고 있는 생산라인의 생산 능력을 조금 적게 나타내려는 경향이 있다. 이것은 혹시라도 생산에 문제가 발생하는 경우, 즉 설비의 고장이나 작업자의 결근, 공급 부품의 결품 등으로 인한 문제가 발생하는 경우, 이로 인한 영향을 적게 받으려고 하기 때문이다. 조립라인의 경우에도 표준 시간을 설정할 때 이미 평균적인 작업 시간에 작업 여유, 피로 여유, 생리 여유 등 여유율을 주고 있으며, 보통의 경우 10~15%로 여유율을 설정한다. 그런데 생산 계획을 수립할 때는 최대 생산 가능 수량을 기준으로 생산 계획을 수립하지 않고 평균적인 손실(Loss)를 감안해 수립하는 경우가 많다. 이렇게 되면 웬만한 큰 문제가 발생하지 않으면 생산 계획 대비 실적은 달성하게 되며, 더 큰 문제는 이미 발생되고 있는 문제도 잘 보이지 않아 개선 활동으로 연결시키기가 어렵다는 것이다.

문제가 없다고 얘기하는 회사나 현장은 더욱 자세히 살펴보고 분석한다. 인원은 필요한 인원보다 얼마나 많이 보유하고 있는지? 재고는 얼마나 여유 있게 확보하고 있는지? 설비의 생산 능력은 얼마나 되며, 평균적인 손실은 얼마나 발생되고 있는지? 문제가 없다고 얘기하는 회사는 일반적으로 인원, 생산 능력, 재고 등을 여유 있게 확보하는 경우가 많다.

이런 경우에도 되도록이면 직접 분석하여 보여주지는 않는다. 그들이 느낄 수 있도록 분석 방법이나 수단을 가르쳐줘 스스로 분석하게 한다. 필요하면 직접 그들과 같이 분석하기도 한다. 문제를 스스로 인식하게 하고 그들이 목표를 세워 도전할 수 있도록 하는 것이 컨설턴트의 역할이기도 하다. 문제가 없다고 말하는 회사가 더 큰 문제가 있을 수도 있다.

지혜가 나오지 않으면 땀을 흘려라

개선 활동은, 많은 제약 조건을 하나씩 극복하면서 좀 더 효율적이고 효과적으로 업무를 수행하기 위해 수단이나 방법을 바꾸는 것이다. 그런데 어떤 개선이라도 쉽고 간단하게 개선할 수 있는 것은 별로 많지 않다. 물론 획기적인 아이디어가 아니라 단순한 아이디어가 큰 성과를 가져오는 개선과 연결되기도 하지만 대부분의 경우 하나의 좋은 개선 활동을 수행하기 위해서는 많은 시간과 노력 그리고 지혜를 도출해 내야 한다.

개선 활동이 활발히 진행돼 생산 관리, 품질 관리, 자재 관리, 설비 관리 등의 업무를 효율적으로 수행하는 선진 기업의 현장을 방문해 보면 얼마나 많은 사람들이 지혜를 도출해 내고 많은 노력을 했는지를 느낄 수 있다. 현장의 구석구석까지 크고 작은 개선 활동의 흔적을 발견할 수 있으며, 어떤 곳은 여러 차례의 시행착오와 실패를 거친 후에 개선이 이루어졌음을 알 수 있다. 단지 눈에 보이는 것은 현재의 모습이지만 그 속에는 많은 땀과 지혜가 녹아 있는 것이다.

어떤 사람들은 개선 활동을 하기 위해 새로운 아이디어를 제시하면 채 말이 끝나기도 전에 안된다고 말하는 사람이 있다. 지금의 방법도 나름대로는 많은 연구와 노력으로 개선된 결과이며, 자신이 하고 있는 방법이 최선의 방법이라고 믿는 것이다. 물론 이때는 당연히 그동안 그분들의 노력을 인정해 주면서 그분들의 얘기를 잘 경청해 준다. 마음속으로는 당장이라도 나의 아이디어대로 개선 활동을 시작하고 싶지만 그렇게 할 경우에는 많은 부작용이 발생해 원만하게 개선 활동이 잘 이루어지지 않는다.

왜냐하면 개선 활동을 하는 것 자체도 중요하지만 개선이 된 이후에 그것을 유지하고 계승 발전하기 위해서는 현장의 감독자, 사원들의 협조가 필수적이기 때문이다. 어떤 때는 비록 내가 개선의 아이디어를 가지고 있더라도 마치 그들이 아이디어를 낸 것처럼 만들어서 그들의 참여를 유도하기도 한다. 그리고 아이디어를 전부 다 설명해주는 것이 아니라 아이디어를 낼 수 있는 환경을 만들어 주고, 교육과 훈련을 실시하기도 한다. 그렇게 되면 그들은 새로운 개선 활동을 실시할 때 생길 수 있는 제약 조건에 대해 그것을 해결할 수 있는 방법을 찾기 위해 노력한다.

그런데 개선 활동을 하기 위해 지혜를 내는 것은 정말로 어려운 경우가 많다. 그냥 슬쩍 현장을 순회하거나 대충 분석을 한다고 해서 개선의 아이디어가 나오는 것이 아니다. 남들이 실행해 놓은 결과에 대해서는 많이 비평하지만, 자신이 무엇인가를 실행하기 위해서는 남모르는 어려운 과정을 거치는 것이다. 사실 고도로 숙련된 전문가라 하더라도 쉽게 개선의 아이디어가 나오지는 않는다. 나도 현장을 컨설팅하면서 특정 현장에 도착하자마자 개선 아이디어를 제시하면서 실행 과제를 제시할 때도 있지만, 사실은 이미 이전에 많은 고민과 검토를 한 내용이 대부분이다. 단지 그들의 눈에는 이전에 고민하고 연구하는 내 모습이 보이지 않았을 뿐이다.

그래서 개선 활동의 문화를 조직의 문화로 정착하기 위해서는 많은 시간과 노력이 들어가는 것이다. 경험과 지식을 가지고 있는 컨설턴트가 과제를 제시해주고 조직원들은 단지 그 과제를 실행하기만 하는 패턴으로 진행하다 보면 조직원들은 수동적으로 변해간다. 조직의 문화가 새로운 아이디어를 발굴하는 것을 칭찬하고, 스스로 실행하는 것을 중요하게 평가해 주며,실행 시에 나타나는 시행착오를 격려해 주면 조직원들은 점차로 지혜를 내기 시작하며 적극적으로 참여하게 된다.

하나의 개선이 실행돼 성과로 연결되기 위해서는 많은 과정을 거치게 되는데 그 과정에는 새로운 지혜가 필요한 경우가 많다. 그런데 많은 고민과 연구를 해 봐도 좀처럼 지혜가 잘 나오지 않는 경우가 있다. 이럴 때는 땀을 흘려야 한다. 직접 문제의 중심에 있는 현장에 가서 몸으로 부딪치는 것이다. 운반의 문제, 정리 정돈의 문제, 공정 재편성의 문제, 정보 관리의 문제 등 현장에서 개선해야 할 다양한 문제들에 대해, 사무실이 아닌 현장에서 실행해 보는 것이다. 직접 운반해 보기도 하고, 직접 정리 정돈하기도 하며, 직접 공정에서 작업해 보기도 하고, 직접 정보를 전달해 보기도 하는 것이다.

어떤 형태로든 개선을 실행해야 하는데 개선의 아이디어가 나오지 않으면 그 지혜가 나올 때까지 몸으로 느껴보는 것이 중요하다. '인간의 뇌는 곤란을 느끼지 않는 한 지혜를 짜내지 않는다'는 말이 있다. 개선의 교육훈련 과정을 운영할 때에도 교육장에서 이론적으로 강의하는 것도 필요하지만 현장에서 직접 땀을 흘리면서 지혜를 내고 실행할 수 있도록 운영해야 한다. 이론적으로 배운 것은 금방 잊어버리게 되지만 몸으로 배운 것은 쉽게 잊혀지지 않는다.

어떤 사람들은 개선 활동 자체를 거부하는 사람들이 있다. 그냥 이대로가 좋다고 생각하는 사람들이다. 기업의 환경이 변하지 않고 지속적으로 성과가 나온다면 그럴 수도 있다. 그러나 여러 번 강조하고 있지만, 경영의 환경은 수시로 변하며, 그것도 나쁜 방향으로 바뀌는 경우가 많다. 이런 사람들은 더욱 많은 땀을 흘리게 하면서 변화를 유도해야 한다. 적절한 교육훈련 프로그램을 만들어서 스스로 느끼게 만들어야 한다.

아무리 교육하고 가르쳐도 변하려고 하지 않는 사람은 어떻게 할 것인가? 변명과 핑계를 대며 아예 땀을 흘릴 각오도 되어 있지 않은 사람은 어떻게 할 것인가? 모든 조직원들이 많은 연구와 토론, 분석과 지혜를 동원해 나아가야 할 방향을 정했다고 하자. 그리고 같은 배를 타고 한 방향을 향하면서 열심히 노를 젓고 있다고 하자. 그런데도 어떤 조직원은 그 배에 타서 노를 젓지 않거나, 심지어 다른 방향으로 노를 저으려고 하면 어떻게 될 것인가? 이런 사람들은 전체의 조직이 성장하고 발전하는 데 걸림돌이 되는 사람들이다. 회사 내에서 이런 사람들은 다른 사람들이 열심히 개선 활동을 실행하는 것을 방해하기도 한다. 아쉽기는 하겠지만 이런 사람들은 조용히 사라지게 하는 방법밖에는 없다.

직장인의 길

대 부분의 사람들은 크고 작은 조직에 소속되어 일하면서 자신과 조직을 성장, 발전시키고 그에 따른 보수를 받으면서 생활하고 있다. 회사, 정부기관, 단체 등 조직의 크기와 형태는 다양하지만 본인이 대표가 아니면 조직원일 것이다. 아니면 개인이 혼자 사업을 하거나 생활을 하는 경우도 있다. 일반적으로 기업에 근무하는 회사원 또는 공직에 근무하는 공무원 등 직장인은 미래에 다음과 같은 3가지의 길을 걸을 수 있다.

첫째, 그 조직 내에서 성장하고 발전하는 길이다. 조직 내에서 성과를 창출시키고 그에 따른 보답으로 자신은 더 높은 직위로 승진하거나 더 나은 보수를 받으며 더욱 크고 보람있는 일을 하는 것이다. 많은 사람들이 조직 내에서 성장하고 발전하기 위해 치열한 경쟁 속에서 자신을 연마하고, 리더쉽을 발휘하고, 팀웍과 협동심으로 주어진 과제뿐 아니라 도전적이고 혁신적인 과업에 기꺼이 뛰어드는 것이다. 그런데 시간이 흐를수록 직위가 높아질수록 거의 모든 조직은 경쟁이 더 치열해질 것이다. 왜냐하면 직장인이 속해 있는 그 조직이 지속적으로 성과를 내고 성장하는 것이 필요한데 이것이 쉽지 않기 때문이다.

경남 FC' 특강 실시 기념으로 구단 직원들과

기업의 경우 지속적으로 매출이 증가하거나 수익을 창출하는 것이 얼마나 어려운 지는 경험해 본 사람은 알 것이다. 일단 조직이 성장하고 발전하면 직장인은 성장할 수 있는 기회가 늘어날 것이다. 그러나 조직이 성장하고 발전한다고 해서 모든 조직원이 같이 성장하고 발전하는 것이 아니다. 자신이 얼마나 그 조직의 성장에 기여하였는지에 따라 자신의 성장 기회가 주어질 것이다.

둘째, 다른 조직에 더 좋은 조건으로 스카우트 되는 길이다. 요즘은 예전에 비해 평생 직장의 개념이 약화된 것이 사실이다. 한번 직장에 들어가면 정년 퇴직 때까지 근무하는 비율은 갈수록 낮아지고 있다. 평생 직장의 개념보다는 평생 직업의 개념이 더욱 커지고 있는 것이다. 그 조직의 성장과 발전에 맞추어 자신도 성장하고 발전하지 못하면 과감하게 자신이 성장할 수 있는 직장으로 옮기는 것이 필요하다. 이것은 직장인뿐 아니라 프로 운동 선수들과 같이 자신이 프로라고 생각하는 사람들도 마찬가지이다.

물론 지금 소속되어 있는 조직에서 최고의 성과를 창출해 낼 수 있도록 하고 그 댓가를 보상받는 것이 좋으나 사정상 그렇지 못하는 경우도 있다. 그리고 자신의 노력에 대한 보상 차원이 아니라 더 큰 미래에 도전하기 위해서는 그 장을 옮겨서 큰 무대에서 새롭게 시작하는 것도 좋은 방안이다.

세째로는, 독립하여 사장이 되는 길이다. 직장인은 언젠가는 그 조직을 떠나게 된다. 운이 좋으면 정년 퇴직을 하기도 하지만, 요즘은 원하던 원하지 않던 정년 퇴직 이전에 그 조직을 떠나는 경우가 많다. 이때 재 취업하게 되어 새롭게 직장생활을 하는 경우는 위에서 말한 바와 같이 조직내에서 또 다른 성장과 발전을 위해 노력해야 하지만 독립해서 사장이 되어 사업을 시작하는 경우도 있는 것이다. 사업의 영역은 너무나 다양하다. 일반적으로 자신이 경험한 지식과 경험을 활용하여 자신이 강점을 가진 분야에서 사업을 시작하는 것이 리스크를 줄이고 성공 가능성을 높일 수 있지만 반드시 그렇지도 않다.

혼자서 사업을 하던 직원을 고용하여 사업을 하던 사업은 기존의 직장생활보다 몇 배 더 고민하고 검토해야 할 항목이 많다. 제공하려는 상품이나 가치는 무엇인지? 고객은 어떻게 설정하고 관리해야 하는지? 경쟁사와 시장에서 어떻게 살아남고 성장할 것인지? 사업장은 어디에 마련해야 하며, 관련 법규는 어떻게 파악할 것인지? 원가 관리, 재고 관리, 인원 관리, 고객 관리, 회계 관리, 구매 관리, 공급/판매 관리 등 사업을 하게 되면 바로 이런 문제들과 부딪치게 된다.

그런데 위에서 얘기한 직장인의 세 갈래의 길에 공통점이 있다는 것이다. 서로 다른 길처럼 보이는 데도 말이다. 현재의 조직 내에서 성장/발전하는 길, 다른 조직에 더 좋은 조건으로 스카우트 되는 길, 독립하여 사장이 되는 길, 이 세 갈래의 길에 어떤 공통점이 있을까? 그것은 바로 현재의 조직에서 현재 맡고 있는 일을 성공적으로 수행해야 한다는 것이다. 현재의 조직에서 성장 발전하기 위해서는 당연한 것이고, 다른 조직으로 스카우트 되기 위해서도 현재의 맡은 일을 성공적으로 하지 못하면 누가 스카우트 하려고 할 것인가? 독립하여 사장이 되려고 하면 지금 맡은 일의 성공적 수행과는 어떤 관계가 있을까?

어떤 사람들은 비록 현재의 조직에서는 성공적으로 맡은 일을 다하지 못하고 좋은 평가를 받지 못해도 다른 조직에 옮겨가거나 독립해서 사장이 되면 잘 해 나갈것이라고 말하는 사람도 있다. 전혀 틀린 말이라고 생각하지는 않는다. 그러나 대 부분의 경우 그렇지 않을 것이다. 사실 요즘은 정보가 너무나 빠르게 전달되는 시대이기 때문에 현재의 조직에서 일을 잘하지 못하면 다른 조직에 옮기기도 쉽지 않다. 당장 어떤 경로를 통해서던 과거의 경력이나 업무 수행 능력, 평판 등을 알아볼 수 있다. 그래서 마치 쉽게 다른 조직으로 일자리를 옮길 것 같은 사람이 그렇게 하지 못하는 경우를 많이 보아 왔다.

독립하여 사장이 되는 경우는 어떠한가? 지금까지의 조직에서 했던 일과 유사한 일을 하던 아니면 완전히 다른 사업을 하던 밀접하게 관련이 있다. 예를 들어 제조업에 근무하던 사람이 식당을 개업하거나 편의점을 하게되면 어떨 것인가? 이전의 조직에서 성공적으로 업무를 수행하지 못했다고 해서 새로운 이 분야 까지 잘 못 하리라는 법은 없다. 그러나 그렇지 않을 것이다. 위에서도 언급하였듯이 어떤 사업을 하더라도 공통적으로 부딪치는 문제가 있다. 고객 관리, 조직 관리, 원가 관리, 구매 관리, 자재 관리, 재고 관리, 회계 관리, 관련 법규 관리, 팀워크, 등등 사업을 하게되면 관리의 범위가 더욱 넓어지고 어려워진다.

이런 분야의 지식과 경험은 쉽게 얻어지는 것이 아니다. 만약 어떤 분야이건 독립해서 사장이 되려고 한다면 최소 관련 분야의 준비를 10년 정도는 해야한다고 생각한다. 그 준비 과정을 통해 미래에 일어날 수 있는 어떠한 상황 변화에도 잘 대응 할 수 있다고 확신이 서면 비로소 시작하면 된다. 이러한 준비는 별도로 준비하는 것이 아니라 현재의 조직에서 주어진 일을 성공적으로 수행하면서 준비하면 얻어질 수 있다. 현재의 조직에서 업무 수행 능력이 미흡하다고 평가 받거나 불미스러운 일로 그만두게 되면 비록 지역적으로 멀리 떨어진 곳에 가서 조용히 새로운 사업을 시작한다 해도 성공할 확률이 낮다.

경영 컨설턴트의 경우에는 더욱 그러하다고 생각한다. 별도의 영업 활동도 할 수가 없고, 광고를 할 수도 없다. 운이 좋으면 정부에서 실시하는 컨설팅 업무를 받아 할 수도 있다. 경영 컨설턴트의 길은 진입 장벽이 낮아서 누구나 쉽게 시작할 수가 있다. 그래서 많은 사람들이 뛰어든다. 그러나 얼마 지나지 않아 대부분의 사람들이 그만두게 된다. 자신의 경력과 경험을 무기로 뛰어들게 되지만 하나의 기업을 온전하게 성공적으로 컨설팅하기가 쉽지 않다. 정부 기관이나 모 기업의 정책에 의해서가 아니라 진정으로 변화를 원하고 성공적인 컨설팅을 받고자 하는 기업들은 사전에 철저히 준비하고 조사를 한다. 특히 컨설턴트에 대해서는 직접 컨설팅을 받은 기업을 방문해서 성과가 있는지를 조사하기도 하고, 컨설팅을 하고 있는 모습을 직접 참관하기도 한다.

어떤 사람들은 50개사~100개사를 컨설팅한 경력이 있다고 자랑하지만 '실제로 당신이 컨설팅을 하여 성공한 기업에 한번 가 봅시다'라고 하면 여러 이유를 대면서 거절한다. 아직도 나는 지금 하고 있는 이 회사에서의 컨설팅의 성공이 미래의 일을 보장한다고 믿으며, 혹시라도 긴장이 늦추어지거나 스스로의 마음이 풀어지면 다시 마음을 다 잡는다. 조직속에서 일을 하든, 사업을 하고 있든 지금하고 있는 일을 성공적으로 수행하는 것만이 미래의 밝은 빛을 비출 수 있다고 확신한다.

제
4
부

교육 / 사회 / 문화 편

4차 산업혁명과 교육

제1편

김용석

- 서울대학교 해양학과 학사(전자공학 부전공)
- KAIST 전기 및 전자공학 석사/박사
- 한국생산기술연구원/전자부품연구원 선임연구원
- 현재 국립 강원대학교 컴퓨터공학과 교수

| 1부 |

컴퓨터와 미래 사회

그래도 세상은 허술해 보이면서도 잘 굴러간다.
모든 것을 법으로 규정으로 시스템으로
완벽하게 갖춰야 하는 것은 아니다.
절대 다수가 선의에 입각해서 행동하기 때문이다.

귀신같았던 해커와의 한 판

북한이 외화벌이 수단으로 국제적인 해킹 활동을 하고 있다는 뉴스가 심심찮게 나오고 있다. 해킹(hacking)의 사전적 의미는 '잘게 썰다'의 의미이다. 컴퓨터 서버의 허점을 다양한 방법으로 파악하고 무단으로 접속해 조작 권한을 얻는 것이 컴퓨터 해킹이다. 해킹 성공 자체의 성취감이 목적이기도 하고 불법적인 이득을 취하는 것이 목적이기도 하다. 원래 해킹이나 해커는 전자의 부류를 일컫는 말이었다. 그렇게 허점을 파악했으면 그것을 보완하도록 도와준다. 그에 비해서 후자에 해당하는 것은 구별하여 크래킹(cracking)이라고 부른다. 부숴버리는 것이다. 그러나 해커라고 하면 일반적으로 전체를 포함하는 의미로 받아들여지므로 전자를 특별히 화이트 해커라고 부르기도 한다. 착한 해커라는 의미이다.

내가 직접 겪었던 해커와의 대치 실화 하나를 재미 삼아 소개한다. 너무나 귀신 같았던, 그러나 잡고 보니 너무나 허접한 해킹 방법이었다. 해킹은 고도로 전문화된 그룹이 서버의 허점을 찾아서 뚫고 들어가 점령하는 경우도 있지만, 흔히 우리가 당하는 대부분의 경우는 아이디와 비밀번호의 노출이라 평범한 것에서 출발한다. 노출되는 과정은 다양하겠지만 대체로 내 컴퓨터나 내 휴대전화에 호객성 프로그램을 설치하거나, 이상한 사이트에 접속했다가 내 정보(이것을 쿠키라고 한다)를 복사당하거나, 이상한 문서를 내려받아서 열다가 악성 프로그램이 실행되거나 하는 경우이다. 이미 감염된 공공장소의 컴퓨터를 사용하다가 아이디와 비밀번호를 탈취당하는 경우도 있다.

요즘에는 스마트폰에 온갖 앱들을 설치하게 되는데, 사실 금고 문을 열어주는 것이나 다를 바 없다. 그 앱이 내 스마트폰에서 무슨 짓을 할지는 모른다. 이런저런 권한을 허가해 달라는 화면에서 무심코 '예'를 선택하다가 봉변을 당할 수도 있다. 요즘은 보안 기능이 강화되기는 했지만 권한을 허가한다고 선택하는 순간 보안은 해제돼 버린다. 이미 많은 사람들이 사용하고 있는 앱이라면 믿을 만하다. 참고로 앱은 '애플리케이션 프로그램'을 줄여서 부르는 약칭인데 특정 목적(애플리케이션)의 기능을 수행하는 프로그램을 말한다.

몇 해 전, 내가 재직하는 대학교의 정보화본부장으로 있으면서 실제로 겪었던 이야기다. 국립대학은 국가 기관이기 때문에 모든 정보들을 외부 사설기관에 보관하면 안 된다. 그래서 공식 전자 메일도 자체 서버를 두고 운영해야 한다. 어느 날 특정인의 메일 계정으로 스팸 메일이 대량으로 발송됐다. 해외에서 접속한 외국인이었다. 긴급하게 계정의 본인과 연락해서 비밀번호를 바꾸고 한바탕 난리를 피웠다. 스팸 메일을 보낸 것 자체보다 더 큰 문제는 우리 메일 서버가 전 세계적으로 스팸메일 블랙리스트에 올랐다는 것이다. 많은 해외 대학들이 우리 서버에서 발송되는 메일을 거부하기 시작했다. 일일이 직접 연락해서 경과를 설명하고 해제한다. 한바탕 생고생을 한 것이다.

그런데 얼마 지나지 않아서 동일한 계정으로 스팸 메일이 또 발송됐다. 다시 비밀번호를 바꾸고 별짓을 다 해도 귀신같이 금방 비밀번호를 풀고 다시 들어오는 것이다. 게다가 몇몇 다른 아이디로도 바꿔가면서 공격을 해왔다. 메일 서버 소프트웨어 개발사를 동원해도 그 귀신의 신공을 알 수 가 없었다. 해킹에 사용된 계정들은 즉시 폐쇄하고, 그 귀신이 멈춰주기를 기도하는 수밖에 없었다.

그렇게 한 달 가까이 씨름을 했는데 우연히 그 신공의 실체를 잡아냈다. 그것은 고도의 기술이 아니라 누구나 쉽게 할 수 있는 것이었다. 어쨌거나 문제의 발단은 아이디와 비밀번호가 어디선가 노출됐던 것은 분명 본인들의 실수였다. 문제는 비밀번호를 바꿔도 귀신같이 금방 다시 들어온다는 것이었다. 원인을 찾아내고 보니 사용자들을 배려해서 포함한 기능이 문제였다.

비밀번호를 잊는 것은 매우 흔한 일이다. 메일 서버 소프트웨어 개발자는 사용자들이 혹시 비밀번호를 잊어버릴 수 있다고 보고 대처하는 방법을 제공했다. 우리가 일상적으로 인터넷을 통해 접속하는 대부분의 사이트들은 아이디나 비밀번호를 잊었을 경우에 해결하는 방법을 제공한다. 본인 확인을 하는 제일 간편한 수단은 몇 가지 질문에 대해 자신이 아는 답을 미리 등록해 놓는 것이다. 예를 들어서 자신이 가장 아끼는 물건은? 어머니 성함은? 졸업한 초등학교 이름은? 이런 것들이다. 우리 메일 서버의 허점이 바로 이 기능이었다. 그런데 이 귀신은 그런 질문에 대한 답을 어떻게 알아냈을까? 한글도 모르는 외국인이 말이다.

내막을 파악하고 보니 너무 허탈했다. 방법인즉 이렇다. 해킹한 계정의 아이디와 비밀번호를 알게 된 과정은 알지 못한다. 이 계정으로 처음 접속을 하면서 질문마다 답을 자신의 것으로 바꿔놓은 것이다. 예를 들어서 모든 질문에 답을 1로 해놓는다. 질문이 뭔지는 상관없다. 한글을 알 필요도 없다. 해킹을 막는답시고 비밀번호를 바꿔놓아 봤자 다시 들어와서 아무 질문이나 답을 1로 하면 무사통과하는 것이다. 참으로 쉬운 방법이다.

즉시 이 질문 답변 기능을 없애버렸다.그 이후로는 아무 문제도 없었다.

다시 한 번 강조하지만 본인의 아이디와 비밀번호는 스스로 지켜야 한다. 특히 공공장소의 컴퓨터를 사용해 접속할 때는 조심해야 한다.

비밀번호의 결정도 잘 해야 한다. 해커들이 비밀번호를 해킹하는 고전적인 방법은 적절히 추측해 입력해보는 것이다. 이것도 의외로 잘 통한다. 흔히 아이디와 숫자들의 단순한 조합을 사용하기 때문이다. 왜냐하면 자신이 기억하기 쉬워야 하기 때문이다.그래서 요즘은 대부분의 서버들이 비밀번호를 정하는 데에 꽤나 복잡한 것을 요구한다. 영문자, 숫자, 특수기호들을 조합해야 하고 길이도 충분히 길어야 한다. 주기적으로 바꾸기도 요구한다. 그러나 무엇보다도 중요한 것은 노출시키지 않도록 조심하는 것이다.

그래도 세상은 허술해 보이면서도 잘 굴러간다. 모든 것을 법으로 규정으로 시스템으로 완벽하게 갖춰야 하는 것은 아니다. 절대 다수가 선의에 입각해서 행동하기 때문이다. 그리고 문제가 생기면 스스로 인정하고 고쳐나가기 때문이다. 소위 말하는 적응형 시스템이다. 세상은 우리가 만들어나가는 것이다. 끊임없이 허점은 보완하면서 조금씩 나아지는 방향으로 가고 있다.

비트코인: 무에서 유를 창조하다

최근에 갑자기 불어닥친 비트코인 열풍이 대단하다. 몇 년 전에도 일부 젊은 층 위주로 열풍이 불었는데 이내 사그라드는가 싶었다. 최고가 대비 여섯 토막 정도 나면서 잠잠해졌다. 그런데 최근에 다시 열풍이 불고 있다. 이번에는 장년층까지 가세하고 있다. "비트코인 샀어? 한 개 정도는 가지고 있어야 하지 않겠어?" 이런 대화가 주위에서 심심찮게 들린다.

비트코인이야말로 진정으로 무(無)에서 창조해 낸 유(有)다. 그것도 현재의 자산가치가 물경 1,000조원에 달하는 어마어마한 것이다. 봉이 김선달이야 물이라도 퍼가게 하고 돈을 받았지만, 비트코인은 아무것도 없는 상태에서 컴퓨터로 생성해 낸 암호코드를 비싼 값으로 판다. 사람들이 대단한 것을 만났다면서 너도나도 사들이기 시작하면서 가치가 치솟고 있다. 비트코인이 히트를 치자 수많은 아류들도 등장했다. 이미 시중에서 거래되는 것만도 130가지가 넘는다.

나는 지금도 비트코인이 없다. 그냥 수집가들의 열풍으로 가격이 폭등하고 있을 뿐이라는 생각이기 때문이다. 비트코인을 부정적으로 보는 사람들은 17세기 네덜란드에서 불었던 튤립 투기 광풍을 거론한다. 나 역시 같은 생각이다. 튤립 구근의 가격이 폭등하자 더 오를 것이라고 기대하는 수많은 사람들이 사려고 덤벼들면서 투기 광풍으로 번진 것이다. 뿌리 하나가 지금 화폐 가치로 1억6천만원까지 치솟았다고 하니 광풍이라는 말이 적절하다. 이렇게 말도 안 되는 비싼 가격이지만 더 높은 가격에 팔 수 있다는 믿음이 서로 공유되었기 때문에 엄청난 참사를 불러온 것이다. 결국 투기에 참여했던 자산가들이 일순간에 빈털터리가 됐고, 이것이 전 세계의 상업을 지배하던 네덜란드가 경제대국의 지위를 영국에게 넘겨주게 된 계기가 되었다고 한다.

비트코인은 사토시 나카모토라는 이름을 쓰는 사람이 무에서 창조해낸 것이다. 그래서 이 화폐의 기본 단위도 사토시다. 스스로 1975년생 일본인이라고 주장하고 있지만, 아직도 실제 인물이 누구인지 드러나지 않고 여전히 베일에 가려 있다. 대단한 사람임은 분명하다. 이토록 전 세계 사람들을 들썩이게 한 인물이 과연 역사상 몇이나 되는가. 재미있는 사실은 코인 1개가 상승론자들이 예측하듯이 1억원까지 가면 1 사토시가 우리 돈으로 정확히 1원이라는 것이다. 1 사토시는 코인 1억분의 1개의 가격이기 때문이다. 어쩌면 코인 가격이 1억원까지 오를지도 모를 일이다.

비트코인을 창조할 때의 이상은 명쾌했다. 국가를 불문하고 이 세상의 모든 거래에서 결제수단으로 편리하게 사용하는 것이었다. 전 세계에서 통용되는 현금과 마찬가지다. 비트코인은 국가를 초월해야 하기 때문에 특정 국가의 통제를 받아서는 안 된다. 그렇다고 특정 조직체의 통제를 받아서도 안 된다. 모든 참여자들의 자율적인 합의를 바탕으로 해야 한다. 따라서 모든 거래에 대한 이력은 세상의 모든 거래 참여자들의 전자지갑에 분산해 정보를 기록해서 관리한다. 전자지갑이란 내 컴퓨터나 휴대폰, 또는 거래 서버 컴퓨터에 거래결과 정보와 그래서 내가 확보한 코인의 양을 기록해 놓은 정보, 그리고 그 처리 방법의 집합이다.

이러한 기록을 위조나 변조하지 못하게 관리하는 방법으로서 블록체인

기술을 활용한다. 블록체인이란 간단히 말하면 암호화된 거래 이력 정보 블록들을 줄줄이 연결시켜 놓은 것인데, 수많은 사람들의 전자지갑에 저장된 정보 블록들이 순서대로 서로 긴밀하게 연결돼 있는 것이다. 따라서 위조나 변조를 하려면 이전의 암호화된 블록들을 수많은 전자지갑들에서 줄줄이 찾아내어 모두 암호를 풀고 변조해야 하므로 현실적으로 불가능하다고 하는 것이다.

그런데 폭발적으로 이루어질 결제 수요를 처리하는 데에 비트코인을 사용하는 것은 현실적으로 불가능하다는 것이 드러났다. 대신에 한정된 개수로 인한 희귀성이 부각되고, 그래서 지금은 오히려 자산 보관 수단으로 관심을 받고 있다. 보다 직설적으로 말하면 희귀한 어떤 것이므로 가격이 갈수록 오를 것이라는 군중심리가 작동하면서 사재기 대상이 돼버렸다. 원래의 이상은 사라지고 탐욕의 대상으로 전락해버린 것이다.

현금으로 결제를 하는 것은 현금이 이 지갑에서 저 지갑으로 옮겨지는 것이다. 마찬가지로 비트코인이 저장된 전자지갑들 간에 '주었다', '받았다' 하는 기록을 남김으로써 결제가 완료된다. 그러한 결제의 공신력을 보장받기 위해서는 수많은 사람들의 전자지갑들에 분산해 거래 내역이 기록되고 모두 동의하는 절차를 거쳐야 완성된다. 그래서 내가 받은 코인은 많은 다른 사람들에 의해서 공인을 받은 것이 되고, 다른 사람들에게 주면 받는 사람이 믿을 수 있게 된다. 문제는 이런 동의 절차에 10분 이상 오랜 시간이 걸릴 수도 있다는 것이다. 현장에서 즉시 결제가 완성되지 못한다는 말이다. 그래서 폭발적인 결제 수요를 소화하기가 불가능한 것이다.

각국의 중앙은행들도 비트코인과 같은 사설 암호 화폐에 적대적이다. 소득에 대한 세금을 부과하기 어렵고 검은돈의 유통에 이용될 소지가 많기 때문이다. 인도 정부는 이미 암호화폐의 거래를 금지했고 소유 · 보관조차도 불법화했다. 대신에 CBDC(중앙은행 디지털 통화)에 적극적이다.

CBDC는 각국의 중앙은행이 공신력을 가지고 발행하고 관리하는 디지털 화폐다. 중국은 벌써 현장에서 실제로 사용해 보는 실증 실험을 진행 중이고, 한국은행에서도 개발을 진행하고 있다.

이미 신용카드나 현금카드로 결제하는 것이 보편화돼 있지만, 현금으로 결제하는 것도 여전히 매우 중요하다. 아무런 제약도 없을뿐더러 은행 계좌나 신용카드 계좌가 없는 사람들도 차별 없이 사용할 수 있기 때문이다. CBDC도 마치 현금처럼 개인 간의 거래를 할 수 있다. 게다가 더 중요하게는 지폐나 주화를 발행하고 관리하는 비용이 들지 않는다. 실물 화폐는 제작에 많은 돈이 들고 가짜 화폐에 대응하는 것도 매우 힘들다.

그런데 CBDC를 사용하려면 휴대폰이나 특정 전자기기를 지갑처럼 사용해야 한다. 언젠가는 현금이 없어지는 사회가 될텐데 노인들도 이런 통화를 불편 없이 사용할 수 있어야 한다. 현금은 실물이 있으므로 결제를 누구나 쉽게 현장에서 바로 확인할 수 있지만, 디지털 통화는 눈에 보이는 것이 아니라서 노인들이 어떻게 적응할지가 걱정이다. 그러나 우리에게 닥쳐올 미래임은 분명해 보인다.

트랜지스터, 컴퓨터, 그리고 인공지능

바야흐로 인공지능의 시대다. 마치 사람이 판단하듯이 사진 속 사람들을 구별해 내고 의료 영상으로부터 사람 의사가 찾지 못한 병의 흔적도 찾아낸다. 방대한 법률과 판례를 바탕으로 법률 자문에 최적의 답을 내놓는다. 인공지능 채팅 프로그램은 실제 사람들 간의 방대한 데이터를 학습시켜서 마치 사람과 대화하는 것처럼 반응한다. 이런 인공지능 프로그램의 목표는 대화 상대가 사람인지 컴퓨터인지를 구별할 수 없는 수준으로 만드는 것이다. 이미 상당한 수준에 도달해 있다. 방대한 데이터를 학습시키기 위해서는 고성능 컴퓨터가 핵심임을 누구나 잘 알고 있을 것이다. 여기서 학습이라 함은 입력 데이터들에 대해 출력이 어때야 하는지를 연결시킬 때 오류가 적게 나는 방향으로 점점 수렴시키는 과정을 말한다.

인공지능이 아니더라도 이미 우리의 일상생활에서 컴퓨터가 쓰이지 않는 곳을 거의 찾아볼 수가 없다. 한 가정에서 곳곳에 배치돼 있는 컴퓨터의 개수는 아마도 수천 개를 넘을 것이다. 가전제품뿐만 아니라 집안 곳곳에 배치된 센서나 스위치들에도 아주 작은 컴퓨터들이 들어 있다. 리모콘에도 들어 있고 사람이 움직이면 자동으로 불이 켜지는 현관의 전등에도 들어 있다. 자동차는 점점 전자제품화 되어가고 있는데, 이미 우리가 타고 다니는 자동차 한 대에 수백 개의 컴퓨터가 들어가 있다. 요즘은 제조 공장을 지어도 생산직 직원을 별로 뽑지 않는다. 전기만 공급하면 컴퓨터에 의해서 모든 생산 공정이 자동으로 진행된다. 사람은 이런 장비들이 제대로 작동하는지만 확인하면 된다. 이러다 보니 일자리가 줄어드는 부작용(?)이 심각해지고 있다.

지금은 박물관에서나 볼 수 있는 트랜지스터 라디오가 예전에는 대단한 발명품이었다. 기존의 라디오는 엄청난 크기였는데, 트랜지스터 덕분에 들고 다닐 수 있을 만큼 작아졌기 때문이다. 1947년에 윌리엄 쇼클리와 그의 연구팀은 게르마늄 조각을 활용해 트랜지스터를 발명한다. 쇼클리는 이 업적으로 1956년에 노벨 물리학상을 수상했다. 이 작은 부품의 발명 덕분에 지금의 컴퓨터 세상, 인공지능 세상이 가능해졌다. 쇼클리가 트랜지스터 개발에 매달린 이유는 전기 신호 증폭기, 흔히 말하는 앰프에 사용되는 핵심적인 부품인 진공관을 대체하기 위해서였다. 음악 마니아 중에는 진공관으로 만들어진 앰프를 소장하고 있는 사람들이 있을 것이다. 물론 훌륭하게 잘 작동하며 지금도 진공관 앰프가 제작돼 판매되고 있다. 나는 무뎌서 잘 못 느끼지만, 귀가 예민한 사람들은 대체로 진공관 앰프가 트랜지스터 앰프보다 소리가 더 부드럽다고 평가한다. 어쩌면 진공관 유리 튜브 속의 뜨거워진 음극에서 나오는 불그레한 색깔이 느낌에 영향을 주었을 수도 있다고 생각해본다.

진공관은 진공 상태의 유리 튜브 속에 배치된 음의 전극에 열을 가해서 튀어 나가는 전자가 건너편 양의 전극으로 넘어가도록 하는 것이 그 원리다. 중간에 방해 전극을 배치해 작은 신호로 방해 신호를 조작하면 음극에서 양극으로 건너가는 전자의 양을 대량으로 조절하는 것이 바로 신호를 증폭하는 원리다. 작은 신호의 변화로 큰 신호의 변화를 유도함으로써 마이크에서 나오는 미세한 신호를 증폭해 스피커가 크게 울리도록 하는 강력한 신호를 만들어 내는 것이다. 이렇게 열을 가하다 보니 진공관은 수명이 짧아서 자주 교체해 주어야 한다.

트랜지스터도 원리는 비슷하다. 음극에서 양극으로 흘러가는 전자의 양을 작은 신호로 조절하는 것이다. 유리 튜브 속에 격리된 양극 음극 구리선을 사용하는 대신에 반도체를 사용할 뿐이다. 양의 특성과 음의 특성을 가진 두 쪽의 반도체 사이에 중간 특성의 반도체를 배치하고 여기에 전자가 흘러가는 통로를 열어주는데, 작은 신호로 통로의 크기를 조절하는 것이다. 반도체는 말 그대로 반은 도체이고 반은 부도체인데, 조절하기에 따라서 도체가 되어 전자가 흘러가는 통로가 열리기도 하고 닫히기도 하는 것이다. 반도체의 특성을 갖는 물질이 바로 실리콘이다. 해변에 거의 무한정으로 널린 모래가 바로 실리콘이다.

반도체로 만든 트랜지스터는 뜨겁게 달굴 필요가 없고 실리콘 돌덩어리로 되어 있으므로 수명이 진공관에 비하면 무한대에 가깝다. 전기 소모량도 작고 게다가 아주 작게 만들 수 있다. 바로 이 특성 때문에 하나의 작은 반도체 조각에 많은 트랜지스터들을 배치해 제작할 수 있게 됐다. 흔히 말하는 집적회로(IC)가 바로 그것이다. 집적회로는 손톱보다 작은 조각처럼 생겼으므로 칩이라고 부른다. 작은 칩 속에 복잡한 회로를 집적시켜 놓았으니 집적회로다.

반도체 칩의 제조 공정은 사진 기술로 패턴을 찍어내고 뜨거운 전기오븐으로 굽는 작업, 그리고 화학 물질로 불필요한 부분을 녹여 내는 작업으로 이루어진다. 회로를 미세하게 만들수록 작은 면적에 더 많은 회로를 집적해서 넣을 수 있고, 그럴수록 전기 소모량도 줄어들고 속도도 빨라진다. 최근의 첨단 공정으로는 5나노미터 폭으로 회로를 만들 수 있는데, 1밀리미터의 1천분의 일을 다시 1천분의 5로 축소한 것이므로 얼마나 미세한지가 대략 상상이 갈 것이다.

트랜지스터를 개발한 것이 계기가 되어서 오늘날의 실리콘밸리라는 어마어마한 신기술들이 끓어 넘치는 지역이 형성됐다. 트랜지스터의 개발은 당시 미국의 독점적인 공룡 전화회사인 AT&T의 벨 연구소에서 이루어졌다. 우리나라로 치면 예전의 한국통신 중앙연구소쯤 되겠다. 쇼클리는 벨 연구소를 나와서 이 기술로 쇼클리 반도체 연구소를 차리지만 성공을 거두지 못했다. 일설에는 성격이 괴팍하여 함께 일하는 연구원들이 매우 힘들어 했다고 한다. 결국 함께 일하던 연구원들이 독립해 페어차일드 반도체를 설립한다. 요즘 말로 벤처기업이다. 여기서 몇 명이 다시 독립하여 지금도 컴퓨터 CPU 제조로 유명한 회사인 인텔과 AMD를 설립했다. 참고로 경기도 부천에는 지금도 페어차일드 반도체 공장이 있다. 물론 주인은 여러 번 바뀌었지만. 쇼클리가 캘리포니아의 유명 대학인 캘리포니아 공과대학(CalTech)에서 공부했던 인연으로 반도체 회사들이 이 지역에 둥지를 틀게 되었고 인근에 훌륭한 대학들이 있어서 우수한 인재들이 함께 함으로써 오늘날의 IT 혁신의 대명사 실리콘밸리가 형성된 것이다.

쇼클리는 불과 60여년 전에 트랜지스터를 개발하면서 오늘날과 같은 컴퓨터 세상, 인공지능 세상은 상상도 못했을 것이다. 인류의 역사에서 지식이 발전하면서 점점 가속도가 붙고 있는데, 컴퓨터는 그 속도에 기름을 부은 것이나 마찬가지다. 그동안의 역사는 사람이 직접 하던 일들을 새로운 방법으로 대체해 가는 과정이었다. 수렵과 채집을 하던 시대에서 정착해서 살게 된 농경사회에는 가축을 활용해 사람의 일을 대체했다. 수천 년을 그렇게 살아오다가 18세기 중반에 이르러서 시작된 산업혁명 과정에서는 공장에서 사람의 힘을 증기기관의 힘으로 대체했다. 증기기관이 내연기관으로, 다시 전기 모터로 대체되는 과정을 거친 다음에 불과 60여년 전에 컴퓨터가 등장했다. 지금까지는 공장에서 사람의 육체노동을 다른 수단으로 대체한 것이라면 컴퓨터는 사람의 정신노동을 대신해 주는 존재가 됐다.

컴퓨터의 활용은 복잡한 계산을 사람보다 빨리 할 수 있다는 것에서 시작되었지만, 점점 그 범위를 넓혀서 지금은 우리의 모든 일상에 컴퓨터가 간여하고 있다. 21세기에 들어서서 이제는 사람만이 하던 고도의 지적 작업을 인공지능이 대체하고 있다. 지금까지는 사람들의 육체적 작업이나 반복적인 계산 작업을 대체함으로써 인간을 편하게 하는 것이 목적이었다면, 이제는 정신적이고 전문적인 지적 작업까지도 대체하고 있다. 바로 인공지능이다.

그러면 앞으로 사람들은 뭘 하지? 대부분의 공장에서 상당 부분의 생산직들이 이미 퇴출됐고 앞으로는 더 가속이 붙을 것이 분명하다. 불과 10년 후만 해도 남아도는 인력들이 무엇을 하면서 시간을 보내야 할지 자못 궁금하다. 이것은 행복한 고민이 아닐 가능성이 매우 높아 보인다. 산업혁명이 진행될 때 공장 노동자들이 대량으로 실직하게 되면서 공장을 점거하고 파괴한 역사가 있었는데 그와 비슷한 사태가 이미 우리 코앞에 와 있는 것이다. 소수만 일하고 대부분의 사람들은 빈둥빈둥 놀면 된다. 문제는 일하는 소수는 엄청 부유할 것이고 빈둥대는 다수는 가난하게 놀고먹을 것이라는 점이다.

온라인 업무 대행 도우미

|1|

이미 우리는 스마트폰의 노예가 돼 버렸다. 남는 시간의 대부분을 스마트폰과 눈을 맞추고 있고, 업무 중에도, 심지어 다른 사람과의 대화 중에도 수시로 스마트폰을 들여다보게 된다. 거기에 뭐 대단한 정보가 계속 흘러나오고 있는 것이 아닌데도 말이다.

불과 20년쯤 전에는 증권사 객장에 노인들이 많았다. 대형 전광판에 온갖 종목들의 시세가 빨간색이나 파란색으로 깜박이면서 오르내리는 상황을 보여주었다. 관심을 가지고 보고 있던 종목을 매수하거나 매도해야 되겠다 싶으면 종이에 금액과 주식 수를 적어서 직원에게 전달하면 됐다. 객장은 남는 시간이 많은 노인들에게는 시원한 휴식 공간이자 나름의 근무지였다.

인터넷이 발전하면서 소위 홈트레이딩이라고 하는 거래 시스템이 보편화됐다. PC에 증권사에서 제공하는 프로그램을 깔면 객장의 직원과 동일한 수준의 거래를 할 수 있었으니 가히 혁명적이었다. 이동 중에도 즉시 거래를 할 필요가 있는 사람은 조금 불편하기는 하지만 증권회사의 ARS(자동 전화응답 시스템) 번호로 전화를 걸어서 전화기의 다이얼 버튼을 누르면 됐다. ARS 시스템이 한 단계 더 발전한 것이 PDA(휴대형 정보 단말기)

로 화면을 보면서 거래하는 것이었다. 지금은 스마트폰으로 언제 어디서나 거래가 가능한 세상이 됐다.

그런데, 세상이 편리하고 빨라질수록 노인들은 오히려 점점 더 불편해진다. 지금은 증권 거래가 노인들의 소일거리에서 점점 멀어지고 있다. 2030 세대의 순발력이 뛰어난 사람들이 동학과 서학을 넘나들면서 증권 시장의 주류가 됐다. 정보의 수집과 발 빠른 거래에 있어서 능력이 뛰어나다. 항상 몸에서 떨어지지 않는 스마트폰이라는 무기 하나만으로 모든 것이 가능하다. 회사의 업무 중에는 거래를 못하게 하지만 화장실 변기에 앉아서도 간단히 거래를 할 수가 있다. 그런데 노인 세대는 그럭저럭 적응하려고 노력을 해 보지만 역부족이다.

| 2 |

세상은 점점 더 정신을 차릴 수 없을 정도로 빨리 변해가고 있다. 노인들은 이런 변화가 별로 달갑지 않다. 적응하는 것이 너무 힘들기 때문이다. 이제는 일상생활조차도 컴퓨터의 화면이나 스마트폰의 작은 화면으로 처리하지 않으면 아예 할 수 없거나 심각한 불편을 감수해야 한다. 무엇이든지 인터넷으로 안 되는 것이 없다고는 하지만, 그 무엇을 하려면 너무 복잡하다. 옆에서 누가 도와주는 것도 아니고, 어렵게 설명서를 찾아도 너무 복잡하고, 눈치껏 이렇게 저렇게 해 보아야 한다. 무슨 표준이 있는 것도 아니어서 수많은 것들이 모두 제각각이고 그 절차를 기억할 수도 없다. 어쩌다 한 번씩 하는 것은 처리 방법이 새롭게 바뀌어 있기도 한다.

예전에는 조금만 일찍 버스터미널이나 기차역에 가면 내가 원하는 표를 구할 수가 있었다. 그러나 지금은 현장에 가면 이미 매진인 경우가 대부분이다. 스마트폰으로 예매를 해야 하는데 무슨 앱을 어떻게 깔아야 하는지, 본인 인증 절차는 어떻게 통과해야 하는지, 요금 결제는 또 어떻게 해야 하는지 등 수많은 난관을 통과해야 한다. 노인들에게는 너무 버겁다. 노인들에게는 온라인 예매의 편리한 점은 별로 의미가 없고, 온라인으로 예매를 하지 못함으로써 심각한 불이익만 돌아온다.

한 가지 희미한 희망은 인공지능이라는 만능 소프트웨어가 도와줄 것이라는 바람이다. 그런데 인공지능도 특화된 전문 분야에서 뛰어난 실력을 발휘할 뿐이지 마치 옆에 있는 빠릿빠릿한 누구처럼 내가 원하는 온갖 것을 전부 척척 해주지는 못한다는 것이 문제다. 인공지능은 의료 영상을 인간인 의사보다 빨리 그리고 정확하게 판단해 진단을 하고, 방대한 법률집과 판례들을 동원해 필요한 정보를 인간인 법률가보다 더 잘 취합해 요약해낸다. 그러나 개인의 일상 생활은 너무나 다양한 일들로 이루어져 있어서 과연 인공지능이 충실한 대행자 역할을 해 낼 수 있을지는 확실하지 않다.

사람의 일상생활에서 어떤 도움이 필요한지는 역시 사람이 제일 잘 안다. 그리고 사람의 도움이 제일 편하다. 온통 비접촉 온라인으로 세상이 변해가고 있지만 노인들을 위한 콜 센터는 매우 중요해지리라고 본다. 건강을 위한 전담 주치의처럼 개인별로 전담 온라인 업무 대행 도우미가 있어야 할 것이다. 전화를 걸면 전담 도우미가 노인들이 필요로 하는 예약, 등록, 구매 등의 모든 온라인 업무들을 대행해주는 것이다. 물론 대행 권한에 대한 법적인 문제도 정리해야 할 것이다. 전담 주치의는 가끔씩 상담만 하면 되지만 온라인 업무 대행 도우미는 상시로 연결될 수 있어야 한다.

온라인 업무 대행 도우미와 같은 시스템이 국가에서 제공해야 할 미래의 복지 서비스의 핵심이 될 것이다. 미래의 컴퓨터 만능, 인공지능 만능 시대에는 제조업은 인력을 별로 필요로 하지 않게 된다. 이렇게 남아도는 인력들은 사람들을 위한 서비스에 활용돼야 한다. 다른 사람들을 즐겁게 하는 서비스와 도와주는 서비스 말이다. 그중에서도 정보화 시대의 어지러운 변화를 따라갈 수 없는 노인 세대를 도와주는 서비스는 매우 중요하다. 이들을 위한 온라인 업무 대행 도우미 서비스에 많은 일자리가 만들어질 것이다.

| 2부 |

생명을 살다

"나는 생각한다. 고로 존재한다."
내가 의식을 가지고 온갖 생각을 하는데,
그 주체를 자아라고 해두자.
자아는 몸이 있기에 작동하고 있고 몸의 작동에 의해서
겉으로 드러나는 현상에 불과하지 않을까?

마음이라는 것에 대하여

나의 몸과 마음은 별개인가? 몸은 주인인 마음이 시키는 대로 움직이는 걸까? 그렇다는 대답이 나오면 그 다음 질문이 기다리고 있다. 몸은 자연에서 생성되고 자라고 죽어서 흩어지는 것이 분명한데 마음은 어디서 왔다가 어디로 가는 것일까? 누구나 가져보는 흔한 질문이다. 종교에서는 천국으로 간다거나 이 몸 저 몸을 옮겨 다니는 윤회로 설명한다.

사람에게 사유의 주체인 마음이 있듯이 개에게도 마음이 있을 것이다. 주인에게 철저히 복종하는 것이 신기할 정도로 독특한 짐승인데, 주인이 자기를 좋아하도록 맛있는 먹이를 주도록 나름의 판단에 의해서 행동한다. '세상에 나쁜 개는 없다'라는 TV 프로그램을 보면 자기가 주인인 것으로 착각하고 행세하는 개들도 있다. 그러면 더 하등동물이라는 개미는 마음이 있을까? 꿀단지 개미 집단에는 독특한 역할을 하는 일단의 무리가 있다. 집단에 소속된 개미들은 각자 맡은 역할이 있는데, 그중에는 제 몸에 꿀을 가득 채운 채로 천정에 가만히 매달려 있기만 하는 무리가 있다. 오직 식량 저장고인 꿀단지 역할만 하는 것이다. 그런데 이 꿀단지 역할의 개미를 모두 제거하면 다른 개미들 중의 일부가 이 역할을 자발적으로 맡는다. 무리가 살아남기 위해서는 누군가는 해야 한다는 의무감(?)에서 스스로 자처하는 것이다. 이 과정에서 개미도 수준의 차이는 있겠지만 생각을 하는 마음이 있을 것이다.

그러면 식물은 어떤가? 식충 식물은 먹이를 발견하면 적극적으로 반응한다. 사실은 모든 식물들이 주위의 상황에 적극적으로 반응한다고 생각한다. 조용히 자라기만 할 것 같은 토마토나 소나무에서도 그런 행동을 발견한다. 해마다 손바닥만 한 작은 텃밭에 방울토마토를 심는다. 순 자르기를 하거나 열매를 따면서 살짝 건드리면 초록색 독액을 마구 뿜어댄다. 팔에 묻은 독액은 얼핏 보기에는 별로 표시가 나지 않지만, 비누로 씻어보면 퍼런 물질이 씻겨 나온다. 토마토도 외부의 공격에 적극적으로 방어행위를 하는 것이다.

오월이면 송홧가루가 휘날리는 시기다. 언덕에 앉아서 소나무 숲을 지켜보고 있으면 여기저기서 폭죽을 터뜨리듯이 한 번씩 송홧가루가 피어오른다. 그냥 바람에 날려가는 것이 아니다. 그루마다 제각각 꽃가루를 날려 보내기에 적절한 바람을 골라서 모든 가지에서 동시에 펑 하고 터뜨리는 것이다. 물론 식물에 마음이 있다고 하지는 않지만 어쨌든 상황에 따라서 적극적으로 반응한다. 맞는 용어인지는 모르지만, 식물의 이런 반응을 조건반사라고 해두자.

인간과 마찬가지로 침팬지부터 점점 하등 생물로 가서 토마토까지, 정도의 차이는 있지만, 상황에 따라서 적절하게 판단하고 대응한다. 사람만 마음이 있다고 해야 하는지 침팬지까지만 그렇다고 해야 하는지, 어디까지가 마음이고 어디부터가 조건반사인지 그 경계를 정할 수가 없다. 그래서 사람만 마음이 있어서 죽으면 영혼이 어디로 간다는 설명이 내게는 설득력이 없다. 수준의 차이는 있을지언정 모든 생명체에는 마음이 있다고 믿는다. 몸과 마음은 별개가 아니라 하나다. 마음은 몸이라는 조직이 작동하면서 나타나는 현상일 뿐이다. 모든 생명체에 마음이 있을 것이라는 것은 그들의 겉으로 나타나는 반응을 통해서 짐작할 뿐이다. 그러나 나의 마음은 겉으로 드러내는 현상이 아니라 내부의 나 자신을 직접 대면한다. 그래서 특별하게 인식될 뿐이다.

몸의 성장에 따라서 마음도 함께 성장하고, 몸이 분해돼 흩어지면 마음도 없어진다. 도교에 뿌리를 두고 있는 우리네 전통 신앙에서는 혼백(魂魄)을 믿었다. 혼은 하늘의 기운이고 백은 땅의 기운인데, 모든 생명체는 하늘의 기운과 땅의 기운이 합쳐져서 온전하게 태어난다. 따라서 생명체가 죽으면 다시 혼은 하늘로 흩어지고 백은 땅으로 흩어져서 없어지는 것이다. 유명한 우주 물리학자 스티븐 호킹 박사도 이렇게 말했다고 한다. "컴퓨터는 부속품이 고장 나면 작동을 멈추듯이, 인간의 뇌가 마지막으로 깜빡거린 순간 이후엔 아무것도 없다."

내가 느끼는 나의 마음은 내가 환경에 반응하는 일련의 작동 기제다. 비유해보자면 이렇다. 요즘 유행하는 인공지능 스피커는 말로 지시를 하면 똑똑하게 반응을 한다. 말로 하지 않고 컴퓨터 화면에서 문자로 채팅하듯이 대화에 응해주는 소프트웨어를 챗봇이라고 한다. 채팅로봇을 줄인 말이다. 챗봇의 기술이 발전하면서 이제는 거의 사람처럼 반응하는 단계까지 와 있다. 이 기술의 목표는 채팅 상대가 챗봇인 줄 눈치채지 못하고 진짜 사람인 줄 알도록 하는 것이다. 실제로 현재 그 목표에 거의 근접해있다. 그러면 인공지능 스피커나 챗봇에 마음이 있는 것일까? 인공지능 소프트웨어는 사람 간의 채팅에서 수집한 수많은 데이터로부터 추출된 반응 패턴을 그대로 적용한 것일 뿐이다. 당연히 마음이 있는 것은 아니라고 하겠지만, 마음이 작동하는 인간과 마찬가지의 반응을 하고 있는데 굳이 아니라고 우길 것도 아닌 것 같다.

마음은 몸과 별개가 아니고 몸이 환경에 반응하는 현상에 불과하다면, 몸이 사라지면 마음도 그냥 없어지는 것이라면, 영혼이란 없는 것이라면,

당연히 따라오는 질문이 있다. 나는 뭐지? 왜 열심히 살지? 기존의 종교는 이런 질문에 영혼을 활용해 간단하게 답할 수 있었지만, 이제는 새로운 답을 준비해야 한다.

자아는 실존하는가?

|1|

데카르트는 모든 것들을 실존하는 것인지 의심했다. 그러다가 내가 의심하고 있다는 사실은 틀림없고 의심은 주체가 있어야 하므로 내가 존재하는 것은 확실하다고 결론을 내린다. "나는 생각한다. 고로 존재한다." 내가 의식을 가지고 온갖 생각을 하는데, 그 주체를 자아라고 해두자. 자아는 몸이 있기에 작동하고 있고 몸의 작동에 의해서 겉으로 드러나는 현상에 불과하지 않을까?

자동차는 엔진이 끊임없이 돌아가는데, 엔진의 잘 조직화된 기계적 구조에 연료를 공급함으로써 그러한 동작이 나타난다. 연료가 끊어지면 자동차는 그저 차가운 쇳덩어리에 불과하다. 자동차는 외부 환경에 따라서 다양하게 반응한다. 가속 페달을 밟으면 가열차게 연료를 태우면서 시끄럽다가도 페달을 놓으면 차분하게 조용해진다. 핸들을 돌리면 그 방향으로 틀어서 달린다. 이 생물체(?)도 각자 개성이 다양하다. 잘 달리는 놈, 시끄러운 놈, 덩치가 큰 놈, 힘이 센 놈, 등등.

컴퓨터란 놈은 더 다양한 반응을 한다. 심지어 말도 알아들어서 대화도 가능하다. 도대체 넌 누구냐? 생명체가 아닌 너도 자아가 있는 것이냐? 꿩이란 놈은 거울에 비친 자신을 보고는 침입자로 생각해서 끊임없이 공격을 한다. 생명체인 너는 오히려 자아가 있기나 한 것이냐?

'나'라고 하는 너는 누구냐? '나'라는 자아가 존재하기는 하는 건가? 몸이라는 구조체는 잘 조직돼 있고 에너지가 공급되기만 하면 참 다양하게도 작동한다. 외부의 자극에 반응하고 위험을 감지하고 대응한다. 심지어 미래의 위험까지도 축적된 경험을 활용해 미리 짐작해 내는데 그 과정에서 논리적 사고도 하고 감각적 반응도 한다. 그런 작용의 주체인 자아는 과연 실존하는가?

| 2 |

모든 생명체는 스스로 먹이를 사냥하고, 외부 위험에 대응한다. 짚신벌레도 그렇고, 해파리도 그렇고, 꿩도 그렇고, 사람도 그렇다. 짚신벌레는 세포가 하나이면서도 주위 환경에 반응하면서 먹이 사냥을 하고 위험에 대응한다. 해파리는 수많은 세포들이 공동 운명체로 결합돼 하나의 생명체가 된다. 세포들은 각자 위치에 따라서 역할을 분담하는 철저한 분업 시스템이다. 세포들이 일사불란하게 움직이기 위해서는 서로 정보를 교환해야 하는데 신경세포가 그 역할을 담당한다.

꿩의 신경세포들은 단순히 세포들 간의 정보전달만 하는 것이 아니다. 신경세포들이 모인 중추신경계가 몸의 움직임을 조직화한다. 먹이를 구별하고 위험을 감지하는 데에 필요한 정보는 유전자에 각인된 정보가 꿩이 성장하면서 중추신경계에 구조화돼 박힌다. 보는 장면과 듣는 소리가 중추신경계에 전달되는 순간 그 구조화된 체계에 의해서 발생되는 신호가 각 운동부위에 전달되고 일사불란하게 반응한다. 그러나 꿩은 자신을 인식하지는 못한다.

사람의 중추신경계는 경험으로부터 얻은 정보를 내부에 기억으로 저장하고, 그러한 정보를 바탕으로 미래의 상황도 예측하고 대비한다. 그 과정에서 논리적인 사고까지 하게 된다. 심지어 없는 사실도 상상을 동원하여 유추해본다. 자신의 존재와 감정 상태를 스스로 인식하고 다른 개체들의 내면도 미루어 짐작하게 된다.

사람은 멀지않은 미래에 죽을 것이라는 것도 알고, 스스로 생각하고 있다는 사실도 안다. 스스로 내린 결론에 따라 몸을 학대하기도 한다. 체중을 줄여야 한다는 결론에 먹고 싶은 것을 참고, 근육을 키워야 한다는 결론에 격한 운동을 감행한다. 심지어 자살로 스스로를 파괴해버리기도 한다. 몸의 일부인 신경계에 구조화되어 들어있는 어떤 가상의 것이 오히려 몸의 주인으로 행세하는 것이다.

사람의 신경계도 꿩, 해파리, 짚신벌레의 연장선상에서 보면 사고 체계와 기억 등이 신경세포들 간의 연결구조로 실현돼 있는 것에 불과하다. 요즘 말하는 인공지능은 바로 이런 체계를 모방해 컴퓨터에 프로그램화 해놓은 것이다. 그렇지만 사람의 신경계는 단순히 먹이 활동을 하고, 위험에 대비하고, 사회적 연대 활동을 하는 것을 넘어서서 고차원적이고 창의적인 사고까지 한다. 스스로 그러한 사고를 한다는 사실까지 인지한다.

누구나 인식하고 있는 자아라는 것은 결국 잘 조직화돼 있는 신경계의 작동으로 인한 현상에 불과한 것이 아닐까? 짚신벌레, 해파리, 꿩의 연장선상에서.

| 3 |

무지개는 실제로 아름답게 드러나고 누구나 볼 수가 있다. 그러나 무지개는 실존하는 것이 아니다. 단지 빛의 각도에 따라서 그렇게 보일 뿐이다. 누구나 느끼는 자아도 실존하는 것이 아니라 신경계의 활동으로 인한 현상에 불과한 것이 아닐까? 신경계는 신체의 일부로 잘 구조화돼 있는데, 그것의 활동 자체가 복잡한 사고를 하는 것이고 자아를 느끼는 것이다. 인공지능 챗봇 소프트웨어가 내장된 컴퓨터는 마치 자아를 가진 사람처럼 말을 알아듣고 대화를 나누지만 잘 작성된 프로그램대로 컴퓨터 하드웨어가 작동하는 것일 뿐이듯이, 자아란 실존이 아닌데도 실존으로 착각하고 있는 것은 아닐까?

캐나다 북부에 사는 송장개구리는 겨울잠을 자는 것이 아니라 아예 얼어버린다. 겨울 내내 언 채로 있다가 봄에 얼음이 서서히 녹으면서 다시 살아난다. 우리나라의 청개구리도 겨울에는 땅속이 아니라 나뭇잎 무더기 속에서 언 채로 월동한다. 얼어 있는 동안에는 모든 생체 활동이 정지되고, 달리 말하면 죽은 상태이다. 한 덩어리의 돌멩이나 마찬가지다.

만약 사람도 송장개구리처럼 얼었다 녹았다 한다면 얼어 있는 동안에 영혼 또는 자아는 어디로 가는 것일까? 다시 녹아서 살아 움직이면 자아는 어떻게 활동을 재개하는 것일까? 자아가 신경계의 활동으로 인한 현상에 불과한 것이라면 설명이 간단하다. 얼어 있을 때는 신경계의 활동이 멈추므로 자아는 인식될 수 없는 상태이고, 살아나서 신경계가 활동하면 자연스럽게 자아는 인식되는 것이다. 무지개는 공기 중에 물방울이 떠다니고 햇빛이 적당한 각도로 비치면 나타나서 보이지만 환경이 조금만 바뀌면 순식간에 없어지듯이 사람의 자아도 그런 존재가 아닐까?

러시아 방송 유튜브 채널에 샴 쌍둥이 자매의 일상을 소개한 것이 있다. 머리는 둘이지만 몸은 하나뿐이다. 중추신경은 둘이지만 몸은 서로 완벽하게 결합돼 있어서 하나로 살아간다. 보통의 한 사람처럼 걸어 다니고 장난치고 심지어 자전거도 탄다. 대학 졸업식 장면까지 이어진다. 말은 따로 하고, 먹는 것도 따로 먹는다. 생각하는 내용도 별개일 것이다. 그런데 걸어 다니고 자전거를 탈 때는 보통의 한 사람처럼 완벽하게 하나로 행동한다. 그 행위의 주체는 둘 중의 어느 하나가 아니라 둘 다다. 둘이 공통으로 한 몸의 행위를 완벽하게 하나로 관장한다. 둘은 둘이 아닌 것이다. 감정의 변화도 밀접하게 결합돼 있을 것이다. 하나가 음식을 먹으면 다른 쪽도 맛을 느낀다고 한다. 아마 죽음도 같이 맞이할 것이다.

이들의 영혼 또는 자아는 서로 독립돼 있는 것인가? 이 경우에도 자아란 신경계의 활동으로 인한 현상에 불과한 것이라면 설명이 간단하다. 두 사람이 한 몸으로 밀접하게 결합돼 있고 신경계도 밀접하게 결합돼 있다면, 그 들의 자아는 굳이 하나인지 둘인지 따질 필요가 없다. 자아는 실존이 아니고 그냥 현상일 뿐이기 때문이다.

서양의 기독교 전통에서는 사람이 죽으면 그 영혼은 하늘로 올라가서 영원히 존재한다고 믿는다. 인도의 힌두교 전통에서는 영혼이 윤회를 통해서 새로운 생명체에 내재돼 환생한다고 믿는다. 동아시아에서는 사람이 죽으면 혼비백산(魂飛魄散)한다고 보았다. 혼은 하늘로 날아가 버리고 백은 땅속으로 흩어진다는 것이다. 사람이 태어날 때에는 하늘의 기운과 땅의 기운이 모여서 정신(精神)을 이루었다가 죽으면 다시 흩어지는 것이다. 자아는 신경계의 활동으로 인한 현상에 불과한 것이라면 동아시아의 관점이 가장 사실에 부합한다.

나의 존재이유는 무엇인가?

| 1 |

노벨상 수상자인 프랜시스 크릭은 저서 '놀라운 가설'에서 의식이란 수많은 신경세포들의 연결에 따른 동작현상이라고 추정했다. FMRI 장비를 활용해 뇌를 측정하면 무엇을 보고 있는지를 알 수 있다. 신경 세포들의 반응과 사람의 의식은 밀접하게 연결돼 있는 것이다. 자아란 의식을 통해서 나라는 존재를 인식하는 것이므로, 크릭의 주장대로라면 자아는 실존하는 것이 아니라 현상이라는 말이 된다. 그렇다면 나는 뭐지? 갑자기 마음 한 구석이 무너져 내린다.

그러나 설사 내가 느끼는 자아 자체는 실존재가 아니라 현상에 불과하더라도 내가 이 세상에서 살아가고 있다는 사실은 달라지지 않는다. 다만 자아 또는 정신이 주인이고 몸은 하찮은 것이라는 생각을 버리면 된다. 몸이 곧 정신이고 정신이 곧 몸이기 때문이다.

모든 생명체의 가장 중요한 존재 이유는 스스로 생존하고 성장하고 후손을 퍼뜨리는 것이다. 그러기 위해서는 혼자만이 아니라 공동체 전체가 번영해야 한다. 더 나아가서, 인류 공동체가 번영하기 위해서는 자연의 모든 생명체들이 함께 번영해야 한다.

북아메리카 대륙을 종단하는 황제나비는 철새처럼 머나먼 거리를 이동한다. 여름에는 캐나다 남동부에서 살다가 겨울에는 미국 남부나 멕시코에서 지낸다. 왕복 약 1만km의 엄청난 거리를 무리를 지어 이동한다. 좋아하는 식물인 박주가리를 찾아 대를 이어가며 이주한다. 봄에 태어난 나비들이 단숨에 캐나다에 들렀다가 원래 자리로 되돌아가는 것이 아니라, 중간에 여러 세대를 거치면서 차례차례 옮겨가 비로소 한 바퀴 돈다.

개별 황제나비로는 존재 이유가 미미해 보인다. 장거리를 왕복하는 과정에서 대를 이어주는 역할에 불과한 것이다. 한 사람으로서의 나도 저 황제나비와 마찬가지가 아닐까? 리처드 도킨스는 저서 '이기적 유전자'에서 영원한 것은 유전자라고 선언한다. 유전자가 자신의 복제품을 널리 퍼뜨리려는 행위가 모든 생명체들의 본질이라는 것이다. 도킨스의 말이 맞다면 너무 허전하다. '나'라는 존재는 고작 대를 이어주는 징검다리에 불과한 것이라니! 그러나 고작 이것만이 '나'라는 존재의 의미에 대한 전부는 아닐 것이다.

조용필의 노래 '킬리만자로의 표범'은 양인자의 시에 김희갑이 곡을 붙인 것이다. 가사가 상당히 긴데 그중에 다음과 같은 구절이 있다.

"바람처럼 왔다가 이슬처럼 갈 순 없잖아. 내가 산 흔적일랑 남겨둬야지. 한 줄기 연기처럼 가뭇없이 사라져도 빛나는 불꽃으로 타올라야지."

헤밍웨이의 소설 '킬리만자로의 눈'에 나오는 표범 이야기에서 영감을 받아서 쓴 시다. 그냥 사라져 간다면 나의 존재가 너무 허무하므로, 어떤 식으로든 흔적을 남기려는 것이 우리의 본성에 내재돼 있음을 표현하고 있다. 내가 살았던 흔적은 두 가지가 있다. 하나는 이기적 유전자의 복제활동에 참여해 후손을 남기는 것이고, 다른 하나는 '킬리만자로의 표범'에서 '내가 산 흔적을 남기는 것', 바로 그것이다.

| 2 |

모든 생명체는 생존과 번식을 위해서 최선을 다한다. 수많은 생명체 종들 중에 하나인 인간이 다른 생명체들과 구별되는 것으로는 문화가 있다. 유전자를 통해서 본능적으로 전수되는 것이 아니다. 문화는 사람들 간에 모방을 통해서 대를 이어 전수되는 모든 지혜나 행동 양식을 말한다. 물론 뭇 생명체들도 미약하기는 하지만 나름의 문화가 있을 것이다.

문화는 인간 사회에서 서로 공유되고 대를 이어 전해진다. 적자생존의 원리에 따라서 유전자가 우수한 것은 널리 퍼지지만 그렇지 못한 것은 도태되듯이, 문화도 공동체의 번영에 유익한 것은 널리 퍼지지만 그렇지 못한 것은 얼마 가지 못한다. 그래서 도킨스는 문화도 유전자처럼 전파되는 단위가 있을 것이고 그것을 유전자의 '진'(gene)에 빗대어서 '밈'(meme)이라고 이름을 붙였다. 밈을 굳이 번역하자면 '문화적 유전자'라고 할 수 있겠다.

양인자 시인은 '킬리만자로의 표범'에서 살았던 흔적을 남기려고 노력하는 남자의 고독한 모습을 그렸다. 살았던 흔적을 남기는 것, 이것이 바로 나의 밈을 전파시키는 것이다. 다른 사람들의 뇌에 각인되고, 다양한 상황들에 대한 행동 양식으로 드러나고, 기억 속에 남는다. 우수한 밈은 빨리 전파되고 오래 유지되지만 그렇지 못한 밈은 기피 대상이 되고 금방 사라진다. 밈은 사람들 간의 모방을 통해서도 전파되고, 글이나 영상으로 통신망을 통해서도 전파되고, 기록으로 남아서 역사적으로도 전파된다.

현대과학과 현대지성은 우리에게 새로운 영원성을 안겨주고 있다. 내가 그대로 온전히 영원한 것이 아니라 영원히 이어지는 흔적을 남기는 것이다. 나의 육체적 특성은 유전자로 퍼져나가고, 나의 문화적 특성인 밈도 시공간을 넘어서 퍼져나간다. 현대 문명은 모든 사람들의 밈의 총합이다. 영향력이 크든 작든 나의 밈도 현대 문명을 살아가는 인류에게 어느 한 부분을 차지하고 있는 것이다. '킬리만자로의 표범'에 나오는 주인공이 추구하는 것처럼 남들과 차이나는 것만이 중요한 것은 아니다. 나는 이대로의 나만으로도 충분히 의미가 있는 것이다.

| 3 |

모든 생명체는 유한한 존재라는 사실을 우리는 잘 안다. 사람은 누구나 나이가 들면 죽는다는 사실, 시간이 흐르면 우리 몸이 분해돼 사라진다는 너무나 명백한 사실은 나라는 존재에 대한 허무감을 불러온다.

존재의 유한함에서 오는 허무감을 자연스럽게 해소시켜주는 논리가 바로 영혼의 영원성이다. 죽은 후에 하늘로 올라간다고도 하고 새로운 생명체의 몸을 빌려서 끊임없이 재탄생한다고도 한다. 그러나 그러한 믿음은 증명 가능한 것이 아니다. 인간의 상상력을 바탕으로 창조된 믿음이기 때문이다. 유발 하라리는 저서 '사피엔스'에서 인간의 지적 능력에 의한 위대한 성과물들 중 하나로 '신을 창조한 것'을 꼽았다. 그것이 가능한 배경은 인간이 언어를 사용하게 된 것인데, 실제로 보고 있지 않은 대상도 적절히 묘사해 설명할 수 있게 됐기 때문이다. 재미있게도 그는 거대 종교들의 원산지인 이스라엘의 히브리 대학 교수다.

현대과학과 현대지성은 새로운 시각에서 인간의 영원성을 제공하고 있다. 하나의 생명체로서의 인간은 유한하지만 그 흔적으로 영원성을 가진다는 것이다. 나의 육체적 특성을 고스란히 담고 있는 유전자가 자손 대대로 퍼져가고, 밈이라고 불리는 나의 생활방식과 지혜도 시공간으로 퍼져간다. 이러한 영원성은 누구에게나 해당된다. 세종대왕도 스티브 잡스도, 이름 없는 민초도 하루하루 자기 생활에 열중하는 평범한 나도 마찬가지다.

세상은 다양한 사람들이 모여서 조화로워야지 뛰어난 사람들만 모여서는 오히려 망한다. 개미 집단은 일개미, 병정개미, 여왕개미, 수개미 등으로 각기 역할을 달리하는 것들이 모여서 집단을 형성해 살아간다. 여왕개미들만 모여 있으면 그 집단은 금방 사라질 것이다. 평범한 일개미들도 하나하나가 중요하다.

노자는 "천하는 온갖 다양한 것들이 조화롭게 살아가는 신비한 기물이라서 함부로 다스리려고 들면 실패한다"고 하였다. 각자 스스로 그러함을 따르도록 함으로써 오히려 세상이 조화롭게 잘 다스려진다는 것이다. 꿀단지개미 무리에는 꿀을 보관하는 역할을 맡은 개체들이 있다. 몸을 풍선처럼 부풀려서 꿀을 가득 품은 채 천정에 가만히 붙어 있기만 한다. 그런데 이들을 일부 제거하면 자발적으로 이 일을 맡을 개미들이 나타나서 다시 조화를 이룬다고 한다. 각자 제 역할을 찾아서 하다 보면 전체 사회가 유지되고 성장해 가는 것이다.

모든 존재는 다른 존재들과의 조화 속에서 집단이 생존하고 번영하는 데에 중요한 역할을 하고 있다. 보통의 일상을 하루하루 살아가는 보통의 나도 이 사회의 중요한 일부인 것이다. 작게는 가족으로부터 크게는 인류가 번영을 누리는 데에 일부의 역할을 하고 있다. 나의 유전자가 나의 밈이 인류가 존속하는 한 영원히 이어져 나간다.

양인자의 시 '킬리만자로의 표범'에서 자신이 살다간 흔적을 남기려고 노력하는 그 고독한 남자가 사실은 우리 모두이다. 그러나 고독할 필요는 없다고 본다. 뛰어난 업적이 필수인 것도 아니다. 그저 일상에 충실하면 충분하다. 시에서도 이렇게 이어진다. "고독한 남자의 불타는 영혼을 아는 이 없으면 또 어떠리!"

개체의 자아와 공동체의 자아

|1|

40억년쯤 전에 지구라는 행성이 생기고, 여기에 최초의 생명체가 탄생한다. 그 과정은 정확히 알 수는 없지만 어쨌든 뜨거웠던 지구가 식으면서 생명체가 있게 됐다. 그 생명체는 세포 하나만으로 이루어져 있으며 지금도 지구상에는 단세포 생명체의 개체 수가 가장 많다. 세포 하나만으로 이루어진 미물이지만 스스로 먹이 활동을 하고 번식도 한다. 게다가 다른 생물들의 공격으로부터 스스로를 방어한다.

뉴질랜드 앞바다에는 심해 괴물처럼 보이는 거대한 생명체가 산다. 젤라틴 성분으로 된 거대한 비닐 자루 모양을 하고 있는 생명체다. 이 생명체는 조그만 생명체인 불우렁쉥이가 군체를 이룬 것이다. 불우렁쉥이는 주로 따뜻한 바다에서 원기둥이나 원뿔 형태를 이루어 사는 조그만 피낭동물들의 군체로 작게는 10cm에서 크게는 수십 m에 이르는 것들도 있는 것으로 알려졌다. 이들은 군체 단위로 수심 10m 근방에서 천천히 헤엄치면서 이동한다. 마치 거대한 생명체가 살아 움직이는 것처럼 보인다.

단세포 생물과 다세포 고등동물 사이에 세포들의 군집 형태가 있다. 세포 하나하나가 독립된 생명체이면서도 군집으로 하나의 몸체를 구성하여 먹이 활동과 방어 활동에 보조를 맞춘다. 물론 불우렁쉥이가 단세포 생물은 아니지만 아마 단세포 생물의 군체도 있을 것이다. 내가 과문한 탓에 실제 예를 들 수는 없다. 세포들의 군집이 일사불란하게 움직이려면 세포들 간에 긴밀하게 신호를 전달하는 체계가 있어야 한다. 군집의 표면 부위에 있는 개체들이 외부의 상황에 대한 정보를 감지하면 내부에 위치한 개체들은 이 정보를 전파하는 역할을 맡을 것이다. 이러한 역할이 점점 고착화되고 영양분도 서로 공유하게 되면서 다세포 생물로 진화했을 것이다. 느슨한 공동체에서 완전한 운명공동체로 변하는 것이다.

다세포 생물은 세포들의 집합체이면서 세포 하나하나가 고유한 역할을 분담해 맡고 있다. 그중에는 세포들 간에 정보전달만을 책임지는 신경세포가 있다. 하등한 다세포 생물에서는 신경세포의 역할이 매우 단순할 것이다. 표피의 세포에서 인지한 자극 정보를 다른 세포들에게 전달하고 그에 대한 반응 정보를 다시 전파함으로써 개체단위로 일사불란하게 움직이게 된다.

고등동물로 진화하면서 신경세포들의 역할은 더욱 중요해지고 외부 자극에 대한 반응도 정교해진다. 촉각, 후각, 시각, 청각 등의 다양한 부위로부터의 신호들에 대하여 효과적인 대응 동작이 신경세포의 연결구조에 반영돼 있어서 즉각적인 반응 신호가 근육 세포들에 일사불란하게 전달된다. 외부 자극에 대한 반응 체계가 신경세포의 연결구조에 박혀 있는 것이다. 하나의 생명체를 구성하고 있는 세포들은 말하자면 운명 공동체다.

| 2 |

뻐꾸기의 탁란은 유명하다. 오목눈이의 둥지에 몰래 알을 낳고는 사라지면 그만이다. 내가 신기하게 본 것은 이 알이 홀로 생존해 나가는 과정이다. 오목눈이의 알보다 조금 먼저 깨어나오는 것은 그렇다 치더라도, 아직 눈도 뜨지 못한 이 핏덩어리가 다른 알을 둥지 밖으로 밀어내는 행동은 아무리 생각해도 신기할 따름이다. 뒤늦게 알에서 깨어나온 오목눈이들을 뻐꾸기는 기어코 전부 둥지 밖으로 밀어내서 천하를 평정한다.

알에서 갓 나온 핏덩어리가 아주 솜씨 좋게 경쟁자들을 해치운다. 별도로 배우지 않고도 오목한 등으로 고도의 밀어내기 기술을 건다는 생각에 이르게 되면서 저러한 지식은 신경세포에 이미 각인돼 있다는 생각을 굳히게 된다. 뻐꾸기 알은 한 개의 세포에 불과하다. 대부분은 영양 덩어리이고 뻐꾸기의 유전자도 들어 있다. 한 개의 수정란 세포에서 시작해 수많은 세포 분열을 통해 뻐꾸기의 조직을 완성해나간다. 이때 각 세포들은 자신의 상대적인 위치에 따라서 다른 분화과정을 거치게 되고, 다양한 형태와 기능의 조직을 형성해 나간다. 유전자에 적혀있는 설계도대로 진행되는 것이다. 신경세포도 이러한 과정을 거치면서 유전자에 각인된 대로 특정한 연결 구조로 완성돼 갈 것이다. 마치 눈을 구성하는 세포들이 눈의 모양과 빛을 감지하는 구조로 정밀하게 완성돼 가는 것과 마찬가지다. 알에서 깨어나오면서부터 이미 고도의 기술을 보이는 행동 특성이 신경세포에 각인돼 있는 것이다.

가장 고등 동물이라는 사람도 뻐꾸기와 다르지 않을 것이다. 태어나면서부터 배고프면 우는 행동이나 젖을 빠는 기술 등이 이미 습득돼 있다. 단순한 행위뿐만 아니라 감정도 어느 정도까지 이미 결정돼 있다. 높은 곳에 올라가면 오금이 저린다든지, 어두운 밤에는 으스스한 느낌이 든다든지, 간지럼을 탄다든지 이런 것들은 배워서 그런 것이 아니라 타고나는 것이다. 원시 시절부터 인간과 오랫동안 같은 영역에서 경쟁을 했던 동물들은 태어나서 처음 보는 인간에게도 본능적으로 놀라서 도망을 간다. 그러나 호주 대륙에 사는 동물들은 인간을 보고도 도망가지 않았다고 한다. 이런 본능이라는 것도 수정란에서 발달 단계를 거치면서 신경 세포들의 연결 구조에 각인된 것이고 그 정보는 유전자로부터 가져온 것이다.

하등 동물일수록 태어날 때부터 가지고 있던 본능에 강하게 의지하지만 고등 동물로 갈수록 성장하고 살아가면서 얻은 정보를 추가해 행동특성에 반영한다. 그 정점에 있는 인간은 기억 능력이 탁월해서 여러 가지 방법으로 습득한 정보를 지식으로 기억 공간에 저장하고 이들을 체계화시켜서 지능적인 행동을 한다. 본능이 선천적으로 타고난 것이라면 지식은 후천적으로 획득한 것이다. 현대를 살아가는 인간은 이렇게 획득한 지식이 어마어마하게 방대하고, 이제는 주체할 수 없어서 정보를 저장할 수 있는 여러 가지 보조 장치들을 활용하는 방법까지 고안했다. 책으로, 플래시 메모리 저장장치로, 데이터 센터의 방대한 컴퓨터 서버로 저장한다.

유발 하라리는 저서 '사피엔스'에서 인간이 말을 하게 되면서 지적 혁명을 가져오게 됐다고 했다. 말은 내가 경험한 어떤 것을 다른 사람에게 설명해 전달하는 수단이 된다. 그러다 보면 보지 않고 상상한 것도 말로 실감나게 설명할 수 있게 된다. 신도 그렇게 창조되었다고 하라리는 말한다. 사람의 논리적인 사고는 말을 기반으로 한다. 방대한 정보들은 말의 형식으로 기억에 저장하고, 이 기억들을 끄집어 내어서 논리적인 사고를 하고 지능적인 행동으로 옮기게 된다.

| 3 |

하나의 생명체는 세포들의 운명 공동체 집단으로서 신경계로 잘 조직화되고 자아를 인식한다. 범위를 넓히면 집단으로 살아가는 공동체 단위로도 개체들이 잘 조직화되고 유기적으로 행동한다. 하나의 생명체를 구성하는 세포들이 정밀하게 분업해 활동하듯이, 하나의 공동체를 구성하는 개체들도 분업화되고 조직화된다. 인간 사회로 말하면 개인들은 각자 자기 맡은 세부 업무에 충실하고 나머지는 전부 다른 개인들의 도움으로 해결한다. 인체의 신경조직에 해당하는 역할도 있고, 외부 공격에 대응하는 역할도 있다. 그래서 공동체 단위에도 자아가 존재한다고 결론을 내리는 것은 자연스럽다.

개미의 군집은 하나의 초 생명체로 볼 수 있다. 개체들이 철저하게 분업화되어서 활동함으로써 군집이 성자하기도 하고 쇠퇴하기도 한다. 개체들 간에는 페로몬 물질을 분비해서 서로 간에 정보를 교환함으로써 위험을 전파하고 먹이가 있는 곳을 알린다. 마치 신경 세포들 간에 신호를 전달하는 형태와 유사하다. 고등동물인 원숭이 사회에서는 다양한 소리나 행동으로 보다 복잡한 정보를 전달한다. 그러나 아직 분업은 되지는 않아서 통신을 전담하는 개체가 따로 있는 것은 아니다.

인간이 공동체를 이루는 군집 단위는 작게는 가족부터 크게는 전 인류에 이르기까지 다양하다. 그 중에서도 집단 생존 개념이 잘 적용되는 단위는 국가일 것이다. 국가 내에서는 개인들에 대하여 국가라는 권력이 통제를 하지만, 국가들 간에 그들을 통제하는 초 권력이 없기 때문에 생존 경쟁이 치열하게 일어난다.

국가라는 생존 공동체 내에서 개인 간의 분업화는 지극히 세분화돼 있다. 신경세포 역할을 하는 직종인 언론도 번성하고 있다. 원시 시대에는 입에서 입으로 느리게 전달되던 시스템이었지만, 중세 시대에는 파발이나 봉수대 전담자가 있어서 고속으로 정보를 전달하는 체계로 발전함으로써 미흡하나마 전국적인 신경세포가 연결됐다. 지금은 초 단위로 온 세계에 정보를 전파하는 신경 시스템이 작동하고 있다.

인체를 구성하는 세포들의 생명은 짧지만 인체의 수명은 백년 가까이 길다. 세포의 수명은 인체 부위별로 짧게는 수 일부터 길게는 수십 년까지 다양하다. 개별 인간의 수명은 길어야 백년이지만 인간의 집단인 국가의 수명은 수백 년 이상으로 길다. 재미있는 사실은 인간의 수명이 세포에 비해서 길지는 하지만 영원하지는 않듯이 국가의 수명도 길어야 수백 년 정도

이며 천년 이상을 가는 경우는 매우 드물다는 것이다.

재미삼아 이야기를 더 이어 나가보자. 국가 단위에서 뇌는 정부이고 여기에 신경 조절물질은 입법부와 사법부가 해당될 것이다. 기억은 법률 및 행정 매뉴얼이고 환경의 변화에 따른 학습은 법률이나 매뉴얼의 변경으로 이루어진다. 여기에 소방, 경찰, 군 등의 기능별 자동반응 시스템도 있고, 언론은 신경세포로서 통증을 포함한 감각을 뇌에 전달하고 감정을 개인들에게 유포한다.

요즘은 언론이 세상정보를 시시콜콜 실시간으로 수집하고 전파한다. 이 과정에서 편향되거나 의도적인 가공을 하고 의도적인 메시지를 심어서 전파하기도 한다. 많은 언론들이 중첩돼 역할을 하므로 최종적인 정보 수신자인 개인들은 이들을 종합해 적절히 순화되고 조절된 반응을 하게 된다. 인체에서 뇌와 신경세포가 매우 중요하듯이 한 국가 내에서 집권 세력과 언론의 역할도 매우 중요하다. 구성원들에게 잘못된 신호가 전달되면 사회가 오동작을 하게 될 것이기 때문이다.

이제 공동체 단위의 자아에 대해서 이야기해보자. 인간들의 집단인 하나의 공동체가 하나의 몸이라면, 그 공동체의 개별 자아들의 총합이 그 공동체의 자아에 해당할 것이다. 집단적으로 공유하는 의식이 공동체의 자아를 형성한다. 2002년의 월드컵은 대한민국이라는 공동체의 자아를 극적으로 보여준 사례다. 모두가 확실하게 공동체의 소속감을 느끼고 있었고 이루고자 하는 목표도 모두가 일치했다. 국가 전체가 흥분을 느꼈고 성취감을 느꼈다.

한일 간의 갈등은 항상 국가 공동체의 자아를 겉으로 드러내게 만든다. 양국의 언론들은 정보를 수집하고 각자 자기 공동체의 입맛에 맞게 가공하여 전파한다. 동일한 사안에 대해서 극명하게 서로 다른 메시지를 전파한다. 여기에는 오랜 역사를 통해서 한일 간에 있었던 각종 사건들의 경험이 바탕이 된다. 민주주의 사회에서 언론사들이 일사불란하지는 않지만 언론사별 취향들이 중첩되면 공동체인 국가 단위로는 적절한 성향을 보이게 된다. 인체 내의 신경세포들도 일사분란하지는 않지만 세포들의 신호를 합치면 올바른 정보가 된다.

공동체 단위의 자아는 공동체가 스스로 인식할 수는 없다. 지금 이 글도 개인 단위로 쓰고 개인들이 읽을 뿐이다. 모든 인식의 기본 단위는 개인일 수밖에 없기 때문이다. 그렇지만 공동체 단위의 자아는 유추하여 짐작하기에 충분하다.

몸이 곧 마음이다

나를 다른 존재들과 구별해 나라고 인식하는 주체를 자아라고 한다. 자아의 정교한 철학적인 정의는 잘 모르지만 그냥 나를 나로 인식하는 것이며 몸이 아닌 정신적인 것이고, 흔히 하는 말로는 내 마음이다. 내 마음을 여기서는 그냥 나라고 하자. 손가락이 하나 잘려나가도 나는 온전히 나다. 팔이 둘 다 잘려 나가도, 심지어 사지가 모두 잘려 나가도 나는 온전히 나로 인식된다. 나라는 주체는 몸과는 별개인 신비스러운 어떤 것처럼 느껴진다.

그런데 나의 감정과 행동이 누군가에 의해 조종당한다면 어떨까? 어릴 적에 냇가에서 놀다가 물가에 얼씬거리는 사마귀의 배를 갈라보면 검은 철사가 꿈틀대는 것을 본 적이 있다. 연가시는 가느다란 철사 모양의 검은색 동물로서 민물에서 독립생활을 한다. 유충은 사마귀나 메뚜기 따위의 곤충에 기생한다. 사마귀는 원래 물을 싫어하는데, 연가시 유충이 사마귀 뱃속에서 성체가 되면 사마귀는 홀린 듯 스스로 물을 찾아 나선다. 연가시는 숙주인 사마귀를 조종해 물가로 가도록 한 다음에 배를 뚫고 물로 나온다. 이 사마귀의 정신(?) 작용은 본래의 자신이 아니라 연가시가 내놓는 화학물질의 작용에 의해서 물가로 가고 싶어 하도록 조종당한 것이다.

이런 예는 알려진 것만 해도 많이 있다. 달팽이는 원래 어두운 곳을 좋아한다. 그런데 흡충류에 감염된 달팽이는 나뭇가지 끝의 밝은 곳으로 기어오른다. 그래서 새에게 쉽게 잡아먹힌다. 기생하는 흡충류가 새의 몸속으로 들어가기 위해서다. 이렇게 새의 몸속으로 이동해서 살면서 낳은 알은 새의 분변으로 나와서 다시 달팽이에게 이동한다.

톡소 포자충은 고양이에게 기생해 살아가는데, 유충은 쥐를 활용한다. 톡소 포자충에 감염된 쥐는 고양이를 피하지 않고 '날 잡아 잡숴' 하고 기다린다. 쥐의 정신작용은 자신의 의지가 아니라 조그마한 벌레가 내놓는 화학 물질에 따라서 반응하는 것이다. 영국 리즈대학 생물학과 글렌 맥컨키 교수 연구진의 연구 결과 이 벌레에 감염되면 뇌세포에서 도파민의 분비량이 대폭 늘어나는 것을 확인했다. 그래서 고양이를 피하기는커녕 오히려 성적 흥분감을 느끼는 것을 알아냈다. 쥐와 같은 포유류인 사람도 뇌에서 도파민이 이런 요인에 의해서 대량 분비되면 행동에 큰 변화가 있을 것이다. 사람도 다르지 않을 것이라고 쉽게 짐작할 수 있다.

그냥 일상생활에서도 비슷한 경험을 한다. 내 마음이 느끼는 감정은 내 몸의 상태와 주위의 분위기에 따라서 달라진다. 배가 부를 때는 허기질 때에 비해서 느긋하고 관대하다. 호르몬의 변화에 따라서 사람의 행동에 변화가 있는 것은 이미 상식으로 잘 알고 있다. 인간 수컷들이 성적 충동을 억제하지 못하고 사고치는 것도 따지고 보면 호르몬의 작용으로 조종당하고 있는 것이다. 이러한 감정의 기복은 몸속의 특정 호르몬의 양에 의해 나타나는데, 본래의 나로서 행동하는 것이 아니라 몸의 상태에 따라서 저절로 그렇게 행동이 변하는 것이다. 따지고 보면 이성적으로 판단을 한다고 해도 이런 감정 상태에 따라서 영향을 받게돼 있다.

내 강의에 참여했던 학생 중에 항상 마약성 진통제를 휴대하고 다니는 학생이 있었다. 오토바이를 타다가 가벼운 교통사고를 당했는데, 멀쩡한다리에서 전해오는 통증이 사라지지 않는다고 했다. 다리 자체는 정밀 조사를 해도 아무 이상이 없는 상태였다. 이 무슨 허깨비 같은 뇌의 작용인가? 오랜 세월이 흘렀는데도 여전히 심한 통증이 있고, 일반 진통제는 듣지 않아서 거의 마약성 진통제를 복용한다. 통증만 없앨 수 있다면 다리를 잘라버리고 싶은 지경이라고 했다.

그런데 더 웃기는 것은 통증을 느끼는 다리를 실제로 잘라내어도 다리의 통증은 여전히 남는다고 한다. 신경세포의 연결조직에 각인돼 있으면, 다리의 존재여부에 상관없이 다리에 통증이 있는 것으로 인식되는 것이다. 결국은 신경세포 조직 다발이 어떻게 반응하느냐 달려있다. 비록 팔이 하나 잘려 나가도 내 마음은 여전히 그대로 있다고 생각하지만 사실은 신경세포들이 팔에서 뇌로 연결돼 있는 것이므로 비록 미세할지라도 영향이 없지는 않을 것이다. 심지어 내 몸에 공생하는 기생충들도 내 마음의 작용에 영향을 미치고 있을 것이다. 더 넓게는 내 주위의 환경도 내 마음의 작용에 영향을 끼칠 것이다.

몸에 의해서 마음이 조종되지만 반대로 마음이 몸을 변화시키기도 한다. 임종에 가까운 환자가 기다리던 자식이 와서 인사를 나누고 나서 스르르 눈을 감았다는 이야기는 주위에서 많이 듣는다. 의식의 끈을 놓지 않고 버티면 생명이 연장되는 것이다. 겨울 등산 중에 조난을 당했을 때 체온이 내려가면 잠이 쏟아지는데, 잠이 들면 그것으로 끝이고 의지로 잠을 이겨내면 살아남을 수 있다. 극단적인 경우로는 마음이 몸을 파멸시킬 수도 있다. 스스로 생을 마감하는 행위를 선택하는 것이다. 명상을 통해서 자신의 마음을 쉬게 하면 몸의 건강이 회복되기도 한다.

1979년 미국 오하이오주, 지역 일간지에 뜻밖의 광고가 실렸다. 노인들에게 7일간의 무료 여행을 보내준다는 것이다. 그런데 이 여행은 아주 이상하게 계획돼 있었다. 그들이 도착한 곳은 뉴햄프셔 주의 오래된 수도원이었다. 그리고 두 가지 규칙을 듣게 됐다. 먼저 청소나 빨래 설거지 같은 집안일은 스스로 해야 한다는 것이고, 마치 20년 전인 것처럼 지내달라는 것이었다. 수도원의 모든 환경은 1959년처럼 꾸며져 있었다. 이는 하버드 대학교 엘렌 랭어 교수가 기획한 '시계 거꾸로 돌리기'(Counterclockwise study)라는 실험이었다. 랭어 교수 연구팀은 노인들의 몸에서 일어나는 변화를 기록하기 위해 나이와 건강 상태를 고려해 참가자 8명을 엄선했다. 즉, 나이가 많을수록 정신이 온전해야 하며 몸은 불편해도 큰 병은 없는 사람을 선발했다. 또한 수도원 내부를 1959년처럼 꾸며놓아서 노인들이 20년 전 일을 현재의 일처럼 이야기할 수 있도록 했다.

이 여행에서 노인들은 마치 자신들이 20년 전에 살고 있는 것처럼 보고 말하고 행동했다. 불과 일주일간의 여행이 끝나자 노인들은 다른 사람이라도 된 것처럼 훨씬 젊어져 있었다. 보호자의 도움 없이는 혼자 일어나지도 못하던 노인들이 혼자서 옷을 입고,계단을 내려오는 등 건강해진 모습을 보였다. 또한 실험 이후, 그들은 시간을 거슬러 젊어진 것처럼 신체적 나이 역시 젊어져 있었다. 이 실험은 생각이 신체에 영향을 미침을 증명해냈음은 물론,사회의 노인에 대한 인식을 개선하기도 했다.

나의 몸이 주인이 것도 아니고 그렇다고 나의 마음이 주인인 것도 아니다. 몸과 마음이 한 덩어리로 그냥 나인 것이다, 건강한 육체에 건강한 정신이라는 말이 헛말이 아닐 것이다. 마찬가지로 건강한 정신에 건강한 육체가 따라온다.

| 3부 |

헐렁하게 삽시다

직업인으로서의 행복감은

일에서 오는 것이 이상적이다.

대부분의 직업인들은

두둑한 월급 입금내역이 먼저이겠지만,

일상적으로 일을 하는 과정 자체의 자잘한 행복감은

일에서 나와야 한다.

벚꽃 단상

춘분과 청명 절기의 중간쯤인 요즘은 온 세상이 꽃으로 덮인 듯하다. 특히 키가 십 미터는 됨직한 아름드리 벚나무들이 하얀 가지를 늘어뜨리고 줄지어 서 있는 모습은 가히 장관이다. 나도 모르게 스마트폰 카메라를 꺼내 든다. 깊은 생각이 필요 없다. 그냥 보기만 해도 좋기 때문이다. 이런 마음의 상태를 평소에 쭉 유지할 수 있으면 얼마나 좋을까 생각해본다. 항상 그럴 수 있는 사람을 깨달은 사람, 해탈한 사람이라고 하면 얼추 맞을 듯싶다.

마음이 즐거운, 그래서 미소가 번지는 이유는 여러 가지 이유가 있을 것이다. 이렇게 평소에는 보기 어려운 멋진 광경을 보았을 때가 그중 하나일 것이다. 너무나 자연스러운 감흥이다. 아이들이 세상의 모든 것을 신기해하면서 좋아하는 것도 아마 이런 것이 아닐까 싶다. 벚꽃은 질 때도 장관이다. 눈이 내리는 듯한 모습을 연출한다. 바람이라도 살짝 불어주면 금상첨화다. 진주 출신의 시인 이형기는 '낙화'에서 "가야 할 때가 언제인가를, 분명히 알고 가는 이의, 뒷모습은 얼마나 아름다운가"라고 노래했다. "분분한 낙화, 결별이 이룩하는 축복에 싸여, 지금은 가야 할 때"라고 한 것을 보면 아마도 벚꽃이 지는 모습이리라. 떨어지는 꽃잎의 아름다움 속에서 가을의 열매를 위해 자신을 내려놓는 모습을 보았다.

행복감을 느끼는 다른 것으로는 누구에게 도움을 주고 스스로 흐뭇해하는 경우를 들 수 있을 것이다. 언젠가 TV 프로그램에서 영국의 노숙자 젊은이에 대한 이야기를 본 적이 있다. 자신의 삶에 아무런 의미를 찾을 수 없는 그저 그런 하루하루를 흘려보내고 있었는데, 어느 날 유기견을 만나면서 생활이 완전히 바뀐 이야기다. 먹이를 챙겨주면서 친해지게 되고, 유기견이 자신을 의지하고 따르게 되면서 삶에 대한 의지를 되찾게 된다. 나도 누구에게는 도움을 줄 수 있다는, 그래서 나도 세상에 존재할 의미가 있다는 사실을 깨닫게 된 것이다. 분류학자들이 인간이라는 종의 학명을 '슬기로운 사람'(호모 사피엔스)이라고 멋지게 붙여놓았다. 인간은 모두 자신의 이득을 챙기기에 급급한 이기적인 동물로 행동하는 것 같지만, 내면에는 주위의 동행자들도 함께 잘 되어야 한다는 것이 유전자로 각인돼 있는 것이다.

행복감 중에서 최고는 역시 열심히 노력하면서 기대했던 상황에 실제로 도달했을 때일 것이다. 목표는 경제적인 수입일 수도 있고, 사회적인 평판일 수도 있고, 자신만이 아는 마음속의 목표일 수도 있다. 고통을 감수하는 고산 등반가들, 위험을 감수하는 모험가들은 스스로 내면의 성취 동기에 이끌려서 고난과 위험을 기꺼이 감수한다. 그러한 과정을 거쳐서 얻는 성취의 행복감은 다시 새로운 도전으로 이끈다. 요즘 유행하는 '나는 자연인이다' 류의 TV 프로그램에서 산속에 혼자 터전을 잡고 사는 이들도 어쩌면 세상을 기피하는 것이 아니라 스스로 자급자족하면서 살아갈 수 있다는 나름의 성취감에 취하는 것이 아닐까 하는 생각도 해본다.

허드러지게 핀 벚꽃을 보면서 느끼는 다른 한 가지는 "너무 과잉 아닌가?" 하는 생각이다. 과연 저렇게까지 무수한 꽃을 피울 필요가 있을까 싶다. 그리고 저렇게까지 화려할 필요가 있을까 싶다. 그냥 그런 느낌이 든다. 물론 진화의 산물이든 인위적인 개량의 산물이든 저런 모습이 자연스런 것이겠지만 말이다. 자세히 들여다보면 꽃 하나만 해도 과잉이다 싶을 정도로 화려하다. 메발톱꽃, 투구꽃, 현호색 뿐만 아니라 이때쯤 흔하게 피어있는 민들레도 들여다볼수록 신비스럽고 화려하다.

벚꽃을 보면서 신기한 것이 또 있다. 수많은 꽃들이 어떻게 거의 같은 날짜에 동시에 피는가 하는 점이다. 기온은 그날그날 오르락내리락 종잡을 수가 없는데도 인근의 수많은 나무들이 모두 같은 날짜에 꽃을 활짝 피운다. 나는 그것이 너무나 신기하다. 필시 저들도 서로 간에 정보를 주고받으면서 꽃망울을 터뜨릴 날짜를 합의해 정하는 것이리라. 다큐멘터리 프로그램을 보면 식물들도 단순히 수동적으로 제자리에 서 있기만 한 것이 아니라 적극적인 행동을 한다고 한다. 유전자를 퍼뜨리기 위해서도 그러고 심지어 곤충을 먹이로 유인하여 잡기 위해서도 그런다. 해마다 오월이면 산등성이의 텃밭에 드나드는데, 쉬면서 멀리 내려다보고 있으면 곳곳에서 하얀 먼지 연기가 뭉텅뭉텅 피어오른다. 살랑이는 바람을 타고 소나무들이 꽃가루를 폭죽 터뜨리듯이 펑펑 쏘아 올린다. 그냥 바람에 날려가도록 하는 것이 아니다. 저들도 나름의 방법으로 적극적인 행동을 한다.

이제 싱그러운 오월을 기다릴 차례다. 계절은 그렇게 무심코 돌고 돈다. 그저 시시때때로 자연이 주는 즐거움을 누리면 된다. 이제 환갑을 넘기는 나이가 되니 세상이 그렇게 보인다.

주인이 되라

학생들을 가르치는 일을 업으로 삼다 보면 뭔가 도움이 되는 말을 해주고 싶을 때가 참 많다. 그래서 학기 초나 학기 말에는 나름대로 짧게 정리해서 이야기해 주는 시간을 갖는데 가장 즐겨 인용하는 말이 수처작주(隨處作主)다. 교육이란 일방적으로 잘 지도하고 이끈다고 되는 것이 아니라 학생들이 주도적으로 참여할 때 좋은 성과를 얻는다는 것은 누구나 아는 기본이다.

당신은 언제 행복을 느끼는가? 여러 가지 상황들이 있겠지만 가장 많은 경우가 뭔가를 성취하고 스스로 뿌듯한 기분이 들 때일 것이다. 세상이 칭찬하는 훌륭한 일을 했을 때의 성취감도 있겠지만 그것은 극히 드문 일이다. 그보다는 일상생활에서 사소할 수 있는 작은 일들로부터 소소한 행복을 느낀다. 더 좁혀서 보면 어떤 일을 했을 때의 행복감은 내가 한 일이 결과적으로 누군가에 도움이 되었을 때, 내가 만든 어떤 것이 스스로 만족스러울 때 얻는 성취감에서 나온다.

직업인으로서의 행복감은 일에서 오는 것이 이상적이다. 대부분의 직업인들은 두둑한 월급 입금내역이 먼저이겠지만, 일상적으로 일을 하는 과정 자체의 자잘한 행복감은 일에서 나와야 한다. 물론 현실에서 대부분의 시간은 업무 스트레스에 시달리고 행복감은 잠시일 뿐이지만 말이다. 공학분야의 일이란 무언가를 만드는 것이 핵심이다. 컴퓨터 공학 분야에서 일을 하는 입장에서 보면 내가 만든 소프트웨어를 누군가가 잘 쓰는 것을 보는 것만으로도 스스로 뿌듯하다. 물론 그 결과로 수입이 늘어나는 것이 직업인으로서는 우선이겠지만 그것은 일단 접어두자. 건축가들은 자기가 설계한 건물을 보고 뿌듯할 것이고, 음악가들은 자신이 만든 곡을 사람들이 즐겨할 때 행복할 것이다. 공학을 하는 사람들도 마찬가지다.

직업인으로서는 자신이 좋아하는('싫어하지 않는'이라고 표현하는 것이 더 정확하겠다) 전문 분야의 일을 통해서 성취감을 얻는 것이 이상적이다. 대학에서 전공 과정을 이수하는 것은 전문 분야에서 일을 할 수 있는 기초를 다지는 과정이다. 아무나 할 수 있는 몸으로 때우면 되는 그저 그런 일이 아니라, 전문적인 지식과 경험을 바탕으로 할 수 있는 그런 일을 하기 위한 준비과정이다. 성취감은 그런 일에서 나온다. 그러기 위해서는 이론을 통해서 원리를 파악하고 반복적인 실습을 통해서 몸으로 익혀야 한다. 그런데 교육에 참여하는 학생들을 보면 안타까운 경우가 참 많다. 귀한 돈과 그보다 더 귀한 청춘을 투자하는 과정인데 그냥 지루한 시간으로 허비하는 학생들을 많이 본다.

"배움은 잘 가르쳐 주면 잘 배워지는 것이 아니라 스스로 열심히 배워야 잘 배워진다"고 나는 늘 강조한다. 학기 초에도 이번 과목이 그럴 것이라고 선언하고, 학기 말에는 앞으로도 그럴 것이라고 덧붙인다. "나도 열심히 준비하겠지만 공부는 여러분들이 하는 것이다." "공부는 스스로 한 것만큼만 얻지, 그 이상 저절로 얻어지는 것은 없다." 너무나 당연한 말이지만.

컴퓨터공학에서 제일 중요한 것이 프로그래밍 능력이다. 다른 말로는 소프트웨어 개발 능력이다. 직업인으로서의 프로그래밍 능력은 전장에서의 총기 다루는 능력과 마찬가지다. 수없이 다양한 형태의 컴퓨터 관련 업무들이 있지만, 프로그래밍 능력은 모든 업무의 기본이다. 프로그램이란 컴퓨터에게 어떤 순서로 어떻게 일을 진행하라는 것을 표현해놓은 작업 지시서다. 어떻게 진행해야 올바른 결과를 얻고, 그 과정을 빨리 완수할 수 있을지를 충분히 고민해야 한다. 올바른 결과를 얻되 빨리 완수하는 방법을 말한다. 그것을 전문용어로는 '알고리즘'이라고 한다. 알고리즘을 컴퓨터 언어로 표현해 놓은 것이 바로 프로그램이다.

한국어를 잘 안다고 좋은 문학작품을 잘 쓸 수 있는 것이 아니다. 자동차를 잘 운전한다고 자동차를 잘 설계하는 것은 아니다. 문학작품은 전체 플롯을 잘 구상해야 하고 자동차는 전체 구조를 잘 조직화해야 한다. 프로그램 개발은 알고리즘을 잘 설계해야 한다. 문학작품은 어느 날 갑자기 잘 쓸 수 있는 것이 아니고 많은 습작을 쓰는 과정에서 창작 실력이 는다. 프로그램도 일종의 창작품이다. 실제로 프로그램은 저작권을 법으로 보호받는다. 프로그램은 컴퓨터 언어 문법을 잘 안다고 잘 작성할 수 있는 것이 아니라 많은 연습이 필요하다. 마치 기계가 톱니바퀴들이 맞물려 돌아가면서 작동하듯이 프로그램도 한 치의 오류도 없이 순서대로 정확하게 진행되도록 해야 한다. 컴퓨터는 그저 단순한 기계일 뿐이므로 적당히 표현하면 알아서 실행할 수가 없다. 프로그램을 잘 개발하게 되는 방법은 왕도가 없다. 모든 것이 그렇듯이 이런저런 프로그램들을 직접 만들어 보는 것이다.

수처작주(隨處作主)는 당나라의 선승(禪僧) 임제의 가르침을 정리해 놓은 책 임제록(臨濟錄)에 나오는 구절이다. 불교 사전에는 "어디서나 어떠한 경우에도 얽매이지 않아 주체적이고 자유 자재함"이라고 나와 있다. 이 구절을 불교인이 아닌 보통의 우리에게 적용해서 나는 이렇게 풀이한다. "어디에 있든지 그곳의 주인이 되라." 어떤 일을 하더라도 아웃사이더로 있지 말고 주인 의식을 가지고 참여해야 한다는 말이다. 요즘 유행하는 말로는 '인싸'(인사이더)가 되라는 말이다.

스포츠 경기는 국가 대항전이 재미있다. 클럽 간의 경기는 좋아하는 팀이 있어야 재미있다. 그래야 간절한 마음도 생기고 심장이 쫄깃쫄깃해진다. 그냥 멍하니 보고만 있으면 재미가 없고 경기 내용이 기억에 남지도 않는다. 어느 한쪽에 편을 먹으면 그 경기의 주인이 된다. 주인이 된다는 말은 그 일에 주체적으로 참여한다는 것이다. 그렇다고 꼭 주도적으로 나서라는 말은 아니다. 방관자가 되지 말라는 말이다. 주인은 일이 잘되도록 보이지 않는 곳까지 관심을 기울이고 모든 노력을 다한다. 객은 그저 구경만 할 뿐이다.

나는 강연회나 세미나 등에 참석하면 질문을 하나는 꼭 하리라고 마음먹는다. 질문을 하려면 발표자가 무슨 말을 하는지를 유심히 들어야 질문거리가 생기 때문이다. 그저 듣고만 나오게 되면 기억에 남는 것이 없고, 심지어 듣는 내내 졸리기까지 한다. 나는 어떤 모임이든 꼭 한번은 발언을 하기로 마음먹는다. 나를 드러내겠다는 말이 아니다. 발언을 하려면 다른 사람들의 말을 경청해야만 한다. 그래야 그 시간이 내게도 다른 참여자들에게도 도움이 된다. 일이 잘되도록 관심을 기울이고 적극적으로 참여하는 것이 바로 주인정신이다.

현대를 살아가는 노자

|1|

노자는 이천년도 더 된 아주 옛날의 책이다. 지금은 돈만 내면 우주여행도 할 수 있는 시대다. 지금의 우리에게 노자는 과연 어떤 의미가 있을까? 노자를 읽지 않은 사람들의 노자에 대한 반응 중에 대표적인 것을 들자면 이렇다.

"노자의 무위자연은 아무것도 하지 않고 그저 '세월아 가거라' 하는 것 아니야? 요즘 같은 세상에 그게 말이나 되냐고!"

노자를 처음부터 끝까지 차근차근 읽고 나름대로의 해설을 해보면서, 노자의 핵심은 역시 무위(無爲)이고 자연(自然)이라는 것을 새삼 느끼게 된다. 자연을 따르는 것이 세상을 대하는 기본자세라면, 무위는 그 결과로 드러나는 모습이다. 여기서 무위란 매우 추상적인 용어인데, 구체적으로는 무사(無事)다. 이것은 아무 일도 하지 않는 것이 결코 아니다.

무사란 '일을 하지 않는 것'이 아니라 일을 하되 '요란하게 드러내면서 하지 않는 것'이다. 드러나지 않으니 일을 하는 것 같지 않고, 그래서 무사인 것이다. 자연을 따르면 된다. 도는 자연을 따르고(道法自然), 사람은 그러한 도를 따르는 것이다. 여기서 자연은 흔히 말하는 자연(nature)이 아니고 '스스로 그러함'이다. 일본 사람들이 서구 철학을 받아들이면서 네이처를 자연이라고 번역하는 바람에 혼란이 생긴 것이다.

노자는 만물이 나고 자라고 다시 사라지는 모습을 조용히 지켜보면서 매우 평온함을 느꼈던 모양이다. 그래서 사람도 저렇게 살면 되겠구나 하고 깨달은 것이리라. 만물이 그러하듯이 '스스로 그러함'을 따르라는 것은 모든 일은 순리대로 차근차근 하라는 말이다. 일은 커지기 전에, 어려워지기 전에 쉬울 때 하라 것을 노자는 여러 곳에 걸쳐서 강조한다.

스스로 그러함을 따라서 순리대로 해나가면 크게 벌이지 않고도 모든 일을 잘 이루게 된다. 그래서 "무위이지만 하지 않는 것이 없다.(無爲而無不爲)"라고 한다. 자신의 권위를 드러내려고, 남보다 잘났음을 보여주려고, 남들을 내 생각대로 이끌어 가려고 요란하게 일을 벌이지 않는 것이 바로 무위이고, 스스로 그러함을 따르는 것이고, 도를 따르는 것이다.

| 2 |

"천지가 생기기 전부터 도(道)가 있었다. 도에서 천지가 시작되고 그 천지가 만물의 어미다."

노자 1장에 나오는 내용이다. 여기까지 이야기하면 대체로 다음과 같은 반응이 나온다.

"도가 천지를 창조했다고? 그건 말도 안돼! 요즘 세상에 그걸 누가 믿느냐고!"

태초에 도가 있었고 도가 천지를 창조했다는 이야기로 듣기 때문이다. 도를 마치 전지전능한 어떤 신으로 이해한 것이다. 현대 과학문명 시대의 눈으로 보면 그런 도는 있을 수 없다. 만약 그렇게 이해가 된다면 노자 1장은 그냥 건너뛰면 된다. 도가 무엇인지 묘사하는 다른 부분들도 대충 그냥 넘어가면 된다. 노자의 모든 구절을 하나하나 성경이나 불경 말씀처럼 받들 필요는 없다.

도에 대한 여러 가지 묘사는 노자의 사상 체계에 대한 완성도를 높이기 위한 수단일 뿐이다. 사람들에게, 특히 권력을 쥔 왕에게 무위하고 자연을 따르라고 하려면 대단해 보이는 논리를 갖춘 고차원적인 설명이 필요했을 것이다. 사실 무위와 자연이라는 용어도 고급지게 선택한 용어다.

노자에서 도는 천지의 '시'(始)라고 한다. '도가 천지를 만들었다'고 하지 않고, '천지가 도에서 시작되었다'고 한다. "도의 섭리에 따라 천지가 운행하게 되었다" 정도의 의미가 되겠다. 도가 천지를 창조했다는 말이 아닌 것이다. 또한 천지의 운행에 따라서 만물이 나고 자라므로 천지가 만물의 어미라고 하는 것이다.

노자는 만물이 나고 자랐다가 다시 사라지는 것을 조용히 지켜보면서 그 이면에는 어떤 섭리가 존재한다는 것을 깨닫고 그것을 도(道)라고 부르기로 하였다. 도는 그것의 이름(名)이 아니라 자(字)라고 명시해 놓았다. 분명하게 드러나는 존재가 아니라서 적확한 이름은 알 수가 없고, 대신에 편하게 부를 수 있는 호칭으로 '道'라는 글자를 제시한 것이다. 그런데 이전부터 이미 '道'라는 글자를 다른 의미로 사용하고 있었으므로, 노자의 1장 첫 구절은 "여기에서 말하는 도는 지금까지의 도와는 다른 새로운 도다"라는 선언으로 시작된다.

온갖 생명체들이 나고 자라고 늙어서 죽는 것을 보면, 어떤 섭리가 작용한다고 느끼는 것은 예나 지금이나 누구에게나 자연스럽다. 그것을 그냥 도라고 부를 뿐이다. 기존 종교들의 어떤 절대자처럼 권능을 휘두르지 않는다. 휘두를 필요가 없다. "도는 만물이 의지하여 나고 자라게 하지만 주인행세를 하지 않는다(萬物歸焉而不爲主)"고 하였다.

도의 섭리에 따라서 천지가 운행하고 천지의 운행에 따라서 만물이 나고 자라므로, 만물에는 도의 섭리가 내포돼 있다. 바꾸어 말해서 만물의 그러한 모습에서 도를 발견했다고 하는 것이 정확한 표현일 것이다. 사람도 만물처럼 그러한 도를 따르면 된다. 도는 곧 자연을 따르는 것이다.

| 3 |

'스스로 그러함'(自然)이란 만물이 섭리에 따라서 나고 자라고 사라지는 모습이다. 만물에는 도의 섭리가 내포돼 있기 때문이다. 만물이 도의 섭리에 따라서 '스스로 그러함'의 모습으로 살아가듯이, 우리도 살아가면서 그 섭리를 따르면 된다. 특히 권력자는 도의 섭리에 따라서 나라를 다스려야 한다. 그래야 힘없는 백성들이 편히 살 수 있다고 본 것이다. 노자는 기본적으로 권력자인 왕에게 주는 가르침이다. 그렇지만 현대를 살아가는 보통의 우리에게도 노자는 필요할 것이다.

공동체 사회를 이끌어 나가는 것과 군대나 기업체의 조직을 운영하는 것은 근본적인 차이가 있다. 공동체는 모든 구성원들의 행복이 목표지만, 특정한 목적을 가지는 조직은 구성원들이 유기적으로 움직여서 그 목적을 달성하는 것이 목표이기 때문이다. 노자는 나라라는 공동체 사회를 힘을 가진 권력자가 이끌어 나가는 데에 있어서 필요한 가르침이다. 그 핵심 내용은 나라의 팽창이 목표가 아니고 백성들의 행복이 목표가 돼야 한다는 것이다. 그러한 목표에 이르는 방법이 바로 무위다.

현대를 살아가는 보통의 우리는 비록 권력으로 나라를 다스리는 위치에 있지는 않지만, 누구나 작은 공동체를 이끌어 가거나 공동체의 구성원으로서 참여한다. 여기에 노자의 가르침은 매우 유용하다고 생각한다. 잘났음을 드러내려고 하지 말고, 구성원들을 이끌어가려고 들지 말고, 더 가지려고 욕심을 부리지 말고, 싸우려고 들지 말고, 자연스럽게 순리대로 일을 해

나가면 된다는 말이다.

군대나 회사와 같은 조직을 이끌어가는 데에는 노자의 가르침이 맞지 않아 보인다. 그러나 장기적인 눈으로 보면 노자도 필요하다. 조직의 구성원들이 일사불란하게 움직이도록 하는 것은 단기적으로 목표를 달성하는 데에는 효과적일 수 있지만, 장기적으로 조직을 성장시켜 나가는 데에는 한계가 있다. 노자에 '飄風不終朝 驟雨不終日(표풍부종조 취우부종일)'이라는 구절이 나온다. 회오리바람도 아침나절 내내 불 수는 없고 소나기도 하루 종일 내릴 수는 없다는 말이다. 길게 가려면 '스스로 그러함'을 따라야 할 것이다.

노자의 가르침을 나름대로 요약해보자면 이렇다. 포괄적으로는 '자연을 따르는 것'(法自然)이고, 행동 지침으로는 '순리대로 차근차근함으로써 일이 커지지 않도록 하는 것'(爲無爲)이다. 그러면 크게 벌이지 않고도 모든 일을 잘 이루게 된다. 구체적인 행동 요령으로는 '잘났음을 드러내려고 하지 말고, 강제로 이끌어 가려 들지 말고, 더 가지려고 욕심을 부리지 말고, 싸우려고 하지 말라'는 것이다. 노자는 이것을 한 문장으로 요약하여 행동 지침으로 삼을 수 있도록 이렇게 표현한다. "見素抱樸(견소포박)하고 少私寡欲(소사과욕)하라." "소박함을 간직하고 사욕을 줄여라."라는 의미다.

도가도비상도(道可道非常道)

|1|

노자의 첫 구절은 지극히 쉬운 한자 몇 개로 이루어진 단순한 문장이다. 우연히 노자를 다시 읽게 되었는데 이 단순한 문자의 해석이 매우 어렵다. 무슨 의미인지 감을 잡기가 참으로 어렵다. 그래서 해설서마다 설명이 분분하고 온갖 철학적 설명을 동원하고 있다. 유명학자들의 해설은 오히려 내용을 더 어렵게 느껴지도록 만들고 있다.

시간을 두고 원문을 천천히 한 구절 한 구절 음미해 보게 되면서 노자가 어려웠던 이유를 깨닫게 됐다. 원문과 다르게 해석한 곳이 한두 군데가 아니라 무수히 많다는 것을 발견한 것이다. 해설서들이 원문에 충실한 것이 아니라 노자를 빌미로 자기가 하고 싶은 말들로 채워놓았던 것이다. 그 옛날의 왕필이나 한비자, 하상공 등이 모두 자신의 목적에 맞게 노자를 끌어들여 주석을 붙였다면, 최근의 노자 해설서도 대부분 옛날의 해설을 반복하거나 동양철학 전반의 해박한 지식을 바탕으로 자신의 입맛에 맞게 노자를 재단하고 있었다. 그래서 노자가 어려웠던 것이다.

오직 노자 전체의 문맥만을 근거로 해서 해석하면 비교적 쉽고 명쾌하게 의미가 드러난다. 다른 어떤 문헌도 노자 해석에 끌어들이지 말아야 한다. 기존 해설서들이 잘못 설명하고 있는 부분은 매우 많지만, 대표적인 것으로서 그 유명한 노자 첫 구절을 소개한다. 내용이 너무나 단순하고 명쾌하다. 고차원적이고 철학적인 이론을 끌어들일 필요가 없다.

"道可道 非常道, 名可名 非常名. (도가도 비상도, 명가명 비상명.)"

우선 원래 문장에 충실하게 번역하면 다음과 같다.

"도는 그렇게 부를 수 있지만, 항상 그렇게 부르던 그 도가 아니다. 이름은 그렇게 이름 붙일 수 있지만, 항상 그렇게 이름 붙이던 그 이름이 아니다."

노자의 여러 곳에 나오는 내용들을 가미해 의미를 자연스럽게 드러낼 수 있도록 표현을 바꾸면 다음과 같다. 이렇게 쉽고 명쾌한 내용을 유명학자 분들은 너무나도 어렵게 설명하고 있었다.

"도는 이름이 없어서 편의상 자(字)를 붙여서 도라고 부를 것이지만, 지금까지 늘 도라고 불러왔던 그 도가 아니고 새로운 도를 말한다. 천지와 같이 이름이 있는 것들은 그 이름으로 부를 것이지만, 지금까지 늘 그 이름으로 불러왔던 대상이 아니라 새로운 것을 말한다."

노자의 맥락에 맞게 조금 더 풀어서 설명해 보면 다음과 같다.

"지금부터 새로운 도와 새로운 이름있는 것들을 말하려고 한다. 도라는 존재는 이름을 알 수 없는데 구체적으로 드러나지 않기 때문이다. 그래도 호칭은 필요하므로 편의상 자(字)를 붙여서 도라고 부를 것이다. 그렇지만 이 명칭은 지금까지 늘 사람들이 도라고 불러왔던 그러한 도가 아니고 새로운 도를 말한다.

이름이 있는 것으로는 천지가 있는데, 누구나 천지가 무엇인지를 쉽게 알 수 있기 때문에 이름이 있다. 그렇지만 여기서 천지라는 이름은 지금까지 늘 사람들이 천지라고 불러왔던 그러한 천지가 아니고 새로운 천지를 말한다. 지금까지 천지는 초월적 권능으로 세상 만물을 관장하는 존재를 말했지만, 여기서 천지는 도에 의해서 시작되고 도의 섭리에 따라서 운행하는 존재를 말한다. 만물에 주인행세를 하지 않는 존재라는 말이다. 천지뿐만 아니라 이름이 있는 다른 것들도 마찬가지다."

먼저 노자의 다른 부분에서 이러한 내용을 찾아보자. '지금 말하는 도는 이전에 사람들이 알고 있던 도와는 다른 것'이라는 내용이 67장에 나온다. 거의 모든 해설서들은 이 점을 파악하지 못했다. "天下皆謂 我道大 似不肖. 若肖 久矣 其細也(천하개위아도대 사불초.약초 구의 기세야)"

직역하면 이렇다. "세상 사람들이 모두 말하기를, 내가 말하는 도는 커서 닮지 않은 것 같다고 한다. 만약 닮은 것이었다면 오래된 것일 뿐이고 이미 자잘한 것이다." 여기서 닮지 않았다는 것은 세상 사람들이 알고 있던 도와 닮지 않았다는 말이다. 내가 말하는 도는 그런 도가 아니기 때문이다. 의역으로 자연스럽게 해석하면 이렇다. "내가 말하는 도는 너무 크다 보니,세상 사람들은 자기들이 알고 있는 도와 다른 것 같다고 말한다. 만약 자기들이 알고 있던 도와 같은 것이었다면 그것은 오래된 옛날의 것일 뿐이고 큰 것이 아닌 자잘한 것이다." 도를 道라고 같은 글자를 쓰기는 하지만 지금까지 알고 있던 도가 아닌 것이다.

38장의 내용을 보면 지금까지 세상 사람들이 알고 있던 도란 '인의예(仁義禮)'를 강조하는 것이라는 점이 명확해진다. 인의예는 아무리 잘해봐야 하급의 덕에 불과하다고 길게 설명한 후에 '前識者 道之華 而愚之始(전식자 도지화 이우지시)'라고 했다. "이전에 알고 있던 것은 그 도가 겉만 화려할 뿐이고 어리석음의 시초다"라는 의미다.

이제 원문을 차근차근 해석해보자. 노자는 첫 장부터 이름이 없는 도와 천지처럼 이름이 있는 것들을 대비시키면서 도의 개념을 포괄적으로 설명한다. 먼저 '이름(名)이 있다'는 의미를 명확히 해둘 필요가 있다. 노자 전체 맥락을 이해하는 데 있어서 매우 중요하기 때문이다. 이름이란 누구나 명확하게 인지할 수 있는 어떤 대상에 붙인 글자다. 이름이 있다는 것은 곧 누구나 명확하게 알 수 있다는 것이고, 대상이 구체적으로 드러난다는 의미도 된다. 이름이란 아무 글자나 쓸 수 있는 것이 아니라, 대상의 모습과 특성을 적확하게 표현하는 글자여야 한다. 대상이 구체적으로 드러나지 않는다면 이름을 붙일 수는 없고, 대신에 편의상 자(字)를 붙여서 부른다. 노자의 맥락에서 이름이란 이런 관점으로 읽어야 한다.

도는 그 이름을 알 수 없다는 표현이 여러 곳에 나온다. "도는 항상 이름이 없다.(道常無名, 32장)"고 하는 것은 누구나 도의 존재를 쉽게 인지할 수가 없고, 또한 인지하더라도 그 모습을 구체적으로 알지 못하기 때문이다. 천지(天地)는 누구나 명확하게 인지할 수 있기 때문에 이름이 있는 것이다. 현존하는 노자의 판본들 중에서 가장 오래된 죽간본에는 다른 판본들에는 없는 독특한 부분이 있다. 죽간본은 갑본, 을본, 병본의 세 개의 묶음으로 구성돼 있는데, 병본의 일부로서 일명 태일생수(太一生水)부분이 포함돼어 있다. 여기에 '天地名字竝立(천지명자병립)'이라는 구절이 나온다. "천지는 이름과 자가 함께 있다"는 것은 천지는 이름이 분명하게 있다는 말이다.

(참고로, 태일생수 부분을 대부분 노자의 일부로 보지 않는데 이후의 판본들에서는 전혀 등장하지 않기 때문이다. 그러나 출토당시 죽간의 모양과 글자체가 노자 병본과 정확히 일치하므로 노자의 일부로 보는 것이 옳다고 생각한다. 죽간본에는 없는 내용이 이후에 많이 추가되었듯이, 죽간본에 있던 것이 누락될 수도 있는 것이다. 설사 태일생수 부분이 노자의 일부가 아니라고 해도 같은 죽간 묶음에서 나왔으므로 노자의 내용과 궤를 같이하

는 내용임은 분명하다.)

도는 이름(名)이 아니라 편의상 붙인 자(字)에 해당한다. 도는 천지가 생기기 전부터 존재하는 흐릿하게 이루어진 무엇인데, "이름을 알 수 없어서 편의상 자를 붙여서 도라고 부른다.(吳不知其名 字之曰道, 42장)"라고 했다. 도의 이름을 알 수 없는 이유는 숨어 있고 명확하게 드러나지 않기 때문이다(道隱無名, 41장). 죽간본 태일생수에도 "도(道) 역시 태일(太一)의 자(字)인데 그 이름(名)은 무엇일까?(道亦其字也 請問其名)"라는 구절이 있다. 여기서 태일은 이름이 아니라 도를 지칭하는 표현일 뿐이다.

可道와 可名에서 道와 名은 동사이고 可는 '가능하다'는 의미이다. 동사로서의 道는 '말하다'의 의미로 쓰이고, 名은 '이름 붙이다'의 의미다. 道可道는 '도는 그렇게 부를 수 있다'는 말이다. 첫 번째 道는 노자에서 설명하려는 본질적은 대상을 말하는데, 이름을 알 수 없기 때문에 편의상 자를 붙여서 도라고 부를 수 있다는 것이다. 非常道는 常道가 아니라는 말인데 常道의 의미가 매우 중요하다. 常道란 지금까지 항상 사람들이 도라고 불러왔던 그 도를 말한다. 따라서 이 구절은 지금까지와 다른 새로운 도를 말하려고 한다는 의미이다. 이름을 알 수 없는 도를 편의상 자를 붙여서 도라고 부를 것인데, 지금까지 늘 사람들이 도라고 불러왔던 그 도가 아니고 새로운 도를 말하려고 한다는 것이다. 노자와 동시대나 그 이전에 많은 사상가들이 도에 대하여 말했는데, 그런 도가 아니라고 선언하였다.

可名은 '이름을 붙일 수 있다'는 의미이다. 이러한 표현을 사용한 것으로는 14장의 繩繩不可名(끊임없이 계속되지만 이름을 붙일 수가 없다)과 34장의 常無欲可名於小(항상 욕심이 없어서 작은 모습의 이름을 붙일 수 있다)가 있다. '名可名'에서 첫 번째 名은 천지를 포함해 이름이 있는 여러 가지를 포괄적으로 표현하기 위해서 사용된다. 그래서 천지라고 하지 않고 굳이 名을 사용했다. 우선 名을 天地로 대체하면, '天地 可名 非常天地'

가 된다. 천지는 천지라는 이름으로 부를 것인데 지금까지 사람들이 늘 천지라고 불러왔던 그 천지가 아니라 새로운 천지를 말하려고 한다는 말이다. 노자가 도를 말하기 이전의 천지는 초월적 권능을 가진 존재였다. 지금까지 사람들이 알고 있던 천지는 세상 만물을 마음대로 휘두르는 존재였다면, 노자가 말하는 천지는 도에 의해서 시작됐고 도의 섭리를 따라서 운행하는 존재다. 주인행세를 하지 않는 존재인 것이다. 죽간본 태일생수에는 천지 이외에도 여러 가지 이름이 나온다.

이 구절에 대하여 기존 해설서들은 그 설명조차도 매우 난해한데, 잘못된 해석에 억지로 철학적인 설명을 덧붙이기 때문이다. 해석 오류의 원천은 상도(常道)와 상명(常名)에 있다. 常道를 항구적이고 본질적인 도로 가정하다보니 이 구절을 이름이 갖는 한계를 설명하고 있는 것으로 해석하게 된다. 언어 철학을 다룬 현대 철학자 비트겐슈타인까지 동원한다. 常道는 그렇다 치더라도 常名은 더욱 난해하다. 항구적이고 본질적인 이름이란 도대체 무엇이란 말인가? 오류의 또 하나의 원천은 名에 대한 구절이 앞의 道에 대한 구절을 보충하는 내용으로 본 것이다. 이름을 알 수 없는 道에 대한 것과 이름이 있는 名에 대한 것을 서로 대비시킨 표현임을 놓치고 있다.

왕필본에서 常은 무려 19개의 장에 등장하는데 더 고본인 백서본과 비교해 보면 의미가 분명해진다. 백서본에는 이들 중 3개의 장(16, 52, 55)만 常으로 되어있고 나머지는 모두 恒으로 되어 있다. 非常道와 非常名도 非恒道와 非恒名으로 돼 있다. 왕필이 주석을 단 원본은 왕의 이름 글자를 피하는 피휘(避諱)를 따르느라고 그 이전의 원본에서 恒을 모두 常으로 바꾼 것이다(한나라 문제의 이름이 劉恒임). 백서본에서 常은 모두 특정 개념을 지칭하는데 반해서(16장 해설 참조), 恒은 모두 수식어로서 '항상'의 의미로 쓰인다. 32장의 道恒無名처럼 恒은 '항상'의 의미이면서 '지금까지 늘

그래왔다'는 의미도 있다. 따라서 恒道(常道)는 '항상 있던 도'이고 '지금까지 사람들이 알고 있던 도'를 의미한다. 恒名(常名)는 '지금까지 사람들이 알고 있던 그 이름의 대상'을 의미한다.

| 2 |

내친김에 노자 1장의 나머지 부분도 그 의미를 해석해보자. 노자 1장은 철저하게 두 가지를 대비시키는 내용으로 되어 있다. 道, 無名, 無欲 및 妙가 한편이고 名, 有名, 有欲 및 徼가 한편이다. 도는 이름이 없고, 욕심이 없이 보아야 보이며, 보이는 모습은 오묘하다. 천지를 포함해 이름이 있는 것들은, 욕심을 가지고 보아도 보이며, 보이는 것은 겉으로 드러난 운행하는 모습이다. 이렇게 치밀하게 이름이 없는 도와 이름이 있는 것들을 대비시켜 놓았다. 기존의 해설서들은 이러한 내용을 파악하지 못하였고, 그러다 보니 매우 어려운 설명으로 일관하고 있다.

"無名 天地之始, 有名 萬物之母.(무명 천지지시, 유명 만물지모.)"

직역하면 "무명인(이름을 알 수 없는) 것이 천지의 시원(始原)이고, 유명인(이름이 있는) 것들이 만물의 어미다."가 된다. 조금 더 쉬운 문장으로 의역을 하면 "잘 드러나지 않아서 이름을 알 수 없는 것에 의해서 천지가 시작되었고, 잘 드러나서 이름이 있는 것들에 의해서 만물이 나고 자란다"로 표현할 수 있다.

여기에 설명을 덧붙여서 풀어 쓰면 다음과 같다. '[ ]' 속의 내용은 태일생수의 내용으로 이름이 있는 것들에 대한 것을 보충한 것이다.

"도(道)는 잘 드러나지 않아서 이름은 알 수 없는데, 그것을 따라서 천지가 시작되었다. 천지는 잘 드러나므로 이름을 알 수 있는데, 그것의 운행에 따라서 온갖 만물이 나고 자란다. [이름이 있는 것으로는 천지뿐만 아니라 신명(神明), 음양(陰陽), 사시(四時), 한열(寒熱), 습조(濕燥), 및 세(歲) 등이 있는데, 이들의 운행에 따라서 음양의 조화와 사계절의 변화가 있고 온갖 만물이 나고 자란다.]"

이 구절은 도와 천지와 만물의 관계에 대해서 총괄적으로 표현하고 있다. 도가 천지의 시원이고 천지의 운행에 따라서 만물이 나고 자란다는 것이다. '이름이 없는 것'은 도를 의미하고 '이름이 있는 것들'은 천지를 포함하는데, 노자의 도입부라서 도라는 명칭과 천지라는 이름을 아직 거론하지 않았기 때문에 이렇게 표현했다.

도가 이름이 없다는 표현은 여러 곳에 나온다. 도는 항상 무명이고(道常無名, 32장), 도는 숨어 있어서 무명이라고(道隱無名, 41장)했다. 숨어 있어서 그 모습이 명확하게 드러나지 않으므로 이름을 알 수 없는 것이다.

천지의 시원이 도라는 논리적인 설명이 14장에는 다음과 같이 나온다.

"지금의 유명인 천지가 운행하면서 만물이 나고 자라는 것을 설명하려면(以御今之有) 예전부터 도가 있었다고 해야 한다(執古之道). 지금의 천지는 당연히 그 시원이 있어야 하는데(能知古始), 이것이 바로 그 시원인 도의 존재를 추정할 수 있는 실마리다.(是謂道紀)"

그래서 무명인 도가 천지의 시원이라고 결론을 내리는 것이다. 이 구절의 다른 표현으로서 32장에는 '始制有名 名亦旣有'라고 하였는데, "시원이 유명인 것을 있게 하니 이름 또한 이미 있다."의 의미이고 유명인 것이란 곧 천지를 의미한다. 천지는 생기면서 이미 이름이 있는 것이다. 죽간본 태일생수에는 "천지는 태일(道)의 소생이다.(天地者 太一之所生也)"라고 직접적으로 표현하고 있다.

유명인 것으로는 도에서 시작된 천지가 포함되는데, 앞에서 이미 언급한 것처럼 죽간본 태일생수에는 天地名字竝立 구절로 천지는 이름이 있다고 명확하게 표현했다. 유명인 천지의 운행에 의해서 만물이 나고 자라므로 유명인 것이 만물의 어미다. 전통적으로 천지는 초월적 권능으로 만물을 관장하는 주체로 보았다. 만물을 마음대로 주무를 수 있었다. 그러나 노자에서 말하는 천지는 전혀 다르다. 5장에서 "천지는 인자하지 않아서 만물을 추구처럼 대한다.(天地不仁 以萬物爲芻狗)"라고 한 것은 천지가 만물을 함부로 다루지 않고 도의 섭리를 따라서 무위로 대하는 것을 의미한다. 천지는 도에 의해서 시작되고 도의 섭리를 따라서 운행할 뿐이다. 그래서 노자가 말하는 도와 천지는 지금까지 사람들이 말하던 도와 천지와는 전혀 다른 새로운 것이다.

죽간본 태일생수를 참고하면, 유명인 것에는 천지뿐만 아니라 신명(神明)과 음양(陰陽)도 포함되고, 사시(四時), 한열(寒熱, 추위와 더위), 습조(濕燥, 습함과 건조함) 및 세(歲, 한 해)가 모두 포함되는 것으로 볼 수 있다. 도에 해당하는 태일(太一)이 천지를 시작으로 하여 이들을 차례대로 생기게 하고는 일을 그친다고 나와 있다. 이러한 유명인 존재들에 의해서 만물이 나고 자라므로 유명인 것이 만물의 어미인 것이다. 또한 태일생수에서 "도는 물에 내장되어(藏於水) 사계절을 따라서 운행한다(行於時)"고 하였다. 도는 천지의 시원인 것으로 그치는 것이 아니라 만물이 나고 자라는 데에도 유명인 것에 그 섭리가 내포되어 작용한다는 말이다.

| 3 |

1장의 나머지 부분은 다음과 같다.

"故 常無欲 以觀其妙, 常有欲 以觀其徼 . 此兩者 同出 而異名. 同謂之玄. 玄之又玄 衆妙之門.(고 상무욕 이관기묘, 상유욕 이관기요. 차량자 동출 이이명. 동위지현. 현지우현 중묘지문.)"

직역하면 다음과 같다. "그러므로 항상 욕심이 없으면 (무명인 것의) 오묘함을 보지만 항상 욕심이 있으면 (유명인 것의) 운행하는 모습을 본다. 이 두 가지는 (같은 사물에서) 함께 나오지만 이름이 (무명인 것과 유명인 것으로) 서로 다르다. 이와 같은 원리를 신묘하다고 한다. 신묘하고도 신묘하며, 온갖 오묘함이 나오는 문이다."

이 구절도 조금 더 쉬운 문장으로 의역을 하면 다음과 같다. "겉모습에 집착하지 않고 보면 만물에 내재된 도의 오묘함을 볼 수 있지만, 겉모습에 집착하여 보면 천지 만물의 운행 모습만 보인다. 같은 대상을 보면서도 보이는 것이 두 가지인데, 하나는 오묘한 도의 모습이고 다른 하나는 겉으로 드러난 천지 만물의 운행 모습이다. 이와 같은 원리는 매우 신묘한데 천하의 온갖 오묘함이 이 원리에서 나온다."

설명을 덧붙여서 풀어서 쓰자면 다음과 같다. 이 장 전체와 깔끔하게 연결되는 명쾌한 내용이고, 노자 전체의 맥락과도 잘 통한다.

"천지의 운행에 따라서 만물이 나고 자라는 모습은 누구나 쉽게 눈으로 볼 수 있다. 그러나 오묘한 도의 섭리는 눈으로 보는 것이 아니라 마음을 비우고서 깨달아야 한다. 같은 대상을 보면서도 경지가 낮은 사람은 겉으로 드러난 모습에 집착하지만, 경지가 높은 사람은 그 사물에 내재된 도의 오묘한 섭리를 깨닫는다. 이 신묘한 원리를 깨달으면 만물이 나고 자라고 다시 소멸되는 온갖 오묘한 변화를 훤하게 꿰뚫어 볼 수 있게 된다.”

여기서 妙(묘할 묘)는 ‘오묘하다’로, 徼(돌 요)는 ‘순행하다’로 번역한다. 玄은 끝이 없이 멀어서 검게 보이는 것을 말한다. 천자문 첫 구절에서 ‘하늘은 玄하다’고 표현한 것이 바로 이런 의미다. 그러나 그 어감을 살려서 번역할 수 있는 마땅한 단어가 없으므로, 편의상 ‘신묘하다’ 또는 ‘신기하고 오묘하다’ 정도로 번역한다.

이 구절에서 無欲은 ‘하고자 함이 없음’인데 뒤에 나오는 觀과 연결하면 ‘보려고 함이 없음’이다. 오묘함이란 만물에 내재된 무명인 것으로서 도를 의미한다. 有欲은 하고자 함이 있는 것이므로 억지로 보려고 하는 것이고, 그러면 겉으로 드러난 모습밖에 볼 수가 없는 것이다. 常이 수식하는 구절이 無欲과 有欲인지 아니면 無欲以觀其妙와 有欲以觀其徼 구절 전체인지는 명확하지 않다. 그러나 내용상으로 보면 후자인 것으로 보인다.

노자는 결코 어렵지 않다. 다만 어렵게 설명했을 뿐이다. 노자는 일관되게 자연(自然), 즉 ‘만물의 본성인 스스로 그러함’을 따르라고 한다. 그것은 곧 모든 일을 순리대로 차근차근 는 것이다. 그러면 일을 하지 않는 것 같으면서도 모든 일을 잘 이룰 수 있게 된다. 이런 모습이 무위(無爲)다.

헐렁하게 삽시다

| 1 |

한창 청춘이던 시절에 접했던 책 중에서 기억에 남는 것으로 이시형 박사가 쓴 '배짱으로 삽시다'가 있다. 정신과 의사가 진료과정에서 겪은 경험들을 바탕으로 해서 정신적으로 힘들어 하는 사람들을 위해서 쓴 책이다. 세세한 내용은 기억이 나지 않지만 너무 걱정하지 말고, 너무 남의 눈치 보지 말고, 자신의 생각대로 그냥 부딪혀보라는 것이 핵심이었던 것 같다. 내게는 매우 유익했던 책이어서 지금도 젊은 청춘들에게 추천하고 싶다.

그런데 나이가 들면서 이제는 '헐렁하게 삽시다'라는 문구가 참 마음에 든다. 청춘 시절에는 때로는 튀는 행동도 필요하고 배짱으로 부딪혀보는 것이 중요하다. 그러나 환갑을 넘긴 지금의 나이에는 세상을 너무 예민하게 대하지 말고 헐렁해질 필요가 있다. 주위의 사람들에게 관대해지고, 특히 나 스스로에게 관대해져야 한다.

해마다 여름이면 대나무 숲이나 잡목 숲에는 망태버섯이 솟아오른다. 갓의 모양이 그물 모양이라서 마치 망태기를 연상시킨다 하여 이런 이름이 붙었다. 아마 버섯 중에서 가장 멋진 모습이 아닐까 한다. 먹을 수 있는 버섯이다. 뿌리에 균사 다발이 엉켜 있고 여기서 망태 모양의 버섯이 솟아오른다. 한밤중에 버섯 대가 솟아오르고 새벽녘에 망이 펼쳐진다. 해가 솟아오르면 쪼그러들기 시작해서 오후가 되면 이미 쓰러져 버린다. 한나절을 넘기지 못하고 사라지는 버섯이다. 버섯 갓은 파리 등의 벌레를 유혹하여 포자를 퍼뜨리기 위해서 잠시 존재할 뿐이다. 그러면 이 망태버섯의 본체는 짧은 순간 모습을 드러냈다가 사라지는 망태 모양의 갓일까 아니면 땅속에 엉켜 있는 자실체일까?

요즘 여기저기서 매미 소리가 시원하게 들린다. 매미는 한여름 한 달 남짓 살고는 짧은 생을 마감한다. 이 기간에 짝짓기를 하고 알을 낳는다. 그런데 매미는 성충이 되기까지는 무려 십여 년이라는 긴 세월을 땅속에서 유충으로 생활한다. 길게는 17년까지 걸리는 것도 있다고 한다. 그러면 매미의 본체는 한 달 남짓의 짧은 기간의 성체일까 아니면 땅속에서 기나긴 세월을 보내는 유충일까? 하루살이는 더욱 심각하다. 성충이 되면 아예 입이 퇴화되어 없다. 습지에서 유충으로 1년이라는 세월을 보내고는 성충이 되면 오직 짝짓기와 알 낳기 말고는 살아갈 이유가 없다. 과연 입도 없는 이 성충을 하루살이의 본체라고 할 수 있을까?

유충은 단지 성충이 되기 위한 준비과정으로만 존재가치가 아니라 알에서 깨어나서 다음 세대의 알을 낳기까지의 전 생애가 모두 중요한 의미가 있다고 보아야 한다. 굳이 버섯이나 곤충의 예를 들어서 길게 이야기를 끌어낸 의도가 바로 이것이다. 사람이 한평생을 살고는 생을 마감하는데 모든 순간들이 중요한 의미가 있다. 따지고 보면 사람이라는 생명체도 태어나서 생존을 위해서 열심히 살면서 유전자를 퍼뜨리고 살아온 여정이 다른 사람들의 뇌리에 문화적 유전자로 흔적이 남는 것이 삶의 전부다. 젊어서는 열심히 살아왔으니 나이가 들면서는 자신을 되돌아보면서 헐렁하게 살아볼 일이다. 조금 더 가졌든 덜 가졌든, 조금 더 잘났든 아니든 누구나 나름의 흔적들을 그저 인정하고 받아들이면 된다.

| 2 |

나의 몸은 우주의 관점에서 보면 거의 없는 것에 가깝다. 지구에서 한 인간이 차지하는 비중은 너무나 미미하다. 우리 은하계에는 지구보다 지름이 백배쯤 큰 태양이 천억 개쯤 있고, 전 우주에는 이런 은하계가 천억 개쯤 있다고 한다. 미시적인 물질로 들어가서 보면 나의 몸은 거의 빈 공간에 가깝다. 철학적인 사유를 동원하지 않더라도 나는 존재 자체가 공(空)이고 무(無)다. 그저 헐렁한 존재인 것이다.

우주는 5%의 물질과 27%의 암흑 물질과 68%의 암흑 에너지로 구성돼 있다고 한다. 질량으로 봐서 비율이 그렇다는 말이다. 암흑 물질과 암흑 에너지의 존재는 직접 확인할 수는 없지만 여러 가지 간접적인 관찰을 통해서 짐작할 수 있고 그 양을 추정해낼 수 있다. 우리가 직접 관찰할 수 있는 그 5%의 물질에 대해서도 여전히 모르는 것이 너무 많다. 물체의 중요한 구성 물질 중 하나인 양성자는 그 구성 입자인 쿼크 입자들의 질량이 1%이고 질량의 나머지 99%는 결합 에너지라고 한다. 즉, 우주질량의 대부분은 결합 에너지이다. 관성과 가속도에 영향을 미치는 질량의 대부분은 본질적인 질량이 아니라 결합 에너지인 것이다.

물질을 구성하는 쿼크, 전자 등의 기본 입자들은 무한히 작아서 이론적으로 크기가 0이다. 따라서 우리가 일상적으로 마주치는 물체들은 사실상 빈 공간일 뿐이고 거의 존재하지 않는 것이나 마찬가지다. 양자역학에 의하면 입자들은 존재 위치마저도 정확하게 관찰할 수가 없다고 한다. 입자들의 위치별 확률만 있을 뿐이다.

내가 일상적으로 인식하는 모든 대상들이 도대체 있기나 한 것인가? 대부분이 빈 공간에 결합 에너지일 뿐이고 어디에 있는 건지도 확실치 않다. 불교에서 말하는 제법무아(諸法無我)를 논하기 이전에 제법 자체가 그야말로 거의 무다. 제법(諸法)은 우주 사이에 있는 유형무형의 우주만유 삼

라만상 천지만물 모두를 가리키는 말이라고 원불교대사전에 나와 있다.

| 3 |

그래도 눈에 보이는 내 몸은 실제로 존재하는 것이라고 치자. 그러면 내 몸은 어디까지가 내 것인가? 내 몸에는 최초의 수정란에서 분화돼 나온 세포 수보다 그 열 배에 해당하는 미생물들이 공생하고 있다고 한다. 이들이 없으면 정상적으로 살아갈 수가 없고, 이들의 활동 상태에 따라서 나의 감정 상태도 달라진다. 이들도 내 몸의 일부일까? 어디까지가 내 몸인지 구분이 애매하다. 제법무아를 논하기 이전에 어디까지가 내 몸인지 명확하게 구분을 지을 수조차 없다.

내가 알고 있는 나라는 존재는 실체가 없는 허상일 뿐인가? 아무튼 내가 나라고 알고 있는 존재가 주체적인 실제라고 치자. 그렇다고 하더라도 여전히 내 눈으로 보는 것들은 착시투성이고, 내가 생각하는 것들은 온통 착각투성이고, 내가 느끼는 감정도 화학 물질에 조종되고 있다. 내가 알고 있는 나라는 그 존재마저도 그저 허당일 뿐이다.

나 스스로는 내가 세상의 절반을 차지하는 것으로 느끼지만, 나는 수많은 생명체 중의 하나로 살아갈 뿐이다. 그저 수정란에 박힌 유전자 정보대로 성장하면서 외모를 갖추고 내면의 성격도 결정되어 간다. 유전자는 생명체의 설계도인데, 복사도 가능하고 조작도 가능하다. 현대 생명공학은 유전자의 조작을 통해서 새로운 종을 창조해 낼 수도 있다. 실제로 박테리아에 인슈린 생산 유전자를 심는 기술로, 이제는 돼지의 췌장에서 생산되던 인슈린을 박테리아로 대량으로 생산하고 있다. 듀퐁은 암에 잘 걸리는 유전적 특징을 가진 신종 쥐(OncoMouse)를 만들어서 그 소유권을 가지고 있기도 하다. 나의 유전자도 조작 대상이 될 날이 멀지 않은 것 같다.

내가 나라고 알고 있는 존재는 헐렁하기 그지없다. 그렇지만 나는 오늘도 열심히 숨을 쉬면서 살아간다. 하나의 생명체로서, 한 사람의 인간으로서, 인류 공동체의 일원으로서 살아간다. 내가 헐렁한 존재라는 것을 알든 모르든 나의 생활에서 달라질 것은 별로 없다. 어쩌면 이런 사실은 우리네 삶을 논하는 자리에서는 차라리 모르는 것이 낫지 않을까 싶기도 하다. 헐렁하게 주어진 삶에 그저 충실하게 살아갈 뿐이다.

위대한 정신으로 선진국 도약을

제2편

김 창 도

- 행정학 박사 / 법학 박사(형사법 전공)
- 現 한국공공정책평가협회 서울시 공동회장
- 現 아시아국제행정사 대표
- 現 국가안보통일연구원 대외협력실장 / 수석 연구위원
- 現 민주평통자문회의 자문위원(3선)
- 現 운영이사(한국행정학회 / 한국정책학회)
- 現 한아시아 행정연구회 윤리위원장
- 前 국정원 안보수사관
- 前 한국유권자총연맹 사무총장
- 前 한국외국어대 행정학과 외래교수(한국정부론 / 한국행정론 강의)
- 제 21대 국회의원 선거 출마
- 前 국민의 힘 당협위원장
- 정무특보(오세훈 서울시장 후보 / 윤석열 대통령 후보)
- 대통령 표창 2회 수상(국가안보유공 / 민주평통 의장표창)

안중근의 살신성인 정신

나라를 빼앗겼던 일제 식민지 시대에 독립운동의 주역들은 무수히 많았다.

안중근 의사를 태두로 하여 홍범도, 김좌진, 윤봉길, 이봉창, 강우규, 김상옥, 김구, 안창호, 이승만을 비롯한 많은 인사들 이외에도 이름 없는 독립투사들도 많았을 것이다. 그중 안중근 의사는 독보적 존재라 할 것이다.

안중근(安重根, 1879년 9월 2일~1910년 3월 26일)은 대한제국의 군인, 항일 의병장 겸 정치 사상가로 천주교 신자였다. 본관은 순흥(順興)으로, 고려 시대 후기의 유학자 안향의 26대손이다. 대한제국 말기에는 학교 설립과 교육운동과 국채보상운동에 참여하였다.

필자는 안중근의 애국정신을 추모하기 위해 남산 안중근 기념관을 찾았다. 서울 남산에 있는 안중근 기념관은 1970년 최초 개관했다. 2010년 10월 26일 의거 101주년에 맞추어 남산 중턱에 동상도 세우고 건물도 새로 건립했다.

남산 안중근 기념관 앞에는 돌비석이 눈에 띈다.

'견리사의 견위수명(見利思義 見危授命)' 눈앞의 이익을 보고든 대의를 생각하고, 위태로움을 보고든 목숨을 던져라. 안중근 의사가 옥중에서 사형을 당하기 직전에 써 놓았다는 글귀로 논어(論語) 헌문편에 나오는 말이다.

기념관 내부에는 3개의 상설전시실에 안중근 의사의 일생이 소개돼 있었다. 안 의사의 의거 과정을 자료와 사진으로 상세히 설명해 놓았다. 특히 인상적인 것은 안 의사의 하얼빈 의거 장면과 뤼순 법정에서의 재판과정을 묘사한 밀랍인형들이었다.

뤼순감옥을 재연한 전시실에는 안 의사의 '동양평화론' 탄생과정도 상세히 소개돼 있었다. '구국의 대의를 이어간 가문'이라는 제목과 함께 안 의사의 가계도도 전시돼 있었다. 가계도 안의 인물들 가운데 총 15명이 정부로부터 훈장을 받았다.

안중근 기념관 전시실에는 안 의사의 옥중 유서와 육필원고, 휘호, 안 의사 가족들이 받은 훈장이 전시돼 있었다. 안 의사가 옥중에서 마지막으로 쓴 글은 위국헌신 군인본분(爲國獻身軍人本分)이라고 한다.

전시실 벽 내부에는 1894년 청일전쟁에서부터 1897년 대한제국 성립, 1904년 러일전쟁과 일본의 침략, 1905년 일제의 을사늑약 등 시대별로 상세히 설명돼 있었다.

100년 전 당시 세계는 제국주의 시대였다. 강한 나라들은 자국의 이익을 위해 군사력과 경제력을 바탕으로 약한 나라를 식민지로 삼는 일이 만연하던 시기였다. '약육강식'의 논리가 당연시되던 시절이었다. 당시 당파싸움과 탁상공론에 침몰된 조선은 세계사적 조류를 제대로 읽지 못하고 일본의 야욕 앞에 풍전등화의 위기를 맞았다.

안중근 의사는 일찍 교육의 중요성을 깨달았다. 하루라도 책을 읽지 않으면 입안에 가시가 돋는다는 붓글씨도 유명하다. 1905년 을사조약(乙巳條約)으로 외교권이 박탈당하자 안중근은 독립운동에 투신하였다. 안중근은 1905년 강제 체결된 을사조약을 개탄하고 어떻게든 나라를 구해야겠다는 일념으로 1906년 3월, 가족을 이끌고 황해도 신천의 청계동을 떠나 평안남도 진남포로 이주하였다. 그 해 사재를 털어 두 동생과 함께 평안남도 진남포에 삼흥학교(三興學校)를 건립하였다. 삼흥학교는 교명에서 교육이념이 잘 나타나 있다. 삼흥은 국흥(國興), 민흥(民興), 사흥(士興)이다. 국흥은 나라를 융성하게 하자는 것이다. 민흥은 백성을 흥하게 하자는 것이다.

안중근은 탐관오리들에게 착취당하는 백성의 고통을 보면서 국가라는 왕의 국가나 관리의 국가가 아니라 백성의 국가 국민의 국가여야 한다고 생각하였다. 안중근의 민흥정신은 국민의 권리와 자유가 보장되는 민주주의를 추구한 것이었다. 사흥은 선비를 흥하게 하는 것이다. 안중근의 사흥정신은 지식인을 양성하여 국민을 계몽과 개화시키기 위한 것이었으며 동포들의 애국심과 단합을 강조하였다.

1907년 일본에 의한 고종황제의 폐위와 한국군대의 해산을 계기로 안중근은 1908년 연해주에서 독립군을 조직하고 항일 무장운동을 벌이게 되었다. 연해주는 당시 많은 동포들이 살고 있었다. 1907년 10월 말부터 1908년 3월까지 안중근은 연해주 여러 지역에서 애국활동을 전개하였다.

안중근 의사는 1909년 3월 초 항일투사 11명과 함께 단지회(斷指會, 단지동의회, 동의단지회라고도 한다)라는 비밀결사대를 조직하고 12명의 동지는 왼손의 약지(藥指)를 끊어 피로서 태극기 앞면에 '대한독립(大韓獨立)'이란 글자를 쓰며 맹세하고 독립운동에의 헌신을 강하게 다짐하였다.

필자는 수년 전 안중근 연구의 최고 전문가인 유영렬 안중근 기념관장을 비롯한 일행들과 함께 러시아 연해주 지역으로 견문여행을 할 기회가 있었다.

러시아 연해주 블라디보스톡 부근 크라스키노 외곽 지역에 안중근 의사와 항일투사 11명을 기념한 단지동맹 기념비가 세워져 있다. 단지동맹 앞에 도착하자 그날따라 비가 내렸다. 사랑하는 처자식을 버리고 청춘을 바쳐 나라를 구하기 위해 손가락을 잘라 피를 흘리며 맹세한 청년들의 애국

정신을 생각하니 몹시 숙연해지는 순간이었다.

조선이 망하는 과정을 살펴보면 하루아침에 폭망한 것은 아니었다. 왕조 시대에는 어느 나라 할 것 없이 창건할 때의 군주는 무예가 출중하든지, 덕망이 뛰어나든지, 재물이 많든지, 사람들에게 인기가 있든지 어느 것 하나는 갖추어야 가능하다. 그러나 차츰 군주가 세습될수록 무능하거나 평범한 인물이 나오게 된다.

조선의 건국 과정도 무예가 뛰어났던 장군 이성계가 위화도 회군을 통해서 군사쿠데타로 정권을 잡았다. 이를 미화시키다 보니 역성혁명이라고 표현한다. 이성계의 손자인 세종대왕은 조선 최고의 군주로 과학기술을 중요시하고 한글을 창제하고 많은 업적을 달성하였다. 그러나 연산군을 거쳐 철종에 이르기까지 반미치광이나 일자 무식자도 군왕이 되어 나라를 망치는 원인으로 작용했다. 조정은 민생을 돌보기보다는 정권 유지를 위해 탁상공론과 반대파에 대한 약점이나 비리 찾기에 골몰하거나, 능력 있는 선비라도 반대파에 의해 무참하게 죽거나 귀양을 가고, 피비린내 나는 정치판을 떠나 조용하게 낙향하여 술로 세월을 보내고 능력 발휘도 못하고 죽는 경우도 많았다. 물론 조선은 주자학을 통치의 근본이념으로 확립하고 각종 제도를 정비했으며 관료직을 세습하지 않고, 능력에 따른 과거시험으로 개방하여 하층 사회에서 인재를 발굴하여 관료 등용의 공평성을 유지했기 때문에 조선 왕조가 500년 이상 장기집권할 수 있었다는 주장도 있다.

다산 정약용은 당시의 부패한 조선을 썩어 문드러진 나라 즉 부란(腐爛)의 조선이라고 표현했다. 그 정도 지경이 되다 보니 내부에서는 부패로 망하기 직전의 상황이고 외부는 조선을 지배하려는 여러 나라가 눈독을 들이는 형국이었다. 1905년 일본은 러일전쟁에서 승리하면서 조선을 보호국으로 만들었다. 당시 미국, 영국, 러시아를 비롯한 주변 열강들도 일본이 조선을 보호국으로 만드는 작업에 승인하였다. 1905년 일본 수상 가쓰라 다로와 미국 육군 장군 윌리엄 태프트는 일본의 조선 지배에 합의하는 서명을 하였다. 일명 가쓰라 태프트 밀약이다.(Taft-Katsura agreement). 플랭크린 루즈벨트 대통령도 일본이 조선을 지배하는데 승인하였다.

이로 인해 미국은 필리핀을 일본은 조선을 식민지로 만들 수 있었다.

일본은 메이지 유신의 주역이자 일본 제국헌법의 기초를 마련하고 일본의 초대 총리였던 이토 히로부미를 통감으로 파견해 식민지 지배의 기초를 닦았다. 1906년 3월 2일 히로부미가 초대 조선 통감으로 부임했다. 이토오는 만 44세에 역대 최연소 총리가 된 인물로 일본의 양원제 의회의 기초를 만들기도 하였다.

안중근은 1909년 10월 26일 오전 9시 30분 하얼빈역에서 침략의 원흉인 이토 히로부미를 사살함으로써 식민지가 된 힘없고 허약한 나라의 백성이었지만, 대한의군 참모중장의 자격으로 분연히 일어나 대의를 실천했다. 당시 언론이나 매스컴의 보도도 제대로 없던 시절인데, 하얼빈역에서 실날같은 기회를 포착하여 얼굴도 모르는 이토오를 권총으로 정확하게 사살하였다는 것은 실로 놀라운 일이다. 안중근은 한국에서 영웅으로 평가한다. 이토는 일본에서 영웅으로 평가받고 있다.

하얼빈 의거는 칠흑 같은 어둠의 세상 오로지 강자의 힘이 지배하던 세상에 한 줄기 빛과도 같았다. 손가락을 잘라 동지들과 맹세하고 목숨을 걸고 대의를 실천하다 31살의 나이에 사랑하는 처자식을 버리고 오로지 나라를 위해 자신의 소중한 목숨을 바친 안중근 의사의 살신성인 정신은 오늘날 배금주의와 개인의 이익만 추구하려는 세상에 크나큰 경종을 울려주고 있다.

안중근 의사는 옥중에서 〈동양평화론〉을 집필했다. 그 요지는 뤼순항의 개방, 한 · 중 · 일 3개국 평화회의 구성, 한 · 중 · 일 3국이 공동출자한 공동은행의 설립, 공동군대의 설립과 교육, 상공업의 발전, 로마교황으로부터 3국의 독립을 보장받는 방법 등이다. 〈동양평화론〉은 미완성 내용이지만 20세기 초 당시의 세계적인 흐름에 맞추어 아시아 평화에 대한 의견을 개진한 것으로, 한 · 중 · 일이 각기 독립을 견지하고 서로 협력하여 서구 제국주의의 침략에 공동 대처하자는 내용이 핵심이다. 오늘날 한국을 둘러싸고 실타래처럼 얽힌 국제정세에도 많은 시사점을 주고 있다.

안중근은 단순히 사격만 잘한 무인이 아니라 문무를 겸비한 의병 장군이었다. 목숨을 바쳐 나라를 위해 살신성인(殺身成仁)한 안중근의 애국정신은 대한민국이 존재하는 한 영원히 기억될 것이다. 최근 홍범도 장군의 유해가 국내로 들어왔다. 2021년 8월 15일 광복절 카자흐스탄에서 봉환된 홍범도 장군의 유해가 8월 18일 대전현충원 독립유공자 제3묘역에 안장됐다. 홍범도 장군이 별세한 지 78년 만이다. 안중근 의사의 유해도 빨리 들어오기를 기대한다.

진주의 애국정신

진주는 경상남도의 정신문화를 대표할만한 천년고도다. 역사와 문화의 도시, 교육도시로 명성이 높다. 도시인구 규모는 창원이나 김해시보다 적지만 지역민들의 자부심은 강한 도시다. 국내 유일의 농기계 종합업체로 트랙터, 경운기, 이앙기, 콤바인을 생산하던 대공공업사가 1984년 대구로 이전한 후 지역 경제가 상당히 어려워졌다. 그러나 노무현 정부의 지역균형발전 정책결정으로 진주 혁신도시가 건설되면서 한국토지주택공사와 한국 남동발전 등 10개의 공공기관이 이전되어 진주는 행정중심복합도시로 변모하고 산 · 학 · 연 · 관이 새로운 성장을 시작하고 있다. 조광래 축구 감독도 진주 출신이다. 아시아 역도 연맹(AWF)이 주관하는 아시아 역도 선수권대회가 2023년 10월 진주에서 12일간 개최된다. 해외 47개국, 2,000여명의 선수와 8,000여명의 체육관계자들이 참가하게 된다. 2년 후에는 코로나 사태가 진정되기를 기대해 본다.

진주시에서 월아산 일대에 복합산림 복지시설 조성으로 시민들의 휴식처도 되고 산림관광지로 육성을 추진하는 것은 바람직하다. 구도심은 여전히 정체되어 있어 발전을 위한 도시종합 계획이 필요하다.

지리산 천왕봉에서 흘러내린 물이 덕천강과 경호강을 이루고 이 강물이 진주시에 소재한 진양호를 이루며 남강으로 흘러가서 낙동강을 이룬다. 사천과 남해와 인접해 있어 수산물이 풍족하고 산청, 함양, 거창과 연결되어 교통과 상업중심지며 대전과 통영도 가까운 편이다. 진주는 서울, 대전, 통영의 남북축과 부산, 창원, 광주, 목포의 동서축이 교차하는 남부권 중심부에 위치해 있다. 진주는 역사와 문화도시로 문인들이 많이 배출된 도시다.

1920년대 후반에 나온 〈신시단〉은 우리나라 지방 최초의 시 잡지다. 1970년대는 지역문예지 〈문예정신〉이 발간되기 시작했으며, 〈진주문단〉과 〈진주시조〉, 〈문장과 지역〉, 〈진주시단〉 등이 있다.

〈진주문인〉에는 소설 "등신불"의 김동리 작가와 만해 한용운 시인의 글도 등장한다.

1950년대 진주에서는 설창수, 최계락, 이형기 시인에 이어 이병주 작가가 등장했고, 통영 출신인 박경리 소설가는 진주여고를 다녔다. 「이별의 부산정거장」, 「추억의 소야곡」 등 다수의 대중가요로 유명한 남인수도 진주 출신이다. 설창수는 개천예술제를 창시하였으며 700여 편의 시와 100여 편의 수필을 남겼고 진주에서 활동하였다. 시인 이형기도 「낙화」라는 시로 유명하다. 프랑스에서 활동했던 이성자 화가도 진주 출신이다.

진주는 충절의 고장, 충성스럽고 절개를 지키는 사람이 많은 도시로 유명하다.

그러면 진주정신이란 무엇일까? 진주를 상징하는 정신으로 진주 사람들의 정신세계를 지배하는 보편적 정신이라 할 수 있다. 평소에는 진주의 교육과 예절, 전통문화를 사랑하고 나라가 위기에 처하면 목숨을 바쳐서도 나라를 지키려는 시민정신이다. 대의(大義)를 위해 살신성인(殺身成仁) 할 줄 아는 숭고한 정신이라 할 수 있다.

진주는 원래 삼국시대 백제의 거타성(居陀城)이었다. 문무왕 때 통일신라에 편입된 후 거타주(居陀州)가 설치되었고, 신무왕 5년에는 청주(菁

州), 경덕왕 16년에는 강주(康州)로 개칭되었다가, 혜공왕 때는 다시 청주(菁州)로 개칭했다. 고려 초기에는 강주(康州)로 환원되었으며, 983년(고려 성종 2년) 처음으로 십이목(十二牧)을 두었는데 이때, 진주에 진주목(晋州牧)을 두었다.

조선 시대에는 진주를 진양(晉陽) · 진강(晉江) · 청주(菁州) · 진산(晋山)이라고도 했다. 진주는 경상우도의 중심지이자 조선의 전쟁 수행을 위한 후방기지로서 중요한 전라도로 향하는 길목을 통제하는 요지였다. 1592년 임진왜란 때에 제1차 진주성 전투를 통해 임진왜란 3대 대첩 중의 하나인 '진주대첩'에서 승리를 거두었으나, 이듬해 1593년 일본과의 제2차 진주성 전투에서는 7만의 민관이 전원 전사하며, 성이 함락됐다. 비록 패전은 했지만, 항복을 하지 않고 죽는 순간까지 치열하게 저항하며 싸웠고 국왕이 피난할 충분한 시간을 벌여주어 살신성인의 정신을 드높였다. 장기판도 왕이 잡히면 게임이 끝나듯이 왕조시대의 전쟁에는 국왕이 사로잡히면 만사 끝나는 것이다. 진주성 결사항전으로 시간을 번 조선은 명나라와 연합해 일본군을 물리치게 된 것이다.

1896년 조선 고종 33년에 전국을 13도로 개편함에 따라 진주는 경상남도에 속해지고 도청소재지가 되어 진주에는 관찰사가 상주했으며, 경남행정의 중심지가 됐다. 1917년 6월에는 도시 형태를 갖추기 시작해 진주군 진주면이 됐다.

1925년 4월 1일 경상남도 도청이 진주에서 부산으로 이전되었으며, 1931년 4월 1일 진주면이 진주읍으로 승격하였다. 1939년에는 진주읍이 진주부로 승격돼, 시장에 해당하는 부윤을 두었다. 진주군은 진양군(晉陽郡)으로 개칭됐다. 대한민국 정부의 수립과 함께 1949년 8월 15일 지방자치제가 시행되면서 진주부는 진주시로 개칭되었고 1995년 1월 1일 도농복합형태의 시설치 등에 관한 법률에 따라 진주시와 진양군을 통합시켜 진주시로 변모하였다.

2015년 12월 경상남도 서부청사가 지역균형발전과 서부경남 지역 도민들의 행정편의를 목적으로 진주시에 개청했다. 고려시대 초기부터 진주는 충절의 고향이라고 불렀다. 고려시대 거란의 침략을 막아내는 데는 진주의 대표적인 성씨인 강씨, 하씨, 정씨 가문의 인물들이 큰 역할을 했다.

수(隋)나라 문제(文帝)의 침략군 30만을 5만 정병으로 격퇴하고, 요동을 사수했던 명장 강이식(姜以式) 장군은 진주(晉州) 강(姜)씨의 시조다. 강이식 장군의 출생과 사망지는 알려지지 않으나 진주 봉산사가 강이식 장군을 모시는 사당이다. 요나라 성종의 신하가 되기를 거부하고 목숨을 바친 진주출신 하공진 장군도 진주정신의 상징적 인물이다. 강민첨 장군, 하경복 장군, 김시민 장군, 의기 논개, 진주대첩과 계사년 7만 민관군의 순의(殉義)로 진주의 애국정신이 유명하다. 전쟁말기 의기 논개의 죽음도 남강과 함께 청사에 빛나는 이야기다.

개천예술제는 참가인원과 행사 규모 면에서 대한민국을 넘어 아시아에서도 알아줄 만한 유명한 축제다. 매년 10월 초에 개천예술제와 유등축제가 개최되며 축제를 구경하러 온 외지인들이 인산인해를 이룬다. 유등(流燈)은 임진왜란 당시 진주성에 고립됐던 민·관·군이 성밖 가족에게 안부를 전하고, 필요한 내용의 전달하기 위해 강물에 띄워 보낸 등불에서 유래한다.

진주 남강 바위 벼랑 위에 자리하고 있는 촉석루는 고려 고종 28년(1241)에 창건하여 8차례의 중건과 보수를 거쳤으며 진주성의 남장대(南將臺)로서 장원루(壯元樓)라고도 하였다. 남원 광한루, 밀양 영남루와 함께 국내 3대 누각에 포함된다. 전쟁이 일어나면 진주성을 지키는 지휘 본부였고, 평화로운 시절에는 과거(科擧)시험을 치르는 장소로 활용됐다. 촉석루는 1379년에 일본의 침략전쟁으로 불에 탄 것을 1413년, 진주 출신으로 영의정을 지낸 하륜(河崙:1348~1416)이 제안하고 당시 진주 목사 등이 주선하여 주민들이 힘을 모아 재건했다. 그 후 여러 차례 중수(重修)해 1948년에는 국보로 지정되기도 했으나 6 · 25동란 때 불타 버렸고, 1960년에 다시 지었다. 촉석루(矗石樓) 입구에 촉석루 삼장사 기념비석(矗石樓中三壯士記實碑)이 있다. 그 주인공인 문충공(文忠公) 학봉(鶴峰) 김성일(金誠一, 1538~1593), 대소헌(大笑軒) 조종도(趙宗道, 1537~1597), 정의공(貞義公) 송암(松巖) 이노(李魯, 1544~1598) 3명의 장군들의 임진왜란 당시의 업적을 추모하기 위해 세운 비석(碑)이다. 촉석루 삼장사(三壯士)는 학봉 김성일이 촉석루에 올라 지은 시에 나오는 구절이다.

선조 임진년 5월에 문충공 학봉 김성일은 영남초유사(招諭使)로 진양성에 도착하여 충의공 대소헌 조종도와 정의공 송암 이노와 함께 촉석루에 올라보니 때는 왜란으로 강토에 선지피 낭자하니 벼슬아치는 모두 달아나고 군사와 백성은 흩어졌다. 성안은 비어 파괴되고 강물만 예전처럼 아득히 흐르는데 멀리 눈을 들어 조국의 산하를 바라보니 오직 슬프고 분함에 마음 저려 조종도와 이노는 초유사 김성일의 손을 잡고 구차하게 사는 것이 차라리 치욕이다. 강물에 몸을 던져 함께 죽자고 하였으나 학봉은 자살은 잠시의 괴로움을 잊을 뿐이지만 한은 천추에 씻지 못할 것이니, 오직 한 번뿐인 장부의 죽음을 헛되어 할 수는 없다. 이 유서 있는 터전을 지켜 최후까지 저항하면서 싸우자고 분연히 맹세하여 술 한잔 높이 들고 시 한 수를 읊으니 그 내용은 다음과 같다.

촉석루(矗石樓) 삼장사(三壯士) 시(詩)

矗石樓中三壯士(촉석루중삼장사)
촉석루 누각에 마주앉은 세 장사들은

一杯笑指長江水(일배소지장강수)

한잔 술로 웃으면서 남강물을 가리키네

長江之水流滔滔(장강지수류도도)

남강물은 유유히 쉬지 않고 흘러가니

波不渴兮魂不死(파불갈혜혼불사)

강물이 마르지 않는 한 우리의 넋도 없어지지 않으리

비문은 중재(重齋) 김황(金榥, 1896~1978)이 1960년에 찬(撰, 시가나 문장 중에서 잘된 것을 골라 모아 엮음)하였다.

중재는 조선조 마지막 유학자로 평가받은 인물로 그의 사후 만장이 산청군 신등면 주변에서 십리 길을 메웠다고 할 정도로 많은 제자들을 배출했다. 김성일은 부사로 정사 황윤길과 함께 일본을 방문했다. 당시 김성일은 동인, 황윤길은 서인으로 분류됐다.

황윤길(黃允吉)은 조선 중기의 문신, 외교관, 정치인이다. 자는 길재(吉哉), 호는 우송당(友松堂), 본관은 장수이다. 당파는 서인이다. 1590년 선조 때 통신사 정사로 일본에 다녀와서 변란의 가능성을 적중시켰지만, 채택되지는 못했다.

김성일(金誠一, 1538년~1593년 경상북도 안동 출생)은 조선 중기의 문신이자 외교관, 학자이다. 본관은 의성(義城), 호는 학봉(鶴峰), 자는 사순(士純)이다. 퇴계 이황의 제자. 시호는 문충공이다. 서애 류성룡과 함께 퇴계의 주리론 학문을 이어받은 수제자로 영남학파의 중심인물이다.

충무공 김시민(忠武公 金時敏, 1554~1592)장군은 안동(安東) 김씨로 1554년 9월 23일 충청도 목천현 갈전면(현 충청남도 천안시 동남구 병천면)에서 태어났다.

1592년 10월 충무공 김시민 장군이 3,800여명의 군관민으로 왜군 2만

대군을 물리친 진주대첩을 거두었다. 이때 성 밖의 의병과 지원군들과 횃불과 함께 남강에 등불을 띄워 남강을 건너려는 왜군을 저지하는 전술을 사용했는데, 이로 인해 오늘날 진주의 유등축제가 유래되었다. 김시민 장군은 1차 대전 막바지 전투에서 왜군의 총탄을 맞고 전사했다.

황진장군은 임진왜란 당시의 무관. 본관은 장수(長水)로 황희 정승의 5대손이었다. 황진은 종6품 현감에 불과했으나 임진왜란 발발 직후 1년만에 종2품 충청 병마절도사까지 승진했다. 임진왜란 전반기에 왜군의 전라도 침공을 막아 혁혁한 공훈을 쌓은 명장으로 시호는 무민(武愍)이다.

황진은 제2차 진주성 전투 당시 진주성 방어에 혁혁한 공을 세웠다. 그러나 시체 속에 숨어있던 일본군 병사의 총에 맞아 즉사했다. 8일간 굳건히 버티던 진주성은 황진 사후 하루만에 일본군에 함락되었다. 황진은 임진왜란에서 용맹으로 이름을 떨친 대표적인 용장이다. 황진, 김천일, 최경회 장군을 3충(三忠)이라고 한다.

의기사(義妓祠, 경상남도 문화재자료 제7호)는 임진왜란 당시(1593년) 왜장을 껴안고 남강에 투신한 논개의 영정과 신위를 모신 사당이다.

논개는 당초에는 기생으로 알려졌으며 유몽인의 〈어우야담〉에도 '논개가 진주의 관기였다'고 기록하고 있다. 훗날 논개가 기생이 아니고 최경회의 후처라는 주장이 다수설이다.

주논개는 전라도 장수현 임내면 대곡리 주촌마을 출생으로 1571년 선비 주달문(朱達文)과 부인 밀양 박씨 사이에서 양반집 딸로 태어났으며 1593년에 최경회가 경상우도(慶尙右道) 병마절도사로 임명되어 동행하였으나, 제2차 진주성 전투(1593년)에서 진주성이 함락되고 최경회가 순국하자 왜장을 안고 남강에 투신하였다는 것이다.

의기사는 그 의로운 충절을 기리기 위하여 영조(英祖) 16년(1740)에 경상우병사 남덕하(南德夏, 1688 1742)가 창건한 아래 두 차례에 걸쳐 중건

했으며, 지금의 건물은 1956년 의기창열회(義妓彰烈會)가 시민의 성금을 모아 중건한 것이다.

논개가 투신한 바위는 당초 위암으로 불렸으나 논개(論介)의 순국정신(殉國精神)을 기리기 위해 의암(義巖)이라 부르게 되었다. 전북 장수군에 소재한 의암사는 장수현감 정주석이 주논개의 충절을 기리기 위하여 1846년 추모 비석을 세운 후 1955년 군민들의 성금으로 남산에 사당을 건립했으며, 1974년에 현 위치로 옮겼다.

수주(樹州) 변영로는 논개의 추모시를 남겼다.

거룩한 분노는 종교보다도 깊고 불붙는 정열은 사랑보다도 강하다. 아! 강낭콩 꽃보다 더 푸른 그 물결 위에 양귀비꽃보다 더 붉은 그 마음 흘러라.(중략)

진주는 역사와 문화도시의 전통은 유지하면서도 새롭게 변화하고 도약해야 한다.

남부권 전체의 활력을 가져올 수 있는 부산 · 울산 · 경남 메가시티 즉부울경 메가시티가 여러차례 논의되었고, 창원광역시 승격은 눈앞의 과제다. 서부경남의 중심도시로 정신적 지주(支柱)인 진주시로 경남도청이 다시 이전되고 진주도 생산도시, 경제와 문화도시로 비약적으로 발전되기를 늘 희망한다. 또한, 인근 사천과 산청함양을 하나로 통합하고 사천공항도 활주로를 증설하며 산청에 남명정신문화연구소를 설립하고 지리산에 사관학교 하계수련장을 만들어 심신단련의 장소로 만들어야 한다.

불교계의 문필가 원철스님

원철스님은 불교계에서 문필력으로 당대 최고로 알아주는 스님이다. 필자는 스님을 여러 번 만났다. 스님의 인상은 편안하고 자상하고 부드럽다. 늘 공부를 즐기다 보니 학문적인 실력이 출중하고 글은 간결하고 메시지가 정확하며 힘이 있다.

『낡아가며 새로워지는 것들에 대하여』라는 책 제목처럼 스님은 특유의 안목과 필력으로 '낡음' 속에서 '새로움'을 찾는다.

스님은 여행을 통해 체험한 내용을 글로 쓰고 책으로 만드는 학구파다. 중국 역대 선승 81명의 전기인 〈선림승보전〉 총 30권을 국내에서 처음으로 번역한 것을 비롯 많은 한문 경전을 번역했다. 또 실상사 화림원에서 화엄경을 강의하고, 다시 해인사로 돌아와 해인지 편집장으로서 출중한 문필력을 인정받았다.

원철 스님은 우리나라와 동남아시아 여러 나라를 여행하면서 새로운 스토리를 발굴하여 책을 저술하였다. 원철스님은 늘 낮은 자세로 소통하는 진정한 스님이다.

생명존중 사상과 강금실 변호사

강금실은 여성 법조인이 드물던 80년대에 판사로 임용돼 서울지역 첫 여성 형사단독판사를 지냈고 최초의 여성 법무부 장관에 임명되는 등 여성 법조인으로서 상징적인 족적을 남겼다.

노무현 정부에서 초대 법무부장관으로 임명되어 검찰에 대한 적절한 견제기능과 남녀평등, 소수자의 인권신장에 크게 기여했다.

노무현 전 대통령은 법무부 장관에 검찰총장보다 기수가 11기나 낮은 판사 출신 강금실 변호사를 임명하는 파격적인 인사를 했다. 검찰 조직의 반발은 '항명 파동'으로 번졌으며. 취임 2주만에 노무현 前 대통령은 2003년 3월 9일 오후 2시부터 세종로 정부청사 대회의실에서 평검사와의 대화 자리를 마련하기에 이른다. 약 3시간 동안 진행됐으며 생중계로 토론은 검사들도 현직 대통령의 권위를 전혀 고려하지 않고 거침없이 질문을 함으로써 보는 내내 팽팽하고 아슬아슬할 만큼 긴장감이 흘렀다. 현직 대통령에게 맞장토론 형식으로 열띤 토론을 벌였던 젊은 검사 10명은 노 대통령에게 어려운 질문을 쏟아내었다. 토론과정에 격론은 있었지만, 대통령과 검사들이 직접 만나 토론을 벌인 것은 신선한 충격이었다.

강금실은 천주교 신자로서 가톨릭대학교 생명대학원에서 강의를 듣기

강금실 전 법무장관과 함께 기념사진

시작했고, 가톨릭 신자라면 평생에 한 번 꼭 가고 싶어 하는 로마와 바티칸 시티를 비롯하여 수비아코, 피렌체를 비롯한 여러 아름다운 성지를 찾아 순례를 했다고 한다.

그런데, 필자가 강금실 변호사를 처음 만난 것은 초파일 서울 흑석동에 있는 아름다운 사찰에서였다. 매년 초파일에는 시간이 날 때마다 사찰을 방문했었다. 그날은 친구들과 함께 그 절에 갔었는데 강금실 변호사도 방문해 인사를 나누었다. 천주교 신자가 사찰도 방문하였으니 상당히 놀라웠다. 가까이서 만나보니 무척 겸손한 자세가 인상적이었다.

이후 종로에서 열린 강금실 변호사의 출판기념회에 참석하고 저서에 싸인도 받았다. 3시간 이상 한자리에 앉아서 독자들 모두에게 일일이 사인을 해주던 모습이 기억에 남는다. 책의 내용은 생명존중에 대한 내용이었다. 존재가 있는 곳에 권리가 있다.

'식물에도 동물에도 제각기 권리가 있다. 모든 존재가 공생하는 가운데 생존하는 것이다. 우리는 자연을 파괴하던 지배자에서 자연의 권리를 지키는 대변자로 진화해야 한다. 이제 새로운 윤리, 새로운 법, 새로운 시스템이 필요하다. 생명의 공동체, 모든 생명이 존중받고 공존하는 지구 공동체가 필요하다. 헌법에 명시된 인간의 존엄 가치 외에 다른 생명의 가치도 인정해야 한다.'라는 논지였다.

후배들에게 존경받은 김경수 변호사

검사는 한국 사회에서 권력의 상징 같은 존재다. 검사보다 계급이 높은 고위공무원들도 있지만, 직업 자체가 사건을 수사하고 기소여부를 결정하는 일을 하다 보니 늘 범죄자들에게는 무서운 존재며 일반인들도 가까이하기에는 상당히 부담스러운 존재다. 그러나 검사 출신 김경수 변호사는 필자의 고교 선배로서 오랜 인연을 갖고 있는데 기존의 검사들과는 결이 달랐다. 김경수 변호사는 법무법인 율촌 파트너 변호사로 활동하고 있다. 검사시절에도 휴일날 시간이 맞으면 가끔 남한산성을 같이 가곤 했다. 워낙 섬세하고 자상한 성격으로 한번은 김변호사의 권유로 우리 가족이 경주를 여행하였다. 직장생활이 바쁜 탓도 있었지만, 부부가 시간이 맞지 않아 같이 여행할 기회가 드물었는데, 어린 아들들에게 경주의 역사를 설명하고 기념사진도 찍은 일이 오랫동안 추억으로 남아있다.

김변호사는 대검 중앙수사부장과 대구 고검장을 지낸 고위급 검사 출신이다. 재임 시절 후배 검사들의 전폭적인 존경을 받은 검사였다.

변호사 사무실을 방문하니 검사 퇴임 당시에 후배들이 석별의 정으로 적은 메모지 수천 개를 벽에 기념으로 전시해 놓았다. 존경하는 선배 검사와 이별을 아쉬워하며 정성들여 쓴 후배와 직원들의 격려 글이 벽면 가득 빼

김경수 전 대검 중수부장과 함께 기념사진

곡히 적혀 있었다. 마치 다산 정약용이 벼슬에서 물러날 때 지역주민들이 아쉬워서 눈물 흘리는 수령이 되어야 한다는 장면을 연상시켰다.

해박한 열정 유영렬 안중근 기념관장

유영렬 안중근기념관장은 역사학자로 전북 전주 출생이며 전주고등학교와 숭실대학교 사학과, 고려대 대학원을 졸업하고 문학박사 학위를 받고 사단법인 6·3동지회 부회장, 한국국가기록연구원 고문, 국사편찬위원회 편사연구관. 숭실대학교 교무처장, 인문대학장, 대학원장. 일본 명치학원대학 객원 연구교수. 한국민족운동사학회 회장, 한국사학회 회장. 국사편찬위원회 위원장. 동북아역사재단 이사. 문화재위원회 근대문화재위원장. 숭실대학교 명예교수. 신성대학 초빙교수를 거쳐 안중근 기념관장직을 맡고 있다.

역사에 해박한 지식을 갖고 있으며 '개화기의 윤치호 연구', '고등학교 국사', '대한제국기의 민족운동', '민족과 기독교와 숭실대학', '기독교 민족운동가 조만식', '한일관계의 미래지향적 인식', '고등학교 한국근현대사', '19세기말 서양선교사와 한국사회', '삼국역사분쟁', '한일관계의 새로운 이해', '한국근대사의 탐구' 등을 집필하였다. 늘 열정과 에너지가 넘친다. 남산 돈까스도 사 주시고 막걸리도 한잔 나누면서 여러차례 만나며 친분을 쌓아왔다. 안중근 애국정신 연구에 많은 관심을 가지고 안중근 활동 유적지 답사를 위해 필자와 러시아 블라디보스톡 주변 지역 단체여행도 같이 다녀왔다.

열정적인 통일운동 전문가 염돈재 박사

염돈재 교수는 강릉출생이며 국정원 공채 출신으로 청와대 정책비서관과 독일 공사를 거쳐 참여정부 시절에 국정원 제1차장(해외 담당)을 지냈다.

국정원 내 해외 정보 전문가로 노태우(盧泰愚) 전 대통령 시절 동구권 수교 등 북방 외교에서 두각을 나타냈으며, 동·서독 통일문제에도 정통하다. 학구적이며 치밀한 성격이다. 퇴임 후 성균관대 국가전략대학원장으로 근무할 때 필자도 통일세미나를 신청하여 6개월간 성균관대에서 매주 토요일마다 독일통일 과정에 대해 공부를 하였다. 워낙 열정적인 강의로 쉬지 않고 열강을 하였다. 특히, 독일파견 시절에 독일의 통일을 현장에서 직접 지켜본 경험을 바탕으로 실질적인 독일통일의 과정과 교훈을 설명해 주었다.

독일통일과 우리의 남북통일은 분명 다른 요소가 많다. 그러나 정책에 참조할만한 시사점은 있다고 본다.

염돈재 교수의 강의 요지는 다음과 같다.

독일통일은 미국의 적극적 지원으로 가능했다. 그러므로 우리도 한미관계를 더욱 소중하게 생각해야 한다.

브란트의 동방정책이 동서독 주민들의 분단에 따른 고통을 경감하고 민족의 이질화를 방지하는 데 기여했다는 점을 부인할 사람은 없다. 그러나 독일통일은 브란트의 동방정책이 이룬 성과가 아니다. 독일통일은 동독 공산정권이 주민의 시위로 무너지고 동독 국민들이 서독연방에의 가입을 원해서 이루어진 것이다.

또한, 서독 정부가 다음과 같은 정책들을 고수한 것이 통일의 밑거름이 됐다.

첫째, 독일은 1952년 독일조약에 따라 통일을 위해서는 2차대전 전승 4대국의 동의가 필요하였다. 주변국과의 관계가 매우 중요하였다.

둘째, 확고한 친미, 친서방 노선을 지속함으로써 소련과의 화해와 미국의 지원확보가 가능했다.

셋째, 동서독 기본조약 체결에도 불구하고 동독을 외국으로 간주하지 않는다는 원칙을 고수함으로써 동독 주민들의 귀순을 쉽게 할 수 있었다.

넷째, 동독의 항의와 국내의 반대를 무릅쓰고 동독 탈출자를 전원 수용함으로써 동독혁명과 독일통일의 발판을 만들었다.

다섯째, 안정되고 부강한 국가건설이 중요하다.

여섯째, 대내외 외교와 통일정책 원칙의 고수와 도덕성 확보가 중요하다.

우리나라의 경우 원칙 없는 유화정책을 반복하기보다는 한미동맹, 북한인권, 경제교류, 인도적 지원 및 북한의 도발 등의 문제에 대해서는 확고한 원칙을 고수하여 북한의 잘못된 행태를 바로 잡고 국민들의 대북 인식을 오도하지 않도록 할 필요가 있다.

염돈재 교수는 "김대중 정부의 화해협력 정책과 햇볕정책은 한반도 평화정착과 통일에 큰 도움을 주지 못하였다."고 주장하였다.

그 밖에도 독일은 6 · 25와 같은 전쟁을 겪지 않았기 때문에 상호간 적대

감이 낮았다. 동서독은 서로의 TV 수신이 가능했고 인적 물적 교류가 있었다. 동독 주민은 민주주의에 대한 경험이 있으나 북한 주민은 없다. 동독은 소련이라는 종주국이 있었으나 북한은 없다. 동서독에 비해 남북한 간의 국력격차가 훨씬 크다.

안정되고 부강한 국가와 사회의 건설이 가장 중요하다. 원칙의 고수와 도덕성의 확보가 통일의 밑거름이 되었다. 경제적 지원은 전략적으로 해야 한다. 는 등을 배우게 되었다.

염돈재 교수는 독일은 1952년 독일조약에 따라 통일을 위해서는 2차대전 전승 4개국의 동의가 필요했으나 한반도 통일에는 외부적 법적 장애요인이 없다. 따라서 독일 통리과정에 서 주변국 관계가 매우 중요했으나 남북한은 주변국 태도가 상대적으로 덜 중요하다고 주장하였다. 그러나 필자는 "통일이 되려면 포용협력 정책이 반드시 필요하며 미국의 협력은 물론이고 중국과 일본 러시아의 지지가 있어야 통일이 쉽게 달성될 수 있다."고 생각한다.

섬김의 리더십의 표상 이필용

리더십은 여러 유형이 있다. 그중에서 섬김의 리더십은 자신을 내세우지 않고 봉사와 헌신으로 남을 존중하면서 자연스럽게 권위를 얻는 리더십을 말한다. 필자가 친교하고 경험한 정치인 중에는 이필용이 떠오른다.

이필용은 충청북도 도의원을 거쳐 제36 · 37대 충청북도 음성군수를 지

김정복 청주흥덕 새마을금고 이사장, 필자, 박성민 국회의원, 이필용 전 음성군수

냈다. 이필용은 군수 재직시절 지속적으로 장학금을 기부하면서도 외부에는 알리지 않고 선행을 지속했다고 한다. 필자는 이필용과 20대 학창시절부터 친교를 맺었고 이필용이 충무로에서 사업을 할 때도 자주 만났으며, 30년 이상 변함없이 우정을 나누고 있다. 사업을 할 때는 찾아오는 고객 한 사람 한 사람에게 최선의 정성을 다하였고, 정치를 할 때도 늘 낮은 자세로 주변 사람들을 지극정성으로 대하는 섬김의 리더십이 성공의 비결이었다.

음성군 출신인 반기문 前 유엔 사무총장도 이필용을 여러 차례 격려하고 헌신적인 자세를 높이 평가하였다.

집념의 편집인 강신복

강신복은 전북 김제 출신으로 국어교사와 민주연합청년동지회 지도위원, 김대중 대통령후보 유세위원 · 정책기획, 월간〈광고와 시〉발행인 겸 편집인, 민주당 청년위원회 상임부위원장, 국회의원 비서관(조순형), 국회의원 보좌관(김충조), 민주통합당 제18대 대선 민주당 중앙선대위 조직위 소통분과위원장, 더불어민주당 정책위원회 부의장, 제20대 총선 국민의당 영등포(갑) 국회의원후보, 민주평화당 정책위원회 부의장을 지냈으며 현재는 민주평화통일자문회의 자문위원, 한국민속체육회 창립준비위원장, 국제민속체육올림픽위원회 창립준비위원장을 맡고 있다.

그는 30여년간 중앙일간지 평균 7~8개 신문을 정치 · 경제 · 사회 · 문화 · 교육 · 역사 · 국제 · 북한 · 통계 · 스포츠 · 각종 화보 등 35개로 분류한 자료들과 함께 30년간 모은 민주화운동 자료들을 전시하고 민주화교육장으로 활용할 수 있는 신문스크랩박물관 건립도 준비하고 있다. (2021. 4. 29. 자 민주신문에서 인용)

필자는 영등포구에 신길동에 소재한 강신복의 사무실을 몇차례 방문한 적이 있다. 신문사나 도서관을 방불케 하는 그의 사무실에는 지난 민주화운동의 자료와 신문을 비롯한 각종 자료가 산더미처럼 쌓여 있었다. 굴렁

쇠 국제민속체육올림픽위원회 창립을 목표로 참여를 제의받고 필자도 홍보위원으로 참여하고 있다.

세종시 대통령 기록전시관을 다녀와서

대통령기록관은 역대 대통령이 남기신 문서, 사진, 영상물, 기념품 등을 모아서 보존하고, 국민들이 활용할 수 있도록 보존한 전시관이다. 세종호수공원 인근에 총 4층으로 구성되어 1층은 대통령 상징관, 2층은 대통령 자료관, 3층은 대통령 체험관, 4층은 대통령 역사관으로 구성되어 수많은

김창도, 이경호 교수, 박병식 교수, 강대훈 해외한인경제인협동조합이사장

자료와 기념품들이 전시되어 있었다.

"역사란 과거와 현재의 대화"라고 하듯, 과거는 단순히 지나간 사실에 그치는 것이 아니라 지속적으로 현재와 미래에 영향을 미치게 되므로 기록과 보존이 중요하다.

특히, 국가의 운영을 책임지고 5년간 운영한 역대 대통령기록관은 소중한 역사적 경험이 담긴 중요한 기록물은 더욱 중요한 가치가 있다.

필자는 기록물 중에서 특히, 역대 대통령들이 친필로 남긴 글씨와 내용을 감명 깊게 감상하였다.

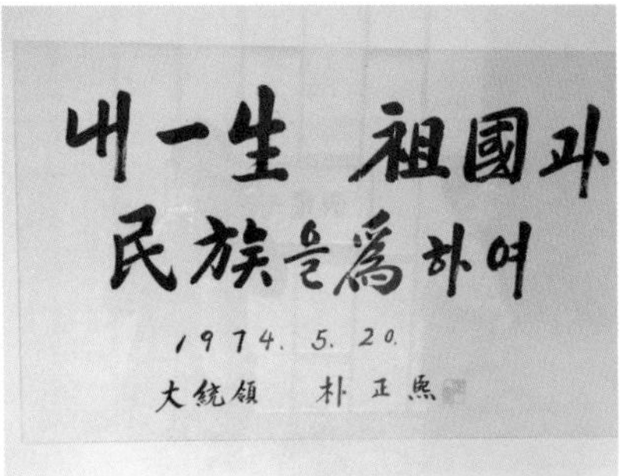

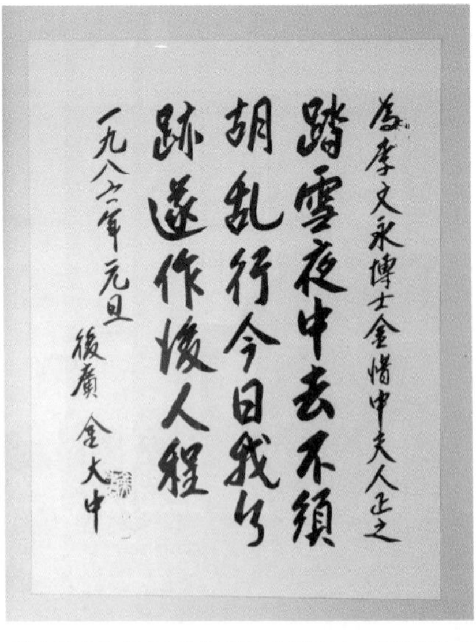

서산대사의 시로 많이 알려져 있으나, 이양연의 시라고도 하며 눈덮힌 들판을 걷더라도 함부로 걷지 마라. 후일 뒷사람의 이정표가 된다는 뜻

유서 깊은 산청 함양

필자의 고향 산청은 인구가 불과 3만 4천여명 조금 넘는 작은 시골이다. 그러나, 불교 종정 성철 스님의 출생지이며, 문익점 선생이 원나라에서 목화씨를 가져와 무명 옷을 전파한 고장이며, 남명 조식 선생이 제자들을 가르쳤던 터전이다.

산청은 예부터 지리산 자락에 1000여 종의 약초가 자생하는 한방 약초의 고장이었다. 지리산 최고봉인 천왕봉(1915m)과 중봉(1874m), 써리봉(1685m) 등 고봉 3개가 산청군에 있다. 가야시대부터 왕실의 요양지로 널리 알려졌고, 조선시대엔 왕실에 명품 약초 28종을 진상했다.

천왕봉은 1915m로 정상의 기념비에는 "한국인의 기상 여기서 발원되다."라는 글귀가 새겨져 있다.

'사랑찾아 인생찾아'를 부른 가수 조항조도 산청군 홍보대사이며 '아파트'를 부른 가수 윤수일도 명예 홍보대사다.

경남 산청군 단성면 남사(南沙)마을은 옛 담장이 등록문화재로 등록된 오래된 고가(古家) 마을이다.

고려시대에는 이 마을 윤씨 가문에서 왕비를 배출하였고 고려말 통정 강희백과 조선세종때 황희 정승의 후임으로 영의정을 역임한 하연도 이 마을 태생으로 청백리로 알려진 인물이다.

2012년 민간단체 「한국에서 가장아름다운 마을 연합」에 의해 남사예담촌이 한국에서 가장 아름다운 마을 제1호로 선정되었다. 마을이 운치가 있고 수령이 500년 넘은 향나무와 300년 넘은 회화나무가 유명하다.

남사마을은 수많은 선비들이 과거에 급제하여 가문을 빛냈던 학문의 고장으로 전통한옥의 아름다움을 볼 수 있는 옛 토담과 돌담 마을이며 충무공 이순신 장군이 백의종군을 하면서 이곳 남사마을에서 하루 숙박했다고도 전한다.

산청과 인접한 함양군도 자연경관이 빼어나고 유물 · 유적이 많아 도내 유수의 관광지로 손꼽힌다. 상림숲은 고운 최치원이 태수로 있을 때 조성한 숲으로 각종 수목 2만여 그루가 살고 있다. 함양군은 농업과 축산업으로 연간 1억원 이상의 소득을 올리는 농가가 100명이 넘는다.

산청 傳 구형왕릉(仇衡王陵)은 가락국의 제10대 왕이자 마지막 왕이었던 구형왕의 무덤으로 전해지고 있다. 정확한 과학적 기록이나 입증은 어렵지만, 입에서 입으로 구전되어 구형왕의 무덤이라고 한다. 구형왕은 신라의 명장 김유신의 증조부로 신라 법흥왕에게 왕위를 넘겨줄 때까지 11년간 재위했다. 산청 왕산의 수정궁에 은거하다 5년후 세상을 떠났다. 나라를 넘겨줬기 때문에 양왕(讓王)이라 일컫고 스스로 심산유곡에 묻히기를 원했던 구형왕은 자신의 한(恨)을 외진 산골에 돌무덤으로 남겼으며 증손자 김유신이 삼국통일을 달성하여 한을 풀었다. 특이하게도 구형왕릉은 돌을 쌓아 만든 능이다. 금관가야는 10명의 왕이 있었으나 김수로 왕릉과 전 구형왕릉만 남아있다.

산청군 동의보감촌에는 거북이 모양의 바위 귀감석(龜鑑石)이 있다. 높이 8m, 무게 127t에 달하는 귀감석은 한 해 연인원 100만명이 찾는 명물이다.

귀감석 앞에서 기도를 하면 무병장수하고 소원도 성취할 수 있다고 알려져 있다. 필자도 몽골 테를지 국립공원에서 큰 거북바위를 본 적이 있는데 거북바위를 신성시하는 것은 두 민족이 비슷한 것 같았다. 귀감석 앞에는 산청 출신인 박항서 베트남 축구국가 대표팀 감독의 전신사진을 설치한 포토존이 있다.

산청군은 지리산 등반객을 제외하고도 한 해 480만명이 찾는다. 한방과 항노화의 고장으로 유명세를 타면서 관광객이 몰렸다. 동의보감촌의 연간 관람객은 100만명에 달한다.

필자는 태영호 의원의 강연을 두어 차례 들은 적이 있는데, 산청 거북바위 체험을 소개하면서 산청과 백두산의 정기(精氣)를 비교한 내용이 인상적이었다.

태극기 사랑과 연종택

충북 충주시 봉방동에 거주하는 연종택 선생은 태극기 전도사로 불린다. 1998년 한국전력에서 퇴임하고 롯데마트에서 근무하였다. 태극기를 통해 국가안보의 중요성과 나라사랑의 마음을 시민들에게 간접적으로 전하고 있다. 그는 연태극기로 법원에 개명을 신청한 적도 있다. 매일 아침 태극기가 새겨진 셔츠 · 헬멧 · 배낭 차림에 태극기로 치장한 자전거를 몰고 충주 시내 곳곳을 돌며 태극기를 홍보하고 있다. 2000년부터 태극기 전도사로 나섰다. 그동안 연종택이 사재를 털어 마련해 내외국인들에게 나눠준 태극기는 수천 장에 달한다. 자전거도 몇 개나 바꿨다.

1998년 공기업에서 정년퇴직한 연종택은 "그동안 나라로부터 받은 혜택을 조금이나마 사회에 환원해야겠다"는 생각에 태극기 전도사로 나서게 됐다.

그는 집안에 김구 선생과 유관순 열사를 기리는 2m짜리 대형 태극기를 걸어놓고 민족대표 33인을 기리는 33개의 태극기를 꽂아놓았으며 태극기 문양 복장을 하고 태극기가 달린 자전거를 타고 충주 시내 곳곳을 누비며 태극기를 홍보해 오고 있다. "대한민국 모든 집에 빠짐없이 태극기가 걸리는 모습을 보는 게 소원이라고 한다."

그의 충주 집 거실은 크기가 다양한 태극기로 가득하다.

베란다에는 태극기 탑(塔)도 있다. 일제강점기 대한독립 만세를 불렀던 3·1독립운동 당시 민족대표 33명을 태극기로 형상화했다고 한다.

연종택이 태극기 홍보에 전념하게 된 것은 평양에서 열린 김대중 전 대통령과 김정일 전 국방위원장의 6·15 회담 장면을 지켜본 2000년 6월부터라고 한다.

연종택 선생은 지하철을 처음 타 보았다고 함

6·25 참전용사 돌보미 소헌영 총재

소헌영 총재는 세계평화나눔재단 이사장과 UN소년연합 총재를 맡아 6·25전쟁 당시 UN 참전국 16개국의 청소년들을 양성하면서 많은 활동을 전개하였다.

6 · 25전쟁 참전국가의 후손 2세와 후손 3세 청소년들을 한국으로 초청해 한국의 발전상을 소개하고, UN소년대사로 임명해 한국의 홍보와 세계평화와 나눔, 봉사를 어릴 적부터 실천할 수 있는 건강한 정신을 심어주고 있다.

UN 참전국은 미국, 캐나다, 영국, 프랑스, 벨기에, 네덜란드, 룩셈부르크, 그리스, 터키, 태국, 필리핀, 남아공, 에티오피아, 콜롬비아, 호주, 뉴질랜드다. 이 중에서 에디오피아는 참전국 중 최고 가난한 나라다. 소헌영 총재는 최근에 에디오피아 참전용사와 청소년돕기 활동을 펼치고 있다. 소헌영 총재는 필자에게 젊은 시절에 삼성전자 대리점을 운영하면서 돈을 모아 자선사업을 시작하였다고 말하였다. 소헌영 총재는 재주있고 총기 있는 어린아이들을 무척 좋아한다. 가수로 유명한 정동원도 소헌영 총재가 후원하였다고 한다.

한국에서 6·25 전쟁이 발발하자. 에디오피아 셀라시에 황제는 왕실 근

소헌영 총재

위대였던 '강뉴 부대'를 파병하기로 하였다. 강뉴 부대는 16개국 참전군인 중에서도 가장 용감하게 싸웠다. 5차에 걸쳐 6,037명이 참전하였고 123명의 전사자와 536명의 부상자를 냈지만 단 한 명의 포로도 없었다고 한다. 그 이유는 이기든지, 죽든지 둘 중 하나만 선택하라는 국왕의 지시 때문이며, 253번의 전투에서 253번의 승리를 거두었다고 한다.

6·25 당시 나라의 존망이 풍전등화였을 때, 에디오피아 군인들은 대한민국을 위해 목숨을 걸고 용감하게 싸웠다. 우리는 그들의 희생을 모른 채 그저 가난한 나라, 불쌍한 아프리카 후진국으로만 인식해서는 안될 것이다.

화랑도 정신의 부활로 청소년 문화를 바꾸자

화랑도 정신은 신라의 통일을 이루게 한 애국정신이다. 고구려, 신라, 백제는 한뿌리에서 나왔지만 세 갈래의 나라로 형성되어 대립구도를 형성하였다. 그러다가 신라가 서기 660년 7월 백제를, 668년 9월 고구려를 각각 멸망시키고 한반도를 통일하고 삼국을 통일한 것은 한국사에서 큰 의미를 가진다. 변방의 약소국인 신라가 백제와 고구려를 이긴 배경은 외교전략의 승리로 신라가 당나라와 연합하였기 때문이지만, 화랑도라는 유능한 엘리트를 양성한 국가교육 시스템에도 있었다.

고구려나 백제보다 국력이 약했던 신라는 제도를 개선하고 화랑도라는 청년조직을 결성하여 강인한 정신력을 통해 미래의 국가 주역으로 양성하고 삼국을 통일하였다.

신라 · 백제 · 고구려 삼국 사이의 전쟁이 치열하게 전개되던 시기엔 강인한 정신력과 무예를 갖춘 젊은이가 필요했다. 그 시기 화랑도가 추구한 제1의 목표는 '문무겸전(文武兼全)'의 인재양성이었다.

화랑들은 강인한 체력과 정신력으로 수련하였고 음악을 통해 화랑과 낭도, 낭도와 낭도 사이의 결합과 단결도 도모하였다.

신라의 주요 인물들 가운데는 화랑 출신이 많았다.

〈삼국사기〉와 〈화랑세기〉 등에는 화랑 가운데 어진 재상과 충성스러운 신하가 나왔고, 훌륭한 장수와 용감한 병사도 여기서 생겼다. 무열왕(武烈王 김춘추)과 경문왕(景文王 김응렴)도 화랑 출신으로 사다함과 김유신처럼 전투에서 공을 세우기도 했다.

화랑도 창설의 목적은 당시의 시대적 과업을 충실히 수행할 수 있는 군사 인력을 비롯한 다양한 인재의 양성과 확보에 있었다. 화랑도는 국선도(國仙徒) · 풍월도(風月徒) · 원화도(源花徒) · 풍류도(風流徒) 등 여러 명칭으로 전해지는데 진흥왕이 인재를 선발하여 국가의 요직에 등용함을 목적으로 창설했다. 화랑도의 우두머리인 국선은 원칙적으로 전국에 1명이었다. 화랑은 신라시대를 통틀어 200여명이 있었으며, 화랑이 거느린 낭도는 수백명에서 많게는 천여명도 넘었다.

원광법사가 만든 세속오계(世俗伍戒)는 화랑이 지켜야 했던 다섯 가지 계율로, 사군이충(事君以忠, 임금에게 충성), 사친이효(事親以孝 부모에게 효도), 교유이신(交友以信, 친구와 신의를 지킴), 임전무퇴(臨戰無退, 전쟁에서 도망치지 않음), 살생유택(殺生有擇, 살생을 가려서 함)이다. 화랑의 풍류도는 천인합일(天人合一)의 사상, 조상에 대한 숭배, 생명주의와 평화적 원융사상, 자유무애(自由無碍)의 사상이 함축되어 있으며 홍익인간 사상과 대자연주의, 상생과 조화론에 근거한 평화주의와 조화주의, 화해와 융합정신도 강조하고 있다.

화랑도는 신라사회의 독특한 청소년 조직으로서 국가 발전의 중추적 역할을 담당했다. 화랑도의 기원은 삼한시대부터 군사훈련과 산천 순례 활동에서 유래하였다고 한다.

계백장군의 오천결사대를 이긴 것은 화랑 관창의 용기와 죽음이었다. 김품일 장군은 사랑하는 어린 아들을 싸우다 죽도록 지시함으로써 전투에서 사기가 충천하여 승리하게 만들었다. 그것이 곧 신라 삼국통일의 원동력이 되었다. 개인의 목숨보다 국가에 대한 충성이 우선시되는 시대였으며 전쟁에서의 승리를 위해 어쩔 수 없는 선택이었을 지도 모른다.

자기의 목숨을 바쳐 나라를 구하겠다는 화랑정신은 안중근 윤봉길 강재구 소령의 살신성인(殺身成仁) 정신과도 일맥상통한다.

"화랑정신으로 인해 삼국시대 신라가 통일의 대업을 이루었고 우리의 민족정신으로 면면히 이어졌다."며 일제강점기에 학생항일운동이나 4 · 19, 6월 항쟁 등 한국의 민주화과정에서 청년학생들의 역할이 지대하였다.

우리나라가 해방과 전쟁을 경험하면서 가난으로 생활이 어렵고 사회적 변화가 요구되던 시기에 그 중심에는 청소년들의 활발한 활동이 자리하고 있었다. 그러나 지금의 우리 청소년들은 급속한 사회변화의 소용돌이 속에서 물질적 풍요가 강조되는, 그리고 입시위주의 주입식 지식교육과 사회적으로 나 혼자만 성공하면 된다는 개인주의로 가치관의 혼란을 겪고 있다.

이는 청소년 개개인의 문제를 넘어 대한민국의 갖추어야 할 성장 동력의 준비에도 큰 차질을 빚게 된 것이다.

핵가족 사회에 살다보니 자녀도 하나 아니면 둘만 낳는다. 그러다보니 과거에 비해 개인주의가 만연하다. 이웃과도 소통이 어렵다. 또 컴퓨터 게임에만 몰두하는 청소년이 많다. 성장과정이 그렇다보니 자연에 대한 애호, 이웃사랑과 나라사랑의 중요성 등이 피부에 와 닿지않게 성장하는 것이다. 이는 국가와 기성세대들의 잘못된 교육시스템이다.

요즘 청소년들은 좋은 책을 읽고 훌륭한 사람들과 만남을 통해 교류하고 대화해서 건강한 마음을 가지기보다는 인터넷과 스마트 폰으로 게임에 열중하고, 폭력게임도 즐기면서 즉흥적인 성격과 다혈질적 성격으로 폭력적인 성향으로 변해 있는 경향도 보인다.

무엇보다 안타까운 것은 마음의 쉼터로 마지막 울타리인 가정마저 많이 무너져 가고 있다는 것이다. 경제침체로 인한 아버지의 직장퇴출과 실직, 부모님의 갈등과 이혼으로 인해 많은 청소년들이 가정에서마저 마음의 안식을 누리지 못한다.

화랑도 교육의 요지는 나라에 충성하고 부모에게 효도하며, 친구와 신의를 지키는 것이다. 화랑도의 국가관과 희생과 봉사정신과 생명존중과 자연친화적 사상은 오늘날 청소년 교육에 꼭 필요하다.

이제라도 화랑도 정신을 부활시켜 청년이 심신을 수련하고 공동체의 규칙을 익히며 미래의 희망을 꿈꿀 수 있는 사회를 만들어나가야 한다. 나와 나의 가족만 중요한 것이 아니라 이웃과 사회공동체, 국가도 중요하다는 점을 몸소 체험하면서 깊이 인식을 할 수 있어야 한다.

이제 우리 기성세대들이 지금 현실을 직시하여 우리 청소년들이 올바른 가치관을 정립하고, 참된 인성을 갖춘 그러한 사회인으로 건강하게 성장할 수 있게 교육제도 정비와 법과 제도를 비롯 사회시스템 재정비를 위해 우리 모두가 나서야 할 것이다. 나약해진 청소년들의 체력보강과 강인한 정신력을 길러주고 사회의 공동가치도 공유할 수 있는 화랑도 정신의 부활이 필요하다.

하나가 되는 융합 철학과 융합사상으로 국론통합을 이루자

지금의 대한민국은 분열과 갈등이 심하여 국론통합이 되지 않고 있어 큰 문제다.한철학은 우리의 전통사상이다. 하나가 된다는 의미이다.

한사상의 '한'은 여러 가지 복합적 뜻이 함축된 글자다. '한국', '한겨레', '한글', '하느님', '한얼'이라고 할 때의 한으로서(韓, 桓, 汗, 恨, 丸 등 다양하게 표기) 국가, 민족, 사상, 생활 전반에 걸쳐 우리의 정체성(正體性, Identity)를 규정할 때 쓰인 말이다.

한사상의 철학적 측면에서 '한'의 중요한 의미로는 다의적 개념이다. 하나(one), 많다(Many), 같다(Same), 가운데(Middle) 등이 있고 이 밖에도 많은 의미를 포함하고 있다.

한철학 연구분야의 대가(大家)인 최용기 교수는 한국인들의 근면성과 성실성, 자연질서의 존중, 충효, 선행의 실천 등이 풍류도에서 비롯되었으며 자연의 질서인 순리를 따르는 것과 현실에 대한 적극적 태도인 호국사상인 나라를 사랑하는 충성심과 부모를 공경하는 효를 실천하고, 선한 행위를 하여 대중을 교화하며 겸손한 자세로 타인과 우주만물을 공경하고 사랑하고 조화를 이루라는 민족고유의 철학을 한철학이라고 주장하고 있다.

천부경(天符經)은 천지만물사의 우주의 섭리를 81자로 요약해 놓은 우리 민족의 오래된 경전이다. 천부경에도 하나에서 시작해 하나로 돌아가되 그 하나는 시작도 끝도 없다는 말이 들어있다. 천부경은 신라의 문인 최치원이 옛 비석에 새긴 전서를 보고 번역하여 묘향산 바위에 새긴 글귀를 일제강점기인 1916년 9월 9일 계연수가 발견해 지금까지 내려왔다고 한다.

천부경(天符經) 내용은 다음과 같다.

一始無始一

하나에서 시작하나 시작함이 없는 하나다.

析三極無盡本

삼극(三極)으로 나누어지나 다함이 없는 근본이다.

天一一地一二人一三

하늘은 하나의 하나이고 땅은 하나의 둘이며 사람은 하나의 셋이다.

一積十鉅無 化三

하나가 쌓이고 쌓이어 열(十)로 커지면서 다함없이 셋으로 변화한다.

天二三地二三人二三

하늘이 둘의 셋이고 땅이 둘의 셋이며 사람이 둘의 셋이다.

大三合六生七八九運三四成環伍七

큰 셋이 합하여 여섯이 되어 일곱 · 여덟 · 아홉을 내며 셋 · 넷을 운용하여 다섯 · 일곱을 순환으로 이룬다.

一妙衍萬往萬來 用變不動本

하나가 미묘하게 전개하여 만 번 가고 만 번 오면서 변화하나 근본엔 변동이 없다.

本心本太陽昻 明人中天地一

본은 마음의 근본이니 태양보다 밝고 사람이 하늘과 땅의 중간에서 하나이다.

—終無終—

하나에서 마치나 마침이 없는 하나이다.

인간세상이 유지되는 한 영원히 마침이 없이 일시적으로 마칠 뿐이다.

한사상과 한철학은 융합사상이다. 단군조선의 건국사상은 홍익인간(弘益人間)과 제세이화(濟世理化) 사상이다. 널리 인간세상을 이롭게하며 세상을 원칙과과 상식에 맞게 이치로서 다스려야 한다는 사상이다. 원칙과 상식이 통하지 않는 세상은 반칙과 편법이 날뛰게 되며 결국 무질서와 부패로 망하는 것이다. 홍익인간 사상은 인내천(人乃天) 사상과도 직결된다. 인간이라면 누구든지 존중하고 사랑할 수 있다는 정신이다.

원효의 화쟁사상(和諍思想)은 평화로운 논쟁을 벌인다는 사상이다. 원효는 특정종파나 주장에 치우치지 않고 대승불교 여러 경전들을 종합하고 하나의 독자적 사상으로 만든 인물이다. 원효의 화쟁사상은 온갖 다른 견해와 주장들이 흑백의 대결로 서로 충돌하여 손상을 입히는 것이 아니라, 융화와 통섭의 논리로 절충하고 화해하는 것이다. 이러한 원효의 화쟁사상은 불교 종파 간에만 적용되는 것이 아니라 각 종교간의 갈등, 국가간의 반목과 대립, 노사분쟁 등 국내외적인 현실에도 적용할 수 있는 것이다. 원효의 사상이 삼국통일의 철학적 기초를 제공하였다고 본다. 남북통일에도 원효의 통합사상이 필요하다.

교리의 화쟁은 우리나라 불교의 가장 큰 특징이다. 이 화쟁사상은 신라의 원광법사(圓光, 542~640)나 자장율사(慈藏, 590~658)에서부터 근원을 찾을 수 있다. 원광은 세속오계(世俗伍戒)를 창안할 때 불교의 승려이면서도 유교를 비롯한 그 시대의 상황에 맞는 윤리관을 제시하였으며, 「걸사표(乞師表)」를 지어 신라에 이익이 돌아오게 함으로써 모든 것을 원융(圓融)의 바탕 아래 무쟁(無諍)으로 나아가게 하는 기틀을 마련하였다. 또, 자장은 종파분립을 초월한 통화불교(統和佛教)의 길을 걸음으로써 우리나라 불교를 중국 불교와는 다른 독특한 불교로 이끄는 데 크게 공헌하였다.

원광과 자장에 의하여 싹이 튼 화쟁사상은 삼국통일을 전후한 시기에 원효에 의하여 집대성되었고, 화쟁의 논리를 확립시켰다. 오늘날도 화쟁사상이 필요하다. 하나로 통합할 수 있는 한철학과 제세이화 사상, 화쟁사상을 배우고 통합의 리더십으로 지역갈등과 노사갈등을 극복하고 국론통합을 이루며 나아가 남북통일도 달성해야 할 것이다.

남명의 용기와 선비정신

남명 조식은 조선중기의 학자다. 본관은 창녕, 자는 건중(楗仲), 호는 남명(南冥). 어려서부터 학문 연구에 열중하여 천문, 역학, 지리, 군사학 등에 두루 재주가 뛰어났다. 명종과 선조에게 중앙과 지방의 여러 관직을 제안받았으나 한번도 벼슬에 나가지 않고 제자를 훈육하는데 힘썼다. 남명은 '경의검'과 함께 늘 자신의 마음을 깨어있도록 하기 위해 '성성자(惺惺子)'라는 방울도 허리에 차고 다녔다고 전한다.

남명은 퇴계 이황, 율곡 이이와 비견할만한 대학자다. 남명 조식(南冥 曺植 1501~1572)과 퇴계 이황 (退溪 李滉 1501~1570)은 출생년도가 같다. 그러나 퇴계와 율곡에 비해 남명의 인지도는 떨어지는 것이 사실이다. 남명은 벼슬을 하지 않았고 높은 자리에 앉지도 않았다. 스스로도 처사로 불리기를 바랐으며 저서나 문집도 거의 남기지 않았다. 그러나 남명의 학문과 지식은 상당한 수준이었다고 전한다. 남명의 사상은 실천을 중시한 경의사상(敬義)을 핵심으로 하고 있다.

남명은 현실과 실천을 중시하며 비판정신이 투철한 학풍을 수립하였다. 할 말이 있을 때는 목에 칼이 들어와도 하고야 마는 강단 있는 진정한 선비였다. 왕조시대에 발언은 자칫하면 본인은 물론이고 삼족이 몰살할 수도 있는 위험이 수반되었다. 남명의 유명한 단성소 내용은 다음과 같다.

(중략) 전하의 정사(政事)가 이미 잘못되고 나라의 근본은 이미 망해버렸습니다. 하늘의 뜻은 이미 가버렸고 인심도 떠났습니다. 마치 큰 나무가 백 년 동안이나 벌레가 속을 파먹고 진액도 다 말라버렸는데 회오리바람과 사나운 비가 언제 닥쳐올지 까마득히 알지 못하는 것과 같으니, 이 지경까지 이른지는 이미 오래되었습니다.(중략) 자전(紫殿)께서 생각이 깊으시다고 해도 깊숙한 궁중의 한 과부일 뿐이고, 전하께서는 나이 어려 선왕의 고아일 뿐입니다. 천 가지, 백 가지나 되는 천재(天災), 억만 갈래의 인심을 대체 무엇으로 감당하고 무엇으로 수습하시렵니까?(중략)

당시 사회에 대한 문제점을 날카롭게 지적하면서, 조정의 신하들에 대한 준엄한 비판과 함께 왕과 대비에 대한 직선적인 표현으로 조정에 큰 파문을 일으켰으며, 양사에서는 "군주에게 불경을 범했다"며 그에게 벌을 주어야 한다고 했지만, 대부분의 대신이나 사관들은 "초야에 묻힌 선비라 표현이 적절하지 못해서 그렇지, 그 우국충정만은 높이 살 만한 것이다."라는 논리로 적극 변호하여 파문은 가라앉았다.

남명의 정치사상은 단성소와 무진봉사라는 글속에서 잘 나타난다.

남명의 사상은 유학, 성리학, 양명학 등 여러 방면의 철학사상이 융합되어 있다. 그의 제자들로는 임진왜란 때 의병을 일으킨 곽재우, 정인홍, 김우옹, 정구 등 수백명의 제자를 길러냈으며, 대체로 북인 정파를 형성하였다. 남명의 수제자 내암 정인홍은 임진왜란때 의병장으로 많은 공을 세우기도 하였으나 강한 성격으로 정적들과 대립해오다 인조반정으로 참형되면서 스승 남명 조식의 사상도 격하되고 주목을 받지 못해왔다. 그러나, 단재 신채호는 정인홍을 혁명정신을 지닌 영웅으로 평가하였다.

남명은 사후 사간원 대사간에 추증되었다가 북인 집권 후 1613년(광해

군 7년) 영의정에 추증되었다. 남명 조식의 사상과 선비정신과 업적에 대한 연구가 활발해지고 남명사상이 조명을 받은데는 고려대 철학과 김충열 교수와 부산교통 창업주 조옥환 대표의 공로가 매우 크다. 오늘날 청렴한 자세로 실천을 강조한 남명의 선비정신의 연구는 물질문명이 앞선 세상에서 도덕성 회복을 위해 반드시 필요하다.

어머니의 사랑과 헌신

어머니는 위대하다. 전 세계 어느 나라든지 어머니의 자식 사랑은 숭고하다. 그러나 오로지 자녀들의 성공과 뒷바라지를 위해 희생하는 어머니는 대한민국의 어머니가 가장 모범적이다.

1945년 해방과 1950년 6·25 전쟁 직후에 대한민국에 살았던 어머니들은 모두가 가난하였다. 어머니들 대부분은 고생스런 삶, 억척스런 삶을 사셨다. 모든 어머니들은 절제와 절약으로 자신은 못먹고 아끼면서 한푼 두푼 모은 재산을 자식들을 먹이고 입히며 교육시키고 희생을 미덕으로 알고 계셨다.

그러한 노력의 결과가 오늘날 한국을 선진국대열에 올려놓은 것이다. 부모의 교육열정이 오늘날 대한민국의 교육강국과 경제강국을 만들었고 성장과 발전의 원동력이 된 것이다.

미국의 올리버 웬들 홈스(Oliver Wendell Holmes)는

"청춘은 퇴색되고 사랑은 시들고 우정의 나뭇잎은 떨어진다. 그러나 어머니의 은근한 희망은 이 모든 것을 견디며 살아나간다.(Youth fades, love droops, the leaves of friendship fall, A mother's secret hope outlives them all.)"고 말하였다.

독일의 철학자 칸트(Immanuel Kant) 는 "자식을 기르는 부모야말로 미래를 돌보는 사람이라는 것을 가슴속 깊이 새겨야 한다. 자식들이 조금씩 나아짐으로써 인류와 이 세계의 미래는 조금씩 진보하기 때문이다."라고 하였다.

중국의 고전인 명심보감(明心寶鑑) 내용 중에는 "자식이 효도하면 어버이는 즐겁고, 집안이 화목하면 모든 일이 이루어진다."는 말이 있다.

필자의 어머니는 농촌으로 시집을 와서 한평생 농사를 지으면서 억척같은 정신으로 4남 4녀를 모두 대학을 보내고 성공시켰다. 동생들은 교수, 은행 간부, 중학교 교사, 기업체 임원과 제약회사 대표 등으로 열심히 활동하고 있다.

아버지와 어머니는 자녀들의 교육에 대한 강한 집념을 가지고 있었다. 아버지는 자녀들에게 좋은 대학에 합격만하면 논을 팔아서라도 모두 학비를 주겠다고 약속하였고 형제자매들이 모두 대학에 합격하고 약속을 지키셨다. 두 분 모두 6·25 전쟁으로 배움을 멈춘데 대한 한이 있어 자녀들만큼은 열심히 공부를 시켜 명문 가정을 만들겠다는 뚜렷한 포부와 목표가 있었다. 어머니는 기억력과 판단력이 비상하고 필체가 뛰어났으며 자수 솜씨와 김치 담그는 솜씨도 뛰어나 늘 자식들에게 김장김치를 택배로 보내셨다. 80세가 될 때까지 농사일에도 적극적이셨다. 누구든지 자식이 어머니의 큰 사랑을 다 갚을 수는 없을 것이다.

세계 여러나라 사람들이 한국으로 여행을 와서 한국은 전쟁의 어려움 속에서도 정치, 사회, 경제 모든 면에서 발전하고 아름다운 경치와 전통문화를 간직한 것을 보니 축복받은 나라라고 감탄한다. 따뜻한 온돌방, 정성이 가득한 음식으로 건강을 챙겨주며 뒷바라지를 열심히 노력한 덕분으로 선진국대열에 올라서게 되었다.

국민가수로 불리는 나훈아의 홍시라는 노래 가사가 떠오른다. "그리워진다. 홍시가 열리면. 울 엄마가 그리워진다. 생각만 해도 눈물이 핑 도는 울 엄마가 그리워진다."

아버지는 평생 고생만 하시다가 2000년도에 63세에 돌아가셨지만 어머니는 83세인데도 건강하시니 큰 복이라 생각한다.

대학입시 제도개선의 필요성

대학입시제도는 늘 논란의 중심에 있다. 조선시대 과거시험처럼 입시를 통한 신분 상승과 사회적 출세의 첫 단추이기 때문이다. 학벌이 중요시되는 대한민국에서 대학입시는 개인의 인생에 중요한 영향을 미치는 요소라고 할 수 있으며 정치와 사회 전반에 많은 영향을 주고 있다. 그동안 입시는 수학능력시험 (수능) 기반의 정시가 대세였지만 2000년대 후반부터 학교생활기록부, 내신을 반영하는 수시모집의 비중이 높아졌다. 그래서 정시 선발이 90% 이상을 차지하며 압도적인 모습을 보여줬던 과거와 다르게 지금은 수시를 통한 신입생 정원이 많아지는 추세다.

정시와 수시의 차이점은 지원을 하는 시기와 시험을 보는 시기에 있다. 수시는 선지원후시험 제도이고, 정시는 선시험후지원 제도이다. 정시는 '수능성적'만으로 학생을 평가하는 전형이다. 수시는 대학에 따라 선발의 기준이 다르다. 크게 학생부 전형, 대학별 전형, 특기자 전형 3가지로 선발하는 방법이다. 2022년 대입의 평균 정시 비율은 24%, 수시 비율은 76% 정도다. 입시부정의 영향으로 수시가 비난받기도 하였으나 대학의 입시선발 자율권 부여와 학생의 적성 등을 고려하면 수시도 좋은 점이 많다.

필자도 2019년에 조배숙 국회의원이 주관한 대학입시 개혁특별위원회

위원으로 참여하여 여러 입시전문가들과 정시와 수시의 비율에 대해 많은 의견을 나누고 입시제도의 개선을 연구하며 활동하였다. 조백숙 의원은 검사와 판사 출신으로 합리적인 회의운영과 늘 경청하는 자세가 훌륭하였다.

교육은 백년대계다. 백년을 내다보고 합리적인 교육제도를 만들어여 하며 4차 산업혁명 시대에 맞는 교육시스템이 개발되어야 한다. 청년일자리 문제해결을 위한 교육기반이 조성되어야 한다. 주입식 교육에서 벗어나 창의성을 증진시키기 위한 유럽의 선진교육 제도도 도입되고 배워야 한다.

조배숙 前 민주평화당 당대표(가운데)와 필자
국회본관 대학입시 제도개혁 회의참석

저출산 고령화 위기

대한민국의 저출산 고령화 현상이 갈수록 심화하고 있다.

저출산고령사회위원회에 따르면 한 해 태어난 신생아 수는 2015년 40만 명대에서 2020년 신생아 수는 25만 명대로 인구절벽이 갈수록 심각해지고 있다. 인구절벽(人口絶壁)은 미국의 경제학자 해리 덴트(Harry Dent)가 주장했던 이론이다. 한 국가나 구성원의 인구가 급격히 줄어들어 인구 분포가 마치 절벽이 깎인 것처럼 역삼각형 분포가 된다는 내용이다. 주로 생산가능 인구(만 15~64세)가 급격히 줄어들고 고령인구(만 65세 이상)가 급속도로 늘어나는 경우를 말한다. 인구 감소는 지방대학이 문을 닫고 군대 병력이 부족하며 생산인구가 감소하여 노동시장의 청년 구인난이 심각해질 수도 있다.

사회문화적 전통으로 과다한 결혼비용 지출과 출산 후 아이를 돌보는 사람이 없을 경우 일과 가정이 양립되기 어려운 환경과 자녀 교육비 부담 등으로 출산율이 저하되는 특징이 있다.

UN에 따르면 고령화 사회를 정의하는 단어에는 3가지가 있다. 만 65세 이상 인구 비중이 7%가 넘으면 '고령화 사회', 14%가 넘으면 '고령사회', 21%가 넘으면 '초고령사회' 이렇게 3가지로 정의된다. 한국은 2005년에 고령화 사회에 진입하였고, 2017년 고령사회에 진입하였으며, 전문가들은 2025년에 초고령사회로 진입할 것이라 예상하고 있다. 현재 통계에 따르면 한국은 전 세계에서 가장 빠른 고령화 속도를 보이고 있다.

우리나라의 고령화 현상의 특징은 크게 4가지가 있다. 첫 번째는 급속한 고령화 속도다. 고령화사회에서 고령사회, 고령사회에서 초고령사회가 되는 데 걸린 시간은 프랑스는 115년과 39년, 미국은 73년과 21년, 일본은 24년과 12년이 소요되었다. 하지만 우리나라는 2000년에 고령화사회에 진입하여 17년이 지난 2017년에 고령사회에 진입하게 되었다. 아직 초고령사회에 진입하지는 않았지만, 고령사회 진입 8년 이후 2025년에 초고령사회로 진입할 것으로 예상되어 그 속도가 전 세계적으로 유례없이 빠르게 진행되고 있다.

세계에서 고령화가 가장 심각한 국가는 65세 이상 인구가 전 인구의 19%를 차지하는 이탈리아이다. 이탈리아의 고령화 수치는 2030년이 되면 28%에 이르게 될 전망이다.

두 번째 특징은 80세 이상은 여성고령자가 많다. 세번째는 농촌에 고령자가 많고 나홀로 농사가 증가 추세다.

네 번째는 노인빈곤율이 심각하다. 빠른 고령화 속도에도 한국의 노인빈곤율 수준은 이미 OECD 가입국가 중에서 최고로 높다.

저출산 고령화는 위기다. 사회의 여러 가지를 바꾸게 된다. 지방대학교에는 입학할 학생이 줄어들어 중국에서 온 유학생들로 숫자를 겨우 채우는 대학도 많이 있다.

한국 민주주의의 위기

한국은 해방 이후 미국식 민주주의가 도입되었고 1960년 부정선거에 항의한 4·19와 1987년 대통령 직선제를 요구하는 6월 항쟁으로 민주화가 급속하게 발전하였다. 그그러나 국회는 대의제 정치로 인해 주권자인 국민의 뜻이 제대로 반영되지 않을 때도 많다. 노벨문학상을 받은 영국의 철학자 버트런드 러셀(Bertrand Arthur William Russell)도 대표자 회의 자체를 절대적인 것으로 간주하고 일반선거에 의해서 그 지위를 획득했다는 사실을 망각하기도 한다고 대의정치의 위험을 거론하였다. 기초의원 공천제 폐지는 다수의 국민들이 바라지만 국회의원들이 자신들의 밥그릇과 직결된다고 생각해서인지 반영하지 않고 묵살하고 있다. 국회의 모든 의사결정에는 다수결의 원리를 적용하고 있다. 그러나 다수의 주장이 반드시 옳은 것은 아니다. 때로는 소수의 주장이 더 합리적인 경우도 있다. 현재 우리 정치 상황에는 모순도 많이 발견되고 있으며 민주주의의 위기 징후도 많다. 우리의 민주주의는 권력만능주의, 독선주의, 당파적 대결주의에 매몰되어 있다.

대통령은 선거에 의해 선출되었으나 제왕적 대통령으로 작동하고 있어 권력은 쥐고 있으나 국민의 지지가 부족하고 권위가 없고 국회도 유권자들에 의해 선출되기는 했으나 대표성과 책임성의 헌법기관과 거리가 먼 당파성의 형태를 벗어나고 있지 못하다.

국회는 대화와 토론보다 싸움과 정당의 거수기 노릇과 어거지 주장만 성행한다. 국정감사 기간 내내 거대양당은 국민의 민생을 살피기보다 피감기관의 공무원들을 불러 앉혀놓고 의원들끼리 수시로 설전을 일삼는 모습에 국민들은 실망하고 있다.

사법부도 편향되는 판결과 유전무죄식의 판결로 공동체의 중심을 잡기보다는 논란의 중심에 서는 경우가 많다.

수의 정치, 힘의 정치도 문제다. 합리적인 토론을 통해 결론을 도출하는 정치가 되어야 한다. 걸핏하면 광장에 나가 조직의 힘과 세력를 과시하려는 것은 옳지 못하다.

민주주의와 자유에 대해 말할 때 프랑스와 영국의 예를 많이 든다.

프랑스 인권선언문은 영국의 권리장전(Bill of Rights, 1689)과 미국의 독립선언서(The Declaration of Independence, 1776)와 함께 근대 민주주의 발전을 상징하는 대표적인 문서로 불린다. 프랑스 인권선언은 자유와 평등을 보편적인 이념으로 확산시켰다

프랑스 인권선언은 프랑스 혁명 당시 인간과 시민으로서 누려야 할 권리에 대하여 입법 의회가 공포한 선언으로, '인간과 시민의 권리 선언'이라고 불린다. 1789년 8월에 프랑스 국민 의회가 채택한 이 선언은 구체제의 모순에 대한 시민 계급의 자유 선언이면서, 헌법 제정을 위한 강령으로서의 성격을 띠고 있다.

이 선언의 17개 조항은 1791년 제정된 프랑스 헌법의 전문이 되었고, 이후 1793년 헌법(인권선언으로 개명), 1795년 헌법의 전문으로 이어졌다.

제1조 인간은 자유롭고 평등한 권리를 가지고 태어났다. 사회적 차별은 공공의 이익을 근거로 해서만 있을 수 있다.

제2조 모든 정치적 결사의 목적은 자연적이고 소멸될 수 없는 인간의 권리를 보장하는 데 있다. 그 권리란 자유, 재산, 안전, 그리고 압제에 대한 저항이다.

제3조 모든 주권은 본질적으로 국민에게 있다. 어떠한 단체나 개인도 국민으로부터 명시적으로 유래하지 않는 권리를 행사할 수 없다.

제4조 정치적 자유는 타인을 해치지 않는 한 무엇이든지 할 수 있다. 그러므로 저마다의 자연적 권리의 행사는 사회의 다른 구성원에게도 같은 권리를 향유하도록 보장하기 위한 제한 이외에는 제약을 받지 아니한다. 이 제약은 법률에 의해서만 규정된다.

프랑스 인권선언문에서는 모든 사람의 평등한 권리를 보다 강하게 천명하고 있다. 미국 독립선언문은 존 로크의 영향을 받아 시민의 저항권을 인정하는 내용이 담겨 있다. 즉 미국독립선언문에는 국민이 언제든지 정부를 바꿀 수 있는 권리가 있다고 한 점이 특징이다. 이는 중국 맹자의 역성혁명과 같은 사상적 맥락이다.

프랑스 인권선언과 미국 독립선언 두 가지 선언문 모두 인간은 자유롭고 평등한 권리가 있다. 인간은 국가가 성립되기 이전에 인간으로서 태어나자마자 천부인권이 있다고 한 점은 공통점이다.

우리도 자신의 정치적 주장을 하기 위해 광화문 광장에 나갈 자유가 있다. 그러나 무조건 광장에 나가 다수의 힘을 동원해서 정치적 목적달성을 하려고 한다면 난장판이 되고 국가 질서가 무너지고 만다. 가급적 대화와 토론으로 국회 내에서 다투고 최후의 수단으로 정치적 행동이 필요할 때만 행동으로 나서야 할 것이다.

대한민국은 현재 선진국으로 분류된다. 그러나 ILO나 OECD 가입 국가들과 비교했을 때 노동기본권 보호가 약하다고 본다. 또한, 우리사회의 양극화와 노동시장 이중구조 및 고용안정문제와 차별 문제도 심각하다. 따라서, 노동자가 제대로 대우받고 존중되는 사회가 실현될 수 있도록 입법개선이 필요하다.

1987년 민주화운동 이후 국가권위주의의 노동체제가 해체되고 노동시장 유연화를 핵심으로 하는 시장중심 자유주의적 체제로 변모되었다. 매년 5월이면 임금인상과 근로조건 개선을 주장하는 춘투가 시작된다. 당연한 권리주장일때도 많지만 회사 경영사정을 감안하지 못하는 주장도 있다. 때로는 과격시위로 인하여 교통이 방해되고 시민들의 생활에 큰 불편이 따른다. 한국의 강성노조로 인하여 외국계 기업체가 한국을 떠나는 현실도 감안해야 한다. 지나친 강성노조는 개선되어야 한다.

경영자와 노동자가 대립되는 노동안건을 충분히 토론하고 상대방의 의견을 진지하게 경청하고 열린 자세로 협의하며 서로 양보하여 합리적인 결론을 도출하는 숙의 민주주의 방식이 필요하다.

펄벅과 박경리 비교

펄벅(Pearl Sydenstricker Buck)은 미국의 소설가이다. 소설 〈대지〉의 저자로 유명하다.

미국에서 태어났지만 생후 3개월만에 부모와 함께 중국으로 건너와 중국에서 살았다. 장편 첫 작품 〈동풍 · 서풍〉을 비롯해 빈농으로부터 입신하여 대지주가 되는 왕룽을 중심으로 그 처와 아들들 일가의 역사를 그린 장편 소설 〈대지〉 등이 대표 작품이다. 미국의 여성 작가로서는 최초로 노벨 문학상을 수상하였다.

펄벅은 박진주라는 한국식 이름을 사용하기도 하였다.

펄은 진주(珍珠) 'pearls'(펄)과 박이 유사한 발음 때문이었다.

펄벅은 1960년 11월 경주를 방문하였다. 한국의 감나무에 감이 까치를 위해 감이 몇 개 달려 있는 장면과 농부가 소달구지 짐수레를 끌고 가면서 등짐을 지고 소를 몰고 가는 것을 무척 신기하게 생각했다고 한다. "까치의 먹이를 위해 감을 몇 개 남기는 것"과 "소달구지에 등짐도 함께 실어 가면 그만이지만 소가 너무 힘들어 보이므로 자기 짐은 자기가 진다."는 동물에 대한 주인의 배려에 깊은 인상을 받은 것이다.

펄벅은 대한민국을 보석 같은 국민이 살고 있는 고상한 나라라고 표현하였다. 펄벅은 한국에 와서 유한양행의 창업주 유일한 박사의 인연으로 펄벅재단을 설립하게 되자 한국을 더욱 사랑하였다고 한다. 펄벅은 "갈대는 바람에 시달려도"와 “새해”라는 한국 사회를 배경으로 한 소설 작품도 남겼다.

한국에서도 활발히 복지사업을 벌였다. 부천에 있던 유한양행 소사공장이 이사를 가자 유일한의 도움으로 그 부지를 매입, 1964년 한국펄벅재단 소사희망원을 설립했다. 그리고 1975년 문을 닫을 때까지 9년간 8번이나 소사희망원을 방문해 아이들을 직접 씻기고 돌봤다.

필자는 펄벅과 박경리를 비교하게 된다. 박경리는 통영출생으로 진주여고를 졸업한 뒤 거제 출신의 남자와 중매결혼하고 1950년 서울가정보육사범학교 가정과(현 세종대학교) 졸업과 동시에 황해도 연안여자중학교에 근무하였으나 6 · 25전쟁이 발발하자 남편은 서대문 형무소에 수감되었고 이후 행방불명이 되었다. 설상가상으로 아들까지 불의의 사고로 세상을 떠나고 만다. 박경리는 이러한 불행한 일들을 당하면서 겪어야 했던 엄청난 슬픔을 견디기 위해 글을 쓴 것이 글을 쓰기 시작한 한 동기가 되었다고 한다. 이후 박경리가 본격적으로 문학과 인연을 맺게 된 것은 당시 문단의 중견 작가였던 김동리와의 우연한 만남에서 비롯되었다고 한다.

박경리도 펄벅 못지않은 문학적 재능과 글솜씨와 철학을 지니고 있었다. 아마도 그 당시 한국의 국력이 약해 노벨상 후보가 되지 못하였지만 노벨상을 받을만한 문학적 소양이나 충분한 실력은 있었다고 생각한다.

인터넷 강국 대한민국

인터넷의 보급으로 전세계 모든 정보가 실시간으로 공유되어지고 있다. 전 세계 인구의 거의 절반에 해당하는 사람들이 인터넷을 접속하지만 모두 동일한 속도로 사용하지는 않는다. 한국은 인터넷 속도가 빠른 국가 선두권을 유지한다.

초고속인터넷을 사용할 수 있는 환경을 만든 것이다.

전길남 박사는 우리나라의 인터넷 도입에 핵심적인 역할을 했으며, 국제적으로 인터넷 세계화 공로를 인정받고 있다. 전 박사는 컴퓨터과학자로 1982년 5월 15일 대한민국이 미국에 이어 세계에서 두 번째로 인터넷 연결에 성공한 나라가 되는데 결정적 역할을 하여 "대한민국 인터넷의 아버지"로 불린다.

과학기술의 발달은 시대를 변화시키고, 우리의 생활자체를 변화시킨다.

세종대왕은 과학기술을 발전시키고 학문을 장려하고 인재를 등용하는 이상적인 유교적 성군으로 꼽히며 당대에 이미 고대 중국의 성군인 요임금과 순임금에 비견되어 '해동요순'(海東堯舜)이라 부르며 칭송을 받았다고 한다. 세종은 천재적 두뇌와 성실성이 탁월하였다.

당대 모든 분야, 즉 농학, 문학, 사학, 언어학, 음악, 법률, 수학, 과학, 천문학에도 조예가 깊었던 국왕으로서 조선 전체에서 가장 유능한 군주이자 성군이었다.

한글은 조선 시대 세종대왕이 1443년 만들었다. 우리말을 효율적으로 적어 쓸 수 있고, 모음과 자음으로 나뉘어진 과학적이고 언어학적인 글자다. 그리고 적은 자모 부호로 효율적으로 표현할 수 있어서 인터넷 시대에 잘 어울린다. 마치 세종대왕이 인터넷 디지털정보화 시대를 예측했던 것 같은 느낌마저 든다. 우리말과 한국어의 지속적인 지원과 관심 속에서 우리 글 한글이 세계 속으로 널리 퍼져나갔으면 한다.

훈민정음은 세종 25년에 창제했다. 훈민정음(訓民正音)은 백성을 가르치기 위한 바른소리라는 뜻을 갖고 있고 발음기관의 모양을 본떠 만들었기 때문에 과학적이며 편리해서 오늘날 세계에서 가장 뛰어난 문자로 인정받고 있다. 그러나 당대인 조선시대에는 훈민정음이 '언문'(言文)이라 하여 사대부들에게는 천대받았다.

한글은 주시경을 비롯한 한글학자들이 1933년에 제정했다. 그리고 그 뜻은 '큰 글'이라는 뜻이다. 훈민정음은 1446년 반포한 해례에서 기술한 그 자체의 의미이고 "천지 자연의 모든 소리를 표현할 수 있는 문자"를 말한다. 한글은 1933년 한글맞춤법 통일안이 제정된 이후 현재까지 우리가 쓰고 있는 훈민정음의 원칙을 부분적으로 따른다. 한글은 훈민정음의 음절 가운데 일부만 표현할 수 있다.

국어사전에 기술된 한글과 훈민정음은 '한글은 우리나라 고유문자의 이름이고, 자음 14자, 모음 10자로써 음절단위로 모아쓰게 된 표음문자이고, 한국의 '고유언어'를 의미한다. 훈민정음은 '세종 25년에 세종대왕이 집현전 학자들의 도움을 얻어 처음 만든 우리나라 글자 자음 17자, 모음 11자로 되어있다. 세종 28년에 훈민정음 28자를 세상에 반포함으로써 한글이 탄생된 것이다.

최근 한류나 K-팝의 인기와 더불어 여러 국가에서 우리말 한국어 한글을 배우려는 사람이 급증하고 있다. 우즈베키스탄에서는 한국어를 할 줄 아는 사람들이 우리 기업에 취직하면 현지 회사보다 월급을 몇 배나 더 받을 수 있다고 한다. 인도네시아 부톤섬의 인구 50만여명 가운데 7만명을 차지하는 찌아찌아족은 표기법이 없어 고유어를 잃을 처지에 놓이자 2009년 한글로 찌아찌아어를 표기하는 방안을 채택하고, 초등학교에서 주 1회 찌아찌아어 수업을 한글 교재로 가르친다. 한글이 한류나 K-팝뿐만 아니라 우리 국력과 더불어 뻗어나가고 있다.

그런데 무엇보다 남한과 북한의 언어가 같은 민족임에도 상당히 이질화되어 있다. 통일시대를 대비한다면 언어의 통일이 시급한 과제다.

직업과 생존경쟁

코로나19 펜데믹 시대에는 재택근무가 활성화되다 보니 투잡(two job) 쓰리잡(three job)이 늘고 있다. 또한, N잡러라는 말도 유행하고 있다.

이 용어는 과거에는 없었지만 시대 흐름에 따라 새롭게 생긴 말이다.

네이버 지식백과에 의하면 N잡러란 "2개 이상 복수를 뜻하는 'N'과 직업을 뜻하는 'job', 사람을 뜻하는 '~러(er)'가 합쳐진 신조어로 '여러 직업을 가진 사람'이란 뜻이다. 본업 외에도 여러 부업과 취미활동을 즐기며 시대 변화에 언제든 대응할 수 있도록 전업(轉業)이나 겸업(兼業)을 하는 이들을 말한다"라고 정의를 내리고 있다.

장점은 하나의 수입원이 감소해도 다른 잡에서 수입을 어느 정도 보충해 주니 전체 수입에는 큰 영향이 없이 생계를 유지할 수 있다는 점이다.

만능 엔터테이너, 혹은 멀티 엔터테이너로 불리며 연예계를 종횡무진하는 이들이 있다. 연기, 음악, 예능 등 여러 분야에서 두각을 드러내는 스타들이 점점 많아지면서 분야의 벽이 허물어지고 있다. 요즘엔 가수 혹은 아이돌로 데뷔해 연기로 진출하는 게 마치 공식처럼 굳어졌지만, 두 마리 토끼를 완벽하게 잡은 이들은 사실 드물다. 연예계에서 이승기나 유재석은 프로 N잡러로 유명하다.

직업의 선호도가 매년 달라지고 있다. 새로 생겨나는 직업도 있고 없어지는 직업도 있다. 대한민국의 현실은 60세 정년이 기본인 시대라 대다수는 60세가 되기 전에 다니던 직장에서 나오게 된다. 그러나 직장을 나오는 순간 젊은 시절 돈을 많이 벌어 놓거나 연금이라도 나오면 다행이지만, 대다수 일반 셀러리맨들은 새로운 일자리를 구하기 위해 생존경쟁에 뛰어들게 된다. 자유를 얻는 그 순간 새로운 조직에 들어가서 경쟁하지 않으면 살기 힘든 세상이 되고 말았다.

MZ 세대는 자신의 성장에 관심이 많다. 그러므로 회사는 개인의 성장이 조직의 성장과 연결될 수 있도록 늘 관심을 기울여야 한다.

앞으로 우리 미래는 4차산업 혁명 시대에 맞게 INBEC 산업을 중심으로 일자리가 늘어나고 발전할 것으로 전망된다. INBEC는 첨단산업을 의미하는 Information Technology(IT기술), New material Technology(신소재기술), Bio Technology(생명공학), Energy Technology(신재생에너지기술), Conversion Technology(융합기술)의 약칭이다.

전세계는 먹거리를 둘러싼 전쟁이 벌어지고 있다. 스마트팜(Smart Farm)은 농업에 ICT 기술을 접목하여 사물인터넷(IoT)을 통해 농작물 재배 시설 측정과 관리를 스마트폰이나 인터넷을 통해 가능하게 만든 농장으로 농작물 재배 시설의 온도, 습도, 일조량, 이산화탄소, 토양 등을 측정 분석하고, 제어 장치를 구동하여 적절한 상태로 변화시킬수 있다.

스마트시티(Smart City)는 언제나 어디에서나 인터넷을 활용하는 도시로 유비쿼터스를 도시에 적용한 개념이다.

블록체인 기술은 P2P(Peer to Peer) 네트워크로 거래기술이 실시간 기록되어 거래의 투명성과 보안체계가 유지된다. 농산물 유통도 블록체인 기술을 이용하면 원산지 추적도 명확해지고 고객의 신뢰를 확보할 수 있다.

AI(인공지능)기술도 진보하고 있어 미래에는 인공지능 판사도 등장할 수 있다.

좋은 일자리가 많이 늘어나야 한다. 청년들을 위한 좋은 일자리창출은 물론 조기 정년을 맞이하여 일할 능력은 아직 충분히 있으면서도 사회제도로 인해 일을 못하고 놀고 지내는 많은 사람들을 위한 좋은 일자리 창출도 시급한 과제다.

여행과 교훈

젊은 시절부터 직장에서의 업무상 출장을 이유로 동남아시아 여러나라를 여행하게 됐다. 여러나라를 다니면서 배운 것은 무엇일까?

각 나라마다 고유한 문화가 있다. 음식문화도 조금씩 다르다. 아시아 여러나라를 다녀도 일본을 제외하고는 대한민국보다 발전한 나라도 많지 않다는 것과 모든 나라가 먹고 사는 문제에 대해 고민하는 것은 다르지 않다는 것이었다.

대다수 아시아 나라들은 자연경관이 우수하고 땅이 넓고 과일이 많고 먹거리가 저렴했다. 다만 공중화장실 문화나 인터넷 속도, 교통수단과 교육수준 등에서 우리보다 뒤떨어진 나라가 많았다. 아시아 여행을 하면서 물질적 풍요가 반드시 행복의 필수조건이 아니라는 생각도 하게 되었다. 베트남이나 캄보디아 사람들은 물질적 풍요는 우리보다 부족하지만 늘 만족하면서 살고 있었다. 수상가옥에 거주하면서도 어린아이들은 늘 웃음이 떠나지 않았다. 태국에서 오토바이로 사람을 수송하는 사람들도 비가 오나 바람이 불어도 오토바이로 사람을 태우고 적은 돈을 받고서도 2-3km를 달리지만 늘 미소가 떠나지 않았다.

선진국의 사전적 의미는 '다른 나라보다 정치 · 경제 · 문화가 앞선 나라다. 그러나 선진국의 조건으로 'BASIC' 즉 'Balance (균형), Advance (성장), Standard (규범), Innovation (혁신), Capacity (용량, 수용능력)' 등 5가지가 필수적이다. 즉 선진국의 '기본'은 이러한 5가지가 갖추어져야 한다는 것이다.

우리나라는 짧은 기간에 급속한 경제발전을 이루었다. 가난하고 어려운 시절을 극복하고 산업화와 경제발전을 이루게 된 것은 박정희의 리더십과 삼성그룹 현대그룹 포항제철 대우그룹 등 여러 대기업 창업주들의 공로가 지대했다. 물론 이러한 필자의 주장에 동의하지 않는 사람들도 있다. 그러나, 이들이 한국경제의 기초를 확립하고 경제발전의 초석을 다졌기에 오늘날 한국의 발전과 번영을 이룰 수가 있었던 것이다. 우리 경제가 지속적으로 발전하여 혁신과 성장을 통해 국제경쟁력을 높이고 실질적인 선진국으로 진입하기 위해서는 각고의 노력으로 부족한 제도를 혁신하고 국민통합이 필요하다.

정책평가의 중요성

정책평가는 정책내용 및 집행 이후의 효과 등을 추정하거나 조정하는 활동을 의미한다. 즉, 정책평가란 간단히 말해서 "정책이 처음 가지고 있던 의도와 결과를 얼마나 효과적으로 달성했는가를 측정하는 활동"으로 볼 수 있다.

학자들은 정책평가를 "국가의 목표를 달성함에 있어 국가사업의 전반적 효과성을 평가하거나 혹은 공통의 목표를 달성함에 있어 몇몇 사업의 상대적 효과성을 평가하는 것"이라고 정의하고 있다. 정책평가는 정책활동에 대한 책임성이나 근거를 확보하기 위해 필요하다. 곧 정책평가는 목표 달성의 정도나 책임소재를 분명하게 할 수 있기 때문이다.

특히, 국가정책 집행에는 반드시 예산이 수반된다. 국가예산은 국민들이 낸 세금으로 혈세라고 부른다. 국가예산은 국가발전을 위해 적절하게 분배되고 합리적으로 집행되어야 한다. 현실은 정치권의 영향력에 의해 예산이 잘못 사용되고 집행되는 경우가 많았다. 예산편성 과정이 투명해야 하고 전문가의 제대로 된 평가가 수반되어야 한다. 정책평가에는 사전평가 중간평가 총괄평가 모두 주요하다. 예비타당성 조사는 총사업비 500억원, 재정지원금 300억원 이상의 대규모 사회간접자본 사업의 타당성과 경제성을 분석하는 조사다.

예비타당성(예타)의 평가항목은 경제성 평가, 정책성, 지역균형발전 등 요소로 구성된다. 경제성은 사업의 경제적 가치에 대한 분석으로, 편익(Benefit)을 비용(Cost)으로 나눈 값이 1보다 클 경우 경제적 타당성이 있는 것으로 평가된다.

예타에는 비용편익분석 결과에 기초한 경제성 평가 외에도 정책적 분석을 통해 지역 낙후도, 지역균형발전, 환경 및 사회적 가치 등 다양한 중요한 기준과 지표를 종합적으로 분석하게 된다. 정부정책 집행의 시급한 여론이나 정치논리로서 예타면제가 실시되어 사업을 앞당기고 있으나, 예타면제가 성행할수록 정책집행의 문제점은 일정한 시간이 지난 이후에 반드시 나타나게 된다.

필자는 20대에 대학원 석사과정 시절에 허범 교수와 정용덕, 김광식, 김동현 교수로부터 정책학을 배웠으며 이후 차의환 교수로부터도 배웠으며 세미나 발표와 토론 등에서 노화준 교수의 지도도 받았다. 박사과정에서 정책전문가인 김인철 교수와 황성돈 교수, 김명수 교수의 논문지도를 받고 박사학위를 받았다. 윤재풍 교수와 김광식 교수의 지도도 받았다. 이후 한국정책학회에서 이사로 10년 이상 활동해 왔다.

또한, 사단법인 한국공공정책평가협회에서 정책분석 평가사 1급 자격증을 취득하고 동 단체 대외협력처장을 거쳐 서울시 공동회장으로 활동해 왔다. 여러 전문가들과 함께 수년간 국회와 서울시의회에서 세미나를 개최하고 지방자치단체와 공기업 평가를 하면서 수많은 정책전문가들과 만나고 토론도 했다. 정책분석과 평가를 통해 정부와 민간조직의 경쟁력향상과 각 기관단체의 유기적 연계를 통한 공동발전 추구라는 목표로 정책분야 네트워크 구축과 국내외 정책제도 연구와 타당성평가 등 업무를 수행해왔다. 정책 실패사례 연구도 하면서 여러 단체의 실패사례 분석도 하였다.

정부정책도 호평을 받는 정책도 많다. 행정안전부는 2021년도 시행한 좋은 정책에 대해 온라인 설문조사를 실시한 결과 '국민비서 구삐'(사진)가 1위로 선정됐다.

국민비서는 2021년도 3월 말 시작한 행정 알림 서비스이다. 코로나19 백신 접종, 교통과태료 · 범칙금, 건강검진, 운전면허 적성검사 등 교통 · 건강 · 교육 등 생활정보를 네이버 · 카카오톡 · 토스 등 민간 애플리케이션(앱)을 통해 제공한다. '구삐'는 국민비서 서비스의 마스코트로 '국민'과 '비서'의 앞 글자를 따 붙인 이름이다. 인공지능 스피커를 활용하면 주민등록등본 발급, 전입신고 등 5,000여종 민원사무에 대한 문답을 주고받을 수 있다.

두레와 우분투 정신

우분투(ubuntu)는 사람들간의 관계와 헌신에 중점을 둔 윤리사상이다.

우분투는 아프리카에서 '공동체 의식에 바탕을 둔 인간애(humanity towards others)'를 뜻하는 말로 "우리가 함께 있기에 내가 있다"는 뜻이다. 우분트는 순수한 사랑과 배려와 공감의 의미를 내포하고 있다.

타인에 대한 사랑과 배려가 담긴 사상으로 인간은 혼자서는 살아갈 수 없는 존재라는 것이 바로 우분투의 핵심이다. 인간관계가 독립적이지 않고 상호 얽혀 있다는 점을 강조하고 있다.

우리 조상들도 예로부터 이웃끼리 서로 도우며 살아왔다. 향약이나 두레에서 그 모습을 볼 수 있다. 조선시대의 향약은 지방에서 자치적으로 예절생활을 실천하고 상호 협동을 이루기 위하여 만든 자치 규약이었다.

'두레'는 농촌에서 농사일을 공동으로 하기 위하여 주민들이 결성한 공동 노동 조직이다. 조선시대 후기에 농사를 짓기 위해 이앙법이 보편화되면서 두레도 함께 정착되었다.

한국인의 저력은 위기때마다 발휘되었다. 이러한 저력이 5천년 역사를 이어온 것이라 할 수 있다. 국가적 위기를 극복해온 한국의 상호부조 정신은 지구촌 전 세계인을 감동시켜 왔다. 탐욕과 이기심으로 인한 갈등과 분열과 고통이 늘 인간세계에 늘려 있다.

열린 사고와 자세로 공동체를 존중하며 다른 사람의 생각도 존중하고 기꺼이 도우려는 정신 자세를 강조하는 우분투 정신은 아프리카의 발전을 기대하게 만든다.

도덕성 회복과 정신문화를 바꾸자

오늘날 한국은 물질문명이 고도로 발달하였지만, 정신문명은 많이 흔들리고 있다.

급속한 경제발전에 따른 고도성장의 여파로 우리는 물질적 풍요 속에 살고 있다. 그러나 현실은 불만투성이다. 상대적 비교로 인한 불만, 돈이 없다는 불만, 좋은 직장에 다니지 못한다는 불만, 여러가지 불만으로 삶 자체의 만족도가 높지 않고 생활이 즐겁지 않다. 그래서 우울증에 걸리고 술을 마시고 낙오자가 되거나 심지어 자살을 하는 것이다. 코로나 팬데믹이 장기화되면서 사업도 어려워지고 분노와 좌절, 대인기피증에 걸린 사람들도 많다. 정치판도 하도 자신의 잘못은 반성하지 않고 상대만 비판과 비난을 하다보니 어느 것이 옳고 그른지조차 헷갈리는 사람들도 많다.

위기의 대한민국 사회병리 현상에 걸린 현실을 극복하려면 인성교육과 도덕성을 회복해야 하며, 기본에 충실해야 한다.

이는 학교교육과 가정교육에서 시작되어야 한다.

예절을 가르치고 감사와 고마움을 생활화해야 한다. 일상생활에서 늘 산책과 운동을 생활화하면서 건강유지와 심신을 단련시키며 상대를 존중하며 독단과 편견에 사로잡히지 않도록 교육시키고 웃사람에게 예의범절을 가르치며 인사를 철저히 하는 습관을 길러야 한다. 늘 상대방을 존중하고 대화하고 토론하는 습관도 배워주어야 한다.

또한, 우리 문화와 전통을 사랑하고 조상들을 공경해야 한다.

오늘날 혼탁한 세상에서 도덕과 정의가 바로 선 나라를 만들려면 조선조 선비들의 철학을 재조명할 필요가 있다.

물론 조선시대 이전에도 원효와 의상과 같은 뛰어난 사상가들이 많다. 원효의 화쟁사상(和諍思想)은 오늘날에도 필요한 사상이며 원효는 세계의 철학 사전에도 이름이 올라와 있다. 화쟁사상은 온갖 다른 견해와 주장들이 흑백의 대결로 서로 충돌하여 손상을 입히는 것이 아니라, 융화와 통섭의 절충과 화해를 의미한다. 화쟁사상은 불교 종파 간에만 적용되는 것이 아니라 각 종교간의 갈등, 국가간의 반목과 대립, 노사분쟁 등 국내외적인 현실에도 적용할 수 있는 것이다.

도덕성을 강조하고 의리와 명분을 중시한 성리학은 조선의 국가이념이었다. 조선시대에도 수많은 훌륭한 학자들이 제각기 다양한 주장을 했다. 특히 퇴계와 율곡과 남명과 다산과 같은 학자들이 제시한 올바른 방향을 찾아야 한다.

퇴계 이황(退溪 李滉 1501-1570)은 한국 철학사에서 조선시대의 성리학을 대표하는 석학이요, 동시에 유교전통에서 보면 도학정신을 생활 속에 실천하여 인격으로 구현한 정인군자(正人君子)로서 도학적 인격체의 전형인 선비로 귀감이 되고 있으며, 아시아 역사에 있어서 주자 이후 최고의 학자로까지 칭송 받고 있는 인물이다. 그의 업적은 오늘날까지 이어져 국내뿐만 아니라 일본, 중국, 미국 등에서도 퇴계에 대한 연구가 활발히 진행되고 있다.

율곡 이이(李珥, 1536-1584)는 조선 중기 이황과 더불어 최고의 학자로 추앙받은 인물이다. 어머니인 사임당 신씨의 가르침을 받았다. 이황, 이언

적, 송시열, 박세채, 김집과 함께 문묘 종사와 종묘 배향을 동시에 이룬 6현 중 하나다. 율곡은 아홉 차례의 과거시험에 모두 장원급제를 하여 구도장원공(九度壯元公)이라는 별명도 얻었다. 이조판서, 형조판서, 병조판서 등 여러 요직에서 활동했다.

율곡 이이의 〈자경문〉, 〈격몽요결〉 등에 기록된 가르침은 오늘날에도 많은 교훈을 주고 있다. 퇴계 이황과 율곡 이이는 조선시대 성리학을 대표하는 핵심 인물이자 핵심축으로 인정한다. 그들의 성리학적 사상은 지금까지도 후세들에 의해서 꾸준히 연구되고 있으며, 외국 학자들도 관심이 높다.

남명 조식 (南冥 曺植 1501~1572)도 학식이 뛰어난 선비였으며 벼슬에는 욕심내지 않고 제자들을 양성하면서 옳은 일에는 솔선수범하고 실천하는 용기를 가르쳤다. 남명사상(南冥思想)의 핵심은 수기치인(修己治人), 실천궁행(實踐躬行)으로 "몸소 갈고 닦은 것을 실제로 행동에 옮긴다"는 것이다.

남명은 경(敬)과 의(義)를 강조했다. "경(敬)으로써 내적수양을 통해 마음을 곧게 하고 의(義)로써 행동을 과단성 있게 실천하며 사회적 모순을 비판하고 혁신해 나간다"는 신념을 견지하였으며 불의와는 절대로 타협하지 않고 당시 사회 현실과 정치적 모순에는 적극적인 비판의 자세로 임하였다.

다산 정약용(茶山 丁若鏞, 1762~1836)은 임금에게 인정받으며 관료로서 일하다 천주교를 믿었다는 이유로 귀양살이를 하게 되면서 몸과 마음이 피폐해져 자포자기하기 쉬웠을 텐데 다산은 자신의 위기를 책을 쓰는 기회로 삼아 수많은 책을 저술하여 후세에 남겼다.

인품이나 실력보다 돈의 많고 적음이 가치평가의 기준이 되는 시대가 되고 말았다. 돈이 최우선 가치가 되고 연봉이나 경제적 가치만이 최고의 선

(善)이 되는 사회는 위험하다. 도덕적 윤리관이 무너진 사회는 옳은 인간들이 사는 사회가 아니다. 가정이 붕괴되고 돈벌이에 혈안이 되어서 자기의 이익만을 좇는다면 분명 문제가 있다. 도덕과 윤리의식이 무너지고 가정이 돈 때문에 싸우고 갈등을 빚고 해체되면 개인도 결국 무너지고 만다. 사람답게 산다는 것은 돈과 권력만이 아니라 공동체 구성원들과 잘 어울리며 서로 존중하는 가운데 인정받고 사는 것이다. 늘 자신을 반성하고 상대방을 존중하는 가운데 도덕성 회복에 나서야 할 것이다.

강진 여행

몇년전 여름날 전남 강진군을 여행했다. 실학의 완성자 다산 정약용의 행적을 탐방하기 위해 다산초당과 주변을 둘러볼 생각이었다. 자가용으로 4시간 남짓 운전하여 저녁 무렵에 강진군에 도착해 김영랑 생가부터 둘러보았다. 잘 정비된 깨끗한 생가였다. 강진군청 인근에 있는 김영랑 생가는 1903년에 태어나 1948년 9월 가족과 함께 서울로 이주하기 전까지 45년간 살았던 집이다. 모란꽃이 활짝 피어 반겨주고 있었고 김영랑의 시비도 있었다.

"모란이 피기까지는 나는 아직 기다리고 있을 테요, 찬란한 슬픔의 봄을" 시인의 목소리가 가까이서 들리는 듯하였다.

날이 저물어 애초 예약을 한 백련사에서 하루 숙박을 했다. 백련사는 고려 8국사와 조선 8대사를 배출한 유명한 사찰이었다. 돌거북 바위를 비롯하여 절 주변을 구경하고 차도 마셨다. 고려시대부터 강진 백련사 주변에는 차 재배가 유행하였다고 한다. 스님들이 수행의 과정에 차를 마시고 다도(茶道)를 익혔다고 한다. 다산 정약용이 대흥사 초의선사와 백련사 주지 혜장스님과 백련사에서 가끔 만나서 차를 마셨다는 말도 들었다.

강진은 백제시대에 도무군의 도강과 동음현의 탐진이 영합된 지역으로 도강(道康)의 "강(康)"자와 탐진(耽津)의 "진(津)"자를 합해 강진(康津)으로 불리고 있다.

강진에는 도자기와 관련된 유적지가 많다는 이야기도 들었다. 강진의 청자 가마터는 우리나라 고려시대 도자기 역사를 대표할 만큼 문화유산으로서 가치가 높은 곳이다. 고려시대에는 500여 년 동안 꾸준히 청자를 만들었으며 그 당시 청자를 왕실이나 귀족, 사찰 등지에서 사용했다고 한다. 강진에서 대규모 고려청자 관청터와 선별장이 국내 최초로 발굴돼 학계의 관심을 끌고 있다. 그동안 밝혀지지 않았던 전성기 고려청자 생산 공정을 규명하는 실마리가 풀릴 것이라는 기대도 모으고 있다.

뒷날 다산초당에 들렀다. 등산하듯이 걸어서 다산초당에 올랐다. 만덕산 자락 다산초당은 소나무 뿌리가 지천에 늘려 있었다. 다산초당은 전남 강진군 도암면 만덕리 귤동 강진만이 한눈에 굽어보이는 만덕산 기슭에 위치해 있으며 다산 정약용이 1801년 신유박해로 인해 강진으로 귀양을 와서 18년 중 10년동안 생활하던 집이다. 다산초당 건물은 원래 목조 초가였으나 1936년에 노후로 인해 붕괴되어 없어졌던 것을 1957년 강진 다산유적보존회에서 그 자리에 목조 기와집으로 변모시켜 놓았다.

이곳에서 정약용은 유배가 끝날 때까지 생활하며 학문에 몰두한 끝에 목민심서를 비롯한 숱한 저서들을 남겼다. 다산(茶山)이라는 호는 강진 귤동 뒷산 이름으로 이 기슭에 머물고 계시면서 자신의 호로 써왔다.

다산 정약용이 처음부터 이곳에서 18년간의 강진의 유배 생활을 한 것은 아니다. 처음엔 강진 읍내의 주막집에서 주모의 호의로 4년간 생활하였는데 정약용은 이 주막에 사의재(四宜齋)라는 이름을 붙여 주었다. 이후 몇 군데 집 등을 전전하다가 47세이던 1808년 봄에 귤동의 초당으로 거처를 옮겼다고 전한다. 다산초당에는 정석(丁石)이라고 다산이 직접 돌에 새긴 글자가 있었다. 다산이 장기간 귀양생활을 하였지만 좌절하지 않고 강진에서 많은 책을 저술하고 자신의 학문을 완성할 수 있었던 것은 우리 후손들에게 다행이라 생각된다.

필자는 다산의 사상 중에서 백성을 사랑하는 민본사상과 공직 청렴사상이 중요하다고 생각한다. 또한, 다산은 늘 우주의 중심이 조선이라고 생각하는 주체적 사관을 지니고 있었으며 다산은 맹자의 왕도정치와 폭군 방벌론을 본받아 실학을 완성했다.

그는 정치의 주체를 민중으로 보았으며 민중을 위한 정치를 강조했다. 다산은 탕론에서 주권재민의 정치이념을 강조했다. 주권자체가 민중에 있고 천자도 민중의 추대에 의해 이루어진 만큼 천자가 민중의 의사와 이익에 배치되는 행동을 할 때에는 그를 추대한 민중에 의해 개선, 교체되는 것은 당연하다고 결론지었다. 지도자는 백성들의 신임을 잃는다면 언제든지 교체할 수 있어야 한다는 맹자의 역성혁명 사상과 맥락이 같다.

초당 입구에 전 강진군수가 운영하는 찻집에 들러 차 한 잔 마시고 담소도 즐기다가 책 두 권도 구입하고 다산의 숨결을 느끼며 강진 여행을 하고 돌아왔다.

다산 정약용은 정조의 총애를 받고 실력있고 일 잘하는 관료로서 인정받고 화성(수원성)축조의 책임도 맡았다. 다산연구소 박석무 이사장은 다산과 정조의 관계를 풍운지회(風雲之會)라고 표현하였다. 그러나 정조가 세상을 떠나고 지지해 줄 세력이 없는 상황이 되자 다산은 자신과 형제들이 천주교를 신봉했다는 이유로 유배를 당하게 되었다. 그나마 최종 유배지 강진은 해남윤씨 외가 집성촌과 가까운 지역이었으므로 저술활동에 상당한 도움을 받을 수 있었다. 일표이서(一表二書)를 비롯한 총 500여권의 주옥같은 저술이 오늘날까지 한국의 정치행정 개혁과 공직윤리의 기본지침이 되고 있는 것이다.

다산의 인생스토리는 중국의 사마천과 비교가 된다.

중국 전한 왕조 무제 시대의 사마천은 인간사회의 모순과 인간의지와 집념의 중요함을 뼈저리게 알려주는 인물이다.

사마천은 아버지 사마담이 죽은뒤 그의 뒤를 이어 태사령이 되어 역사저술을 집필하던 도중에 한 사건에 휘말려 인생의 비극이 시작되었다.

사마천은 보병 5천으로 용감하게 싸우다 흉노족 8만에게 포위당해 항복한 장군 이릉(李陵)을 변호하였다. 이릉은 명장으로 불과 5천의 병사로 흉노 10만의 기병을 상대하여 1만여명을 살상시켰으나 포로가 되고 말았다. 모든 신하들이 이릉을 규탄하였을 때 사마천은 이릉 장군이 최선을 다해 싸웠지만 상황의 여의치 못해 모두의 목숨을 보전하고자 항복한 것이라고 적극 변호하였다. 사마천은 이릉과는 서로 만난적도 없는 사이였지만 자신의 소신에 따라 적절한 변호를 한 것인데 사마천의 변호는 군주인 무제의 분노를 유발시켰고 옥에 갇히고 결국 궁형을 당한 것이다. 남자구실을 할 수 없는 치욕적인 형벌을 당하였지만 역사서를 기록하겠다는 일념으로 죽음보다 더한 고통을 견디고 사기를 집필한 것이다.

사기(史記)는 사마천이 저술한 중국의 역사서이며, 본래 사마천 자신이 붙인 이름은 태사공서(太史公書)였으나, 후한 말기에 이르러 태사공기(太史公記)로도 불리게 되었으며 이 태사공기의 약칭인 사기가 정식 명칭이 되었다. 전설속의 황제 삼황오제부터 한무제 시기까지 총 3000년의 중국 역사를 상세히 기록한 책이다.

사마천은 백이열전에서 백이숙제가 굶어 죽은 것에 대한 애통함을 표현하고 있다. '하늘의 도라는 것은 옳은 것인가, 그른 것인가'(天道是也非也)라는 질문하며 정의롭고 실력있는 인물이 박해받는 현실을 개탄하면서 자신의 신세한탄도 은연중에 비치고 있다.

사기(史記)는 주나라의 흥망성쇠, 춘추오패, 오월(嗚越)의 항쟁, 진나라의 개혁과 합종연형, 백기와 조괄의 장평싸움, 진시황의 출생의 비밀 등 내용을 비롯하여 총 130권으로 구성된 기전체 형식의 역사서로서 인물뿐만 아니라 천문, 지리, 제도, 역사 등을 기록한 백과사전으로 중국 24사(24史)의 하나로 정사(正史) 중에서는 으뜸으로 꼽힌다. 헤로도투스가 그리스와 로마의 역사를 상세히 기록한 것처럼 사마천은 중국의 고대사를 상세히 기록하였다. 사마천은 너무나 참혹했던 인간의 비극을 극복하여 후세 인류역사에 많은 교훈을 남긴 사람이라고 평가할 수 있다.

다산 정약용을 존경한 손학규 대표와 청계산 입구에서

바둑과 인공지능

바둑은 가장 단순한 규칙으로 가장 깊고 넓은 철학적 사유(思惟)의 세계를 가지는 지능 스포츠 경기로 한국, 일본, 중국 등 동양 3국에서 발달하였다.

인공지능의 발달로 바둑과 인공지능을 비교하게 된다.

바둑도 사람이 두는 것이므로 심리적 변화가 불가피하고 프로기사라도 한두 번의 실수는 불가피하다. 그러나 인공지능 바둑은 승률을 중요시하여 초중반에 유리해지면 물러서는 기풍을 가진 것도 있고 어떤 인공지능은 집차이를 중요시하기 때문에 유리한 순간에도 계속 강수를 두는 기풍을 가진 것도 있다.

인공지능 바둑은 자기가 수만 판을 학습하면서 계속 발전한다고 한다.

바둑은 각자 번갈아 한 번씩 두고 싶은 곳에 두면 된다. 선택으로 인한 결과의 책임은 자기가 지는 것이다. 중요한 우선순위를 잘못 선정하여 잘못 두거나 실수하면 패배하기 쉽다. 인생 자체가 선택과 선택의 연속이다. 학교 선택, 직장선택, 배우자 선택, 대학을 선택하거나 직장을 선택하거나 남녀가 자기가 좋아하는 대상을 선택하여 결혼하거나 각자의 눈이 다르고, 판단이 다르고 선호도가 다르니 각자 알아서 고르면 된다. 선택의 결과는 달라진다. 바둑의 단순함과 오묘함의 조화가 신기하다. 어린 시절부터 동네에서 어깨너머로 바둑을 배워 바둑을 둘 줄 알았고 대학입학 이후 틈틈이 고전 기보와 명국(名局)을 연구하면서 바둑 이론을 공부하고 많은 책도 읽었다.

위기십결(圍棋十訣)은 바둑을 두는 데 참조할만한 열 가지 원칙이다. 일종의 전략 전술 기초이론이다. 북송(北宋)시대 반신수(潘愼修)가 지어 태종(太宗)에게 제공한 내용으로 부득탐승(不得貪勝), 입계의완(入界宜緩), 공피고아(攻彼顧我), 기자쟁선(棄子爭先), 사소취대(捨小就大), 봉위수기(逢危須棄), 신물경속(愼勿輕速), 동수상응(動須相應), 피강자보(彼强自保), 세고취화(勢孤取和)로 되어있다. 바둑이란 결국 집을 많이 짓는 게임이다. 내 집이 상대방보다 한집이라도 많으면 이기는 경기다. 상대적으로 내 집이 적더라도 상대방 집이 내 집보다 한집이라도 적으면 내가 이긴다. 일종의 바둑전쟁에 임하는 장수에게 진을 치고 전투를 개시하는데 필요한 요령을 요약한 내용이라고 할 수 있다.

바둑을 두다 보면 단순한 집짓기로만 끝나지 않고 중요한 영역에서는 항상 전투가 벌어진다. 좋은 땅을 차지하기 위한 인간의 지혜와 대결구도가 바둑판에서도 똑같이 나타난다. 집의 크고 작은 계산과 어느 돌을 버리고 어느 돌을 살릴 것인지, 어느 쪽을 먼저 우선순위로 둘 것인지 삭감을 할 것인지 내 집을 보강할 것인지 매순간마다 판단의 문제가 매우 중요하다. 또한, 두터움과 엷음의 차이를 이해해야 하며 중반 이후 집의 숫자에 대한 계가도 치밀해야 점점 고수가 될 수 있다.

바둑은 아는 만큼만 보이고 보이는 만큼만 생각할 수 있다는 말이 있다. 돌이 연결되어 있는지 끊어질 수 있는 약점이 있는지 연구를 많이 해야 한다.

아생연후살타(我生然後殺他)는 내가 확실하게 살고 나서 공격을 한다.

〈서능욱 사범과 기념대국〉
서능욱은 바둑대회 준우승만 14번 하다가 대주배에서 우승하였다.
중앙부처 공무원 바둑대표단에 초청되어 기념대국 장면

즉 나의 단점부터 보강하고 난 후 상대를 공격해야 안전하다는 뜻이다.

바둑은 인생의 축소판이다. 수만 판을 두어도 똑같은 판이 없다. 바둑도 반드시 내 뜻대로만 되지 않는 것은 인생이나 마찬가지다. 2002년 1월 25일 대한체육회는 바둑을 스포츠로 인정하였다. 모든 스포츠는 최고의 정상급 실력자가 되어야 돈도 많이 벌고 인정을 받는다. 바둑도 마찬가지다.

바둑도 시간을 많이 소비하는 점은 큰 단점이다.

필자는 바둑에 취미가 있었지만 공직에 있을때는 늘 긴장하며 살았고 단 한순간도 여유를 갖지 않았으나 중앙부처 공무원 바둑대표로 활약하면서 휴일날 서초동에서 공무원 바둑대표단과 함께 서능욱 사범에게 기념으로 한판 지도를 받았다. 공직 퇴임 이후에 시간이 많다보니 명지대 정수현 교수와 친분을 가졌다. 정수현 교수는 바둑과 경영이론에 관한 책을 여러 권 집필했다. 정수현 교수와는 여러번 만나 차도 마시고 대화는 많이 하였지

〈유창혁 사범과 기념대국 사진〉
유창혁 사범은 응창기배, 삼성화재배, 후지쓰배, LG배, 춘란배 등
국제기전을 모두 우승하여 그랜드슬램을 달성한 바둑 천재기사다.

만, 바둑은 한 번도 지도받지는 못했다. 유창혁, 최규병, 홍태선 사범을 바둑 스승으로 삼고 몇차례 바둑 지도를 받았다. 바둑판에서 프로의 실력은 무서울 지경이다. 단 한 번 작은 허점이나 실수만 있어도 어떻게든 수를 내고 만다.

바둑도 기풍이 차이가 있다. 조훈현, 유창혁 이세돌은 공격적인 기풍이고 이창호는 수비형의 기풍이다. 조치훈, 서봉수는 실리형 기풍이고 전투에 강하다. 신진서는 인공지능과 유사한 바둑기풍이다. 자유자재로 변신을 하며 전투에 강하다. 프로기사들의 바둑실력은 아주 미세한 차이다. 경마 경주나 쇼트트랙 경기의 차이가 극히 미세한 것처럼 프로기사의 바둑 실력도 마찬가지다. 홍태선 사범은 인간미가 풍부한 사람이다. 늘 겸손하고 상대에 대한 극진한 배려가 인상적이었다.

바둑진흥법이 2018년 3월 국회 본회의에서 통과되어 바둑이 국가적 차원에서 지원되고 있어 다행한 일이다. 전 세계 바둑 인구가 늘어나고 한국의 바둑 실력이 세계 속에 평가를 받는 날이 왔으면 한다.

지혜로운 사람

'지혜'란 무엇인가? 사전적 의미로는 '사리를 잘 분별하는 재능'이란 뜻이다. 지혜로운 사람이란 '사리 분별을 잘하는 사람,' '경우가 밝은 사람'을 말한다. 지혜는 지식이 많다고 반드시 지혜로운 사람이 아니다. 배운 것이 없어도 지혜로운 사람이 많다. 창조능력 예지력과 응용능력이 중요하다.

정주영도 초등학교만 졸업했지만 '할 수 있다.'는 강인한 집념과 정신력으로 현대건설을 창건하여 세계적인 기업으로 성장시켰다. 아테나(Athena)는 제우스와 여신 메티스(지혜의 여신) 사이에 태어난 전쟁과 지혜의 신인데, 로마신화에서는 미네르바(Minerva)라고도 한다.

3인행에 필유아사(三人行 必有我師)라는 말이 있다. 세 사람이 함께 길을 가면 반드시 나의 스승이 있다는 뜻이다. 논어(論語) 술이편(述而篇)에 나오는 공자의 말씀이다.

배움을 통해 인간은 새로운 것을 성취할 수 있으며, 더 많은 성취를 원한다면 더 많이 배워야 할 것이다. 오늘도 어제와 다른 하루이다. 세상은 끊임없이 변화하고 있고 그 속에서 인간은 뒤처지지 않기 위해 배움을 갈구한다.

탈무드에 "누가 지혜로운 사람인가? 모든 사람에게서 배우는 사람이다."

이것은 (탈무드: 피르케이 아보트 · Talmud: Pirkei Avot) 제4장 1절에 나오는 말이라 한다. 필자는 좋은 점은 배우고, 부족한 점은 채워주면서 서로 윈-윈(win-win)의 관계가 될 때, 우리의 위상도 높아지고, 홍익인간(弘益人間)이라는 우리의 교육이념에도 부합할 것이다.

신라 27대 임금 덕만은 시호가 선덕여왕(재위 632-647)으로 지혜로운 왕이었다. 성은 김씨이고, 진평왕과 마야부인의 맏딸로 태어났다. 선덕여왕은 성품이 너그럽고 매우 총명하여 보통사람들이 도저히 생각할 수 없는 어려운 일을 미리 예상하거나 사태수습을 신속히 해결하는 능력이 있었다. 진평왕이 아들을 얻지 못하고 승하하자 화백회의의 추대를 받고 임진년(632년)에 왕위에 올라, 나라를 16년 동안 다스렸고 김춘추와 김유신을 요직에 발탁하여 삼국통일의 기반을 마련하였다. 뛰어난 지혜로 미리 알아낸 세 가지가 유명하다. 야사인 삼국유사에 나오는 말이다.

첫 번째는 중국의 당태종이 붉은색, 자주색, 흰색으로 그린 모란 그림과 그 씨앗 3되를 선물로 보내니, 선덕여왕이 꽃 그림을 보고 말했다. "이꽃은 벌과 나비가 없으니 틀림없이 향기가 없을 것이다" 라고 하였으며 진짜로 꽃에 향기가 없었다.

두 번째는 엄동설한의 겨울에 영묘사(靈廟寺) 옥문지(玉門池)에 개구리 떼가 모여 사나흘 동안 울어댔다. 그러자 선덕여왕은 장수들에게 급히 명을 내려, 정예 군사 2천을 뽑아 서울(서라벌) 서쪽으로 가서, 여근곡(女根谷)을 탐문하면 반드시 적병이 숨어 있을 터이니 일망타진하라는 것이었으며 실제로 여근곡에 숨어 있던 백제군 500여명을 섬멸하였다고 한다.

세 번째는, 선덕여왕이 평소 건강하여 병이 없을 때, 자신의 죽는 날을 정확하게 미리 맞추고 장지까지 정하였다고 한다.

물론 삼국유사는 고려 충렬왕 때 일연스님이 편찬한 것으로 정사(正史)

의 기록이 아니고 전해 내려오는 설화를 토대로 만든 책이므로 정확성이 담보되지는 않는다. 선덕여왕이 신통력이 있어 자신이 죽는 날까지 맞추었는지 과장된 이야기인지는 모르지만 여왕이 총기 있고 현명한 군주였다는 점은 미루어 짐작할 수 있다.

세종대왕은 1418년~1450년간 집권하면서 인재 등용을 가장 공평하고 지혜롭게 하기 위해 노력했던 왕으로 늘 백성의 입장에서 고충을 먼저 헤아리고 해결을 시도했다. 일상생활에서 백성들이 누릴 수 있는 모든 기술과 지식을 발전시키려 노력했다. 세종대왕은 한글 창제, 훌륭한 책의 편찬, 과학기술의 연구, 음악의 진흥, 육진 개척, 일본과의 외교, 불교의 진흥 등 등 수많은 업적을 남겼다. 여러 분야의 국가 기본정책과 과학기술 정책개발은 물론 군사적인 측면과 인권에도 신경 쓴 조선 최고의 지혜로운 성군이었다. 세종대왕의 과학기술 정책은 오늘날 대한민국의 과학기술 강국으로 정신이 이어지고 있다.

지혜로운 사람은 주변 사람들과 잘 소통하고 어울리는 사람이다. 인간은 사회적 동물이라 혼자서는 살기 어렵고 이상을 실천할 수도 없다. 늘 주변 사람들과 화합하면서 상대를 존중하고 배려하는 사람만이 존경도 받고 인정받는 것이다.

지혜로운 사람은 시간을 잘 관리하고 계획과 방향을 제대로 설정하는 사람이다. 다른 말로 하면 기회를 놓치지 않는다는 것이며 속도보다 어느 방향으로 갈 것인지 더 관심을 집중해야 하는 것이다. 우리 인생도 열심히 사는 것만 중요한 것이 아니라 자신이 어디로 향하여 살아가고 있는가? 방향성 설정도 중요하며 주변 사람들과 어울리며 함께 더불어 사는 지혜가 필요하다. 또한, 지혜로운 사람은 자기 자신의 목표를 세우고 묵묵히 실행하는 사람이다. 남과 비교하고 남과 경쟁하는 것은 모든 불행의 씨앗이다. 인생은 남들과 다른 자기만의 길이 분명히 있다. 남과 경쟁하는 대신에 내가 가진 무한한 잠재력과 현재의 나를 비교하고 미래의 사명과 비전을 달성하기 위해 목표에 한 걸음씩 매진해야 할 것이다.

청년자살과 청년실업의 심각성

청년자살과 청년실업이 심각한 사회문제가 되고 있다. 최근 영국 공영 BBC방송이 한국의 대학수학능력시험을 '세상에서 가장 어려운 시험'이라고 주장한 사실이 있다. 고등학교 시절 입시지옥에 시달리며 스트레스를 많이 받고 어려운 수능을 거쳐 대학에 들어가 4년간 공부를 하고 대학을 졸업해도 일자리가 없는 것이 현실이다.

수많은 대학생들이 치솟은 등록금과 학자금 대출에 짓눌려 있다. 대학생들은 평균 1천4백여만 원이나 되는 빚을 떠안고 졸업한다. 절반 이상이 이 빚을 갚지 못해 연체한다. 취직을 못해 졸업도 늦추고 돈을 못 벌다 보니 연애도 할 수 없고 결혼도 할 수 없어 애를 낳지 못하고 청년자살도 늘고 있는 악순환이 반복되고 있다.

청년실업은 장기간의 경제침체와 기업들이 경제위기에 대응하는 방식이 맞물린 문제이다. 경제위기 속에서 기업들은 투자를 줄이고 신규채용을 하지 않는다. 청년들이 얻을 수 있는 일자리는 대체로 비정규 · 저임금 일자리여서 청년들은 괜찮은 일자리를 찾기 위해 오랜 시간을 보낼 수밖에 없다. 그래서 '첫 취업까지 소요 기간'이 계속 늘어나고 있다. 코로나 팬데믹 사태마저 터져 더욱 청년들을 궁지로 내몰고 있다.

대한민국은 두뇌가 우수해 유대민족을 뛰어넘고 있고 교육열이 높아 세계 최고 수준이지만 10년 이상 OECD 가입 국가중 자살률이 1위인데다 그 가운데서도 사회에 좌절한 청년들의 자살이 특히 급증하고 있다.

20~30대 남성의 자살이 계속 증가하고 있다. 모두 2천 명이 넘는 청년이 하루 6명꼴로 귀한 생명을 끊었는데, 실제로 자살은 20대~30대 사망원인 1위 자리를 굳건히 지키고 있다. 물론 청년층뿐 아니라 전체 자살률 역시 OECD 평균의 2배를 훌쩍 넘는다. 특히 최근 생활고를 이기지 못한 자살이 급증하고 있다. 노력해도 나아지지 않는 미래에 대한 청년층의 좌절감은 우리 사회와 정치에 대한 불신까지 더해지고 있다. 정부와 기업이 모두가 관심을 가지고 적극 나서야 한다. 이대로는 대한민국의 미래가 불확실하고 희망이 없다.

사회양극화를 해소해 나가고 청년실업 문제를 정부와 기업이 적극 동참해야 한다.

정부차원에서 20대 청년들에게 선진국과 동남아시아로 1년 정도의 견문 기회를 부여하는 해외연수 프로그램도 기획해야 한다. 해외생활을 통해 대한민국의 발전도 알게되고 비교도 되며 애국심도 생기고 문화교류도 하며 각종 기술도 배우고 인맥도 넓혀나가면 국익에 도움이 되는 것이다. 국가차원에서 청년들을 위해 해외진출을 기획하여 시행해 나가야 한다.

출산율도 높혀나갈수 있도록 정책 개선이 필요하다. 아이는 부모가 키우는 것이 제일 좋지만 맞벌이 부부가 현실인 측면에서 육아문제를 전담할 수 있는 질 높은 보육시설 증설과 육아도우미 양성제도가 필요하다.

손자손녀가 너무나 귀엽지만 하루종일 손자손녀 돌보미로 인해 노인들이 외출도 제대로 못하고 외부 약속도 못해 삶의 질이 떨어진다는 불만도 많은 현실이다.

새마을 운동의 재평가가 필요하다

새마을 운동은 박정희 대통령의 지시로 1969년부터 시작되어 전국적으로 시행되었고 도시와 공장으로도 확대되었다.

1969년 8월 4일 박정희 대통령이 경남도 지역의 수해 피해 지역을 시찰하던 중 경북 청도군 청도읍 신도 1리를 방문하였는데, 마을 주민들이 자발적으로 협동심을 발휘하여 수해 복구를 겸한 마을 도로 확장과 지붕개량 등 마을 인프라 개선사업을 성공리에 수행한 현장을 보고 크게 감동하여 근면, 자조, 협동정신에 기초한 농촌 근대화 운동을 추진하는 계기가 되었다.고 한다.

1970년대 초부터 새마을운동 열풍이 불자 나무 심기 행사도 활성화되었다.

정부 주도로 3차에 이르는 치산녹화 10개년 계획, 산림기본계획(1973년~1997년)을 세우고 30여 년 동안 1백억 그루가 넘는 나무를 심어 국토의 65% 이상을 산림으로 채워 개발도상국으로서는 유례를 찾기 힘든 조림 정책으로 평가받고 있다

봄에는 식목일, 가을에는 육림 (育林)의 날을 휴일로 제정하여 중고등 학생과 군인을 포함한 모든 국민이 산과 들에 나무를 심고 가꾸는 캠페인을

벌였다. 이 당시 아카시아 나무와 상수리나무를 많이 심었다.

아카시아는 북미가 원산지로 나무의 특징은 생장이 빠르고 뿌리가 아주 강하게 뻗는 것인데 혹독한 사막에서도 생존이 가능하며 양봉농가의 소득에도 크게 기여하고 있다. 1960년대와 1970년대 초에 집중적으로 심어졌고, 산림녹화에 이바지하고 홍수예방에도 기여하였지만 경제성이 떨어지고 쓸모없는 나무라고 비난도 많이 받는 나무다.

대한민국은 어디를 가도 늘 푸른 산이다. 다만 아쉬운 점은 목재로 사용할 만한 나무가 적다는 점이다. 앞으로는 수종에도 신경을 써서 목재로 활용할 만한 나무도 많이 심어야 할 것이다.

1973년부터 새마을운동을 대대적으로 홍보하여 전국민적 운동으로 확산시켰다. "새벽종이 울렸네, 새아침이 밝았네. 너도 나도 일어나, 새마을을 가꾸세." 이 노래는 온 국민들이 함께 부르며 허리띠를 졸라매고 노동을 즐거운 마음으로 하면서 경제발전에 박차를 가하는 원동력이 되었다.

새마을 운동은 근면 · 자조 · 협동을 기본 정신으로 하며 농촌의 근대화, 지역의 균형적인 발전, 의식개혁을 그 목표로 하였다.

새마을 운동은 농업 경쟁력을 향상시켰고 시민들의 참여를 통해 공동체 의식, 자발적 참여 의식 회복에 기여하였다. 세계적으로는 농촌 개발의 모델로서 새마을 운동을 가장 획기적인 정책으로 평가를 하고 있다.

UN은 새마을 운동을 바탕으로 한 '새천년마을계획'이라는 아프리카의 빈곤퇴치 프로그램을 추진하였으며, 반기문도 유엔 사무총장 재임 시절에 아프리카의 유엔 산하기관에 한국의 새마을운동을 배우도록 권장하기도 하였다. 현재 해외 수십 개국으로 새마을 운동이 수출되었고, 후진국들을 중심으로 한국의 새마을 운동을 배우겠다며 방한하는 해외지도자들의 발길이 끊이지 않고 있다.

새마을 운동은 1970년대 국가발전에 이바지한 점이 큰 것이 사실이지만,

박정희 대통령의 유신체제를 지탱하는 통치 이데올로기 기능도 있었다. 또한, 5공화국 이후 새마을운동과 관련한 여러 가지 비리가 터져 나오면서 새마을 운동이 마치 비리의 온상처럼 인식되었다. 그러나 한국의 경제개발이 새마을 운동을 통해서 근면성실 협동자조라는 이념을 중심으로 합심한 결과 오늘날의 경제부흥을 이룩한 측면을 무시할 수는 없을 것이다.

서울대 노화준 명예교수는 정책분석, 정책평가, 정책이론 및 과학기술정책분야에서 많은 저술을 한 학자다.

그는 새마을 운동을 국내 최초로 이론적으로 정립하고 학문체계로 만들어 '새마을 운동의 세계화'라는 저서를 발간하고 필자도 노화준 교수로부터 책자를 선물로 받았다.

노 교수는 새마을 운동의 정의에 대하여 "정부가 농촌마을을 가난하고 전근대적인 사회에서 가난을 벗어난 근대적 사회로 변혁(transformation) 시키기 위한 목적 지향적 운동이면서, 동시에 지역공동체가 주체가 되어 지역공동체를 변혁시키고 발전시킨다는 목적을 가지고 있다. 한마디로 자발적으로 수행되었던 지역공동체의 잘살고자하는 혁신운동이었다."고 요약하였다.

한국의 새마을 운동 효과에 대하여 "새마을 운동은 창의적인 노력과 근면 · 자조 · 협동 정신을 생활화하면 가난을 벗어날 수 있을 것이라는 긍정적인 생각을 가질 수 있게 하였다." "농촌마을 사람들이 오랜 세월 동안의 가난에서 벗어날 수 있을 것이라는 생각, 즉 미래에 대한 희망과 근면 · 자조 · 협동이라는 새마을 정신, 그리고 서로 간의 믿음과 새로운 것을 시도하는 창의적이고 혁신적인 자세를 가지고 노력하면 가난을 벗어날 수 있을 것이라고 하는 희망과 새로운 사회적 가치가 창발하도록 한 것이 1970년대 한국의 농촌 새마을운동의 궁극적인 효과였다."고 주장하였다.

또한, 노화준 교수는 "새마을운동은 사회혁신을 통하여 발전하려는 운동이다. 이제 한국은 원조를 받는 국가에서 원조를 하는 국가로 발전하였다. 세계의 여러 발전도상국가들은 한국의 비약적인 경제발전 전략에 대해 연구하고 배우고 싶어한다. 그 가운데에서도 새마을운동은 많은 발전도상국가들이 배우고 싶어하는 우선순위가 가장 높은 국가발전 전략이고 혁신운동이다."고 주장하였다. 실제로 필자도 새마을 지도자로서 새마을 중앙연수원에 입소하여 교육을 받은 적이 있다. 기념관에는 예전의 각종 책자와 자료들이 잘 정리되어 있었으며 동남아시아 여러 나라에서 새마을 운동을 연구하고 공부하러 온 사람들도 많이 있었다.

선진국으로 진입하고 있는 현시점에서 박정희의 통치와 정치 스타일에 대한 긍정과 부정적 평가나 선호도는 제각기 다를 수가 있다고 본다. 그러나 가난을 극복하고 잘살아보자는 국민운동이었던 새마을 운동에 대한 객관적인 조명과 재평가는 필요한 시점이다.

서울대 노화준 명예교수와 저서 새마을 운동의 세계화

순천만 국가정원 방문

순천만 국가정원은 순천시 풍덕동, 오천동 일원에 면적 926,992㎡의 정원이다.

2013년 4월 20일부터 10월 20일까지 순천만 국제정원박람회를 개최하게 되면서 조성되어 2015년 9월 5일에 대한민국 1호 국가정원으로 지정되었다. 처음에는 예산낭비라는 이유로 반대하는 지역주민과 순천시 공무원들의 반대가 많았다고 한다. 그러나 습지를 관광지로 조성하여 세계적인 명소로 만들고 보니 모두가 호평을 하는 것이다.

필자도 어머니를 모시고 승용차로 순천을 지나가는 길에 유명한 순천만 국가정원을 한번 구경해 보았다.

정원의 웅장한 규모와 기발한 디자인에 매료돼 시간이 금방 지나갔다.

아름다운 자연의 모습으로 감동을 선사하는 이곳은 해마다 5백만 명이 넘는 관광객을 불러들인다고 한다.

여유를 갖고 자연을 감상하다보니 시심(詩心)이 절로 나올 것 같았다.

순천만 국가정원의 심볼마크(Symbol Mark)는 꽃송이로, 눈과 입이 있는 얼굴을 닮았다. 틀에 얽매이지 않은 조합을 보여주며 창의적이고 개방적인 동시에 친근한 모습으로 '자연과 인간이 공존하는 순천만 국가정원'을 표현한다.

'꿈의 다리'는 세계 최초로 물 위에 떠 있는 미술관이다. 아시아에서는 첫 번째로 긴 지붕이 있는 인도교로 세계 14만명의 어린이들이 그린 그림을 모아 벽화로 전시한 것을 보고 어머니도 무척 놀라워하셨다.

순천 국가정원에서 어머니 사진

광주 5·18 민주묘지 방문

나는 대한민국이 좁은 땅에서 지나치게 지역갈등이 심하다고 느끼고 있다. 국토 운영의 효율적 편리를 위해 행정구역을 도(道)로 구분하는 것은 필요하지만 정치적으로 영남과 호남을 구분하고 네편 내편을 가르는 것은 바람직하지 않다고 생각한다.

정치는 국민통합을 이루고 능력에 따라 적재적소에 배치하는 인사정책이 중요하다고 생각한다. 정파나 진영으로 구분하여 상대편은 무조건 배제하는 것은 편협한 정치다.

영남 출신이라 호남지역에 별다른 연고가 없다 보니 자주 가보지는 못하였다. 그래도 호남의 유명한 곳은 여러군데 가보았다. 국립 5·18 민주묘지는 꼭 한번 가서 민주영령들을 위로해야겠다고 결심하였으나 기회가 별로 없었다.

그러다 지난 총선 이후 주호영 국민의힘 원내대표가 호남지역 원외지역 위원장들과 5·18 행사에 함께 참석해 달라는 요청을 받고 광주 망월동 국립 5·18 민주묘지를 방문하였다. 여당야당 정치인들이 상당수 참석하였다. 5·18 민주탑을 둘러보다가 김부겸 의원과 만나게 되어 예전에 여러 행사장에서 만난 인연도 있어 인사를 하니 반갑게 맞아 주셨다. 기념사진도 같이 찍었다. 얼마 후 김부겸 의원은 국무총리로 발탁되었다. 참배를 마치고 주호영 의원을 비롯한 국민의힘 의원 및 호남 지역위원장들과 함께 광주 시내 창평국밥집에서 식사를 하였다.

김부겸 전 국회의원(현 국무총리)과 5.18 국립묘지 민중항쟁 추모탑 앞

〈최고의 진보정치 논객 유시민 前 장관과 만남〉
김대중 前 대통령의 서거 10주기(현충원) 행사에 참석하여 정계 원로들과 인사도 나누고, 유시민 前 보건복지부 장관의 손도 잡았다. 남들이 알아주지 않더라도 나부터라도 정파를 초월하고 영호남의 화합에 노력하자는 뜻이 담겨 있었다.

바위뽕나무

필자는 송파문인회 동인으로 활동하면서 매년 시인들이 동인집을 발간하면서 시 한 편 제출해달라는 요청을 받고 고향집 '바위뽕나무'를 소재로 시 한 편을 지었다.

〈바위뽕나무〉

조그마한 씨앗 하나가 운명처럼 암벽바위에 떨어져
바람 앞에 촛불마냥 절체절명의 순간을 맞는다.

어진 암벽바위가 씨앗의 생을 허용했음인지
비바람 찬 이슬 온갖 풍상 눈물로 이겨내고

수십 년의 인고 끝에
어느새 황제의 파라솔처럼 위풍당당한
자태를 뽐내고 있다.

해마다 봄에는 싱싱한 뽕잎차를 선물하고
여름에는 달콤한 오디와 나무 그늘을 제공하며
뽕잎 먹고 자란 누에는 생을 마치는 마지막 순간까지
입으로 명주실을 뽑아 고운 비단을 생산한다.

뽕나무의 강인함은 지리산 거북바위 기상을 닮았고
덕과 온유함은 유현덕의 누상촌 뽕나무를 연상케 한다.

김운향 시인

김운향은 시인이며 소설가, 문학평론가(월간문학 등단) 다. 문단에 등단하여 많은 문인들과 교류하고 있으며 종로문학상과 농민문학상 대상을 수상했다.

고려대 대학원에서 〈서정주 시에 나타난 생명의식 연구〉로 문학박사 학위를 취득하고, 한국문인협회 위원, 현대시인협회 위원장, 작가교수회 상임이사 등 활발한 대외 활동을 하고 있다.

김운향의 대표시 강(江)을 소개한다.

강

꽃내음이
시린 가슴에 묻어 온다.
누굴까
물기 젖은 잎새가
푸른 심줄을 흔든다.
비에 젖고 바람에

밀려 온 세월
미소 하나
손짓하던 햇살처럼
반짝인다.

여동생 김운향의 고려대 박사 플래카드와 필자의 어머니(조숙자)

시인 김운향

노숙자에게 텐트 제공한 정창덕 총장

정창덕 송호대 총장은 컴퓨터공학자 출신의 대학총장이다.

고려대 교수 출신으로 강릉영동대와 안양대를 거쳐 강원도 횡성군에 있는 송호대 총장으로 재직하고 있다.

정창덕 총장은 필리핀의 여러 대학과 오랜기간 교류협력을 유지하고 있다.

필자도 2019년 6월 하순에 정창덕 총장과 함께 필리핀 세부에 소재한 CTU(과학기술대)를 방문하여 스마트시티와 4차산업 혁명에 대해 설명도 하고 대학관계자들과 친목도 다졌다.

정창덕 총장은 수년전에 경기도 양평에 노숙자 쉼터를 만들어 수백명의 노숙자들에게 숙식을 제공하면서 건강회복과 자활을 도우기도 하였다.

최근 정창덕 총장은 나눔과 섬김의 정신을 바탕으로 한 뉴산타운동본부를 만들고 소외되고 정책의 사각지대에 놓인 서울역 노숙자들을 위한 텐트를 제공하여 화제를 모으기도 하였다.

신종 코로나바이러스 감염증(코로나19) 오미크론 변이가 전세계로 확산추세이며 국내에도 코로나 환자가 증가되고 있는데 노숙인 확진자를 위한 특별한 재택치료시설이 없어 겨울철 추위와 코로나에 무방비 상태인 노숙인들에게 여러개의 텐트를 제공하여 따뜻한 안식처 역할도 하고 있다.

정부도 쉽게 해결하지 못한 노숙자 문제를 솔선수범하여 앞장 선 것은 감동를 주고 있으며 시사하는 바가 크다.

한글세계화에 앞장서는 선미라 박사

선미라 박사는 프랑스 기호학 박사다.

대다수 사람들에게 기호학은 생소한 이름이다. 그러나 알고 보면 기호학이 매우 중요한 학문이다.

기호는 언어 이전의 인간의 의사소통을 할 수 있는 도구다.

세계 여러나라를 여행하다 보면 언어가 통하지 않아도 손짓 몸짓과 간단한 그림만으로 화장실 위치와 식당이나 주유소가 어디인지 알 수 있다. 웃고 찡그리고 손짓도 하면서 의사소통을 할 수 있다.

우리는 날마다 기호로써 기본적 삶에 활용하고 있다. 교통신호등에서부터 밤하늘의 별자리에 이르기까지, 우리의 눈이 이해하는 모든 것들이 기호이다.

이렇듯 기호들이 인간의 삶과 깊숙이 연결되어 있기 때문에, 기호학은 모든 학문의 기본을 이룬다. 그래서 철학과 심리학과 기호학을 3대 기본 학문이라고도 하는 사람들도 있다.

선미라 박사를 처음 만난 것은 여러차례 학술세미나에 참여하면서 간단한 인사를 하였지만, 대화를 나눈 적은 없었다. 그러다 독일 박사인 故 최해광 건국대 초빙교수가 세계학당을 창시하면서 여러 분야의 전문가들과 함께 하자고 제의하여 준비모임에서 몇차례 같이 만났으며 대동학 세계사상의 저자로 많은 지식인들의 원고를 모아 책자로 만들어 프랑스어로 번역하고 있다.고 소개받았다. 그러나 모임을 주도한 최해광 교수가 북한산 등산 도중에 갑자기 별세하자 세계학당 모임도 유명무실해졌고 코로나 팬데믹으로 인해 만날 수 없었다.

최해광 교수는 독일 괴팅엔 대학교에서 박사학위를 취득하였고 자녀를 독일의 의사로 양성하였으며 헌신적이고 남을 배려하는 훈훈한 인간미를 지닌 인물이었다.

최근에 카톡과 유튜브를 통해 선미라 박사의 활동을 접하면서 새로운 활동과 소식도 접하게 되었다. 선미라 박사가 한글 보급 활동에 열심히 하는 줄도 알게 되었다.

선미라 박사가 아프리카 사람들에게도 한글 보급 운동을 하며 한글날 기념식에 아프리카 사람들이 한국어로 노래하는 모습을 보게 되었다.

"첫째 날에 자음의 구조를 배우고, 둘째 날에 언어의 철학을 배우고, 셋째 날에 한글을 소리내어 읽는다".

단 3일만에 한글 책을 읽고, '오빠생각' '고향의 봄'을 노래하고 시인 이육사의 청포도를 읽고, 시낭송까지 하게 한다. 한글의 세계화에 공로가 많다.

한글로 세계평화로 노래하는 사람들의 열정은 코로나 위기 속에서도 희망을 주며, 언어를 통한 세계인들의 소통은 많은 감동을 주고 있다.

언어 소통이 중요한 시대에 맞도록 법령도 알기 쉽게 개정하고 법률용어도 보다 쉽게 개정되어야 할 것이다.

성공한 탈북민 스토리

탈북민 숫자가 3만명을 넘은지도 몇 년이 경과되었다. 그러나 국내 정착 과정에서 탈북자들의 어려움은 여전하다. 어려움을 딛고 성공한 탈북민도 많이 있다.

2012년 5·25 총선에서 김일성 종합대 경제학부 교수 출신인 조명철이 새누리당 비례대표로 탈북민 최초의 국회의원이 되었다.

조명철 의원은 탈북민의 정착지원 사무를 국가와 지방자치단체의 공동 사무로 하는 법안을 발의했고, 거주지 적응교육과 탈북민의 특성을 고려한 각종 서비스를 안정적 및 체계적으로 제공하기 위하여 지역적응센터를 설립할 수 있도록 했으며, 정부로부터 보호대상자로 결정되지 아니한 탈북민에 대하여도 최소한 직업훈련을 받을 수 있도록 하는 등 탈북민의 권익을 위한 여러가지 법안을 추진하였다.

주영공사 출신의 태영호는 서울의 정치 1번지 강남갑 지역구에 미래통합당 전략공천을 받아 출마하여 당선되었다.

태영호는 미래통합당에 입당하며 "21대 국회의원 선거에서 지역구에 도전하겠다"고 공식 선언을 했다. 그는 "평생 북한 외교관을 한 저 같은 사람도 대한민국 헌법기관인 국회의원으로, 국민에 의해 선출되는 지역 대표자로 일할 수 있다는 사실을 북한 주민과 엘리트가 확인하는 순간, 진정한 통일은 성큼 다가올 것으로 믿는다."며 "저는 대한민국의 그 누구보다 북한 체제와 북한정권을 깊이 알고 있다. 대한민국 정부의 통일 정책이 무조건적 퍼주기나 무조건적 대립 구도가 아닌, 자유민주적 기본질서에 입각한 현실적인 안이 나올 수 있도록 실천하겠다"고 밝혔다. 태영호는 영어와 중국어 실력이 매우 뛰어나다. 저서 '3층 서기실의 암호'는 자신의 경험을 바탕으로 북한 체제의 실태를 고발한 내용으로 2018년 5월 출간되자마자 각종 온·오프라인 서점에서 베스트셀러 1위에 올랐다. 출시 10일 만에 5만부가 판매됐다.

지성호 의원은 북한에서 고난의 행군 시절 생활고에 석탄을 훔치다 열차 바퀴에 깔려 왼손과 왼쪽 다리가 절단되어 장애인이 되었다고 한다.

도널드 트럼프 미국 대통령이 2018년 1월 30일 국정연설 도중 '꽃제비' 출신 장애인 탈북민 지성호씨의 사연을 소개한 이후, 본인도 유명해졌고 북한인권과 탈북민의 삶에 세계의 이목이 집중되었다. 지성호는 미래한국당(국민의힘)의 인재영입 대상이 되면서 대한민국의 비례대표 국회의원이 되었다.

가수 김용은 재북시절 빙상 선수와 평양국립 교향악단 가수로 활동하였으며 남한에 와서 가수로 활동하면서 '모란각'이라는 북한 전문음식점을 하다 프랜차이즈로 사업확장을 하다 실패한 후 최근에는 베트남과 캄보디아 홈쇼핑 방송국을 운영하며 재기에 성공하였다고 한다.

전철우는 MBC 개그맨으로 데뷔하여 전철우 냉면집을 차려 승승장구하다 지인에게 사기당해 망했다가 다시 냉면과 '고향 국밥' 식당을 내고, TV 홈쇼핑에 이름을 걸고 냉면과 만두, 국밥 등을 선보이면서 재기의 발판을 마련하였고 '전철우 맛있는 주방'이라는 브랜드의 식당을 프랜차이즈로 운영하며 베트남으로 사업을 확장하였다.

최현미는 국내 정착 후 유명 권투선수 장정구의 지도를 받아 2007년 전국 여자 아마복싱대회 60kg급에서 우승하는 등 아마추어에서 두각을 보이다가 프로로 전향하여 2008년 WBA 여자 페더급 챔피언이 되었고, 총 7차례 가진 방어전에서 타이틀 방어에 성공했다.

이애란 박사는 신의주 경공업대학 식료공학부를 졸업한 엘리트로 국내 여성 탈북민 제1호 박사다. 종로3가에 북한전통음식문화연구원을 차려놓고 원장으로 활동하면서 북한전통음식을 남한에 소개하는 데 앞장서고 있다.

육홍숙은 전 재산 500만원으로 성북구에서 실버 재가(在家) 서비스 회사를 차렸다. 사장 1명뿐이던 회사는 1년 만에 직원 50여 명에 연 매출 4억원을 올리는 회사로 커졌다. 탈북한 지 5년 만에 중견 기업 대표가 된 것이다. 성북재가노인복지센터와 성북요양보호사교육원, 성북평생교육원 사랑나눔 복지원 운영하고 있다.

육홍숙은 이화여대에서 사회복지 박사학위도 받았다. 이와 같이 나름 성공한 탈북민도 많지만, 대다수 탈북민은 우리 사회에서 여전히 약자이고 소수자다.

정부는 탈북민들에게 정착금과 주거비 지원, 직업훈련 지원, 취업장려금 지원, 의료지원, 금융 지원 등 여러 가지 지원을 하고 있다. '우리 국민도 살기가 어려운데 탈북자에게만 많은 혜택을 주는 것은 잘못이다'고 비판하는 목소리도 있지만 얼마 전에는 탈북민 모자가 우리 사회의 무관심 속에 고립된 채 굶어 죽는 끔찍한 사건도 발생했다. 자본주의 시스템에 제대로 적응하지 못하고 이웃과도 교류를 하지 못해 고립되고 소외되어 살아가는 탈북민도 많다. 이들에 대한 지원이나 정책적 배려를 비용으로만 보지 말고 '먼저 온 통일전령'으로 보아 미래 남북통일에 대비한 투자로 넓게 이해하는 포용정책과 장기적 탈북민 지원정책이 필요하다.

환경변화에 적극 대비하자

코로나19 사태가 장기화되면서 사회적 거리두기와 마스크 착용이 생활화되고 있다. 기후변화도 건강과 국민 생활 전반에 영향에 미친다.

대한민국도 정부 차원에서 가뭄 홍수 폭염 등 기후변화와 지진 현상을 정확하게 예측하고 능동적으로 대처해야 한다.

우리나라는 예로부터 4계절이 뚜렷한 나라였다. 그러나 봄가을이 매우 짧아졌다. 지구온실 효과와 해수가 온난화 되는 엘니뇨 현상 등이 복합적으로 작용한 결과다.

기후변화는 산불과 같은 극한기후와 연관된 직접적인 영향에서부터 감염병 확산 변화까지 다양한 방식으로 인간의 건강에 영향을 준다. 가장 직접적인 것은 지구온난화 영향으로 더위가 더욱 강력해지며 폭염 등 여파로 사망하는 것이다.

지구온난화는 자연적인 원인이나 인간의 활동으로 지표면의 평균 온도가 높아지는 현상을 말한다.

북극의 그린란드 빙하가 전부 녹으면 해수면이 6m, 남극의 빙하가 전부 녹으면 해수면이 65~70m 상승할 것이라고 예측하고 있다. 최근 지구 곳곳에서 태풍, 홍수, 폭우 같은 이상기후가 증가하여 수많은 사람들의 생명을 빼앗아간다.

지구의 온도가 1도씩만 올라도 생태계가 30% 멸종한다고 한다. 농작물이 자랄 수 없어 질병과 영양실조로 인한 인명 피해가 늘어나고 대기오염도 심해져서 호흡기 질환 등이 사람들의 건강을 위협하게 된다.

지구온난화에 따른 기후변화에 적극 대처하기 위하여 국제사회는 1988년 UN총회 결의에 따라 세계기상기구(WMO)와 유엔환경계획(UNEP)에 "기후변화에 관한 정부간 패널(IPCC)"이 설치되고, 1992년 6월 브라질 리우데자네이루에서 열린 '유엔환경개발회의(UNCED)'에서 유엔기후변화협약이 채택되고 1994년 3월 21일 공식 발효되었다.

녹색기후기금(GCF, Green Climate Fund)은 선진국이 개발도상국의 온실가스 감축과 기후 변화 적응을 지원하기로 한 UN 기후 변화 협약(UNFCCC)에 의해 만들어졌으며 2013년 인천 송도에 완공되었다. 개도국의 기후변화대응을 위한 공공·민간 파트너십 구축 및 기술역량강화, 기후기술 개발을 위한 중심센터의 역할을 수행하고 있다.

2015년에 이회성 고려대 에너지환경정책기술대학원 교수가 전 세계 기후변화 연구에서 최고의 권위를 갖는 '기후변화에 관한 정부 간 협의체(IPCC)'의 의장에 당선되었다.

기후기술센터네트워크(CTCN)는 코펜하겐에 본부가 있는데 대한민국 협력연락사무소가 2022년 3월 인천 송도국제도시에 설립 예정이다.

그동안 한반도는 지진 안전지대로 간주되어 왔으나 최근 지진이 자주 발생하여 전례 없는 인적 · 물적 피해가 발생하여 한반도가 지진의 안전지대가 아니다.

남한 내에는 약 450개의 활성단층이 알려져 있으며, 경주 양산 부산을 잇는 '양산단층'이 지금까지 알려진 가장 큰 활성단층이다. 규모 5.0 안팎의 꽤 강한 지진도 우리나라에서 종종 발생하고 있다. 지진의 원인과 대책을 종합적으로 연구할 필요가 있으며 지진에 대비하여 각종 신축 건축물에 대해서는 내진설계가 필요하며, 지진에 대한 심각성 및 대피요령에 대해서 교육을 강화하고 대피요령이나 생존법, 필수 비상 물자 비축 등 각종 종합적인 지진 대비 교육이 필요하며 지진 조기 경보시스템 구축도 필요한 과제다.

정충신이 만난 사람

3편

정충신

1
무장공비에서 안보강연가로 변신한 김신조 목사

분단 70년 역사상 남파 무장공비 김신조 목사만큼 기구한 인생역정과 파란만장한 삶도 드물 것이다. 1942년 함경북도 청진에서 태어난 김 목사는 북한에서는 남조선 혁명을 위한 특수교육을 받은 인간병기로 순탄치 않은 삶을 살았다.

1968년 청와대를 기습한 1 · 21사태는 그의 삶의 궤적을 180도 바꿔놓았다. 김 목사를 비롯한 조선인민군 민족보위성 정찰국 소속 124군 부대원 31명은 1968년 1월 21일 밤 청와대를 습격하기 위해 야음을 틈타 험준한 산을 가로질러 초고속 남하했다. 그중 29명은 한 · 미 군경합동수사대와 교전 중 사살됐고 1명은 북한으로 도주했으나 휴전선을 넘지는 못한 것으로 알려져 있다.

당시 남파 무장공비 31명 중 유일한 생존자였던 김신조는 생존을 위해 투항, 귀순했다. 무장공비 출신 최초로 반공강연자가 됐고, 전국을 순회하며 '반공강연의 1인자' 소리를 듣기까지 했다. 북한에서는 조국을 저버린 배신자로 낙인찍혔다.

김 목사는 남한에 귀순한 뒤, 북한에 남겨두고 온 부모님이 고향인 함경북도 청진에서 사람들이 지켜보는 가운데 총살당했다는 소식을 듣고 죽음보다 더한 고통과 좌절을 겪어야 했다. 술과 도박에 빠져 방황하던 그는 부인의 권유로 기독교에 귀의하면서 안정을 얻게 된다. 북한과 남한에서의 삶에 이은 제3의 삶, 종교는 그에게 빛이 됐다.

"북한에서는 육신이 고된 훈련으로 부자유했으나, 남한에서는 부적응으로 인해 정신이 부자유했습니다." 목사가 된 뒤 굴곡 많은 젊은 날에 대해 그는 이렇게 회상했다.

필자는 김 목사와 2번 인터뷰를 했다. 천안함 폭침 사건이 발생한 지 2개월이 지난 2010년 5월 봄꽃이 만발한 서울성락교회 부설 성경교육관 베뢰아아카데미하우스와 삼봉성락교회가 있는 고즈넉한 경기 남양주시 삼봉리에서 그를 처음 만났다. 당시 국방부를 출입하던 필자는 광화문광장에 마련된 천안함 46병사 분향소를 부인 최정화씨와 함께 찾았다는 뉴스를 접하고 인터뷰를 신청했다. 1991년 서울 침례대신학교 대학원을 졸업하고 1997년 목사 안수를 받은 뒤 삼봉성락교회에서 목회 활동을 하고 있었다. 당시 김 목사는 세상사 모든 것을 초탈한 듯한 눈빛이었다.

그로부터 꼭 10년 지난 2020년 7월 서울 구로구 신도림동 서울성락교회 크리스천세계선교센터 예배당에서 2번째 인터뷰를 했다. 필자는 10년 전 김 목사의 만남을 계기로 북한의 미래에 큰 관심을 갖게 됐다. 국방부를 전담하는 정치부 선임기자로서 김 목사를 만났다. 김 목사와는 참으로 묘한 인연이었다.

2020년 서울성락교회 원로목사가 된 그는 젊은 날의 방황과 병고에 더해 팔순에 가까운 나이 탓인지 몰라보게 쇠약해 있었다. 김 목사가 2020년 7월 13일 서울 송파구 서울아산병원 장례식장을 찾아 6 · 25전쟁 영웅 고(故) 백선엽 장군을 조문하는 것을 계기로 10년 만에 그를 만나야겠다고 결심하고 연락을 취했다. 김 목사는 10년 전 기자와 만남을 기억하고 있었다. 교회에서 인터뷰가 끝난 뒤 자료를 얻기 위해 자택을 방문했다. 10년

전 인터뷰 기념으로 선물한 기사 동판을 고이 간직하고 있었다.

김신조 목사는 1942년 6월 2일 함경북도 청진시 수남동에서 아버지 김중엽, 어머니 이분옥 사이의 7남매 중 장남으로 태어났다. 위로 경옥, 경숙 두 누나가 있었고, 아래로 남동생 신복과, 여동생 정숙, 정복, 정자가 있다. 모두 세 살 터울이다.

그는 집안 어른 가운데 독립운동가였던 작은 할아버지 영향을 많이 받았다. 작은할아버지는 만주와 함경도 일대에서 항일투쟁을 했다. 광복을 위해 일본군과 맞서 싸운 작은 할아버지가 그는 자랑스러웠다.

어릴 적 어머니는 방앗간 일을 하셨고, 아버지는 공장에 나갔다. 방앗간 덕분에 그의 형제들은 배곯지 않을 정도로 그럭저럭 넉넉하게 살았다. 고무신도 귀하던 그 시절에 구두를 신을 정도였다고 한다.

하지만 그가 열여섯 살 때 모든 사유재산이 국유화되면서 살림 밑천이던 방앗간을 공산당에 헌납하면서 가세가 기울었다. 이후 배급쌀을 타 먹으면서 배가 고프다는 게 어떤 건지 알게 됐다고 한다.

아버지는 자상한 성격이었다. 공산당이 조직되기 전에는 집안에 충실했는데, 당이 조직된 뒤로 집안에 소홀해지셨고 어머니와 그 일로 다투는 일이 종종 있었다. 어머니는 부지런하고 꼼꼼한 분으로 7남매를 키웠다. 학창시절 그는 축구선수였다. 주로 공격수나 골키퍼를 맡을 정도로 운동신경이 뛰어난 편이었다. 상체보다 하체가 길어 운동신경이 발달해 외부 반응에 대한 동작도 날쌔고, 판단도 무척 빠른 편이었다. 100m 달리기와 400m 이어달리기 선수를 했다.

하지만 그의 어릴 적 꿈은 운동선수가 아니었다. 공업도시 청진에 자랐고 아버지도 공장에서 일한 덕분에 장래 공학도가 그의 꿈이었다. 그는 그 꿈을 향해 순조롭게 항해했다. 1955년 인민학교를 졸업한 후 당시 경쟁률이 10대 1이 넘었다는 청진3중학교에 합격했다. 1958년 중학교 졸업 후 청진 제일고에 응시했지만 불합격했다. 이후 잠시 학업을 중단하고 청진 공작기계공장에서 선반공으로 1년 정도 일하다가 1959년 3년제인 흥남 기계전문학교에 입학했다. 인민학교를 졸업한 후부터 전문학교를 졸업할 때까지 김 목사는 공학도의 길을 걸었다.

그런데 군 입대로 그의 인생이 바뀌게 된다. 당시 남한 적화와 대군(大軍)주의 등 영향으로 북한은 군대에 가지 않으면 사람 취급을 못 받는 병영사회로 바뀌어 있었다. 군대를 갔다 와야 여자도 따르고, 지도자가 될 수도 있고, 존경받는 대상이 될 수도 있었다.

열아홉 살 때 자원입대해 황해북도 곡산군 석천리 제2집단군 사령부 6사단 제3대대에서 45일 동안 신병 훈련을 받았다. 정찰중대에 배속됐다. 그는 "체질적으로 군대 생활이 맞았다"고 했다. 군에서 모범생으로 통했고 남들보다 부지런히 복무한 덕분에 윗사람들에게 잘 보여 북한사회 신분상승 자격증인 노동당증을 받아 공산당에 입당하게 된다. 당에 입당한 지 일주일 만에 상등병에서 바로 중사로 고속 진급했다.

124군 소속으로 남침 훈련을 받게 된 것은 스물네 살 때다. "5년째 군 생활을 할 때였습니다. 개성 송악산 골짜기 제2집단군 도보정찰소 2기지에 근무했습니다. 그곳에서 산악훈련, 사격훈련, 납치훈련, 습격훈련, 총검술훈련, 밀로 정찰훈련을 받았어요. '밀로 정찰훈련'은 휴전선을 넘어 남쪽 철책 가까이 침투한 뒤 남쪽의 군사 배치 상황을 정찰하는 훈련이죠. 저는 두 번 했어요. 처음에는 떨렸지만 두 번째는 한번 해봐서 그런지 겁이 안 나더군요."

평안도에서는 비밀 아지트 만드는 훈련이나 격파훈련도 받았고, 평양에서 대동강 10km를 완주하는 수영훈련을 받았다. 모든 훈련을 다 마친 후에 당시 언론에도 보도됐던 124군부대 6기지로 배치받았다. 거기에서 총 31명이 선발돼 서울 침투작전 지시를 받았다. 5~7명씩 조를 짜서 6개조를 만들어, 1조부터 5조까지는 청와대의 1층과 2층, 경호실, 비서실, 정문위병소를 담당하고, 6조는 습격이 성공했을 때 청와대 수송부의 자동차를 탈취해 문산까지 가서 임진강을 건너 북으로 돌아오는 작전이었다.

10년만인 2020년 2번째 인터뷰를 했다. 김 목사로부터 기구하고 파란만장한 개인사와 가족사를 접하게 됐다. 인터뷰는 신종 코로나바이러스 감염증(코로나19) 여파로 신도들 출입마저 통제된 크리스천세계선교센터 예배당에서 진행됐다. 사진 촬영을 위해 설교대 앞에 선 원로목사는 쇠약한 모습과는 달리 어디서 그토록 충만한 에너지가 콸콸 솟아나는지, 예배당이 울려퍼지도록 쩌렁쩌렁한 목소리로 신자들이 가득 모이기라도 한듯 오랫동안 하나님을 찬양하는 기도와 연설을 이어갔다. 인터뷰가 끝나고 김 목사가 운전하는 차를 타고 그의 집으로 향했다. 그곳에서 그의 자전적 에세이 '나의 슬픈 역사를 말한다', 신앙 간증집 '날지 않는 기러기'를 구해 읽게 됐다. 그의 파란만장한 인생역정을 담은 영화가 제작에 들어갔지만, 코로나19로 잠시 중단된 상태였다. 영화협회장을 지낸 김흥성 감독이 제작자였다.

김 목사는 "북한에 김신조는 북한 체제를 부정하고 혁명노선을 안 지킨 비겁자로 낙인찍혔다"며 "우리 어머니 아버지가 총살당했다는 소식을 들었는데, 각오는 했지만, 막상 그 소식 들었을 때 내 마음이 어떠했겠나"라며 눈을 지긋이 감았다.

그가 투항한 후 아버지와 어머니는 처형됐고, 누나들과 동생들은 수용소로 끌려갔다는 소식을 들었다고 한다. 수년 전에 북에서 탈출해 남한으로 온 고향 후배가 들려준 소식이었다. 이후에는 고향 소식을 듣지 못했다. 아마 수용소에 있던 형제들 중 몇은 세상을 떴을 거라는 추측만 할 뿐.

김 목사는 "31명이 내려왔으나 모두 처참하게 죽고 나 혼자만 죽지 못하고 남았다는 심적 고통으로 인한 자책에 시달렸다"며 "초등학교 교과서에 무장공비 김신조 사진까지 실려 자식들이 공비 자식이라고 손가락질을 받아 남한 생활도 정신적 고통이 컸다"고 회상했다.

김 목사는 부인의 권유로 기독교 신앙에 귀의하면서 또다시 새 삶을 얻게 된 사연을 얘기했다. 아내의 끈질긴 설득 탓도 있지만, 그가 교회에 가기로 결심한 것은 자녀들 덕분이었다. "아이들이 교회에 나가고부터 나를 멀리하지 않고 오히려 가까이 대했고 얼굴빛도 밝아지고 성격도 활달해졌지요. 그때부터 북한 · 남한의 삶에 이어 3번째 신앙의 삶이 펼쳐졌습니다."

김 목사는 "마흔 가까이 돼서야 하나님을 만나 영혼의 구원을 얻었다"고 했다.

부인 최정화씨와는 펜팔로 만났다. 그는 1970년대 유명세를 많이 타 여자들에게서 편지를 많이 받았다. 대부분 결혼해달라는 것이었다. 그중에서 하루도 거르지 않고 오는 편지가 있었다. 발신인 이름도, 주소도 적혀 있지 않았다. 이상하게도 그 편지를 읽을 때면 용기를 얻게 됐다. 한 5개월 정도 편지를 받았다. 하루는 마지막 편지라며 자신의 이름과 주소를 적어 보냈다. 겉봉에 '최정화'라고 적혀 있었다. 그에게 워커힐 다방에서 만나자고 답장을 보냈다. 아내는 한 주간지에 난 그의 기사를 보고 편지를 보내기로 마음먹었다고 했다. 그 주간지 인터뷰 때 기자들이 소망을 묻길래, '장가들어 행복하게 살고 싶다'고 했다. 아내는 그걸 보고 위로나 해주자며 편지를 보냈다고 했다. 편지가 거듭될수록 위로가 사랑으로 바뀌어갔다. 1970년 3월에 결혼식을 올렸다. 만난 지 5개월쯤 됐을 때 김 목사가 프러포즈를 했다. 전남 벌교에 있는 아내 집을 찾아가 장인어른과 장모님을 뵙고 인사를 드렸다. '무장공비' 출신이라 신부 집안에서 반대가 심할 줄 알았는데 따뜻하게 맞아 주시며 허락을 해 감동을 받았다고 한다. 서울시민회관에서 열린 결혼식 예물은 특별해 화제가 됐다. 김 목사는 아내에게 비둘기를, 아내는 그에게 태극기를 예물로 건넨 사진이 언론에 보도됐다.
다음은 인터뷰 내용이다.

● 부인 때문에 신앙생활 하게 됐다고 들었습니다.

"그래요. 신앙생활 해보니까 성경 하나님 말씀이 맞아. 술 담배 끊었고 세상사 고통도 예수님이 십자가에서 모든 걸 감당하셨기 때문에 그분에게 다 맡겼고, 그로부터 뭘 얻었냐 하면, 예수님 피로 내 영혼의 자유와 기쁨을 얻었단 말입니다. 내 마음에 평안이 오더군요. 그때부터 제가 모든 것을 다 정리하고 지금 와서는 이북에서 생각도 못하던 신앙생활을 한다는 것이 내 생애 제일 큰 축복이라 생각하고 있습니다. 우리 가정이 복 많이 받았어. 내가 그때 그걸 극복 못 했으면 우리 아내나 자손들 어떻게 됐을까요."

그는 오래전부터 아내가 교회에 함께 가자고 했지만 거부했다. 어린 시절부터 공산주의 교육만 받아온 그였다. 교회는 나약한 인간들이 가는 곳이라고 생각했다. 그런 그의 마음을 움직인 건 아이들이었다. 아이들을 보며 교회라는 곳을 달리 생각하게 됐다.

"제 곁에 통 오지 않으려 하고, 늘 주눅이 들어 어두운 얼굴로 지내던 아이들이 제가 교회에 나가면서부터 확 달라졌거든요. 나날이 밝아지고 공부도 열심히 하고 제게 살갑게 말도 붙이고, 성격도 활달하게 바뀌었습니다. 그게 참 신기했어요. 한 2년간 아이들이 변하는 모습을 지켜보다 아내의 생일을 맞아 교회에 나갔습니다. 지금 생각해 보면 결혼 후 그때 처음으로 아내한테 괜찮은 선물을 준 것 같아요."

한동안 교회생활에 적응 못하던 그는 교회 다닌 지 1년쯤 돼서 엄청난 영적 체험을 하게 된다.

"김기동 목사님이 저를 위해 안수기도를 해주셨습니다. 제 머리 위에 손을 얹고서 기도하는데, 목사님이 기도하는 내내 온몸에서 땀이 비 오듯 흘러내렸어요. 결국 입에 거품을 물고 기절하고 말았습니다."

그가 정신을 차리자 김기동 목사가 그에게 말했다. "네 몸속에 공비 귀신이 둘 숨어 있다. 그중 한 명은 머리에 총상을 입었다." 그 말을 듣는 순간 김목사는 깜짝 놀랐다. 그때까지 어느 누구에게도 말하지 않았던 삶의 치부였는데 김기동 목사가 어떻게 알았는지 그 일을 직접 본 듯이 들춰내는 게 아닌가.

1968년 1월, 청와대 습격이 실패해 동료 두 명과 북쪽을 향해 내달렸다. 민간인 복장으로 갈아입은 후 두 명의 동료가 앞장서고 그가 뒤를 엄호하며 북으로 탈주했다. 그런데 어느 길모퉁이를 돌 때쯤 앞서가던 두 명이 총을 맞고 죽었다. 그중 한 명은 머리에 총을 맞았다. 그날 이후 '내가 앞장을 섰으면 그들이 죽지 않았을 텐데…' 하는 자책감에 너무나 괴로워했다. 그 일을 어느 누구에게도 말할 수 없었다.

"김기동 목사님께서 그 일에 대해 말씀하시며 '네 몸속의 공비 두 명이 너를 죽이려고 했는데 뜻을 이루지 못해 분해하며 나간다고 했다'고 하셨지요. 그때 '영적 체험'을 한 겁니다. 엄청난 충격이었지요."

'영적 체험'을 한 이후 김 목사의 삶은 완전히 달라졌다. 그때가 1981년 4월, 그의 나이 서른아홉 살이었다. 귀순한 지 13년째 되던 해였다. 남한에서 지내며 몸에 밴 나쁜 습관들, 술, 담배, 도박 모두를 확 끊었다. 그리곤 간증집회에 열심히 다니며 10여 년을 바쁘게 살았다. 외국에도 간증 집회하러 갔고, 캐나다에서는 200여 개 교회를 돌아다니며 간증 집회를 했다. 간증 집회 틈틈이 신학 공부도 열심히 했다. 1991년 서울 침례신학교를 졸업하고 1994년에는 신학원을 수료했다. 1998년 1월 22일, 그가 남파된 지 꼭 30년째 되던 날 목사 안수식이 거행됐다. 무장공비 중 유일하게 살아남은 자가 짊어져야 했던 중압감, 방황과 절망, 불행의 그림자에 종지부를 찍고 그는 목사로 새로 태어났다.

김 목사는 "목사 안수를 받게 된 것은 제가 진정한 한 인간으로 태어난 순간"이라고 회상했다. "'무장공비 김신조'가 아닌 '인간 김신조'로 새로 태어난 것입니다. 저는 지금껏 세 번 태어났습니다. 한 번은 어머니의 뱃속에서 태어나 북에서 생활했고, 또 한 번은 1 · 21 사태 때 투항함으로써 남한에서 다시 태어나 '무장공비 김신조'로 살았습니다. 이제는 하나님을 만나 '인간 김신조'로 태어나 목회자의 길을 걷고 있습니다."

김 목사는 "관광코스가 된 '김신조 루트'를 찾는 국민들에게 지금은 제가 걸어온 삶을 들려주며 '천국 루트'를 발견하도록 안내하는 일을 하고 있다"고 힘주어 말했다.

10년 만에 다시 만난 김 목사는 그의 파란만장한 인생역정에 얽힌 비하인드 스토리를 하나씩 풀어냈다. 1968년 푸에블로호 사건 당시 북에 납치된 미군 송환을 위해 자기 목숨이 거래됐다는 얘기를 들었다고 했다. 김 목사는 "1 · 21 사태 당시 청와대 가까이로 접근하면서 군인들 이동을 인지하고 실패를 감지했다"며 "청와대 앞에서 쫓길 때 총 한 발 쏘지 않고 북쪽이 아닌 남쪽 인왕산으로 도망갔다"는 사실을 공개했다.

● 북한의 124군 창설 배경은 무엇입니까.

"김일성이 1967년 8월 민족보위성(현 인민무력부) 정찰국 직속 특수부대인 124군 창설한 배경을 창군 주역 백선엽 장군께 자세히 설명해드렸습니다. 당시 저는 '김일성이 6 · 25전쟁 실패를 교훈 삼아 장기전 대신 단기(속도)전을 수행하기 위해 1만명 규모의 특수부대를 창설해 전국 8도를 육 · 해 · 공으로 침투해 단기간에 장악하기 위한 목적이었다고 얘기했지요. 기지마다 특수요원 1,000명씩 본부를 두고, 제주도 빼고 육지 8개도, 도마다 1,000명씩 침투하는 계획이었습니다. 서울 · 경기도는 2,000명이 서해안 동해안 육상으로 바로 들어온다는 작전이었지요. 당시 대한민국에 아무것도 없을 때였습니다. 나는 124군 1기생입니다."

● 김일성이 1 · 21 사태를 일으킨 배경은 무엇인가요.

"김일성이 항일투쟁 동지 김책의 아들 김정태에게 특수부대 창설을 지시하지요. 김일성은 전선 없는 전쟁 수행 계획을 수립, 육상 해상 공중으로 특수부대를 일거에 침투시켜, 한 달 이내에 남조선을 정복하는 계획이었습니다. 인민군이 부산까지 내려갈 필요 없고, 대구 부산 대전 등을 동시 점령하고, 서울만 점령하면 된다고 판단했습니다. 당시 북한의 1인당 국민소득은 250불로 남한은 70불에 불과했지요. 당시 북한은 AK 자동소총, 탱크까지 만들었지만, 남한은 수류탄밖에 못 만들던 가난한 나라였습니다. 북한이 경제 · 군사 면에서 월등히 앞섰지요. 김일성이 '남조선이 더 발전하기 전에 장악하라'고 지시했는데, 사태를 정확히 예측한 것입니다. 남한에 살면서 보니 박정희 대통령 때인 1970년부터 경제가 발전하기 시작했습니다."

김 목사는 생포 후 기자회견에서 "나, 청와대 까러 왔수다. 박정희 모가지 따러 왔시요"라고 했다. 지금도 김신조 하면 북한 말투의 공격적인 이 말이 회자될 정도다.

그는 "간첩이나 공비가 생방송에 출연해 기자회견을 한 건 그때가 처음이라고 들었다"고 했다. 그는 자신이 '투항'했다는 사실을 누차 강조했다. 1 · 21 사태와 관련해서 그가 제일 억울했던 게 남한 정부에서 자신을 체포했다고 선전한 것이라고 했다.

● 1 · 21 사태 당시 김 목사님은 총을 한 발도 안 쏜 게 사실인가요.

"당시 무장공비가 쏜 총과 수류탄에 맞아 사망한 민간인 학생 군인 경찰의 유족들이, 혼자 살아남은 나한테 모든 비난의 화살을 보냈고 나를 많이 원망한 것으로 알고 있습니다. 그런데 나 때문에 돌아가신 분은 없습니다. 당시 교전으로 총소리 나자마자 남쪽인 인왕산으로 도망갔지요. 전 아주 영리하게 행동했어요. 북쪽으로 동료들과 같이 가면 총을 쏠 수도 있고, 개인적인 판단으론 북쪽에 작전 병력이 투입돼 살아남기 힘들다는 판단이 섰습니다. 나는 군경에 생포된 게 아니고 스스로 투항했습니다. 나중에 방첩대와 함께 투항 장소에 내가 두고 온 체코제 피피 기관단총과 소련제 떼떼 권총을 조사했더니 기관단총 30발과 권총 8발이 장탄된 채 한 발도 발사되지 않은 게 확인된 게 그 증거입니다. '왜 총을 안 쏘았느냐'고 묻길래 '나는 박정희 대통령 죽이려 왔지 민간인 군인들 죽이려 온 게 아니다'고 진술했습니다. 당시 군사정권은 내가 총을 쏘지 않은 사실을 알면서도 언론이 함께 총을 쏜 것처럼 보도되는 걸 방치했습니다. 나같이 힘없는 사람이 항의할 수도 없던 시절이었지요."

그는 자신이 "투항했다"는 사실을 누차 강조했다. "군이나 정부로서는 한 명이라도 잡았다고 발표해야 체면이 섰을 테지만 저는 억울합니다." 김 목사는 '투항'을 '체포' 혹은 '생포'라는 말로 바꿔 발표한 당시 군사정권의 처사가 아직도 억울한 듯 안타까움을 감추지 못했다. 당시 무장간첩들에 의해 억울하게 죽은 시민들의 유족들에 대한 죄책감 탓일까.

●서울 침투 당시 만난 우씨 나무꾼 4형제를 살려줘 신고하면서 청와대 습격이 실패한 것으로 알려져 있습니다. 그들을 살려준 이유가 무엇인가요.

"1968년 1월 19일 오후 1시 경기 파주군 법원리 소리골 근처 산등성이에서 우씨 4형제를 만났습니다. 당시 31명은 낮에는 산에 숨고 밤에만 은밀히 행동했지요. 당시는 반공이 국시로 간첩 신고 많이 하던 때라, 누구든 조우하면 증거 인멸을 위해 죽이도록 상부로부터 지시받았습니다. 언 땅을 파서 4구의 시체를 묻는 일도 만만찮은 터에 우씨 4형제 중 한 명이 당돌하게 우리 일행 손목을 덥석 잡으면서 '아저씨들 진작 내려오시지, 왜 이제서야 오신 겁니까. 우리같이 헐벗고 굶주린 인민들이 얼마나 많은데 그럼 이제 우리 인민들 해방이 되는 겁니까' 하며 아주 반가워하는 게 아니겠어요. 우리 일행은 순간 당황하고 어리둥절했으나 우리가 환영받고 있다는 사실에 그들을 죽이려던 애초의 마음이 흔들리기 시작했습니다. 그들을 살려주면 훌륭한 동지, 우리 편이 될 것이라 생각하고 우리들 뒤에 인민군 대군단이 공격하고 내려올 것인데 곧 남조선 세상이 뒤집어질 테니 잠시만 참고 있으라고 그들을 설득했습니다. 당 세포회의를 열어 투표로 생사를 결정했는데, 살리자는 사람이 과반을 넘었습니다. 그들에게 공산당 가입 서약서를 쓰게 하고 곧 공산화되면 출세시켜주겠다고 회유했는데 나중에 알고 보니 산에서 내려가자마자 바로 신고했더군요. 당시 우리 일행이 너무 순진했습니다."

● 만약 당세포회의서 우씨 4형제 살해로 결정 났다면 청와대 습격이 성공했을 것으로 판단하는가요.

"그때 죽였으면 청와대 습격 성공 확률은 100%였다고 봅니다. 1월 21일은 일요일로, 군인 경찰, 병력도 대부분 일요일이면 휴가 가고 없어 방어 능력이 약할 것으로 예상됐습니다. 우씨 4형제가 바로 신고하지 않고, 청와대 습격이 성공했다면 대한민국은 일대 혼란과 좌절에 휩싸였을 것이 분명합니다. 그 뒤로도 '그 가난에 찌들어 보이던 우씨 4형제가 어찌 우리를 신고했을까. 파주군수가 욕심나지도 않았을까' 참으로 궁금해 어느 날 시간을 내어 그들을 만나봤습니다. 그들은 어려서부터 반공에 대한 확실한 교육을 받았기에 우리 일행이 칼을 꺼내들던 그 짧은 시간에 정신을 차려 위기를 넘긴 것이란 생각이 들었습니다. 대한민국이 그 큰 위기를 극복할 수 있었던 것은 바로 그 시간에 그 자리에서 우씨 4형제를 사용하신 하나님의 도우심 때문이었음에 분명합니다. 우씨 4형제가 대한민국을 살린 영웅입니다."

●그 후로도 우씨 4형제를 본 적이 있나요.

"반공강연 다니며 사촌형제간인 4형제를 가끔 만났습니다. 막내 우성재씨는 내가 넘어올 때 21살이었는데, 파주경찰서 보안과장 역임한 뒤 지금은 퇴임했습니다. 요즘도 경기도 일산에서 가끔씩 만나지요."

●생포 후 기자회견 때 '나, 청와대 까러 왔수다. 박정희 모가지 따러 왔시요'란 도전적 말투가 화제가 됐습니다.

"간첩을 대상으로 생방송 기자회견을 한 것은 그때가 처음이었습니다. 그때까지 완전한 전향을 한 것은 아닌 상태에서 효자동 방첩대(CIC) 사령부와 CIC 사령부 서빙고 분실을 거쳐 미군부대 CIC로 이첩됐지요. 124군부대가 대량 남파될 것이란 내 말을 한국 정부는 믿었으나 미 CIC는 믿으려 들지 않았습니다. 미군은 내 말의 사실 여부를 확인하기 위해 첩보 활동 임무를 띤 푸에블로호를 보냈다가 장병 83명이 탄 그 배가 원산 앞바다에서 납치됐습니다. 푸에블로호 사건으로, 1968년 1월 23일 발생했습니다. 나중에 알게 된 사실이지만 미국은 푸에블로호 선원을 보내주는 조건으로 '김신조와 바꾸자'고 제의했더니 북측은 '우리는 김신조라는 인물을 모른다'고 대답했다고 하더군요. 내 목숨을 건 거래 사실을 까마득히 몰랐습니다."

●1968년은 1·21사태를 신호탄으로 푸에블로호 사건, 연말 울진 삼척 무장공비 침투사건이 죽 이어져 하마터면 제2의 6·25전쟁이 발발할 뻔했습니다.

"그해 11월 124군 부대에서 훈련받은 특수부대 요원 120명이 남파됐는데, 울진 삼척 무장공비 침투사건입니다. 푸에블로호가 확인하려던 내 말의 진의가 입증된 셈입니다. 124군 부대가 창설됐다던 내 말을 믿지 않던 미국 정부가 이 사건이 터지자 한국에 대한 태도를 확 바꾸게 되지요. 한반도 방위를 적극 지원하는 의미에서 1억불의 원조금을 보내, 한국군의 전방 목책을 모두 철거하고 155마일을 철책선으로 깔고 탱크 저지선을 만들고 향토예비군제도와 유격훈련도 그때부터 시행됐습니다. 군 복무도 6개월 연장됐지요."

투항 후 그는 효자동에 있던 방첩대 사령부에서 수사를 받았다. 1969년 한 해는 서빙고에서 지내면서 전방 부대에 강연도 가고, 중앙정보부에서 요구하는 강연에도 나가고, 방송 출연도 했다.

김 목사는 1970년 4월초 자유의 몸이 돼 주민등록증을 받았다. 중앙정보부에서 마련해준 집에서 하숙을 했다. 중정 소개로 한국화약에 취직했다. 하지만 화약공장 취직으로 의심을 살까봐 사흘 만에 자진해서 그만뒀다. 중정은 삼부토건에 그를 재입사시켰고 과장까지 진급하며 11년 정도 몸담게 된다. 하지만 그는 회사보다는 반공강연에 더 많이 불려 다녔다. 적만 회사에 올려놓았지, 방첩대에 소속됐다. 반공, 멸공이 국시(國是)였기에 반공 강연을 생업으로 삼다시피했다. 1970년대 후반까지 반공강연 요청이 끊이질 않았다. 1968년 봄 서울시민회관에서 처음으로 반공강연을 한 후 2,000회를 넘길 정도로 그는 반공강연의 기수였다. 그는 "귀순병사 중 제가 반공강연을 가장 많이 했을 것"이라고 회상했다.

정부의 요청으로 군부대, 학교 등 전국을 누비며 반공강연을 했다. 언론도 그를 가만히 내버려두지 않았다. 그의 일거수일투족이 뉴스거리였다. 나중에 알게 된 것이지만 그는 언론에 많이 시달렸고 그 때문에 어려움도 겪어야 했다. 이름까지 바꾸고 조용히 살려고 했지만, 언론은 그냥 놔두지를 않았다.

●전국을 무대로 반공 강연 다니며 고충이 많았다고 들었습니다.

"나는 간첩 출신 첫 반공강연자로 '반공 강연의 1인자' 소리까지 들었습니다. 나는 미국이 준 1억불 중 1불도 구경 못 했는데, 그러잖아도 군대생활로 고달픈 남한 남자들을 더욱 못살게 구는 악법을 만들었다며, '너 때문에 군대 있을 때 개피 쏟았다'는 불평까지 직접 들은 적이 있습니다. 내가 투항해 북한 전략을 털어놓지 않았다면 대한민국이 어떻게 됐을지 지금 생각하면 아찔합니다."

●문재인 정부 들어 남북, 미북 정상회담이 여러차례 열렸지만, 평화는 찾아오지 않고 있습니다. 북한이 핵을 내려놓을 것이라 보는지요.

"한국은 대통령이 12번째 바뀌었지만, 북한은 김씨 세습 3명입니다. 한국은 전임 대통령을 비판하지만, 북한은 김정은이 자기 아버지 할아버지를 비판할 수 있는 체제가 아닙니다. 북한 체제 목적은 남한을 공산화하기 위해 자기 체제와 정권을 지켜야 하고 그래서 핵무기가 필요합니다. 북한도 지금은 많이 변한 건 사실인데, 주민들이 먹고 사는 게 점점 힘들어지고 고통스러워합니다. 한국은 자유 민주국가이지만, 북한 땅은 '자유'가 없는 독재체제입니다. 3대 세습하면서 계속 독재체제를 끌고 나가려는데, 북한이 주민의 자유가 보장되는 정책을 펴도록 우리가 더 많이 주문해 북한 정권이 압박을 느끼도록 해야 합니다."

2
'중국 현지서 안중근 의사 유해발굴에 헌신' 21세기 독립운동가 김월배 교수

"내가 죽거들랑 하얼빈(哈爾濱) 공원 곁에 묻었다가 국권이 회복된 고국에 반장(返葬 · 고향으로 옮겨 장사지냄)해 달라."

1910년 3월 26일 뤼순 (旅順) 감옥에서 순국하기 전 안중근 의사가 남긴 유언이다. 하지만 대한민국 독립운동의 영웅 안중근 의사의 순국 111주년, 광복 후 76년이 넘도록 우리는 그의 유해조차 찾지 못하고 있다. 서울 효창공원에는 유해가 없는 그의 가묘만이 조성돼 있을 뿐이다. 여러 이유야 있겠지만 우리는 후손된 도리를 못하고 크나큰 죄를 짓고 있는 셈이다.

우리 민족의 영웅 안중근 의사의 유훈인 유해 고국 봉환을 위해 중국 현지를 찾아 16년째 거주하면서 중국 일본 한국을 오가며 유해발굴 자료 수집과 유해발굴에 젊음과 삶 전체를 바쳐 헌신하고 있는 사람이 있다.

김월배 하얼빈 이공대 외국인 교수가 바로 그다. 김 교수는 1967년 충청남도 안면도에서 태어났다. 대학 졸업 후 그의 이력은 대부분 안중근 의사와 결부돼 있다. 하얼빈 교수 외에 한국 안중근의사 기념관 연구위원, 연세대 안중근 사료실 객원 연구원, 하얼빈 안중근의사 기념관 객원 연구원, 뤼순 관동법원 관리위원, 뤼순일아감옥구지(旅順日俄監獄舊址) 박물관 객좌 연구원으로 활동하고 있다. 안중근의사 뼈대찾기 중국지부장도 지냈다.

김 교수는 이토 히로부미(伊藤博文)를 주살(誅殺 · 죄를 물어 죽임)한 하얼빈에서 6년, 순국지인 뤼순에서 6년, 인근의 웨이하이(威海) 하얼빈 이공대학에서 4년, 모두 16년간 중국 현지에서 유해발굴을 위한 자료 수집 등 활동을 해왔다.

중국 현지에서 16년째 안중근 의사 유해발굴을 위해 헌신해온 김 교수는 2021년 3월 26일 안중근 의사 순국 111주년을 앞두고 3월 초 '안중근의사 유해발굴, 참평화의 길이다'(걸음)를 펴냈다.책 표지에는 그가 2019년 일본 외교사료관 직접 가서 촬영한 사진이 나온다. 1910년 3월 26일 사토 도마구마 일제 관동도독부 민정장관 대리가 이시이 기쿠치로(石井菊次郎) 외무차관에게 보낸 공문이다. 이 공문에는 "안중근 본일 사형 집행 유체 뤼순 매장"이란 글귀가 적혀 있다.

이 책은 독립운동가 안중근 의사의 유해발굴과 관련된 내용을 총체적으로 다루고 있다. 안중근 의사는 일본의 대한제국 침탈이 가일층 완성화되는 시점인 1909년 10월 26일 오전 9시, 하얼빈역에 도착한 이토 히로부미를 브라우닝 권총으로 주살함으로써 약소국의 주권을 함부로 유린하는 일본 제국주의의 폭주에 제동을 걸고, 그 죄상을 만천하에 알린 쾌거를 이뤘다.

이에 다급해진 일제는 안중근 의사에게 정치범이 아닌 살인죄를 뒤집어 씌워 1910년 3월 26일 오전 10시 4분 속전속결로 사형시킴으로써 사태 파급력을 줄이고 이를 무마하려 했다. 또한 안 의사의 순국이 일제의 침탈에 맞서는 대한국인들의 성지로 확산되는 것이 두려워 시신을 가족에게 돌려줘야 하는 당시 현행법을 어겨 가면서까지 안 의사의 시신을 유기해 암매장해 버리고 말았다.

김 교수는 이 책에서 "만약 안중근 의사 유해를 발굴한다면 유해임을 확증할 단서는 '침관(寢棺)- 후손 DNA-파란 유리병-단지(斷指)' 4가지"라고 소개했다.

“안중근 의사님을 안장한 관은 직사각형 침관인 데 비해 뤼순(旅順) 감옥에서 처형당한 대부분의 죄수들 관은 웅크린 유골 형태의 원통형 관입니다. 안중근 의사 후손들의 DNA를 확보해둔 상태라 유전자 감식이 가능합니다. 또 뤼순의 관동도독부 감옥법에 따라 사망자의 관에 사망자 이름을 적은 파란색 유리병을 함께 묻었을 것으로 추정됩니다. 1909년 3월 초 단지동맹 때 왼손 넷째 손가락(약지) 첫 관절을 자른 단지가 결정적 단서이기도 합니다.”

한국 정부의 안중근 의사 매장 추정지는 2008년 유해발굴 시도한 원보산, 뤼순감옥 단독발굴을 시도한 소포태산, 다롄(大連)시 정부지정 뤼순일아감옥구지 박물관 공동묘지인 3곳이다. 김 교수는 “소포태산은 중국에서 이미 발굴한 생토로 덮인 흙산이며, 원보산은 2008년 힐원아파트가 들어서 발굴이 불가능하다”며 “지금은 뤼순일아감옥구지 박물관에서 동쪽으로 1.2㎞ 떨어진 공동묘지인 둥산퍼(東山坡)가 유일한 희망”이라고 밝혔다. 안 의사 매장지에 대한 확증적 사료는 찾지 못했다.

그러나 그는 “안중근 의사 유해발굴에는 남북한과 중국, 일본의 협조가 필요하다”며 “땅꺼짐 현상, 맨홀을 조사할 때 사용하는 지표투과조사(GPR) 방식으로 땅을 파지 않고 뤼순 감옥묘지를 조사하면 너무 오랜 시간이 지나 침관 형태가 허물어졌다고 해도 안 의사의 유골은 누워있는 상태로 다른 죄수들 유골과 구분된 침관 모양을 발견한다면 바로 땅을 파서 유골을 수습해 후손들에게서 확보해 놓은 DNA 유전자 검사를 하면 가장 정확할 것”이라고 했다.

김 교수는 “안 의사 유해발굴은 반드시 해야 하고 111년 전 ‘광복이 되면 조국에 묻어달라’ 하신 안 의사의 마지막 유언을 지켜드리는 것은 후손인 우리의 도리이자 주권국가 대한민국 국민의 무한책임”이라며 “누가 뭐라해도 저는 돈키호테처럼 앞장서서 안 의사 유해 찾는 일에 매진할 것"이라고 힘주어 말했다.

"안중근 의사는 순국한 지 111주년이 넘도록 조국의 품에 안기지도 못한 채 먼 타국의 차가운 지하에 갇힌 신세가 되었습니다."

김 교수는 안중근 의사 유해발굴의 현황과 당위성, 방향 등을 한 권에 담은 사실상 첫 안중근 의사 유해발굴 전문서적을 펴냈다. 지금까지의 안중근 의사 유해발굴에 대한 전부가 망라되어 있다고 할 수 있다.

안중근 전문가인 김 교수가 안중근 의사 유해발굴이 평화실현의 과정임을 대국민에게 호소하는 강의 형식의 글이다. 생생한 현장감이 살아 있다는 얘기다.안중근 의사 유해발굴을 위해 중국에서 15년을 살면서 기록한 이야기, 사료를 찾아서 일본과 중국을 오가며 모아둔 사료를 공개한 기록이다. 세간에 잘 알려지지 않은 내용이 무척 많다. 과거 북한 단독 안중근 의사 유해발굴, 중국 단독 안중근 의사 유해발굴, 한중 합작 안중근 의사 유해발굴 과정이 소개돼 있다. 그리고 현재 안중근 의사 유해발굴에 대한 중국정부의 입장, 한국정부에서 추정하는 지역, 현재의 어려움 등이 눈길을 끈다.

사진 한 장 한 장은 수많은 이야기를 말해준다. 안중근 의사 유해 관련 사료, 과거 안중근 의사 유해발굴 사진, 현재 한국정부가 추정하는 안중근 의사 매장지 현재 모습, 안중근 의사 가족 유해 매장지역 현재 모습 사진, 일본 안중근 사료발굴에 어려운 이유를 알려주는 아카이브 사진들도 전격 공개했다. 또한 관련 문헌들도 공개했다.

안중근 의사 영웅적 삶을 확인할 수 있다. 또 안중근 의사와 관동도독부 고등법원장과의 면담 과정을 담은 세상에 잘 알려지지 않은 '청취서' 텍스트를 수록해, 안중근 의사 평화 사상과 일본에 주는 가르침을 서술하고 있다.김 교수는 안중근 의사 유해발굴은 한 사람의 영웅의 과거를 찾고 그 업적과 뜻을 기리는 것을 넘어 평화 실현의 과정이라고 했다. 세계평화 즉 참 평화의 길을 여는 것이 대명제라는 것이다.

"평화주의자 안중근 의사는 대한민국의 국격을 높여주는 숭고한 사상가입니다. 한국, 북한, 일본, 중국이 평화주의자 안중근 의사 유해발굴로 동아시아 평화의 돌파구를 마련할 수 있습니다. 대한국인 안중근 유해발굴은 평화를 사랑하는 우리 인류의 모두의 숙제입니다."

김 교수는 "아직 순국선열의 뜻을 제대로 이루지 못했기에 우리에게 진정한 의미의 광복은 없다"고 했다.

"순국선열들의 고귀한 피의 대가로 되찾은 광복이기에 한국인이라면 그 어느 때보다도 가슴 벅찬 광복일 수밖에 없습니다. 그러나 한편으로는 아직도 해결되지 않은 민족적 과제들이 많습니다."

김 교수는 "안중근 의사의 유해발굴이 중요한 것은 진정한 광복의 완성이라는 책무가 우리에게 있기 때문이며, 이를 통해 역사의 교훈을 다시금 되새기고자 하는 것"이라며 "점점 세계로 뻗어 나가는 우리의 문화와 기술력에 대한 자긍심과 자존감의 원류는 안중근 의사와 알려지지 않은 많은 독립운동가들의 희생에 있기 때문이다"고 했다.

김 교수는 안중근 유해발굴 백서 발간과 함께 안중근 의사 사촌동생으로 건국훈장 독립장 서훈자인 안명근 선생 유해 봉환 사업을 추진하고 있다. 그는 "하얼빈에 자취가 남아 있는 안중근 의사 친인척 및 후손들에 특별한 관심을 가져달라"고 당부했다. 안 의사 유해찾기 중국지부장인 김 교수는 하얼빈에서 6년간 근무하고, 안 의사가 처형당한 뤼순과 활동무대 다롄(大連) 등지를 오가며 중국 현지에서 15년간 안 의사 및 친인척 독립운동 사료발굴과 유해발굴 작업에 헌신해왔다.

김 교수는 2020년 11월 안중근 의사 유해발굴 활동을 정리한 '안중근, 하얼빈에 역사를 묻다'(걸음 간)를 펴냈다. 일제강점기 최대 독립운동가 집안인 안 의사 친인척들에 대한 관심이 필요하다고 했다. 고 안명근 선생을 비롯해 안 의사 친동생 고 안성녀(安姓女, 1881~1954, 부산 중구 천주교묘역 안장) 여사의 외손녀인 김영금 여사, 안 의사 사촌동생인 안홍근 선생 3남인 안무생 선생 부인 고 '차누시아(일명 안노길)'가 바로 그들이다.

우선, 독립운동가 안명근(安明根, 1879~1927) 선생이다. 105사건의 주역이자 안중근 의사가 수감된 뤼순감옥으로 직접 면회를 했다. 또한 모친 조마리아(趙마리아, 1862-1927) 여사가 전해준 안중근 의사 수의를 전달하였다. 황해도 신천 출신으로 안중근 의사의 사촌 동생이다. 신민회와 교류를 하였다. 안명근은 안악사건(安岳事件)에 연루되었다. 일제는 105인사건으로 확대하여 대한제국의 독립운동가를 말살하려고 했다. 이 사건으로 종신형을 언도 받고, 10여 년간 복역 후 출옥하여 만주에서 독립운동을 하다가 당시 지린(吉林)성 의란현(依蘭縣, 현재 헤이룽장성으로 편제) 토룡산진 원가툰 팔호리에서 세상을 떠났다.

그는 "안명근 선생의 유해 발굴지를 찾지 못해 고국으로 반장(返葬)되지 못하고 있다"고 안타까워했다. 안중근 의사 친동생 안성녀 여사의 외손녀인 김영금 여사(1938~현재)는 2021년 현재 하얼빈 향방구(香坊區)에 거주한다. 헤이룽장(黑龍江) 성 벌리현(勃利縣)에서 태어났으며, 하얼빈 체육대학을 졸업한 핸드볼 선수이다. 김 교수는 한국 안중근기념관에서 개최한 '안중근 의사 순국 후 친선의 밤'에서 김 여사를 만났다. 중국 제1회 전국체육대회인 1958년에 대표선수로 선발, 길림성 팀과 시합 도중 심한 부상을 당했다. 심한 부상의 후유증을 가지고 50여 년을 살다가 한국의 모 병원의 도움으로 치료를 받았다. 향방구는 조선족 동포들이 많이 살고 있는 하얼빈시 중심지역으로 편재되어 있다.

차누시아도 조명했다. 차누시아는 1913년 3월 황해도 출신이다. 안중근 의사의 사촌 동생인 안홍근(安洪根, 안명근의 친동생, 1881-1928)의 3남인 안무생(安武生) 선생의 부인이다. 17세 때 안무생 선생과 결혼하여 헤이룽장성 하이룬현 하이베이진 한인 천주교회 마을에서 생활했다. 1944년 8월 27일 광복을 일 년여 앞두고 남편 안무생은 친일 세력들에게 구타를 당하여 요절했다. 남편과 비록 14년의 짧은 인연이었지만, 남편의 5촌 숙부인 안중근 의사의 이야기를 알았고, 안씨 가문의 며느리로서 자긍심과 자부심이 대단했다고 한다.

차누시아는 성을 안씨로 개명을 하여 안노길이라고 자칭했다. 광복 후 하얼빈으로 이주하여 안중근 의사 공적을 알리는데 노력을 했다. 직접 태극기를 만들어 집에 모시고, 독립군을 상징하는 군복에 별을 새긴 모자를 쓰셨다고 한다. 중국의 문화대혁명에서 자유롭지 못하여 모진 고생을 했다. 1978년 중국 내몽고 전라이 노동교화소로 넘겨져 강제 노동개조를 받았다. 1978년 20년 형기로 복역을 끝냈다. 농장원으로 일을 하다가 1998년 9월 90세의 고령이 되어 비로소 완전히 자유롭게 하얼빈으로 돌아왔다. 천주교 생활을 하던 중 당시 성모자애병원원장인 최선옥 수녀님의 보살핌을 받아 하얼빈 남강구 주변 아파트에서 거주했다.

김교수와의 인연은 2006년 봄으로 올라간다. 안중근 의사가 수감 되었던 일본 총영사관(화원 소학교)과 멀지 않은 곳에 거주했다. 당시 2살이었던 김 교수 아들 종서를 데리고 가면 늘 반갑게 마주하면서 즐겁게 놀아 주시던 모습이 선하다고 회고했다. 구순이 넘으셨는데도 추석에 인사차 가면 과일 거리를 내주면서 안중근 의사의 말씀을 해주셨다. 그리고 당신의 삶도 말씀해 주셨다. 2009년까지 3년간의 인연을 가지고 있다. 항상 머리맡에 태극기와 안중근 의사 사진을 두시었다. 친히 만드신 흰색 모자와 푸른색 제복을 즐겨 입으셨다. 지금은 세상을 하직하시고 헤이룽장성 상지현 옥천(玉泉) 천주교 묘지에 영면해 계신다.

김 교수는 "차누시아는 안씨 가문의 며느리로서 자긍심과 자부심이 대단한 분으로, 재조명했으면 한다"고 했다. 김 교수는 또 하얼빈을 무대로 독립운동을 했지만, 외국인 묘지에 묻혔다가 멸실된 남자현 선생 유해를 언급하며 “정부가 찾는 노력도 하지 못하고 있다”고 안타까워했다.

또 양세창 하얼빈 공대 교수가 제작한 안 의사 동상이 경기 부천 안중근 공원으로 오게 된 건립 비사(秘史) 등도 담겼다. 2005년 당시 안중근 의사의 동상은 다롄 모처에서 제작이 됐다. 설계와 디자인은 하얼빈 공업대학의 양세창 교수가 했다.

안중근 의사의 동상구조는 기단과 안중근 의사 전신상이었다. 기단은 2m였고, 안중근 의사의 전신상은 약 3m, 대략 5m의 동상을 세워야 했다. 컨셉은 단지를 형상화하여 왼손무명지 한마디를 잘라 표현하였고 옷은 하얼빈 의거 당시의 코트를 입은 형태로 표현했다. 안중근 의사 동상 모형은 안중근 의사 숭모회의 자문을 구하고 안중근 의사 동상 설립 사실도 알렸다. 먼저 흙으로 부조를 뜨고, 동상은 청동으로 제작했는데 대단히 무거웠다. 기단에 안중근(1879. 9. 2~1910. 3. 26)이라 쓰고 단지를 한 손바닥 도장 즉 장인 옆에 ‘천여지맹(天與地盟, 하늘과 땅의 맹세)’라고 썼다. 하얼빈 중앙대가와 서11도가가 만나는 지점에서 서11도가 쪽으로 약 10m 들어간 지점이 바로 동상설립 장소였다.

드디어 2006년 1월 16일 새벽 3시에 안중근 의사 동상이 다롄에서 하얼빈에 도착했다. 하얼빈에서 일 년 중 가장 추운 1월의 새벽이었다. 청동으로 만든 동상에 손이 쩍쩍 달라붙었다. 동상을 간신히 고정시키고 설립자와 같이 사다리를 타고 동상을 물걸레로 닦는데 꽁꽁 언 손은 감각이 없어 남의 손 같은데 마음과 손이 따로 놀아 간신히 동상에 천을 씌우고 고정을 시켰다. 다롄에서 관광버스로 다롄한인회원들이 도착했다. 서울에서는 안중근 의사 숭모회 관계자도 도착했다.

김 교수는 설립자의 취지서, 행사 프로그램 등을 치밀하게 가다듬었다.

역사적 순간을 맞기 위해 예의가 필요했다. 안중근 의사를 모시는데 작업복 차림은 안 된다는 마음에 가까운 상가에 가서 중저가 윗옷만 사 입고 청바지 상태로 손님들을 맞았다. 방명록을 준비하여 중국 땅 하얼빈에 역사적인 안중근 의사 동상설립을 축하하기 위해 오신 축하객들에게 방명록을 쓰게 했다. 하얼빈 한인회, 유학생 등 어림잡아 200여명 정도 되는 손님들이 꽁꽁 언 하얼빈 설원에 안중근 의사의 뜨거운 애국으로 모인 순간 아뿔싸! 미리 부탁한 플래카드가 제작이 늦어져 제시간에 오지 못했다. 이가 없으면 잇몸으로라고 했던가. 즉석에서 백색 천에 글을 썼다. 〈안중근 의사 동상 제막식, 2006년 1월 16일〉. 그러나 중국은 외국인의 동상은 외부에 설립을 불허한다는 것이었다. 그 후로 안중근 의사 동상은 천으로 감싸야 했다. 그리고 11일 만에 지하 건물 공간으로 이동되고야 말았다.

김 교수 일행은 그곳을 안중근 의사 전시실로 활용하기로 하고 안중근 의사 동상과 기단에서 떼어 낸 표지석을 전시했다. 또한 안중근 의사 유묵을 배치하여 사람들이 볼 수 있게 했다. 한국에 유학을 다녀온 중국 여직원도 채용했다. 그리고 벽에 '안중근 의사님은 이제 우리 모두의 희망입니다'라는 글을 붙여 놓았다. 그 후 대전에 있는 〈충남 서예가 협회〉의 주선으로 하얼빈 안중근 의사 서예전을 개최했다. 다행히 하얼빈을 찾는 한국인들이 안중근 의사 동상을 찾아 추모를 했다. 그렇게 삼 년이 흘렀다. 결국 안중근 의사의 동상은 고국으로 모셔졌다. 동상을 모시고 다롄 뤼순에 들려 진혼제를 지내 드렸다. 그 후 한국에 온 동상은 대한민국 국회 앞뜰에 모셔졌다가, 경기 부천 안중근 공원으로 이전되었다.

김 교수는 이 책에서 하얼빈시 대극원(우리의 시립국악원)이 1990년대 초 공연한 안중근 오페라 악보를 김 교수가 처음 발굴해 소개했다. 731부대 한국인 마루타로, 옛 소련 공산당 첩보원으로 일제가 기록한 심득룡, 고창률(高昌律)을 비롯, 이기수(李基洙), 한성진(韓成鎭), 김성서(金聖瑞) 선생 등도 소개했다.

제731부대죄증진열관(侵華日軍第七三壹部隊罪證陳列館, 이하 731부대)는 마루타, 이시이 부대로 알려져 있다. 한국인 희생자들 중 심득룡은 1911년생 소련 공산당 첩보원 1943년 10월 1일 다렌 흑석교(일본군 별장지대)에서 사진관으로 위장해 정보 수집 역할을 하자 체포 후 마루타로 희생시켰다. 심득룡의 신부와 함께 찍은 결혼식 사진이 남아 있다. 가장 행복한 순간이 가장 비극적 장소에 남아 있다.

이기수(李基洙). 1913년생 함남 신흥군 동흥면. 1941년 9월 16일 체포. 연길 헌병대 특별이송 신청, 28살로 희생되었다. 현존 사진이 남아 진열되고 있다. 한성진(韓成鎭), 1913년생 함북 경성. 1943년 6월 25일 체포. 훈춘헌병대가 한성진을 특별 이송신청을 하였다. 김성서(金聖瑞), 함북 길주 1943년 7월 31일 체포. 관동군 헌병대 특별이송하였다. 고창률(高昌律), 1899년생 소련 공산당 첩보원. 강원도 회양군 난곡면. 1943년 7월 31일 관동군 헌병대 특별이송 되었다. 현재 문서는 길림성 기록관리소에 소장되었다.

특별이송이란 일본군 헌병대가 체포한 독립운동가. 공산군 포로. 외국 첩보원을 생체 실험 자료인 마루타로 지정해 731부대 압송을 말한다. 731부대 인체 실험 피해자는 주로 중국인, 소련인, 한국인 등이다.

현재 안중근 의사 유해발굴은 2019년 3월 1일 대한민국 임시정부 수립 100주년에 안중근 의사 유해를 남북이 공동으로 발굴을 하겠다고 천명한 것이 마지막이다. 김 교수는 "안중근 의사의 유해 발굴은 국제 정세의 부침이 있다. 민간차원에서 꾸준히 상설적으로 유해발굴을 위한 노력을 해야 한다"며 "특히 코로나19로 이동이 제한적인 지금 시점에서는 안중근 의사 유해발굴 관련 자료를 취합하여 안중근의사 유해발굴 백서를 발간하는 노력이 필요하다"고 했다.

김 교수는 안중근 의사가 이토 히로부미(伊藤博文)를 저격한 권총의 환수를 추진해야 한다고 했다.

"안중근 의사는 1909년 10월 26일 중국 하얼빈역에서 이토 히로부미를 사살하는 데 쓴 벨기에산 브라우닝 권총 진본이 일본 도쿄(東京) 참의원에서 3분 거리인 헌정기념관 지하 수장고에 보관돼 있는 것으로 이종걸 더불어민주당 의원과 일본 유력 인사들이 추정하고 있습니다. 권총 환수는 한 · 일 화해의 상징으로, 마땅히 추진해야 합니다."

김 교수는 안중근의사유해찾기 중국 지부장으로 2006년부터 13년째 한국 · 중국 · 일본을 오가며 안 의사 유해 찾기 활동과 안 의사 사상 강연 등을 해왔다. 김 교수는 안 의사가 하얼빈역에서 쏜 총알 중 1발이 헌정기념관 2층에 전시된 사실을 확인했다.

그는 "지난해 8월 일본 외교사료관에서 안 의사가 하얼빈역에서 사용한 권총 압수 문건 등을 확인했다"며 관련 서신도 공개했다. 이 서신은 하라이시 우진토(平石氏人) 일본 관동도독부 고등법원장이 오시마 요시마사(大島義昌) 관동도독부 민정장관에서 보낸 편지였다. 서신에는 '안응칠(안 의사 아명) 브라우닝제 권총의 총번은 262336, 우덕순 소지 총번은 263975'이라고 적혀 있다.

김 교수는 "도쿄 헌정기념관 2층 전시관에 안 의사가 저격 때 사용한 총알 1발이 전시된 것을 확인했다"며 사진도 공개했다. 김 교수는 "전시된 총알은 이토 히로부미 곁에 있던 다나카 세이치로(田中清次郎) 남만주철도회사 수석 이사가 오른발 복사뼈에 맞은 총알로, 중간에 열십자 모양이 선명하다"고 했다. 김 교수는 "총알 3발을 맞은 이토 히로부미는 이를 모두 몸에 지닌 채 사망해, 그의 유골을 조사하면 이 총알도 남아 있을 것으로 보인다"고 했다.

당시 총상을 입은 다카카 세이치로는 만주철도 이사를 그만둔 뒤 작성한 회고록에서 “당시 마주친 안 의사의 눈빛에 압도당해 총을 맞은 사실조차 몰랐다"며 안 의사를 가장 존경하는 인물로 꼽았다. 그는 회고록에서 “당시 사건 현장에서 10여 분간 안중근을 마주할 수 있었다. 그가 총을 쏘고 나서 의연히 서 있는 모습을 보는 순간, 마치 신을 보는 듯한 느낌이 들었다”며 “그것도 음산한 신이 아니라 광명처럼 빛나는 밝은 신이었다. 그는 참으로 태연하고 늠름했다. 그같이 훌륭한 인물을 일찍 본 적이 없다”고 기술했다.

안중근 의사가 1909년 10월 26일 이토 히로부미를 저격할 당시 파괴력이 뛰어난 리볼버 권총 대신 당시로선 희귀했던 자동권총을 사용한 이유가 과학적 실험으로 증명됐다. 안중근 의사가 양손 사격이 아닌 한 손 사격을 했으며 살상력을 높이기 위해 십자가 모양이 새겨진 ‘덤덤탄’ 총알을 사용한 것도 과학적 실험을 통해 입증됐다.

총기 소개 유튜브 채널(‘건들건들’)을 운영하는 ‘우라웍스’ 이성주 이사는 필자와 인터뷰에서 “1년 6개월 동안 ‘잃어버린 총을 찾아서’란 프로젝트를 통해, 110년 전 안 의사가 저격에 사용한 것과 같은 종류의 ‘브라우닝 M1900 자동권총’을 미국 현지에서 구입해 지난 9월 미국 노스캐롤라이나주 그린즈버러 야외사격장에서 전문 사격자 2명을 섭외해 3가지 암살장면 재현 실험을 했다”고 소개했다.

안 의사는 의거를 준비하면서 브라우닝 M1900 (32구경)두 자루와 스미스 & 웨슨 사의 38구경(리볼버) 등 3자루의 권총 마련했지만, M1900를 사용한 이유는 밝혀지지 않아 그동안 미스터리로 남아 있었다. 이 이사는 “실험 결과, M1900이 7발 발사되는 동안 리볼버는 6발이 발사되는 등 M1900의 사격 속도가 빨랐다”고 했다. 그는 “안 의사가 당시 권총의 대명사였던 육혈포 대신 새로 등장한 자동권총을 들고 의거에 나선 것은, 빠른 연사속도와 상대적으로 적은 반동, 품 안에 숨길 수 있는 은닉성 등을 고려한 것으로 분석됐다”고 했다.

이 이사는 "양손 사격보다 한 손 사격 때 명중률이 더 높았다"면서 "특히 심장이나 주요 장기가 있는 곳에 명중한 탄은 한 손 사격 때가 많았다"고 밝혔다. 일제는 심문 과정에서 집요하게 안 의사가 사용한 덤덤탄의 목적과 출처를 캐물었다. 총알에 십자선을 새겨 머시룸 효과(Mushroom Effect · 총알이 피격 물체에 닿는 순간 충격으로 인해 탄두가 버섯처럼 납작하게 펴지는 현상)를 통해 이토 히로부미를 확실하게 척살하려고 했다는 것이다. 이 이사는 "M1900 탄환에 십자가를 긋는다고 해서 머시룸 효과를 얻을 수 없다는 게 확인됐다"고 말했다. 따라서 안 의사가 십자선을 직접 새겼다기보다 구입 당시 덤덤탄이었다는 주장이 설득력을 얻게 됐다.

이종걸 의원 역시 일본의 진보 성향 잡지 세카이(世界)를 통해 일본 헌정기념관에 총과 총알이 있는 사실을 확인했다며 한국 전시를 추진하기도 했다. 이 의원은 올해 초 "당시 최재형 선생이 최신형 벨기에제 권총 두 자루를 구입해 한 자루는 우덕순, 한 자루는 안중근 의사한테 전달했다"며 "우덕순은 이토 히로부미 사살에 실패했으나, 안중근 의사는 성공했으며 안 의사는 첫 탄을 발사해 누가 이토 히로부미인지 확인한 후 다시 두 번째 탄으로 그의 심장을 명중시켰다"고 했다. 안 의사가 사용한 권총은 벨기에 FN사가 개발한 FN M1900 브라우닝 권총으로 반자동 싱글액션, 장탄수는 7발에 약실에 1발이 더 들어가면 8발 사격이 가능했다. 안중근의사기념관에는 그 복제품이 전시돼 있다.

3
'뚝배기 맛 우러나는 우리 시대 마지막 로맨티스트!' 작사가 정두수

'뚝배기 맛 우러나는 우리 시대 마지막 로맨티스트!'

KBS 공채 1기 PD로 방송계에 입문해 MBC 기획특집부장, SBS 라디오 국장을 지낸 박건삼 시인은 생전의 '국보급 작사가' 정두수(본명 정두채) 선생을 이렇게 불렀다. 남진의 '가슴 아프게'와 이미자의 '흑산도 아가씨' 등 50여년간 3천 500여 곡을 작사하며 한 시대를 풍미한 원로 작사가다.

지리산 아래, 섬진강 동쪽 경남 하동(河東)의 대표적인 예술인으로 소설가 이병주, 시인 정공채, 작사가 정두수를 꼽는다. 정두수 선생은 기라성 같은 하동 출신 정치인 · 관료(정구영 전 검찰총장, 김석수 전 국무총리, 정영의 전 재무부장관) 등을 제치고 인기투표를 하면 늘 1위에 꼽혔다. 제1회 하동군민대상 수상자인 정씨가 고향 하동을 묘사한 노랫말만 67편. 이 부문 기네스북 기록감이다. 이미자, 나훈아, 하춘화 등 당대 최고의 가수들의 입을 통해 하동을 홍보했기 때문이다. 살아생전 시인의 하동사랑은 병적이라기보다는 차라리 종교에 가깝다는 말을 들은 그다.

풍광명미(風光明媚) 삼포향(三抱鄕), 하동에 노래비 공원이 있고 전국에 세워진 노래비만 현재 12곳. 하동에는 '물레방아 도는데'와 '시오리 솔밭길' '하동포구 아가씨', 제주도 서귀포에는 '서귀포 바닷가', 전남 신안 흑산도에는 '흑산도 아가씨', 서울 마포에 '마포종점', 충남 보령에 '가슴 아프게', 강원 홍천에 '칙야산 진달래'와 '용호강', '자작고개' 그리고 행치려 고개에는 '마의태자' 노래비가 있다.

환갑이 돼 다시 어린시절의 꿈인 시인의 자리로 돌아와 대하시 '지리산', '섬진강'을 쓰고 '하동포구 이야기'에 이어 '백두대간' 등 스케일 큰 민족 서사시를 쓴 대시인으로 평가받았다.

국보급 가요 작사가 겸 시인 정두수 선생은 필자가 문화일보 문화부장으로 있던 지난 2012년 1월 인터뷰에서 '걸어다니는 가요 백과사전' 별명답게 우리 가요사를 술술 풀어냈다.

"길옥윤 선생님. 저 밤하늘에 이제는 색소폰을 불지 마십시오. 얼마나 힘들었습니까. (중략) 일본 도쿄의 술집에서 생존을 위한 연주를 하지 않아도 되겠습니다. 당신은 아름다운 사람. 색소폰 연주자 이전의 참 멋있는 노래 시인입니다."(길옥윤 선생을 떠나보내면서) 1995년 작고한 작곡가 길옥윤씨를 떠나보내며 그와 동고동락한 정두수 선생이 남긴 조사의 일부다.

정두수 선생이 2013년 펴낸, 우리 가요사의 비화 등을 담은 '노래따라 삼천리'(미래를 소유한 사람들 刊)에는 케이팝(K-POP · 한국대중문화) 원조인 '전설의 가요황제' 남인수씨를 비롯해 현인 · 김정구 · 이난영 · 장세정 · 배호에서부터 패티김 · 이미자 · 하춘화 · 문주란 · 조용필 · 송창식 · 조영남 · 최백호 · 김수희 · 양희은 · 주현미 등 스타 가수들이 망라돼 있다. 그뿐 아니다. 작곡가 손목인 · 박시춘 · 이재호 · 박춘석 · 길옥윤 · 이봉조 · 김희갑씨, 작사가 박영호 · 조명암 · 반야월 · 유호씨 등 전설이 된 대중가요 작가들의 불후의 명곡 제작 비화들을 생동감 있게 담아냈다.

그중 인생의 나루에 띄운 노래 남인수의 '낙화유수' 편은 '나는 가수다' 등 프로가수들의 서바이벌 노래 대결 프로의 원조를 흥미진진하게 소개한다.

"프로가수들의 노래 대결은 예나 지금이나 세인들의 관심이 높지요. 당대 최고 가수였던 남인수와 현인의 노래 대결 쇼 무대를 직접 대한 당시 청중들의 감격은 '나가수'와 비교가 안 될 정도였습니다. 남인수 선생이 44세로 요절하고 난 뒤 훗날 '하동 가요제'에서 만난 현인 선생으로부터 '당시 참 대단했지. 남인수 선생은 불세출의 가수였다'고 찬탄하는 모습을 보고 깊은 감명을 받았습니다."

정두수 선생이 작사가가 된 것은 남인수의 영향이 컸다고 한다.

"고교시절부터 남인수씨를 그림자처럼 따라다녔다고 한다.

이후에 박춘석-정두수 콤비 전성시대가 열렸고 순식간에 가요계가 평정됐다. 정두수가 내놓는 곡은 스타 보증수표였다. '흑산도 아가씨'를 시작으로 남진의 '가슴 아프게', 나훈아의 '물레방아 도는데', 하춘화의 '하동포구 아가씨', 문주란의 '공항의 이별', 패티김의 '나는 가야지', 최희준의 '노신사', 조용필의 '잊기로 했네', 배호의 '내 고향 남촌', 여운의 '과거는 흘러갔다'.

등 주옥같은 가요와 국내 첫 메들리송 들고양이의 '마음 약해서'와 주현미의 데뷔곡 '쌍쌍파티' 등이 나왔다.

'정공채(鄭孔采) 시집 있습니까'란 시집으로 시단의 큰 별이었던 고 정공채 시인과 정두수 작사가가 한 집안에서 나왔다. 문장가였던 그의 할아버지는 '큰아들 공채는 공자와 같은 품성으로 살아라, 둘째 아들 두채는 두보와 같은 문장가가 되어라 하셨다'고 한다. 정씨는 시를 끄적거리며 대중가요의 가사를 막 쓰기 시작하던 23세 무렵, 조흔파의 소설 '얄개전'의 주인공 두수(얄개)의 이름을 따서 정두수라는 필명을 자작했다. 6남 2녀 집안, 만형이 가난한 시인의 길을 걷자 둘째인 그는 시인의 꿈을 일단 접고 대중작사가의 길로 나섰다.

"시 1편이 200~300원이던 시절, 노래 1편이 1,500~2,000원. 월급 2만원에 작사 수당 따로 받았어. 당시 쌀 한 가마니 값이 3,000~4,000원이던 시절. 히트하면 2만~3만원의 보너스 나왔지." 그때부터 그는 한 달에 30여편의 작사를 했다. 끄적대면 가사가 마술처럼 술술 노래시가 돼 흘러나왔다. 1960년대 후반부터 1970년대 말까지 정신없이 써댔다. 하지만 그는 돈 모으는 데는 재주가 없었다. '마시고 싶은 만큼 마시고 취할 수 있는 만큼 취하는 사람. 대한민국 하늘 아래 제일 넉넉한 자유인. 주선(酒仙) 이태백을 닮은 사람. 박건삼 시인의 표현처럼 그는 '파격적인 자유인'인 천진무구한 동심의 소유자였다.

'가슴 아프게' 만큼 공을 들인 작품도 드물다. 그는 이 노래를 쓰기 위해 1966년 봄, 인천 연안부두까지 차로 달렸다. 노래 시가 떠오르지 않아 성화가 대단했다. 그는 안개 자욱한 부두에서 소주잔만 기울이다가 결국 돌아왔다.

"남진이란 가수가 왔는데 한국의 엘비스 프레슬리라 불릴 정도로 참 미남이었지. 레코드사 사장이 거금 5만원을 주며 노랫말 좀 만들라고 통사정 했어. 호주머니에 받아 넣고, 열심히 마셔댔지. 연속극에서 통통통 뱃소리가 들리길래 내가 살던 부산 광안리를 다녀오면 구상이 떠오를 텐데 너무 멀어 가까운 인천 연안부두로 달려간 거야. 봄비 속에 지독한 안개로 바다 냄새만 맡았어. 근데 돌아오는 길에 안개로 인해 작품을 쓰게 됐어. '저놈의 안개만 없었다면 가슴이 뻥 뚫렸을 텐데'라는 시상 말이야. 공중전화로 가사를 불러줬는데 박춘석씨는 과거 송인호가 불렀지만, 히트가 안된 곡에다 내 가사를 갖다붙여 편곡을 했지."

'당신과 나 사이에 저 안개만 없었다면/바다를 봤을텐데, 바다를 봤을텐데' 이 원망이 시로 승화되면서 안개가 바다가 되고, 바다는 이별이 되어 '가슴 아프게'가 탄생한다. 나훈아의 대표곡 '물레방아 도는데'는 경남 하동군 고전면 성평리 정두수의 고향, 금오산 자락 마을 어귀 주교천에 징검

다리와 물레방아가 있는 돌담투성이 마을 성평리 풍경을 그대로 담았다. 집안의 희망이었지만 학도병으로 끌려가 재가 되어 돌아온 동경유학생 순식(淳植)이 삼촌에 대한 애절한 사연과 함께 그의 노래는 모든 지역 사람들로부터 두루 사랑받고 있다. 하동 군민들은 '물레방아 도는데'를 좋아하고, 호남분들은 '흑산도 아가씨', 부산과 일본 교포사회는 '가슴 아프게', 서울에서는 '덕수궁 돌담길'을 좋아한다고 한다. 그가 가장 아끼는 노래는 이미자가 "뽕짝 말고 클래식 곡도 좀 달라"고 해서 준 '고향의 봄'과 '가을초'다. 시작을 이어가던 그는 최근 가요작사를 시작으로 새로운 도전을 펼치고 있다.

"가요사를 또 한 번 바꿀 작품을 쓰고 싶어. 마지막으로 우리 가요사를 정리하는 책도 내고 말이야." 2016년 별세한 정두수 선생은 1963년 진송남의 '덕수궁 돌담길'을 시작으로 이미자의 '흑산도 아가씨', 남진의 '가슴 아프게', 은방울자매의 '마포종점', 나훈아의 '물레방아 도는데' 등의 대표곡이 있다. 특히 작곡가 고(故) 박춘석과 콤비를 이뤄 수많은 히트곡을 만들며 지난 반세기 동안 대중가요의 중심에서 활약했다. 정 씨는 스스로 '노래시인'이라 불렀고 노랫말 역시 '노래 시'라고 표현했다.

그의 가사는 대중성뿐 아니라 작품성까지 인정받아 각종 시상식에서 400차례 가까운 상을 받았다. 고향 하동을 비롯한 전국 13곳에는 그의 노래비가 세워졌다. 하동군 고전면에는 정두수 노래비 공원이 있으며, 인근 배드리장터문화회관에 2008년 작고한 형인 시인 정공채 씨와 함께 형제의 기념관이 있다. 대중음악평론가 박성서 씨는 "가장 많은 노래비가 세워진 작사가"라며 "어려웠던 시절 국민의 심금을 울린 많은 히트곡과 함께 시대를 풍미한 분"이라고 했다. 정 선생은 가요사 정리에도 남다른 애정과 관심을 기울여 '알기 쉬운 작사법', '한국가요 걸작선 해설'을 출간하기도 했다.

故 정두수 선생의 약력을 소개한다.

▲1937년 경남 하동 ▲동래고 재학시 문예 동인지 '올벼' 주관 ▲1960년 서라벌예대 문창과 졸업 ▲국가재건운동본부 주최 문예작품 현상공모에 '공장'으로 시부문 당선(조지훈 · 박두진 심사) ▲한국음악저작권협회 부회장 역임 ▲한국향토음악가협회 부회장 ▲제1노래시집 '시로 쓴 사랑노래', 제2노래시집 '꽃핀 노래 사랑시', 제3노래시집 '하동포구이야기', 제4노래시집 '백두대간' ▲저서 · 음반 '알기쉬운 작사법', '한국 걸작가요 가사선(해설집) 정두수 가요 기념음반' ▲하동군민상, 국제가요 작사상, 제1회 한국예술윤리위원회 본상, 제1회 한국가요상 작사상, 무궁화대상, 방송가요대상, 한국문학예술상, 대한민국 연예예술대상.

4
‘영원한 천안함 함장’ 최원일

최원일(해사 45기) 전 천안함 함장은 ‘비운의 함장’으로 불린다. 2010년 3월 26일 북한의 어뢰 공격으로 초계함 천안함(PCC-772)에 승선한 부하 장병 46명을 잃었다. 그는 “제 몸과 같은 배와 제 피붙이 같던 부하들을 잃은 죄인”이라며 “죽을 때까지 ‘영원한 천안함 함장’으로 남겠다”고 다짐했다.

‘최원일’이란 이름은 해군 수병(水兵) 출신인 부친이 초대 해군참모총장인 손원일 제독과 같은 사람이 되길 바라며 지은 것이라고 한다. 대구 청구고 출신인 그는 해사 45기로 해군 항해 소위로 임관했다. 중령까지 모든 계급을 1차 진급 심사 때 진급, 해군에서 촉망받는 인재였다. 2008년 천안함 함장으로 부임했다.

2010년 3월 26일 함장실에서 업무를 보던 그는 사고 직후 구조돼 외부로 나온 뒤, 사고로 인해 어수선한 부대원들에게 “모두 침착하고 내 지시를 따르면 총원 구조될 수 있으니 안심하라” “도발이 있을 수 있으니 몸을 숙이고, 조용한 가운데 주변을 잘 살펴라”며 일사불란하게 구조작업을 지시했다. 그는 부대원들이 안전히 구조된 것을 확인하고 최후까지 함체(침몰)에 남으려 했으나 대원들의 강력한 만류로 이함을 결심했다고 한다.

통상 수상함이 중(重)어뢰 공격을 받으면 선체가 두 동강 나고 30분이면 완전 침몰한다. 그런데 천안함은 파고가 2.5m 이상이고 너울을 동반한 해상에서 함수 부분이 부력을 유지한 것은 천운이라기보다는 평소 함정 기재태세(Material Condition Setting)를 규정에 따라 철저히 관리한 최 전 함장의 훌륭한 리더십 때문에 가능했다는 게 해군 예비역 장성들의 평가다. 함정 승조장병들은 '기재태세'에 따라 출입구와 현창, 맨홀 · 통풍관 등을 폐쇄한다. 화재 · 침수에 의한 손상을 최소화하기 위한 조치다.

그는 "천안함 폭침은 정보의 실패고, 작전의 실패고, 정부 정책(대북정책)의 실패였다"고 했다. 그는 "죽을 때까지 '천안함장 최원일'로 남겠다"며 "전사자와 생존 장병들의 부모, 자녀들이 천안함 사건을 떳떳하게 말할 수 있도록 명예회복을 하고 싶다"고 했다.

최 전 천안함 함장은 2021년 2월 28일 예비역 해군 대령으로 예편했다. 그때부터 필자와의 인연이 시작됐다. 그는 예편 후에도 북한보다 훨씬 더 위험한 천안함 음모론자들과 '전투'를 멈추지 않고 있었다. 그는 필자에게 음모론자들의 공격을 '심리적 어뢰'라고 표현하며 거부감을 나타냈다. 천안함 음모론자들은 음모론을 통해 돈벌이를 하고 있어 음모론이 사라지지 않는다는 것이다.

2010년 천안함 폭침 사건 당시 함장이었던 최 예비역 대령은 "천안함 사태에서 올바른 교훈을 도출하지 않고 오히려 북한의 주장을 믿는 일이 있는 한, 북한은 제2 · 제3의 천안함 사태를 언제든지 일으킬 것"이라고 말했다.

최 전 천안함 함장은 2021년 3월 26일 천안함 폭침 11주년 및 서해수호의날을 앞두고 필자와 가진 전화 인터뷰에서 북한의 기습 어뢰공격에 정부와 군 지휘부가 제대로 응징 못 한 것과 관련해 "(말뿐인) 수사(修辭)적인 응징과 행정적인 응징으로 일관한 데 대해 상당히 안타깝다"며 "적은 우리의 대응 방식을 잘 알기에 여전히 도발을 감행하고 부인하기를 반복하고 있다"며 아쉬움을 드러냈다.

최 전 함장은 천안함 기뢰폭발설 내부폭발설 좌초설 미군오폭설 등 각종 음모설이 11년이 지나도록 가라앉지 않은 것에 대해 "유언비어와 가짜 뉴스를 양산하는 분들도 문제지만 이 지경까지 오게 한 전 정부, 현 정부와 군의 잘못이 크다"며 "천안함 피격사건을 정치도구로 이용하다 보니 국민과 국론이 갈라졌다"고 비판했다.

그는 "정전상태의 서해 북방한계선(NLL) 접적해역에서 경비함이 두 동강이 났는데 처음부터 적의 소행 가능성을 먼저 조사해야 했음에도 당시 생존자 대상으로 함정에서의 반란이나 선체 내부 폭발 등 사고 원인부터 먼저 심문하고 조사했다"며 안타까워했다.

●2010년 3월 26일 밤 9시 22분 천안함 폭침 사건이 발생할 당시 위에서 내려온 정보 판단은 어떠했습니까. 북한의 공격 등 위협을 예상했는지 궁금합니다. 예상했든 못했든 간에 전방해역에서 작전 수행 중이었는데, 어찌 됐든 결과적으로 북한의 어뢰 공격을 포착하고 막지 못한 가장 큰 이유는 무엇이라고 생각하시는지요.

"정확한 정보판단 내용은 밝히기 힘들지만, 당일인 3월 26일 오전 6시 43분 문자정보망으로 적 잠수정이 항구에서 사라졌다는 내용을 받았지만 곧이어 잠수정이 기지 앞에서 통상활동을 하고 있다고 정보분석한 전문을 받았습니다. 현재는 아니지만, 당시 음탐기 제원이나 성능으로는 잠수정이나 어뢰를 탐지할 수 없었으며, 합참, 해군작전사령부 등 상급부대가 적의 특이동향이 없는 것으로 판단한 정보로 대잠(對潛) 경계등급 상향이 없는 평상작전 상태의 경비와 당시 적 해안포, 유도탄 도발을 막을 수 있다고 작전판단한 좁은 백령도 음영구역(탐지하기 어려운 구역)에서는 적의 어뢰

공격을 막기는 불가능하였습니다."

●천안함 폭침 사건 이후 당시 일부 언론에서 당시 미스코리아 행사 등을 TV로 보기 위해 운항금지 구역을 항해하고 대피했다는 식으로 보도하는 바람에 방심하다가 경계실패한 것이라는 지적이 나옵니다. 이러한 지적을 어떻게 생각하십니까. 당시 여러 작전 여건을 고려해 우리 해군의 대처에 문제가 없었는지요.

"위에 설명한 당시 백령도 음영 작전구역은 예전에는 작전수행하지 않던 구역으로 많은 예비역 해군 장성이나 영관장교들이 언론에 나와 경비구역에 대해 의혹을 제기한 것도 초기 혼란이 발생한 사유 중 하나입니다. 천안함이 백령도에 바짝 붙어 경비하는 모습은 2010년 1월 27일 MBC 9시 뉴스에도 보도된 바 있습니다. 그리고 예전과 달리 2000년대 이후 해군함정은 위성방송 장치가 장착되어 TV를 보기 위해 육지에 근접하지 않습니다. 해군의 대처에 문제가 있었던 것이 아니라 적의 의도를 파악하지 못하고 적에 대한 정보판단을 잘못한 정보의 문제가 가장 크다고 판단됩니다."

●이명박 대통령이 천안함 침몰 보고를 받고 '(북한 소행이라고)예단을 하고 대처하지 말라'는 식으로 지시한 것으로 알려져 있습니다.

"청와대가 예상 못 했다기보다 정상회담 밀약 중인 상황에 적의 도발을 믿고 싶지 않았다고 봅니다."

최 전 천안함 함장은 일부 언론 인터뷰에서 "천안함 사건 이후 청와대의 첫 반응이 북한의 공격 가능성이 매우 낮다는 것이었다. 이명박 대통령은 '내가 배를 만들어 봐서 아는데 배가 생각보다 쉽게 부러질 수 있다'라는 취지의 말을 했다. 처음 이렇게 시작을 하니 국방부장관은 청와대 눈치를 보고 참모총장은 장관 눈치를 보면서 누구도 북한 공격 가능성을 주장하지 못했다"고 설명했다.

●구체적 물증이 없고 6 · 25전쟁 후 북한이 우리 함정을 어뢰로 공격한 적이 없는 상황에서 곧바로 북한의 소행이거나 어뢰 공격이라고 판단하기는 쉽지 않았을 것으로 짐작됩니다. 그러다 보니 기뢰폭발설, 좌초설, 피로골절설, 미군오폭설 등 각종 억측이 난무했던 것으로 보입니다. 합동조사단에 의해 어뢰 추진체가 서해에서 발견된 뒤에야 군 지휘부가 북한 어뢰 공격을 확신할 수 있었습니다. 당시 함장으로서 당시 누구의 소행이었는지, 어떤 공격이었는지를 어떻게 판단했습니까. 워낙 경황이 없어 처음부터 제대로 판단하기는 어려웠을 것으로 보이는데요.

"그 점이 문제입니다. 정전상태의 서해 북방한계선(NLL) 접적해역에서 경비함이 두동강이 났는데 처음부터 적의 소행 가능성을 먼저 조사해야 했습니다. 당시에는 함정에서의 반란이나 자체 폭발 등 사고 원인부터 먼저 심문하고 조사하였습니다."

●천안함 폭침 이후 북한의 어뢰공격이 국제조사단에 의해 드러났습니다. 북한의 천인공노할 기습공격에 의해 수많은 장병이 희생됐는데도 군 지휘부는 제대로 응징을 못해 안타깝다는 지적이 있습니다. 함장으로서 어떻게 판단했습니까.

"(말뿐인) 수사(修辭)적인 응징과 행정적인 응징으로 일관한 데 대해 상당히 안타깝게 생각합니다. 적은 우리의 대응 방식을 잘 알기에 여전히 도발을 감행하고 부인하고를 반복하고 있습니다."

●좌초설, 기뢰폭파설, 내부폭발설 등 천안함 폭침 원인과 관련해 온갖 유언비어성 가짜뉴스가 난무하는 이유가 무엇이라고 생각하십니까. 왜 지

금도 그러한 유언비어가 사라지지 않고 있다고 생각하시는지요.

"유언비어와 가짜뉴스를 하시는 분들보다 이 지경까지 오게 한 전정부, 현정부와 군의 잘못이 크다고 봅니다. 천안함 피격사건을 정치도구로 이용하다 보니 국민과 국론이 갈라지게 되었다고 생각합니다."

● 북한이 서해에서 우리 함정 공격을 위해 소형 잠수함이나 잠수정을 건조해 훈련을 해온 것으로 나중에 드러났는데, 여기에 대해 우리 군이 충분한 정보를 얻지 못했고, 미리 준비하고 대처하지 못했다고 생각하시는지요.

"당시 서해에서의 잠수함 위협을 대수롭지 않게 생각했던 정보와 작전의 미흡함이라 생각됩니다."

● 북한이 앞으로도 제2의 천안함 사태를 일으킬 수 있다고 보시는지요.

"올바른 교훈을 도출하지 않고 오히려 북한의 주장을 믿는 일이 있는 한 제2, 제3의 천안함 사태는 언제든 일으킬 수 있다고 생각합니다."

● 함장으로서 그동안 천안함 생존 장병들에 대한 우리 사회 관심과 대우가 미흡한 데 대해 아쉬움이 많은 것 같습니다. 국가 유공자 대우라든지, 외상 후 스트레스 장애(PTSD)를 앓은 장병들이 많은 것 같습니다.

"실제 PTSD가 심각해 유공자 신청도 못하고 숨어 지내는 대원들도 많고 아직도 음모론에 힘들어하는 일이 너무 많습니다. 국가보훈처, 국방부 등 정부와 군이 먼저 다가와 살피는 것이 절실합니다."

● 천안함 생존 장병의 치유를 위해 필요한 것은 무엇이라고 생각하시는지요.

"천안함 생존장병들은 어떤 보상과 수사적 격려보다 단지 살아 돌아와 줘서 고맙다는 그 한마디를 듣고 싶어 합니다."

●퇴역 후 천안함 함장으로서 앞으로 어떤 일을 해 나갈 생각입니까.
"현역으로서의 천안함장은 끝났지만 사회에서 안보의식을 고취하고 천안함 피격사건을 바로 알리는 영원한 함장으로 남고 싶습니다."

●2021년 천안함 폭침 11주년을 맞아 우리 국민에게 꼭 당부드리고 싶은 말씀이 있다면.
"천안함 피격 11주기를 맞아 천안함 피격사건을 기억해 주시고 장병과 가족들을 걱정하고 격려해 주시는 국민 여러분들께 감사드립니다. 하늘에 있는 46인의 전우들과 58인의 생존 장병의 부모, 자녀들이 더 이상 주눅들지 않고 천안함 가족임을 자랑스럽게 생각하고 떳떳하게 살 수 있으면 좋겠습니다. 오늘도 언론에 기사가 나오고 여전히 악플이 만연하고 있습니다. 천안함과 생존장병들에 대한 모욕은 더 이상 되풀이되지 않으면 합니다. 지금 이 순간에도 여러분들이 따뜻한 방에서 쓰는 악플에 힘들어 하는 천안함 유족과 생존장병들이 있다는 것을 국민들이 기억해주셨으면 합니다."

최 전 함장은 전역 후에도 천안함 음모론자들과의 전쟁을 멈추지 않았다. 필자는 그와 계속 연락하면서 그의 일거수일투족을 기사화했다. 이후 6 · 25전쟁 71년을 맞아 2021년 6월 서울 용산 전쟁기념관에서 최 전 함장을 서울 용산 전쟁기념관에서 만나 직접 인터뷰를 했다.

●30년 군 생활을 마감한 심정은.
"전역 후 4개월이 짧다면 짧은데, 그동안 너무 많은 일이 벌어졌다. 전역

후정리도 할 겸 책을 쓰려고 했는데, 매일같이 일이 생겼다. 집필하려다가 일이 너무 많이 터져 다른 일에 집중하지 못하고 천안함 생존장병과 유족 명예회복을 위해 싸우고 있습니다."

●집필하려던 책은 어떤 책인가요.

"천안함 피격사건 후 3년간 쓴 일기와 그동안 언론에 나온 천안함 관련 기사를 빠짐없이 스크랩하며 연구했습니다. 무엇이 문제여서 천안함 음모론이 생겨나고 생존 장병들이 상처받고 유족들은 고통받는지 되짚어보는 책입니다. 2010년 정부가 발간한 '천안함 백서'는 상급부대 잘못을 하나도 짚지 않았습니다. 우리나라 교훈집이나 백서는, 당대의 잘못을 빼어버리는 문제점이 있습니다. 앞으로 이 같은 불행한 사건이 재발하지 않도록 해야겠다는 생각에서 내년 천안함 12주기를 발간 목표로 생각하고 있습니다."

●천안함 관련 악성 루머와 음모론이 가라앉기는커녕 11년째 번져가고 있습니다. 왜 그렇다고 생각하는지요.

"북한은 2009년 11월 한국 해군에 패배한 대청해전의 보복으로 천안함 사건을 일으켰습니다. 이명박 대통령이 대북 강경 모드로 나가고, 이후 김대중 대통령 서거 후 남북관계 개선 국면에서 천안함 피격사건이 발생했습니다. 보수는 '천안함 진실을 못 믿느냐'며 밀어붙였고, 진보는 '보수가 무조건 천안함 프레임을 씌운다'고 맞섰습니다. 국방부 민군합동조사단 발표를 지방선거 직전에 한 것을 두고 당시 야당에선 정치적 의도가 있다고 해석했지요. 11년이 지나면서 정부가 2번 바뀌었는데 진보 정부는 나름대로 천안함 사건을 부각시키면 남북관계에 부정적 영향을 미칠까 봐 북 소행이라고 말을 못 하는 실정입니다."

●조상호 전 더불어민주당 상근부대변인이 '천안함 함장이 장병들을 수장(水葬)했다'는 발언을 해 물의를 일으켰습니다.

"그분은 변호사이고 법조인인데 안타깝습니다. 나중에 또 여당 공천받으려 할 것 같은데, 그런 분이 국민을 선동하고 자신의 주장을 정치 선동에 활용하는 것은 크게 잘못됐습니다. 46명의 천안함 전사자와 유족, 58명의 생존자를 2번, 3번 죽이는 행위입니다. 송영길 민주당 대표가 사과를 했지만 조 부대변인에 대한 제명 요구는 수용 않고 있습니다. 조 전 부대변인은 나중에 사과하면서 '유족에게는 죄송하다'고 했는데, 함장과 유가족 · 생존자를 갈라치기 하는 행위입니다."

●'천안함이 벼슬이냐'며 입에 담기조차 힘든 과도한 욕설과 막말을 SNS에 올린 휘문고 교사가 사과했지만, 명예훼손 및 모욕죄로 경찰청 국가수사본부에 고소한 이유는 무엇인가요.

"제가 참을 수 없었던 게, 입에 담지 못할 욕설을 학생들이 보는 홈페이지에 써놓고는, 누군가 댓글에 '왜 그렇게 썼나'고 물으니 어처구니없게도 '스트레스 해소'라고 써놓은 것입니다. 페이스북 메신저에 사과글 올렸는데 진정성이 안 보였습니다. 본인이 무엇을 잘못했는지 알아야 하는데 그걸 모르는 게 더 문제입니다."

●천안함 괴담이 숱하게 많습니다. 신상철 전 조사위원은 아직도 동영상을 보여주며 잠수함 충돌설을 주장하고 있습니다.

"배가 침몰하면 수압으로 터진 구명정이 조류에 흘러왔다 갔다 한 영상을 잠수함이라고 주장합니다. 당시 음력 2월 12일 달빛에 비쳐 구명정에 음영이 생겼습니다. 바다 위 구명정에 달그림자가 생긴 것을 교묘하게 잠수함 모양으로 만들어 보여준 것입니다. '이스라엘 잠수함'이란 주장은 거짓이란 것이 최근 'PD수첩' 방송을 통해 드러났습니다. 교묘하게 편집해서 잠수함으로 보이게 할 수는 있지만, 길이가 채 5m 정도밖에 안 됩니다. 그렇게 작은 잠수함은 세상에 없지요."

●음모론자들이 끊임없이 괴담과 음모를 퍼뜨리는 의도는.

"괴담을 주장하는 음모론자들은 책을 써서 인세도 받고 유튜브 방송도 하고 있습니다. 음모론자들은 끊임없이 세인의 관심을 끌려고 시도합니다. 천안함 음모론을 방송하는 유튜브만 14개입니다. 구독자가 몇십만인 방송도 있습니다. 음모론자들을 계속 초청해 방송하는 방식으로 음모론을 확대재생산하고 있습니다. 이들은 음모론을 직업으로 삼고 있습니다. 그래서 확실한 팩트가 나와도 음모론을 그만두지 않습니다. 국방부는 '지금까지 대응할 가치가 없어서 안 했다'고 하더군요. 하지만 가만 놔두면 음모론은 계속 확대됩니다."

●문 대통령이 참석한 올해 현충일 서울 현충원에서 "천안함 폭침에 대한 대통령의 입장을 명확히 밝히라"고 피켓 시위를 벌인 이유는.

"문 대통령은 2015년 이전까지 음모론에 동조했습니다. 2015년 군부대를 방문한 자리에서 '천안함 피격이 북한 소행'이라고 처음 이야기했습니다. 이후 대통령이 되고 나서 '정부 입장에 변함이 없다'고만 했지 북한 소행이라고 직접 이야기한 적이 없습니다. 대통령 자격으로 직접 '북한 소행'이라고 해야 집권 여당 내 음모론자들이 생기지 않습니다. 대통령은 국군통수권자입니다. 국군을 보호하는 사람입니다. 물론 북에 자극을 줄까 봐 그렇게 하는 것이란 이해는 갑니다. 그럼에도 음모론을 막으려면 대통령이 공식적으로 입장을 내야 합니다."

● 지난 17일 서욱 장관 면담 후 기자들과 만나 "유족분들과 생존자들이 하늘에 가서 아들과 전우들을 만났을 때 웃을 수 있도록 그런 날 만들어 보겠다"고 했습니다. 어떤 의미인가요.

"지금 유족들은 전사자의 아버지이고 어머니란 것이 떳떳하지 못하다고 생각합니다. 생존 장병들은 '같이 있으면 재수 없다'는 소리도 듣는다고 합니다. 같은 배를 탄 장병들이 그런 말을 한다고 합니다. 생존자들이 사회에 나와서도 음모론을 듣고 있습니다. 생존 장병들에 대한 2 · 3차 가해를 멈춰야 합니다."

● 생존 장병 상이연금 관련해 무엇이 문제인가요.

"최근까지 유족 네 분이 돌아가셨다. 고 민평기 상사 모친인 윤청자 여사의 남편은 스트레스로 4년 전 돌아가셨습니다. 고 김선명 병장 부친, 박석원 상사 부친인 박병규 전 천안함유족회장도 스트레스를 많이 받고 몇 년 전 돌아가셨습니다. 상이 연금과 관련해서는 국방부에서 세밀히 살펴서 추진한다는 약속을 받았습니다. 생존장병, 유족 중에는 이름까지 고치고, 이민 가서 힘들게 살아가는 분들도 있습니다."

● 제2의 천안함 사태를 막기 위해 우리 해군이 가장 시급히 해야 할 일은.

"천안함과 같은 급의 함정이 아직 남아 있는데 하루라도 빨리 퇴역시켜야 했습니다. 천안함과 장비와 성능이 똑같습니다. 천안함은 고속정의 지휘함 개념입니다. 대잠(對潛) 성능은 아주 기초적인 것만 달고 있습니다. 기본적으로 초계함입니다. 천안함은 1988년에 건조됐습니다. 선령의 문제가 아니고 장비의 문제가 있습니다. 천안함급에 성능이 좋은 소나 장비를 달기에는 배가 너무 작습니다. 천안함급 옛 함정은 빨리 퇴역시키고 신형 함정으로 교체해야 합니다."

●북한의 잠수함 위협 대비책은.

"북한의 잠수함정은 70여 척이나 됩니다. 도발 시기에 잠수함들은 미식별 됩니다. 탐지하기가 쉽지 않습니다. 우리가 이지스함을 만들 때 북한은 잠수함을 만들었습니다. 바닷속은 온도도 다르고 밀도도 다르지요. 물고기 소리 같은 변수도 많습니다. 백령도 같은 경우는 조류 소리 때문에 탐지가 정말 곤란합니다. 일본이 100대의 대잠 초계기를 운영하는 데는 그만한 이유가 있기 때문입니다. 우리도 수상함 건조를 강조하는 데서 벗어나 대잠 전력을 더 키워야 천안함 폭침 재발을 막을 수 있습니다."